L'ART·POUR·TOUS

工业设计艺术全集

曾 强/主编

胡一鸣　王艺童　王小霞/译

TROISIÈME ANNÉE

1863–1864

PARIS

A. MOREL, LIBRAIRE-ÉDITEUR

13, RUE BONAPARTE, 13

—

中国林业出版社

China Forestry Publishing House

TABLE DES MATIÈRES
目　　录
PAR ORDRE DE PUBLICATION

TROISIÈME ANNÉE
(1863)

NUMÉROS	PAGES	FIGURES	SUJETS DE LA COMPOSITION		AUTEURS	ÉCOLES
LXII.....	1	544	Portrait de Frédéric de Saxe	萨克森州弗雷德里克的肖像	A. Dürer.	Allemande.
	2	512-514	Trois Frises (terres cuites)	三个檐壁（陶制）	(Musée Campana).	Grecque.
	3	515-518	Poêles, Attributs (Louis XVI)	炉灶、标志（路易十六）	De la Fosse.	Française.
	4	519	Chaise à porteur (Louis XV)	坐轿（路易十五）	Babel.	d°.
LXIII...	5	520	Peinture et Céramique, Vase corinthien	绘画和陶器、科林斯花瓶	(Musée Campana).	Grecque.
	6	521-524	Parterres, Entrelacs (Charles IX) (n° 4)	花坛、缠带饰（查理九世）	A. Du Cerceau.	Française.
	7	525	Orfévrerie d'église, Calice (Louis XVI)	教堂金银器、圣餐杯（路易十六）		d°.
	8	526	Arabesques, Plantes (n° 3)	蔓藤花纹、植物	A. Dürer.	Allemande.
LXIV.	9	527	Cartouche, Épitaphe (Louis XIV)	涡形装饰、墓志铭（路易十四）	J.-B. Toro.	Française.
	10	528-530	Idylles de Gessner, Attributs, Trophées (Louis XVI) (n°4)	格斯纳的牧歌、标志、战利装饰品（路易十六）	Le Barbier.	d°.
	11	531	Joueur de flûte (Midas), Gaîne	长笛演奏者（迈达斯）、方底座	(British Museum).	Grecque.
	12	532	Broderies, Point coupé (n° 3)	刺绣、蔓藤花纹	H. Siebmacher.	Allemande.
LXV....	13	533-535	Arquebuserie, Poires à poudre	火枪、火药壶	(Coll. Goodrich-Court).	(Diverses).
	14	536-542	Accessoires de Toilette, Orfévrerie (Louis XV) (n° 3)	梳妆用品、金银制品（路易十五）	P. Germain.	Française.
	15	543-544	Sacrifice aux dieux, deux Frises (terres cuites)	向神献祭、两个檐壁（陶制）	(Musée Campana).	Grecque.
	16	545-547	Armes des Papes, Clefs d'arcades	教皇徽章、钥匙拱形结构	(Divers).	Italienne.
LXVI.	17	548-552	Jouets d'Enfants, Pantins (terres cuites)	儿童玩具、木偶（陶制）	(Musée Campana).	Grecque.
	18	553-555	Frises sculptées, Rome	雕刻檐壁、罗马	(Ste-Marie-du-Peuple).	Italienne.
	19	556	Fontaine publique, Saint Sébastien	公共喷泉、圣塞巴斯蒂安	W. Dietterlin.	Allemande.
	20	557	Broderie, Entrelacs, Les Dédales (n° 1)	刺绣、缠带饰、迷宫	A. Dürer.	d°.
LXVII...	21	558	Fleurs (Cartouche-Frontispice) (Louis XVI)	花（边饰、插图，路易十六）	Ranson.	Française.
	22	559	Tapisserie, Point compté (n° 4)	挂毯、部分切图	H. Siebmacher.	Allemande.
	23	560-562	Meubles, Cabinet, Guéridon, Frise (Charles IX)	家具、橱、独脚小圆桌、檐壁（查理九世）	A. Du Cerceau.	Française.
	24	563-564	Peinture, Détails du Vase corinthien, n° 520	绘画、科林斯花瓶的细节，图 520	(Musée Campana).	Grecque.
LXVIII...	25	565	Animaux, Moutons	动物、羊	H. Roos.	Allemande.
	26	566-574	Typographie romaine (n° 5)	罗马印刷版面式样	»	Italienne.
	27	575	Armes défensives, Bouclier	防御性武器、盾牌	(Musée Campana).	Étrusque.
	28	576-579	Poêles, Attributs, Trophées (Louis XVI) (n° 2)	炉灶、标志、战利装饰品（路易十六）	De la Fosse.	Française.
LXIX....	29	580	Meubles, Lit (Henri III), Ensemble	家具、床（亨利三世），整套	(Musée de Cluny).	d°.
	30	581-584	Les Entrelacs (Charles IX) (n° 2)	缠带饰（查理九世）	A. Du Cerceau.	Française.
	31	585-589	Peinture et Céramique, Vase au canard	绘画和陶器、鸭形器皿	(Musée Campana).	Grecque.
	32	590-591	Idylles Gessner (n° 2)	格斯纳的牧歌	Le Barbier.	Française.
LXX....	33	592	Frise, Chéneau (terre cuite)	檐壁、檐沟（陶制）	(Musée Campana).	Grecque.
	34	593-595	Théorie des Vases, Vases de bronze d'après l'antique	花瓶理论、仿制的古董青铜花瓶	Laz. de Baïf.	Française.
	35	596	Voussures de la Chapelle Sixtine (Sibylla Erythrœa)	西斯廷教堂的拱形装饰（西比拉预言家）	Michel-Ange.	Italienne.
	36	597-599	Calligraphie romaine, Alphabets	罗马书法、字母表	L. de Henricis.	d°.
LXXI....	37	600-602	Orfévrerie, Seaux à rafraîchir (Louis XV)	金银制品、冷却瓶（路易十五）	P. Germain.	Française.
	38	603-607	Culs-de-lampe typographiques (Louis XIII)	尾花印刷装饰（路易十三）	P. C.	d°.
	39	608-609	Frises, Mascarons (terres cuites)	檐壁、怪面饰（陶制）	(Musée Campana).	Grecque.
	40	610-615	Emblèmes et Devises (n° 2)	徽章和铭言	Gir. Porro.	Italienne.
LXXII....	41	616-619	Pierres gravées d'après l'antique, Figures décoratives	仿制的古董石雕、人物装饰	E. Vico.	d°.
	42	620-623	Collier, Plaque d'oreilles, Agrafes	项链、耳饰、搭扣	(Musée Campana).	Gréco-Étrusque.
	43	624-629	Six Vases (Charles IX)	六个器皿（查理九世）	A. Du Cerceau.	Française.
	44	630-632	Chiffres entrelacés	字母组合纹章	B. Palatino.	Italienne.
LXXIII...	45	633-739	Accessoires de Table, Orfévrerie, Sucriers (Louis XV)	餐桌用品、金银制品、糖罐（路易十五）	P. Germain.	Française.
	46	640	Broderies, Point coupé (n° 5)	刺绣、蔓藤花纹	H. Siebmacher.	Allemande.
	47	641	Les Vendangeurs (terre cuite)	收摘葡萄（陶制）	(Musée Campana).	Grecque.
	48	642-643	Idylles Gessner (n° 3)	格斯纳的牧歌	Le Barbier.	Française.
LXXIV...	49	644-646	Trois Vases (Louis XIV)	三个器皿（路易十四）	J. Marot.	d°.
	50	647-652	Accessoires de Table, Orfévrerie, Plats (Louis XV)	餐桌用品、金银制品、餐盘（路易十五）	P. Germain.	d°.
	51	653-654	Antéfixe (terre cuite)	瓦檐饰（陶制）	(Musée Campana).	Étrusque.
	52	655-663	Ornements typographiques, Lettres liassées (Louis XII)	印刷装饰、连接字母（路易十二）	»	Française.
LXXV...	53	664-666	Poêles, Trophées (Louis XVI) (n° 3)	炉灶、战利装饰品（路易十六）	De la Fosse.	d°.
	54	667-674	Poterie et Verrerie corinthiennes	科林斯花瓶和玻璃器皿	(Musée Campana).	Grecque.
	55	675-676	Meubles, Arche de mariage	家具、婚礼柜	(Musée de Cluny)	Française.
	56	677-678	Les Impératrices romaines (Entourages, Médailles)	罗马皇后（边饰、纪念章）	E. Vico.	Italienne.
LXXVI...	57	679	Figures décoratives, Bacchus, médaillon	人物装饰、酒神、圆形画像	H. Goltzius.	Flamande.
	58	680-683	Les Entrelacs (Charles IX) (n° 3)	缠带饰（查理九世）	A. Du Cerceau.	Française.
	59	984-693	Frises typographiques	印刷装饰	(Venise).	Italienne.
	60	694	Quatre Fûts de colonnes corinthiennes	科林斯柱	W. Dietterlin.	Allemande.

NUMÉROS	PAGES	FIGURES	SUJETS DE LA COMPOSITION		AUTEURS	ÉCOLES
LXXVII..	61	695	Mascarades, Trompette et Timbalier (Louis XIV)	舞会、小号和定音鼓（路易十四）	CHAUVEAU.	Française.
	62	696-697	Anse de Vase en fonte de bronze	铸造青铜花瓶手柄	(Musée Campana).	Grecque.
	63	698	Hercule et Iole, groupe d'après l'antique	赫拉克勒斯和伊俄勒、仿制古董	JULES ROMAIN.	Italienne.
	64	699	Arabesques, Plantes	蔓藤花纹、植物	A. DURER.	Allemande.
LXXVIII..	65	700-705	Heaumes, Lambrequins, Écus (Louis XIII)	柱形尖顶头盔、垂饰、盾形纹章（路易十三）	M. BLONDUS.	do.
	66	706-708	Trois Frises (terres cuites)	三个檐壁（陶制）	(Musée Campana).	Gréco-Romaine.
	67	709-711	Entourages, Vignettes (Régence)	边饰、装饰图案（摄政时期）	B. PICART.	Française.
	68	712-717	Emblèmes et Devises (nº 4)	徽章和铭言	G. PORRO.	Italienne.
LXXIX...	69	718-726	Accessoires de Table, Moutardiers	餐桌用品、芥末罐	P. GERMAIN.	Française.
	70	727-733	Frises typographiques (nº 2)	印刷装饰	(Venise).	Italienne.
	71	734	Frontispice des Termes ou Gaînes (Charles IX)	关于盖恩斯的书名页（查理九世）	H. SAMBIN.	Lyonnaise.
	72	735-738	Les Devises d'Armes et d'Amours (nº 4)	战争和爱情的铭言	P. JOVE.	do.
LXXX....	73	739	Bacchante au léopard (terre cuite)	酒神的女祭司和豹（陶制）	(Musée Campana).	Grecque.
	74	740-741	Gaînes, Pourtrait du 9e Terme (nº 4)	方底座、第 9 组半身雕塑像	H. SAMBIN.	Lyonnaise.
	75	742	Neptune, Tentures (Régence) (nº 4)	海神尼普顿、挂毯（摄政时期）	CL. GILLOT.	Française.
	76	743-744	Idylles Gessner (Louis XVI) (nº 4)	格斯纳的牧歌（路易十六）	LE BARBIER.	do.
LXXXI...	77	745	Plafond de Peinture (Louis XIV) (nº 2)	天花板绘画（路易十四）	D. MAROT.	do.
	78	746	Bronzes, Chandelier	青铜制品、烛台	E. VICO.	Italienne.
	79	747	La Fortune, Panneau de plafond	命运女神、天花板面板	P. VÉRONÈSE.	Vénitienne.
	80	748-749	Chéneau (terre cuite), style lydien	檐沟（陶制）、吕底亚风格	(Musée Campana).	Grecque.
LXXXII..	81	750	Cheminée encadrée de porcelaines (Louis XIV)	框架壁炉和瓷器（路易十四）	D. MAROT.	Française.
	82	751	Décoration intérieure, Meuble (Louis XII)	室内装饰、家具（路易十二）	JOLLAT.	do.
	83	752-753	Gaînes, Pourtrait du 13e Terme (nº 2)	方底座、第 13 组半身雕塑像	H. SAMBIN.	Lyonnaise.
	84	754-757	Les Devises d'Armes et d'Amours (nº 5)	战争和爱情的铭言	P. JOVE.	do.
LXXXIII.	85	758	Orfévrerie, Seau à rafraîchir (Régence)	金银制品、冷却瓶（摄政时期）	A. MEISSONNIER.	Française.
	86	759-763	Meubles, Montants du lit nº 580	家具、床的支柱，图 580	(Musée de Cluny).	do.
	87	764-765	Assiettes à airs notés, Faïences (Louis XIV)	曲谱装饰盘、釉陶（路易十四）	do.	Rouen.
	88	766-767	Siéges, Costumes, Dame à sa toilette	座位、服饰、梳妆的女子	(Musée Campana).	Latine.
LXXXIV..	89	768	Fontaine en grotte (Louis XV)	岩洞喷泉（路易十五）	CH. EISEN.	Française.
	90	769-770	Décoration intérieure, Cabinet (Louis XVI)	室内装饰、陈列室（路易十六）	BOUCHER fils.	do.
	91	771	Tenture, les Funérailles du Satyre (Louis XIV)	墙饰、萨蒂尔的葬礼（路易十四）	J. BÉRAIN.	do.
	92	772-773	Figures décoratives, Médaillon	人物装饰、椭圆形画像	ROUS DE ROUS.	Fontainebleau.
LXXXV..	93	774-777	Les Quatre Parties du monde, Panneaux	世界的四个部分、镶板	CRISPIN DE PAS ?	Anvers.
	94	778	Fontaine adossée, Faïence (Régence)	挂墙水龙头、釉陶（摄政时期）	(Musée de Cluny).	Moustiers.
	95	779	Panneau chinois, Costumes (Louis XV)	中式镶板、服饰（路易十五）	F. BOUCHER.	do.
	96	780-781	Armes défensives, Casque	防御性武器、头盔	(Musée Campana).	Étrusque.
LXXXVI..	97	782-784	Meubles, Chaise à dossier renversé	家具、后倾靠背座椅	(Musée de Cluny).	Française.
	98	785-786	Assiettes, Faïence	盘、釉陶	do.	Rouen.
	99	787-788	Figures décoratives de la Galerie Farnèse	法内仙纳美术馆人物装饰	A. CARRACHE.	Italienne.
	100	789	Entrelacs de filets, Les Dédales (nº 2)	网格缨带饰、迷宫	A. DURER.	Allemande.
LXXXVII.	101	790-791	Les Dieux, Neptune, Néréis (François Ier)	众神、海神尼普顿、海洋女神涅瑞伊得斯（弗朗索瓦一世）	MAÎTRE ROUX.	Fontainebleau.
	102	792-793	Chaise à porteur (Régence), Faïence	轿子（摄政时期）、釉陶	(Musée de Cluny).	Moustiers.
	103	794	Statuaire équestre, Charlemagne	骑马的雕像、查理曼大帝	A. LE VÉEL.	Française.
	104	795-796	Costume, Frises en terre cuite	服饰、卷曲陶制品	(Musée Campana).	Grecque.
LXXXVIII	105	797-799	Arquebuserie, Crosse de fusil (Régence)	火枪、步枪枪托（摄政时期）	N. GUÉRARD.	Française.
	106	800-801	Deux Puits (Charles IX)	两口井（查理九世）	A. DU CERCEAU.	do.
	107	802	Apollon, Tenture Régence (nº 2)	阿波罗、摄政时期墙饰	CL. GILLOT.	do.
	108	803-805	Colliers, Fibules ou Agrafes	项链、衣针或搭扣	(Musée Campana).	Gréco-Étrusque.
LXXXIX..	109	806	Neptune, Figure décorative	海神尼普顿、人物装饰	P. DEL VAGA.	Romaine.
	110	807	Meubles, Cabinet du maréchal de Créqui (Louis XIII)	家具、克雷基办公室的橱子（路易十三）	(Musée de Cluny).	Française.
	111	808-819	Boîtes de Montre, Nielles (Louis XIII)	手表匣、乌银镶嵌（路易十三）	M. BLONDUS.	Allemande.
	112	820-821	Deux Cheminées (Louis XIII)	两个壁炉（路易十三）	P. COLLOT.	Française.
XC.....	113	822-823	Casque en fonte de bronze	青铜头盔	(Musée Campana).	Grecque.
	114	824-825	Devants de lit (Régence)	床前板（摄政时期）	»	Française.
	115	826-827	Gaînes, Pourtrait du 6e Terme (nº 3)	方底座、第 6 组半身雕塑像	SAMBIN.	Lyonnaise.
	116	828	Pot à cidre (faïence)	苹果酒壶（釉陶）	(Musée de Cluny).	Rouen.
XCI.....	117	829-832	Les Quatre Saisons, Panneaux, Nielles	四季、镶板、乌银镶嵌	CRISPIN DE PAS?	Flamande.
	118	833-839	Chandelier, Émaux cloisonnés	烛台、景泰蓝	(Coll. des Lazaristes).	Chine.
	119	840-845	Broderies, Gouttière de lit (Henri II)	刺绣、床垫（亨利二世）	(Musée Sauvageot).	Française.
	120	846-857	Alphabet typographique	字母表印刷装饰	P. FÜRST.	Allemande.
XCII....	121	858	Les Trois Parques, Figures décoratives (François Ier)	命运三女神、人物装饰（弗朗索瓦一世）	PRIMATICE.	Fontainebleau.
	122	859-860	Reliures à compartiments (Louis XIV, Louis XV)	精装烫金封面（路易十四、路易十五）	»	Française.
	123	861	Orfévrerie, Bassin émaillé au champlevé (Louis IX)	金银制品、镂刻搪瓷盆（路易九世）	»	Limoges.
	124	862-863	Gardes de Livres, Papiers gaufrés (Louis XIV)	书页、压花纸（路易十四）	»	Française.
XCIII....	125	864	Plat ovale, Faïence (Régence)	椭圆形盘、釉陶（摄政时期）	(Musée de Cluny).	Nevers.
	126	865	Cortége de Charles-Quint. { Trompettes et Timbaliers	查理五世游行 { 号角和定音鼓	N. HOGHENBERG.	Flamande.
	127	866	{ Hommes d'armes	{ 武装士兵	do.	do.
	128	867-868	Naïade, Dryade, Figures décoratives (Henri II)	水神、山林女仙、人物装饰（亨利二世）	J. GOUJON.	Française.
XCIV....	129	869	Orfévrerie, Aiguière, Bordures (Louis XIV)	金银制品、水壶、边饰（路易十四）	J. LEPAUTRE.	do.
	130	870	Frontispice du Vitruve de J. Martin (Henri II)	J. Martin 翻译的《维特鲁威》书名页（亨利二世）	J. GOUJON.	do.
	131	871	Plat à la corne, Faïence (Louis XV)	角状盘子、釉陶（路易十五）	(Musée de Cluny).	Rouen.
	132	872-873	Rabat en point de Venise, Broderie	威尼斯风格领圈、刺绣	do.	Venise.
XCV....	133	874	Pan et la Nymphe Écho, Figures décoratives	潘和宁芙的写照、人物装饰	J. ROMAIN.	Romaine.
	134	875-882	Lettres ornées, Marques d'imprimeur (Henri II)	花体字母、印刷符号（亨利二世）	J. GOUJON.	Française.
	135	883-885	Orfévrerie, Coffret (Louis XII)	金银制品、小匣子（路易十二）	(Musée Sauvageot).	do.
	136	886-894	Six Lucarnes (Louis XIII)	六个天窗（路易十三）	P. COLLOT.	do.
XCVI....	137	892	Orfévrerie, Vases (Louis XIV)	金银制品、器皿（路易十四）	J. LEPAUTRE.	do.
	138	893	Tenture, Bacchus (Régence) (nº 3)	墙饰、酒神巴克斯（摄政时期）	CL. GILLOT.	do.
	139	894	Frise, Bacchanale	檐壁、酒神节	J. ROMAIN.	Romaine.
	140	895-896	Gaînes, Pourtrait du 1er Terme (Charles IX) (nº 4)	方底座、第 1 组半身雕塑像（查理九世）	H. SAMBIN.	Française.
XCVII..	141	897-902	Bijoux, Pendeloques, Chaînes, Anneaux	首饰、耳坠、项链、吊环	(Musée Sauvageot).	(Diverses).
	142	903	Cortége de Charles-Quint. { La Bannière impériale	查理五世游行 { 帝国旗帜	N. HOGHENBERG.	Flamande.
	143	904	{ Hommes d'armes	{ 武装士兵	do.	do.
	144	905	Marqueterie du Cabinet Créqui (Louis XIII) (nº 1)	克雷基办公室的镶嵌工艺品（路易十三）	(Musée de Cluny).	Française.

QUATRIÈME ANNÉE
(1864)

NUMÉROS	PAGES	FIGURES	SUJETS DE LA COMPOSITION		AUTEURS	ÉCOLES
XCVIII	145	906	Frise (terre cuite), L'Amour céleste	檐壁（陶制）、神圣的爱	(Musée Campana.)	Grecque.
	146	907-10	Détails du Lit sculpté, p 273, nº 2 (Henri III)	床的雕刻细部（亨利三世）	(Musée de Cluny.)	Française.
	147	911	Frontispice de la Jérusalem délivrée	解放耶路撒冷的卷首插画	B. Castello.	Italienne.
	148	912	Papiers gaufrés et dorés, Gardes de Livres (Régence)	浮雕和压花纸、书页（摄政时期）		Française.
XCIX	149	913	Dessus de porte, Enfants, nº 2 (Louis XV)	门头饰板、儿童（路易十五）	F. Boucher.	dº.
	150	914-15	Gaînes, Portrait du 7e Terme (nº 5) (Charles IX)	方底座、第7组半身雕塑像（查理九世）	H. Sambin.	Lyonnaise.
	151	916	Faïence, Assiette à marly quadrillé (Régence)	釉陶、网格泥盘（摄政时期）	(Rouen.)	Française.
	152	917-19	Marqueterie, Incrustation du Cabinet Créqui (nº 2) (Louis XIII)	镶嵌工艺品、希腊风格橱柜镶嵌（路易十三）	(Musée de Cluny.)	dº.
C	153	920-21	Frises (nº 1) (Charles IX)	卷曲饰（查理九世）	A. du Cerceau.	dº.
	154	922-23	Deux Cheminées (Louis XIII)	两个壁炉（路易十三）	P. Collot.	dº.
	155	924	Vase (nº 2) (Louis XIV)	花瓶（路易十四）	J. Lepautre.	dº.
	156	925-27	Lettre ornée, Frises typographiques (Charles IX)	花体字母、印刷装饰（查理九世）	H. Sambin.	Lyonnaise.
CI	157	928-30	Orfévrerie religieuse, Crosses d'Évêque	宗教金银器、主教权杖	(Limoges.)	Française.
	158	931-34	Bordures, Moulures (nº 3) (Louis XVI)	边饰、线脚（路易十六）	De la Londe.	dº.
	159	935	Frise à Figures (Combat)	人物檐壁（斗争）	B. Beham.	Allemande.
	160	936-37	Cheneau (terre cuite)	檐沟（陶制）	(Musée Napoléon III.)	Grecque.
CII	161	938	Jardin de Compartiment	隔间花园	Vriese.	Flamande.
	162	939-42	Compartiment de Plafonds	格子天花板	S. Serlio.	Italienne.
	163	943	Faïence, Assiette à bords échancrés (Régence)	釉陶、凹边盘（摄政时期）	(Moustiers.)	Française.
	164	944-45	Papiers gaufrés et dorés, Gardes de Livres (Louis XIV)	浮雕和压花纸、书页（路易十四）	»	dº.
CIII	165	946	Cartouche, Frontispice	涡形装饰、卷首插画	W. Dieterlin.	Allemande.
	166	947-48	Panneaux, Arabesques (Louis XVI)	镶板、蔓藤花纹（路易十六）	P. J. Prieur.	Française.
	167	949-52	Chenets en fer forgé	锻铁柴架	(Coll. Récappé.)	Italienne.
	168	953-54	Lucarnes, Portes (Louis XIII)	天窗、门（路易十三）	P. Collot.	Française.
CIV	169	955	Assiette Julia Bella, Majolique	朱莉娅贝拉肖像、陶器	(Gubbio).	Italienne.
	170	956	Cheminée (Charles IX)	壁炉（查理九世）	A. du Cerceau.	Française.
	171	957	Meuble sculpté (Henri II)	雕花家具（亨利二世）	(Musée de Cluny.)	dº.
	172	958-59	Fleurs, Graminées	花、草	»	Japonaise.
CV	173	960	Frise principale d'un Vase peint	彩陶花瓶的主要带状装饰	Andocides.	Grecque.
	174	961	Arabesques, Plantes, Costumes (nº 5)	蔓藤花纹、植物、服饰	A. Durer.	Allemande.
	175	962	Écran, Le message amoureux (Louis XV)	挡板、爱的信息（路易十五）	F. Boucher.	Française.
	176	963-66	Marqueterie, Incrustations du Cabinet Créqui (nº 3) (Louis XIII)	镶嵌工艺品、希腊风格橱柜镶嵌（路易十三）	(Musée de Cluny.)	dº.
CVI	177	967	Costumes, Frontispice des Modèles de Broderie	服饰、刺绣式样的卷首插画	H. Siebmacher.	Allemande.
	178		Cortége de Charles-Quint { Les Lansquenets, } Planche double { L'Artillerie, }	查理五世游行 { 雇佣兵 } 双版 { 火炮 }	N. Hoghenberg.	Flamande.
	179	968-69				
	180	970-78	Frises, Vignettes, Bordures, Ornements typographiques	卷曲饰、装饰图案、边饰、印刷装饰	(Venise.)	Italienne.
CVII	181	979-81	Ballets et Pastorales, Costumes scéniques (nº 1) (Régence)	芭蕾和牧歌、舞台服饰（摄政时期）	Cl. Gillot.	Française.
	182	982-86	Bronzes, Candélabres	青铜器、烛台	(Musée Napoléon III.)	Grecque.
	183	987	Lit drapé du maréchal d'Effiat (Louis XIII)	埃菲亚元帅的垂褶床（路易十三）	(Musée de Cluny.)	Française.
	184	988-89	Céramique, Peinture, Décor intérieur d'une Coupe, Profil	陶器、写照、内部绘画装饰、断面图	(Musée Napoléon III.)	Grecque.
CVIII	185	990	Panneau de l'Histoire de Jason et Médée (François Ier)	关于伊阿宋和美狄亚故事的镶板（弗朗索瓦一世）	Léonard Thiry.	Fontainebleau.
	186	991	Le Repos gracieux, Feuille de Paravent (Louis XV), Pl. double	悠闲的休息、叶片屏风（路易十五），双版	A. Watteau.	Française.
	187	992	Vase à deux anses, Faïence (Régence)	双把手器皿、陶器（摄政时期）	(Musée de Cluny.)	Rouen.
CIX	188	993	Chemin du Salut, Frise à deux personnages	救赎之路、两个人物的檐壁	L. Della Robbia.	Italienne.
	189	994-1001	Entourages, Bordures, Figures mythologiques	边饰、边框、神话人物	Bernard Salomon.	Lyonnaise.
	190	1002-5	Fauteuils de la chambre du maréchal d'Effiat (Louis XIII)	埃菲亚元帅的扶手椅（路易十三）	(Musée de Cluny.)	Française.
	191	1006	Cadre et Couronnement de Cheminée (Henri III)	壁炉的框架和顶饰（亨利三世）	Ph. de l'Orme.	dº.
CX	192	1007-8	Vignettes, Chiffres, Fleurs (Louis XVI)	装饰图案、姓名首字母、花（路易十六）	Bachelier.	dº.
	193	1009-10	Gaînes, Portrait du 2e Terme (nº 6) (Charles IX)	方底座、第2组半身雕塑像（查理九世）	H. Sambin.	Lyonnaise.
	194	1011	Paysage décoratif, Médaillon (Louis XVI)	景观装饰、椭圆形画像（路易十六）	J. Leprince.	Française.
	195	1012-15	Étoffes, Tentures de la chambre du maréchal d'Effiat (Louis XIII)	织物、埃菲亚元帅的挂毯（路易十三）	(Musée de Cluny.)	dº.
CXI	196	1016-17	Cortège, Combat burlesque, Frises (Henri II)	游行、滑稽的斗争、檐壁（亨利二世）	Stephanus.	dº.
	197	1018-19	Orfévrerie, Cornet en émaux cloisonnés	金银器、景泰蓝圆锥形容器		Chine.
	198	1020-21	Deux Assiettes, Faïence (Régence)	两个盘子、陶器（摄政时期）	(Rouen.)	Française.
	199	1022	Marteau de porte du palais Guadagni	瓜达尼宫中的门环	(Florence.)	Italienne.
CXII	200	1023	Meuble sculpté, Face de Bahut (Louis XI)	雕花家具、箱子正面（路易十一）		Française.
	201	1024-27	Marqueterie, Incrustation du Cabinet Créqui (nº 4) (Louis XIII)	镶嵌工艺品、希腊风格的橱柜镶嵌（路易十三）	(Musée de Cluny.)	dº.
	202	1028	Torchère de Jardin, Bordure ornée, Médaillon (Louis XIV)	花园壁灯灯座、边框装饰、椭圆形画像（路易十四）	J. Lepautre.	dº.
	203	1029	Arabesques, Plantes, Costumes (nº 6)	蔓藤花纹、植物、服饰	A. Durer.	Allemande.

NUMÉROS	PAGES	FIGURES	SUJETS DE LA COMPOSITION		AUTEURS	ÉCOLES
CXIII....	204	1030	Panneaux, Costumes, Pastorale (Louis XV)	镶板、服饰、牧歌（路易十五）	F. BOUCHER.	Française.
	205	1031	Cheminée (Charles IX)	壁炉（查理九世）	A. DU CERCEAU.	do.
	206	1032-35	Ballets et Pastorales, Costumes scéniques (nº 2) (Régence)	芭蕾和牧歌、舞台服饰（摄政时期）	CL. GILLOT.	do.
	207	1036-39	Bronzes, Anses de Vases	青铜器、器皿把手	(Musée Napoléon III.)	Grecque.
CXIV....	208	1040	Faïence, Vase à deux anses, Pièce à la Guirlande (Régence)	釉陶、双把手器皿、珐琅装饰、陶瓷制品（摄政时期）	(Rouen.)	Française.
	209	1041-44	Cadres, Bordures, Moulures (nº 4) (Louis XVI)	框、边饰、线脚（路易十六）	DE LA LONDE.	do.
	210	1045-46	Torchère de Rocailles (bronze) et son Profil (Louis XV)	洛可可风格烛台（青铜）及侧面（路易十五）	DE CUVILLIÉS.	do.
	211	1047-48	Panneaux, Arabesques (Louis XVI)	镶板、蔓藤花纹（路易十六）	P. J. PRIEUR.	do.
CXV.....	212	1049	Panneau émaillé, Céramique	珐琅装饰、陶瓷制品		Italienne.
	213	1050	Arabesques, Plantes, Costumes (nº 7)	蔓藤花纹、植物、服饰	A. DURER.	Allemande.
	214	1051	Décoration intérieure d'une coupe peinte	器皿的内部绘画装饰	(Musée Napoléon III.)	Grecque.
	215	1052-55	Nielles, Arabesques, Médaillons	乌银镶嵌装饰、蔓藤花纹、圆雕饰	P. FLŒTNER.	Allemande.
CXVI....	216	1056	Panneau, Arabesques (Louis XVI)	镶板、蔓藤花纹（路易十六）	G. P. CAUVET.	Française.
	217	1057	Face de Bahut (Louis XI)	箱子正面（路易十一）	(Dijon.)	do.
		1058	Moitié du détail, Arabesques, Costumes. } Planche double	对半的蔓藤花纹细节、服饰 } 双版		
	218	1059-62	Les Devises d'Armes et d'Amours de P. Jove (nº 7)	P.Jove 的战争和爱情的座右铭	(Lyon.)	do.
CXVII...	219	1063	Deux Vases de jardin et leurs piédestaux (Louis XV)	两个器皿及其底座（路易十五）	F. BLONDEL.	Française.
	220	1064-65	Gaînes, Pourtrait du 15e Terme (nº 7) (Charles IX)	方底座、第 15 组半身雕塑像（查理九世）	H. SAMBIN.	Lyonnaise.
	221	1066	Porte peinte au Château du Pailly	佩利城堡的彩绘门	»	Française.
	222	1067-90	Majuscules typographiques, Alphabet	大写字母印刷样式、字母表	P. FÜRST.	Allemande.
CXVIII...	223	1091-97	Panneau, Arabesques, Nielles, Orfévrerie (nº 2), Frontispice	镶板、蔓藤花纹、乌银镶嵌、金银制品、卷首插画	P. FLŒTNER.	do.
	224	1098	Décoration intérieure, Cheminée (Louis XV)	室内装饰、壁炉（路易十五）	F. BLONDEL.	Française.
	225	1099-1100	Ensemble et Frise d'un Vase peint (nº 2)	同套物品和彩陶器皿的带状装饰	ANDOCIDES.	Grecque.
	226	1101-03	Trois Cartouches	三个涡形装饰	A. MITTELLI.	Italienne.
CXIX...	227	1104-05	Costumes, Coiffures	服饰、头饰	TIZ. VECELLI.	do.
	228	1106-10	Orfévrerie d'Église, Neuf Calices (Louis XV)	教堂金银器、九个圣餐杯（路易十五）	P. GERMAIN.	Française.
	229	1111	Paysage décoratif, Médaillon (Louis XVI)	景观装饰、椭圆形像（路易十六）	J. LEPRINCE.	do.
	230	1112	Cheminée, Porte (Louis XIV)	壁炉、门（路易十四）	D. MAROT.	do.
CXX....	231	1113-16	Trois Vases corinthiens et Détail	三个科林斯器皿及其细节	(Musée Napoléon III.)	Grecque.
	232	1117-20	Entourages, Médailles	边饰、圣牌	(Anvers.)	Flamande.
	233	1121	Couronne du Sacre de Louis XV (Régence)	路易十五的冕冠（摄政时期）	RONDÉ fils.	Française.
	234	1122	Entrelacs, Chiffre de tout l'Alphabet (Régence)	缠带饰、字母密码（摄政时期）	MAVELOT.	do.
CXXI...	235	1123	Faïence, Assiette armoriée à marly niellé (Régence)	釉陶、饰以纹章的乌银镶盘（摄政时期）	(Rouen.)	do.
	236	1124-25	Deux Panneaux, Arabesques (Louis XVI)	两个镶板、蔓藤花纹（路易十六）	PRIEUR.	do.
	237	1126-27	Bahut sculpté et Détail (Charles VII)	雕花箱子及其细节（查理七世）	»	do.
	238	1128-29	Bronzes, Deux Candélabres	青铜制品、两个烛台	(Musée Napoléon III.)	Grecque.
CXXII.	239	1130	Panneau, Arabesques, Frontispice (Louis XIV)	镶板、蔓藤花纹、卷首插画（路易十四）	LOIR.	Française.
	240	1131-45	Orfévririe, Nielles, Arabesques (nº 3)	金银制品、乌银镶嵌、蔓藤花纹	P. FLŒTNER.	Allemande.
	241	1146	Bouquet de Fleurs (Louis XIV)	花束（路易十四）	BAPTISTE.	Française.
	242	1147	Faïence, Assiette Aria	釉陶、曲谱装饰盘	(Rouen.)	do.
CXXIII...	243	1148	Orfévrerie, Vase monté en bronze (Louis XVI)	金银制品、青铜花瓶（路易十六）	CAUVET.	do.
	244	1149	Vue d'ensemble (Louis XI). }	成套物品外观（路易十一） }	(Dijon.)	Française.
		1150	2e Moitié du détail (Costumes). } Bahut (nº 2), Planche double	第 2 半边箱子的细节（服饰）} 双版		
	245	1151-55	Bronze, Ustensiles de cuisine	青铜器、厨房用品	(Musée Napoléon III.)	Grecque.
CXXIV...	246	1156-57	Deux Vases Aiguières (François Ier)	两个水壶器皿（弗朗索瓦一世）	L. BOIVIN.	Fontainebleau
	247	1158-62	Frontispice, Broderies, Point compté	卷首插画、刺绣、部分切图	H. SIEBMACHER.	Allemande.
	248	1163-71	Lit à baldaquin (Louis XI)	天蓬床（路易十一）	»	Française.
	249	1172	Arabesques, Plantes, Costumes (nº 8)	蔓藤花纹、植物、服饰	A. DURER.	Allemande.
CXXV....	250	1173-74	Céramique, Carrelages émaillés	陶器、陶瓷贴砖	(Faënza.)	Italienne.
	251	1175	Bases, Consoles, Piédestaux	柱脚、托臂、基架	W. DIETERLIN.	Allemande.
	252	1176-77	Deux Frises, Cortéges (terre cuite)	两个檐壁、游行（陶制）	(Musée Napoléon III.)	Romaine.
	253	1178-83	Six Chandeliers (Louis XVI)	六个烛台（路易十六）	NEUFFORGE.	Française.
CXXVI...	254	1184-89	Deux Frises d'après l'antique, Vases (Louis XVI)	两个古董的带状装饰、器皿（路易十六）	H. FRAGONARD.	do.
	255	1190-91	Deux Panneaux à la Chinoise (Louis XV)	两个中式壁板（路易十五）	PILLEMENT.	do.
	256	1192-93	Face et Profil de la Pendule du Cabinet Créqui (Louis XIII)	希腊风格橱柜摆钟的正面和侧面（路易十三）	(Musée de Cluny.)	
	257	1194-95	Deux Panneaux, Arabesques	两个镶板、蔓藤花纹	ZANCARLI.	Italienne.
CXXVII .	258	1196	Figures décoratives, Vénus, Cérès, Bacchus et l'Amour	人物装饰、维纳斯、刻瑞斯、巴克斯、爱神	H. GOLTZIUS.	Flamande.
	259	1197-1202	Six Cartouches et Emblèmes	六个涡形装饰和徽章	G. PORRO.	Italienne.
	260	1203-04	Deux Bahuts sculptés (Louis XI)	两个雕花箱子（路易十一）	»	Française.
	261	1205	Deux Motifs de Cheminées (Louis XIII)	两个壁炉式样（路易十三）	P. COLLOT.	do.
CXXVIII.	262	1206	Antéfixe (terre cuite)	瓦檐饰（陶制）	(Musée Napoléon III.)	Grecque.
	263	1207	Frontispice, Cartouche (Charles IX)	卷首插画、边饰（查理九世）	PH. DE L'ORME.	Française.
	264	1208-09	Deux Figures décoratives, Portes de la Galerie Farnèse (nº 2)	两个人物装饰、法内仙纳美术馆的门	A. CARRACHE.	Italienne.
	265	1210-23	Arabesques, Nielles (nº 4)	蔓藤花纹、乌银镶嵌装饰	P. FLŒTNER.	Allemande.
CXXIX.	266	1124-25	Reliure, Couverture d'évangéliaire	福音书的精装书盒	(Limoges.)	Française.
	267	1226-29	Céramique, Lampes à plusieurs becs	陶器、带前缘的灯	(Musée Napoléon III.)	Grecque.
	268	1230	Panneau sculpté aux Armes de Brest (Louis XI)	布雷斯特纹章的雕刻镶板（路易十一）	»	Française.
	269	1231	Panneau à la Chinoise, Costume (nº 2) (Louis XV)	中式壁板、服饰（路易十五）	F. BOUCHER.	do.
CXXX.	270	1232-34	Orfévrerie, Bijoux, Pendeloques	金银制品、首饰、耳坠	A. DE S. HUBERTO.	Flamande.
	271	1235-42	Entourages, Bordures, Figures mythologiques (nº 2) (Henri II)	边饰、边框、神话人物（亨利二世）	BERNARD SALOMON.	Lyonnaise.
	272	1243	Meuble, Crédence sculptée, peinte et dorée (Charles VI)	家具、雕花餐具橱、彩绘和镀金（查理六世）	(Coll. Récappé.)	Française.
	273	1244-47	Les Entrelacs de Marqueterie (Charles IX)	缠带饰镶嵌工艺品（查理九世）	A. DU CERCEAU.	do.
CXXXI...	274	1248-49	Faïence, Deux Burettes	釉陶、两个圣水瓶		Persane.
	275	1250-52	Broderies, Guipures, Point compté	刺绣、凸花花边、部分切图	H. SIEBMACHER.	Allemande.
	276	1253	Figures décoratives, Ménade (terre cuite)	人物装饰、酒神巴克斯的女祭司（陶制）	(Musée Napoléon III.)	Grecque.
	277	1254-59	Entrelacs, Nielles, Arabesques (nº 5)	缠带饰、乌银镶嵌装饰、蔓藤花纹	P. FLŒTNER.	Allemande.
CXXXII.	278	1260	Costumes, le Porte-Enseigne	服饰、旗手	A. DURER.	do.
	279	1261-63	Meubles, Lit, Frises (Charles IX)	家具、床、带状装饰（查理九世）	A. DU CERCEAU.	Française.
	280	1264-68	Cinq Frises (Louis XVI — République de 89)	五个带状装饰（路易十六至法兰西共和国）	J. B. HUET.	do.
	281	1269-74	Six Bouquets, Fleurs (Louis XVI)	六个花束、花（路易十六）	RANSON.	do.
CXXXIII.	282	1275-79	Quatre Frises, Têtes de Pages (Louis XIV)	四个带状装饰、页眉（路易十四）	BREBIETTE.	do.
	283	1280	Entablement composite, Consoles	混搭风格顶饰、托臂	V. VRIESE.	Flamande.
	284	1281	Orfévrerie religieuse, Reliquaire et Détails	宗教金银器、圣物及其细节	»	Française.
	285	1282	Les Dédales, Entrelacs de Filet (nº 3)	迷宫、网状缠带饰	A. DURER.	Allemande.

NOTA. — *Le RÉPERTOIRE ALPHABÉTIQUE DES MATÉRIAUX publiés dans les cinq premières années paraitra dans le cinquième volume.*

Troisième Année.   N° 62.   10 Janvier 1863.

L'ART · POUR · TOUS

ENCYCLOPÉDIE

DE L'ART INDUSTRIEL ET DÉCORATIF

Abonnement annuel :
Pour toute la France 18 fr.
Pour l'étranger,
même prix, plus les droits de poste
variables.

Paraissant les 10, 20 et 30 de chaque mois.

ÉMILE REIBER
DIRECTEUR-FONDATEUR

Pour toutes demandes
d'abonnements, réclamations, etc.,
s'adresser
aux Bureaux du Journal,
13, rue Bonaparte, à Paris.

ALBRECHT DÜRER
1524

XVIᵉ SIÈCLE. — ÉCOLE ALLEMANDE.   PORTRAITS. — COSTUMES.

Frederic, Elector of Saxony, was one of the most energetic promoters of the Reformation. The date of the plate reproducing the features of the courageous Elector, the inscriptions which accompany it, are the signs of an homage paid to *Liberty of conscience*, granted by the diet of Nurnberg (1523-1524), by A. Durer. — (*Facsimile.*)

萨克森州的选民弗雷德里克（Frederic），是改革运动最积极的推动者之一。铭牌的日期再现了这位英勇选民的气节，牌上的铭文正是丢勒（A. Durer, 1523~1524 年）在纽伦堡。向信仰自由致敬的证明。（复制品）

CHRISTO · SACRVM ·
· ILLE · DEI · VERBO · MAGNA · PIETATE · FAVEBAT ·
· PERPETVA · DIGNVS · POSTERITATE · COLI ·

· D · FRIDR · DVCI · SAXON · S · R · IMP ·
ARCHIM · ELECTORI ·
ALBERTVS · DVRER · NVR · FACIEBAT
· B · M · F · V · V ·
· M · D · XXIIII ·

Frédéric, Électeur de Saxe, fut un des plus énergiques promoteurs de la Réforme. C'est à sa cour et dans ses États que Luther trouva toujours non-seulement un refuge contre les foudres de l'Église et les persécutions de l'empereur, mais aussi un concours actif et puissant pour la reconnaissance de ses principes. (*Liberté de conscience* accordée par la diète de Nuremberg, 1523-1524.) La date que porte cette remarquable estampe, qui reproduit les traits du courageux Électeur, les inscriptions qui l'accompagnent, nous font voir dans cette pièce un hommage rendu par *A. Dürer* à l'un des premiers triomphes des idées modernes. — (*Fac-simile.*)

ANTIQUES. — CÉRAMIQUE GRECQUE.

After the closing of the Campana Exhibition, at the *Palais de l'Industrie*, some voices who sound agreeably to the ears of the public, pronounced themselves in favour of the preservation of the whole of those rich collections.

The principle making it the foundation of a *Museum of studies* and creating public lectures has been since consacrated by a double vote of the Academy. Our readers will rejoice as well as we do at the idea of being soon able to enjoy the benefits of an institution so much in harmony with the wants of our time, and which will exercise a salutary influence on public taste as well as on contemporary art.

We continue the reproduction of series of the Greek Terrae Cottae, and give three specimens of friezes and current ornaments.

Nʳ 512 belongs to primitive times: its disposition is most simple and severe. In the intervals of the intercolumnations of the Doric ordonnance there are palm-leaves of a characteristic shape emerging from crucibles shaped like boats. This frieze is crowned by a semi-circular crenellated crest. Height: 0,25.

Nʳ 513 is also terminated by a palm-shaped crest resting on a current archbrow; it represents two cupsbearers back to back, wearing the Phrygian dress, sitting in graceful attitudes and pouring ambrosia into cups held by two winged griffons. Height: 0,27; breadth: 0,47.

Nʳ 514 is a piece of a gutter. On the top of the arched figures (imitated openings for the running water) of an ovoid form, reversed lotus flowers are fixed, out of which foliages escape and meet at the top where they form voluted palm-leaves. Fluted pendentives, crowned by a projecting plinth which is half round on its plan, serve for cups (θαλαμός) to a flower shaped like a fir-cone. This frieze, which is but little known and of an original composition, produces a very good effect. Height: 0,27; breadth, 0,43.

Après la fermeture de l'exposition du Musée Campana, au Palais de l'Industrie, des voix aimées du public se sont fait entendre en faveur de la conservation intégrale de ces riches collections. Un double vote de l'Académie a depuis consacré en principe l'idée d'en former la base d'un *Musée d'études* avec adjonction de cours publics. Nos lecteurs se féliciteront avec nous de pouvoir jouir bientôt d'une institution si en harmonie avec les besoins de l'époque, et qui est appelée à exercer une salutaire influence, et sur le goût public, et sur l'art contemporain.

Nous continuons ici la reproduction de la série des Terres cuites grecques, en donnant trois spécimens de frises et ornements courants.

Le nᵒ 512 date des époques primitives : sa disposition est des plus simples et des plus sévères. Dans les intervalles des entre-colonnements d'ordonnance dorique sont disposées des palmettes de forme caractéristique, s'échappant d'un culot en forme de nacelle. Cette Frise est couronnée par une crête à créneaux demi-circulaires. Hautʳ, 0,25; entraxes 0,11.

Le nᵒ 513, également terminé par une crête à palmettes reposant sur une arcature courante, représente deux échansons adossés, revêtus du costume phrygien, et versant, dans des attitudes gracieuses, l'ambroisie à deux griffons ailés. Hautʳ, 0,27; largʳ, 0,47.

Le nᵒ 514 est une pièce de cheneau. Sur le sommet des arcatures (ouvertures *feintes* pour l'écoulement des eaux), de forme ovoïde, viennent s'appuyer des fleurs de lotus renversées, d'où s'échappent des rinceaux se réunissant vers le haut en palmettes à volutes. Des pendentifs cannelés, couronnés par une plinthe saillante demi-ronde en plan, servent de calice (θαλαμός) à une floraison en forme de pomme de pin. Cette crête, peu connue et de composition originale, est d'un excellent effet. Hautʳ, 0,27; largʳ, 0,43.

512

513

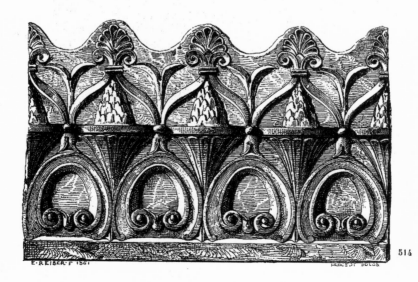

514

在位于工业殿堂坎帕纳的展览结束之后，那些同公众持同样意见的人声称支持保存这些珍贵的藏品。自学会双重投票确定这项原则以来，使其成为了研究博物馆的基础，并增添了公共演讲。我们同读者都会感到高兴，因为我们很快就能享受到一个与这个时代的需求和谐一致的机构所带来的好处，这对公众品位和当代艺术产生有益的影响。

我们继续复制希腊的"赤陶"系列，并给出三类带饰和当代饰品的样本。

图512属于原始时期：它的特性最为简单质朴。在多立克圆柱之间，有一些特定形状的棕榈叶，它们出自一些小船形状的底座。这种带饰顶部有一个半圆的齿顶。高0.25米。

图513的顶端也有一个棕榈叶形的顶，在其拱

面上。有两名身着弗里吉亚服装的人，优雅地背对背坐着，将神食喂给两只长着羽翼的狮鹫。高0.27米，宽0.47米。

图514是一条排水沟。在呈卵形的拱形冠上（仿佛流水孔），支撑着倒莲花。棕榈叶从花顶延伸出来簇拥成螺旋的形状。外部有凹槽纹的穹隅，上面有一个凸出的半圆底座，圆状底座托起的花朵像是锥形冷杉。这条饰带，虽然鲜为人知，但却是一种原始的构图手法，产生了很好的效果。高0.27米，宽0.43米。

XVIIIᵉ SIÈCLE. — ÉCOLE FRANÇAISE (LOUIS XVI).

POÊLES.

TROPHÉES, — PIÉDESTAUX

PAR DE LA FOSSE.

515   516   517

In spite of the laudable efforts which have been made lately, modern Stove-making is still far from being able to reconquer, with respect to taste, the position the similitude of its products with those of the Ceramic art ought to induce us to endeavour to attain in our days. With the numerous resources which not only the plastic art, but also the varied applications of coloured enamel afford, and with the facility with which the proofs may be reproduced, it is incomprehensible that this art which used to be so flourishing (see p. 134) has not yet been revived among us. We shall merely point out this regretful vacuum in our contemporary arts, and reproduce a series of models taken from passed times, and which will be of great interest to our manufacturers. Among those specimens we shall first choose the series of *J. C. De la Fosse's* stoves and bases (see pag. 215, 230). The trophy, column and obelisk finishings, etc., which form the tops of those little monuments, that ornamented the niches in halls and dining rooms, are distinguished by a great variety of composition. Berthault's engraving. — *(Fac-simile.)*

518

En dépit de louables efforts tentés depuis plusieurs années, la Poêlerie moderne a encore un grand pas à faire pour reconquérir, au point de vue du goût, la place que l'affinité de ses produits avec ceux de la Céramique lui doit faire rechercher de nos jours. Avec les ressources si étendues que lui prêtent non-seulement les arts plastiques, mais encore les applications variées des émaux de couleur, et la facilité de multiplier les épreuves, il est vraiment incompréhensible que cet art, jadis si florissant (voy. p. 134), ne soit encore parvenu à revivre parmi nous. Nous bornant ici à signaler cette regrettable lacune dans nos arts contemporains, nous nous empresserons de reproduire une suite de modèles empruntés aux temps passés, et qui, nous l'espérons, fourniront d'utiles renseignements à nos industriels. Au nombre de ces spécimens, nous choisirons d'abord la série des *Poêles* et *Soubassements* de J.-C. De la Fosse (voy. pages 215, 230). Les *amortissements* en trophées, colonnes, obélisques, etc., qui terminent ces petits monuments dont on décorait les niches des vestibules et des salles à manger, se distinguent par la variété de leur composition. — Gravure de Berthault. — *(Fac-simile.)* — Sera continué.

就品位而言，烟囱的制造与陶制艺术有相似之处，这一点应该能促使我们努力让烟囱制造在如今这个时代重新占领最高点，然而，尽管近来人们作出了令人称道的努力，但现代的烟囱制造仍然远远不能达到这一目标。考虑到有大量如塑料艺术和各种彩釉应用的资源，以及复制样版的设施，这种曾经如此繁荣的艺术如今未能盛行起来，这是难以理解的（请参见第134页）。我们只要指出当代艺术中这个令人遗憾的空白，并再现一系列从过去时代获取的样版，对我们的制造业来说

就是非常有意义的。在这些样版中，我们将首先选择一系列 J. C. 福斯（J. C. De la Fosse）的"壁炉"和"底座"（参见第215页、第230页）。其奖杯、圆柱和方尖碑的装饰材料等等，以各种各样的组合而著称，它们构成了这些小纪念碑的顶部，装饰着大厅和餐厅的壁龛。由法国工程师帕尔陀（Berthault）雕刻。（复制品）

XVIIIe SIÈCLE. — ÉCOLE FRANÇAISE (LOUIS XV).   CARROSSERIE.
CHAISE A PORTEUR.

在前几个世纪，
贵族早上用来出行
的轿椅，只能容下一
个人。在那个大都
市的街道还很狭窄，
以至于交通不断受
到阻碍的时代，这
种出行方式很舒适。
正如其名字所指的
那样，它们由一把
单独的椅子构成，
这把椅子被包裹在
一个装有玻璃窗格
的外壳里（图1），
这扇玻璃窗可以移
动，打开它就可以
看见外面（图2）。
借助位于轿子底部
的四个脚，可以将
其放置在地面上（图
3，底部的布局）。
它是靠两根杆子挑
起来的（图4），这
两根杆子则是由侧
面的两个金属环串
起来的。图5在很
大程度上展现了前
后脚的剖面和装配。
它还展示了门框，
门框所带的凹槽面
板是移动窗口的框
架。其装饰相当昂
贵，由彩绘木板构
成，上面镶有镀金
的雕花边框。在这
些雕刻中，饰物的
主要部分展现了各
个隔间的轴线。——
摘自《百科全书》。

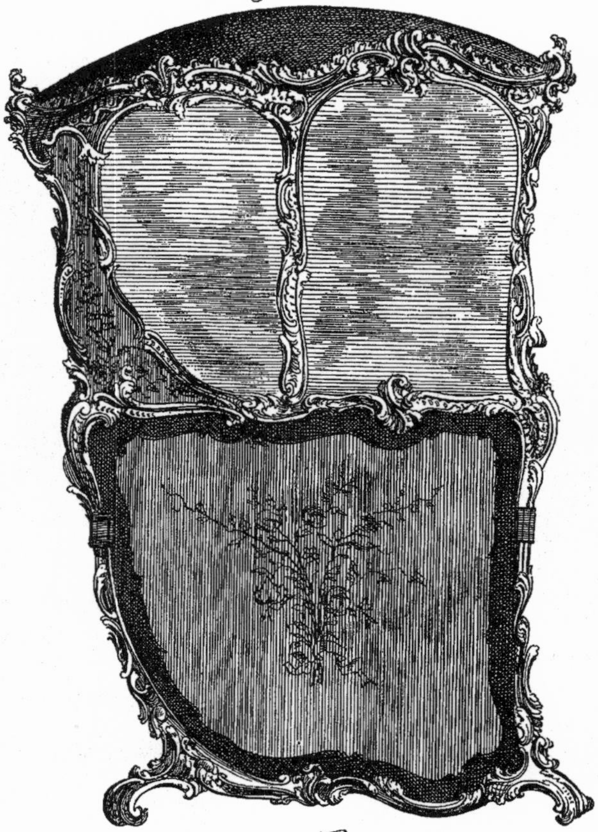

Fig. 1re   Fig. 2e   Fig. 4e
Fig. 3e
Fig. 5e

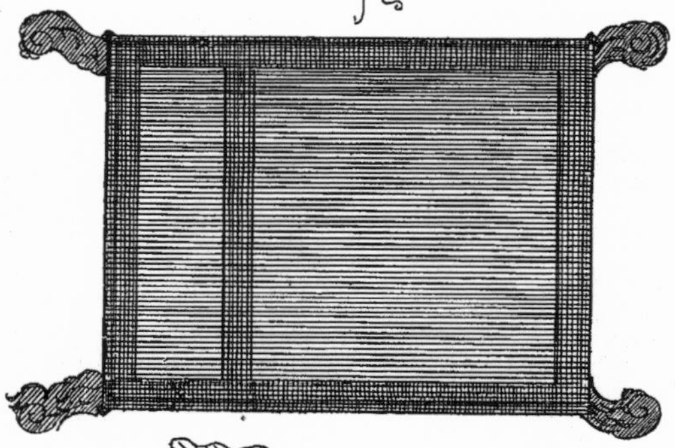

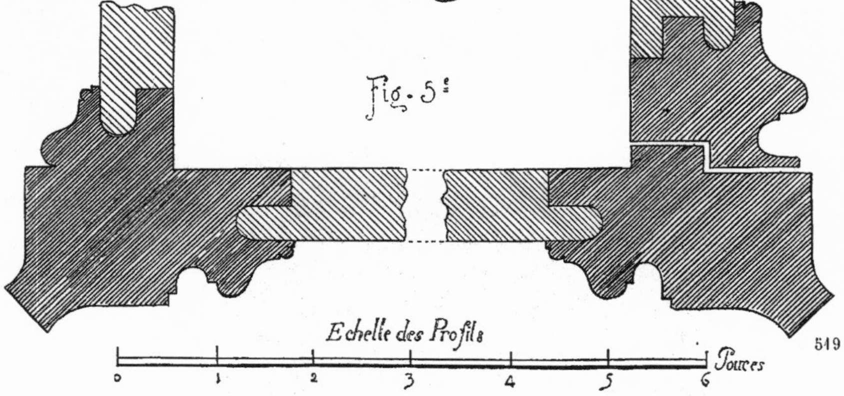

Echelle des Profils
0   1   2   3   4   5   6   Pouces
519

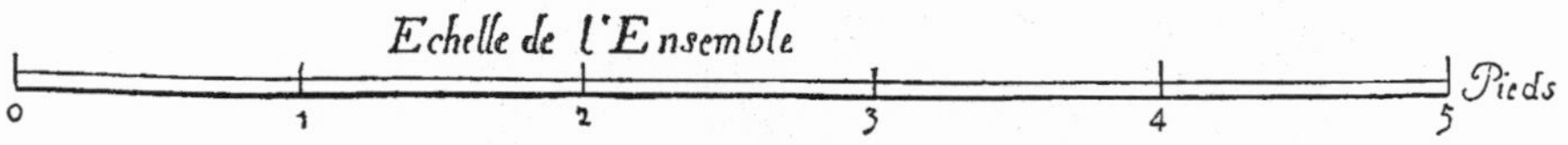

Echelle de l'Ensemble
0   1   2   3   4   5   Pieds

The *Sedan-chair*,
which was used by the
nobility in the former
centuries to pay their
visits in the morning,
could not hold more
than one person; this
vehicle was very com-
fortable at a time where
the narrow streets of
the metropolis were
cont'nually encumber-
ed. They consisted, as
their name indicates it,
of a single seat contain-
ed within a covered
box provided with glass
panes (fig. 1) into
which they penetrated
by the small side (fig. 2)
which was opened by
means of a door provid-
ed with a moveable win-
dow. The chair rest-
ed on the ground by
means of four *cornered
feet* (see fig. 3, the plan
of the bottom, under-
neath). It was carried
by means of two poles
(fig. 4) which were pas-
sed through two metal-
lic rings visible on the
lateral faces. Figure 5
shows the assemblage
of the pannels and pro-
files on a large scale of
the cornered fore and
hind feet. It also shows
the leaf of the door
with grooved pannel for
the frame of the mo-
veable window. — The
decoration, which is
remarkably rich, con-
sists of painted pan-
nels in gilt carved
wood frames.—Fasten-
ings of rock-work show
in those sculptures the
axes of the several com-
partiments. — From the
Great Encyclopædia.

La *Chaise à porteur* est encore en usage dans quelques-unes de nos villes de province, dont les rues accidentées ne permettent pas la libre circulation des voitures. Les personnes de qualité s'en servaient aux siècles derniers pour leurs visites du matin. Ces sortes de véhicules ne pouvaient contenir qu'une personne; ils étaient d'une grande commodité à une époque où les rues étroites de la capitale donnaient lieu à des embarras continuels. Ils se composaient, comme leur nom l'indique, d'un simple siège contenu dans une caisse couverte et garnie de vitrages (fig. 1re), dans laquelle on pénétrait par le petit côté (fig. 2e) formant portière à glace mobile. La Chaise reposait à terre sur quatre *pieds cornus*. (Voy., fig. 3e, le plan du dessous.) On la transportait au moyen de deux bâtons (fig. 4e) passés dans les anneaux de métal que l'on voit sur les faces latérales. La fig. 5e donne les détails d'assemblage des panneaux et les profils en grand des pieds cornus de derrière et de devant; elle indique aussi le battant de portière avec panneau à rainure pour le châssis de la glace mobile. —La décoration, qui est des plus riches, se compose de panneaux de peinture encadrés dans des châssis de bois sculpté et doré; des agrafs de rocailles accusent dans ces sculptures les axes des divers compartiments. — Tiré de la *Grande Encyclopédie*.

Troisième Année.
Nº 63.
20 Janvier 1863.

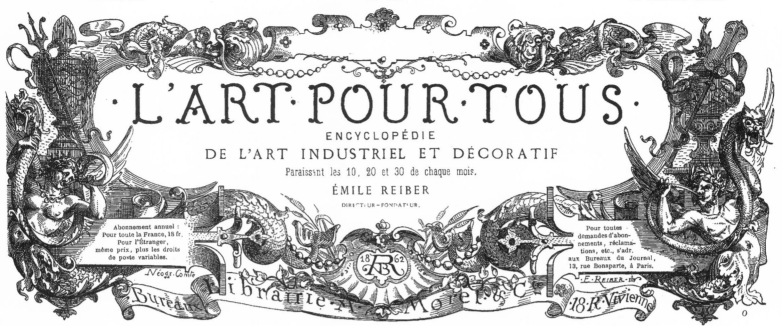

·L'ART·POUR·TOUS·
ENCYCLOPÉDIE
DE L'ART INDUSTRIEL ET DÉCORATIF
Paraissant les 10, 20 et 30 de chaque mois.
ÉMILE REIBER
DIRECTEUR-FONDATEUR.

Abonnement annuel :
Pour toute la France, 18 fr.
Pour l'Étranger,
même prix, plus les droits
de poste variables.

Pour toutes
demandes d'abonne-
ments, réclama-
tions, etc., s'adr.
aux Bureaux du Journal,
13, rue Bonaparte, à Paris.

ANTIQUES. — CÉRAMIQUE GRECQUE.

VASE CORINTHIEN.
(COLLECTIONS CAMPANA.)

The series of the *Great Corinthian Vases* forms, in the Campana collections, a separate series which we intend to study with all the care its importance deserves. We shall find there the decorative principle inspired by the rudimentary ornamentation (of geometrical forms) of the Phenician school, developing itself under the influence of the Grecian civilization, and arriving, by the greatest simplicity of means of execution, to the most complete developments. The fine specimen (a Vase with three handles) which we give here, is of the greatest elegance and simplicity. (Reddle earth; primitive tones : black bister, red-brown and white.) The tracings made on the original of all the details of ornamentation, including the development of the two halves of the principal frieze (sporting subject) will be given later. — Half the real size.

520

La série des *Grands Vases corinthiens* forme, dans les collections Campana, une suite unique et que nous traiterons avec tout le soin que son importance comporte. Nous y verrons le principe décoratif, s'inspirant à son origine des ornementations rudimentaires (à formes géométriques) de l'école phénicienne, se développer sous le souffle de la civilisation grecque, pour arriver, avec la plus grande simplicité de moyens, à son expansion la plus complète. Le beau spécimen (Vase à trois anses) que nous donnons ici est d'une élégante simplicité de formes et d'ornementation. — Terre à engobe d'ocre rouge; tons *primitifs* noir bistré, brun-rouge et blanc. — Les *calques* faits sur l'original de tous les détails de l'ornementation, y compris le développement des deux moitiés de la frise principale (sujet de chasse), seront donnés ultérieurement. —Moitié d'exécution.

在坎帕纳的系列中，"伟大的科林斯花瓶" 是一个单独的系列。考虑到其重要性，它值得我们仔细研究。在那里我们将发现，它是受腓尼基学派的基本纹饰（几何形态）激发的装饰原则，在希腊文明的影响下发展起来，并以最简单的方式，实现最完整的发展。我们在此给出的精美样本（一个有三个把手的花瓶）是最优雅、最简单的（红赭石土；原始色调：黑

褐色、红棕色和白色）。所有的原始装饰细节，包括主要带饰（狩猎主题）及上下部分的框缘装饰的发展，将会在之后提供。实际尺寸的一半。

3ᵉ Année.   L'ART POUR TOUS.   Nº 63

XVIᵉ SIÈCLE. — ÉCOLE FRANÇAISE.   ENTRELACS,
                                                          PAR A. DU CERCEAU.

LES PLANS ET PARTERRES

DES JARDINS DE PROPRETÉ

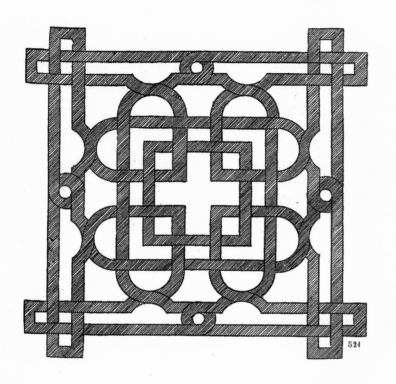

Le Livre des *Plans et Parterres des jardins de propreté,* par *A. Du Cerceau* (voy. page 218), est devenu introuvable. Nous en avons pu recueillir une série de 32 pièces dont nous ferons part à nos lecteurs. Outre le jour nouveau que la reproduction de ces compositions jettera sur le talent si fécond et si varié du maître, nos arts contemporains puiseront, dans cette intéressante suite d'*Entrelacs* ingénieux, des motifs de décoration applicables à toutes les branches industrielles. La marqueterie, le parquetage, le bronze, la céramique, le carrelage, les vitraux et papiers peints, la broderie, la tapisserie, l'*art de soutacher,* auquel le perfectionnement des machines est venu donner un nouvel essor, sauront s'inspirer de ces compositions, qui ont pour base des combinaisons géométriques disposées avec un goût et une variété qu'il serait désirable de retrouver plus souvent dans nos productions modernes. — *(Fac-simile.)*

迪塞尔索（A. Du Cerceau）收集的漂亮花园的平面图和花坛（参见第218页）已经几近失传。在我们的收藏中，将它组成了一个系列，一共有32件。对此，我们想要同读者一起探讨。复制这些作品会启发大师的才能，并使他们更具创造力。除了带来新的启示，当代艺术还能够在这个有趣的系列作品中找到适合于工业每一个分支的装饰。镶嵌、地板、青铜、陶瓷、铺砖、玻璃窗户，以及彩绘、刺绣、地毯、编织艺术（受到最新的机器设备支持，这将会促使其新的发展），通过应用这些组合，它们都会得到改进。几何组合的基础源于其排列的美观和多样性，我们希望能在作品中更频繁的应用它们。（复制品）

A. Du Cerceau's collection of *Plans and Parterres of nice gardens* (see page 218) has been very near lost. It forms in our collection a series of 32 pieces which we intend to communicate to our readers. Besides the new light which the reproduction of those compositions will throw on the master's fertile and varied talent, contemporary arts will be able to find in this interesting series of ingenious twines subjects for ornamentation applicable to every branch of industry. Marquetry, flooring, bronze, ceramic, brick-paving, glass-windows and painted paper, embroidery, rug-work, the art of *braiding* (which favoured by the newly perfected machines will acquire a new development) will be all improved by the application of these compositions, the foundations of which are geometrical combinations arranged with a taste and variety which we should like to find more frequently in our powern productions. — *(Fac-simile.)*

XVIIIᵉ SIÈCLE. — ÉCOLE FRANÇAISE (LOUIS XVI).

ORFÉVRERIE D'ÉGLISE.
CALICE,
PAR J.-F. FORTY.

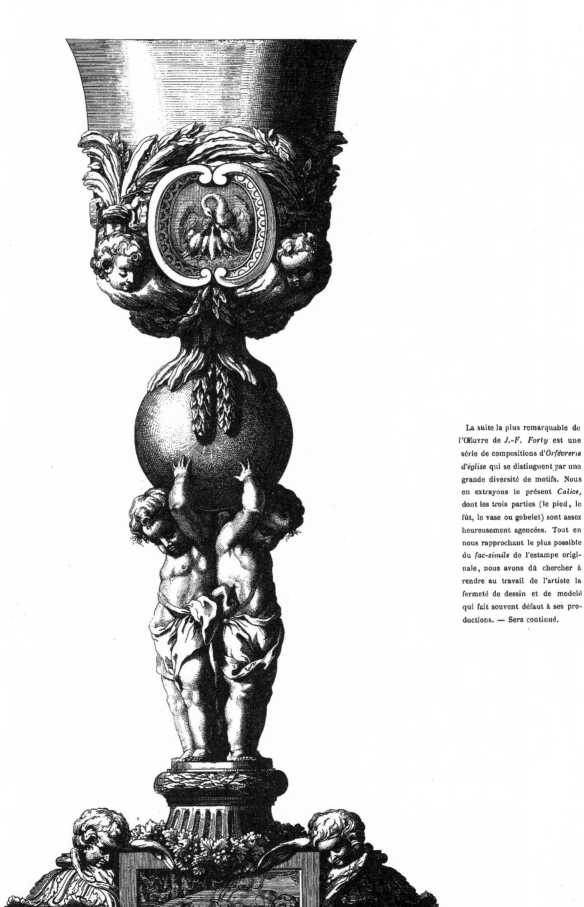

The most remarkable collection of *J. F. Forty's* Work is a series of *Church gold and silver articles* of a great variety. We extract the present *Communion-cup,* the three parts of which (the foot, shaft and vase or goblet) are nicely disposed. We felt bound to try and give the artist's drawing the firmness of design and effect which are often missing, without loosing sight of the *fac-simile* of the original plate. — Will be continued.

La suite la plus remarquable de l'Œuvre de *J.-F. Forty* est une série de compositions d'*Orfévrerie d'église* qui se distinguent par une grande diversité de motifs. Nous en extrayons le présent *Calice,* dont les trois parties (le pied, le fût, le vase ou gobelet) sont assez heureusement agencées. Tout en nous rapprochant le plus possible du *fac-simile* de l'estampe originale, nous avons dû chercher à rendre au travail de l'artiste la fermeté de dessin et de modelé qui fait souvent défaut à ses productions. — Sera continué.

最引人注目的J. F. 福迪(J. F. Forty) 藏品是一系列各种各样的教会金银制品。我们获取了一个圣餐杯，它的三部分（脚、轴、瓶身或高脚杯）得到了很好的处理。虽然我们尽可能的还原了真实的作品，但艺术家们往往忽略了坚持自己原创设计和风格的坚定性。未完待续。

526

Cet Entourage, qui occupe le verso de la page 47 du volume dont nous avons commencé la reproduction aux pages 79 et 114, accompagne le texte du Psaume LXIX, et se rapporte probablement aux paroles : « Mes yeux sont consumés pendant que j'attends mon Dieu. » — Assise sur les bords du fleuve qui a entraîné son fils vers les hasards de la guerre, une pauvre vieille s'est endormie auprès de ses fuseaux. Un songe heureux lui fait revoir ce fils bien-aimé, son dieu, sous l'armure d'un beau chevalier. La grue voyageuse, le chien fidèle, qui se détachent parmi les capricieux méandres des arabesques, semblent compléter cette interprétation du sujet. Le cadre intérieur contient la suite de l'Herbier de *Jér. Bock.* — *Fac-simile.*) — Sera continué.

　　这个纹饰，位于本书第 47 页的背面，其复制品则位于第 79 页和第 114 页，它上面附有诗篇《六十九》的文本，很有可能是指"当我在等待上帝的时候，我的眼睛被消耗掉了。"一个老妇人坐在河边，倚着她的纺锤睡着了，而正是她旁边的这条河把她的儿子带到战争的危险中去了。在甜美的梦乡中，她看到了心爱的儿子，他的宝贝，正身着一件庄严的骑士盔甲。那流浪的鹤、忠诚的狗，离开了湍急的河流，恰好诠释了这一主题。内部框架包含了继承人博克（Heir. Bock）的《植物标本集》。（复制品）未完待续。

This ornamentation, which occupies the back of page 47 of the volume the reproduction of which we have begun page 79 and 114, accompanies the text of psalm LXIX, and very likely refers to the words : " My eyes are consumed whilst I am waiting for my God. " — An old woman, sitting on the banks of the river which has carried away her son to expose him to the hazards of war, fell asleep by the side of her spindles. In a pleasant dream she sees again her beloved son, her pet, in the armour of a stately knight. The travelling crane, the faithful dog, detaching themselves from the capricious meanders and arabesks, seem to complete this interpretation of the subject. The inner frame contain the continuation of *Hier. Bock*'s Herbarium. — (*Fac-simile.*) — Will be continued.

Troisième Année.　　　　　　　Nᵒ 64.　　　　　　　30 Janvier 1863.

50 centimes le Numéro

·L'Art·Pour·Tous·

ENCYCLOPÉDIE
DE L'ART INDUSTRIEL ET DÉCORATIF
Paraissant les 10, 20 et 30 de chaque mois.

ÉMILE REIBER
DIRECTEUR - FONDATEUR

Abonnement annuel :
Pour la France, 18 fr.
Pour l'Étranger, même
prix, plus les droits
de poste variables

Pour toutes demandes
d'abonnt, réclamations,
s'adresser aux Bureaux
du Journal, 13, rue
Bonaparte, à Paris.

Bureaux — LIBRAIRIE A. MOREL & 18 R. Vivienne

XVIIᵉ SIÈCLE. — ÉCOLE FRANÇAISE (LOUIS XIV).

CARTOUCHE,
PAR J.-B. TORO.

The artistic productions of the Italian fall have had, since the middle of the xviith century, a powerful influence on the decorative Art in France. It is even to be remarked that *J. B. Toro* (pages 94, 157) remained faithful to the Italian style notwithstanding his long residence in France. Hence this artist's work has preserved the heaviness of the forms which was then the character of the ornaments of that school, in spite of the elegance of the details (sometimes a little affected and slender) which the artist borrowed from the productions of his French rivals.

The subject of the actual *Cartouch*, richly ornamented with trophies and other martial emblems, seems to be a Basso-relievo intended to cap the epitaph of some Hero. — (*Fac-simile.*)

Dès les premières années du règne de Louis XIII, les produits artistiques de la décadence italienne exercèrent en France une influence puissante sur l'Art décoratif. On remarque même que, malgré son long séjour à Paris, *J. B. Toro* (pages 94, 157) resta fidèle à la manière italienne. Aussi l'OEuvre de cet artiste se ressent-il toujours un peu de la lourdeur des formes qui caractérisait alors les ornements de cette école, malgré l'élégance des détails (quelquefois un peu maniérés et grêles) que l'artiste empruntait aux productions de ses rivaux français.

Le sujet du présent *Cartouche*, richement accompagné de trophées et autres emblèmes guerriers, paraît être un Bas-relief destiné à couronner l'épitaphe de quelque Héros. — (*Fac-simile.*)

意大利的艺术作品从 17 世纪中叶开始，就对法国的装饰艺术产生了巨大的影响。人们甚至认为，J. B. 托罗（J. B. Toro，参见第 94 页、第 157 页）仍然忠实于意大利风格，尽管他在巴黎居住了很长一段时间。因此，尽管有些细节（一些细微的影响）是他借用了其法国竞争对手的作品，但仍然保留了

这类学派装饰物的厚重感。

这个涡卷饰，装饰着丰富的战利品和其他军事徽章，似乎是为了英雄的墓志铭所创造的浅浮雕。（复制品）

527

XVIIIᵉ SIÈCLE. — ÉCOLE FRANÇAISE (LOUIS XVI).   VIGNETTES.
CULS-DE-LAMPE,
PAR LEBARBIER.

LES IDYLLES DE GESSNER

A DAPHNÉ

528

Ce ne sont ni les héros farouches et teints de sang, ni les champs de bataille couverts de morts, que chante ma Muse badine. Douce et timide, elle fuit, sa flûte légère à la main, les scènes tragiques et tumultueuses.

Attirée par le murmure et la fraîcheur des ruisseaux, par l'ombre silencieuse des bocages sacrés, tantôt on la voit errer sur des rives bordées de roseaux; tantôt sous les cintres verts de quelques allées sombres, elle foule aux pieds les fleurs; tantôt elle se repose sur l'herbe molle, et médite des chants pour Toi.

Pour toi seule, ô belle Daphné! Car ton âme, remplie de vertu et d'innocence, est sereine comme la plus belle matinée du printemps. La gaieté vive, le sourire folâtre voltigent sans cesse autour de tes lèvres gracieuses et de tes joues vermeilles : la douce joie se peint dans tes yeux. Oui, depuis que tu m'appelles ton ami, ô chère Daphné! l'avenir paraît à mes yeux tout brillant de lumière, la joie et les délices accompagnent mes journées.

Puisses-tu goûter ces chansons naïves, que ma Muse a souvent entendu répéter aux bergers! Souvent elle se cache dans l'épaisseur des bois pour écouter les dryades et les satyres aux pieds de chèvre; elle épie dans les grottes les nymphes couronnées de roseaux; quelquefois elle visite les cabanes couvertes de mousse, environnées d'ombrages paisibles qu'a plantés la main de l'homme champêtre. Elle en rapporte des traits où brillent la grandeur d'âme, la vertu et l'heureuse innocence dont la gaieté n'est jamais troublée. Souvent aussi l'Amour vient la surprendre; tantôt dans des grottes vertes, tissues de branchages touffus, tantôt près des ruisseaux ombragés de saules, il écoute ses chants et couronne sa chevelure flottante, quand elle célèbre la tendresse et les doux plaisirs.

Je ne veux point, ô ma Daphné! d'autre récompense de mes chants, je ne veux point d'autre gloire que d'être assis à tes côtés et de voir tes beaux yeux tendrement fixés sur les miens, m'annoncer avec un doux sourire ton approbation. Que celui qui n'est point heureux comme moi s'enivre de la pensée de transmettre à la postérité la gloire de ses chants! Que ses derniers neveux répandent des fleurs sur sa tombe, qu'ils prennent soin d'environner d'arbres son monument et de procurer un jour à sa cendre un ombrage frais!

529

MILON

O toi, dont les grands yeux noirs me plaisent encore plus que la fraîcheur du matin! oh! que j'aime à voir tes cheveux bruns flotter agréablement sous des guirlandes de fleurs et folâtrer avec les zéphyrs! Quel charme quand tes lèvres vermeilles s'ouvrent pour sourire! Quel plus grand charme encore lorsqu'elles s'ouvrent pour chanter! Je t'écoutais, Chloé, oh! je t'écoutais, lorsque l'autre jour tu chantais au bord de cette fontaine qu'ombragent deux chênes. En t'écoutant, j'étais fâché que les oiseaux t'interrompissent par leur ramage, j'étais fâché que le ruisseau continuât de murmurer. J'ai déjà vu dix-neuf moissons; je suis beau et brun de visage; souvent j'ai remarqué que les bergers cessaient leurs chants pour m'écouter, lorsque les miens retentissaient dans les vallons, et aucune flûte n'accompagnerait mieux ta voix que la mienne. Aime-moi, belle Chloé! Vois combien il est doux d'habiter la grotte que j'occupe sur ce coteau. Vois comme ce lierre tapisse agréablement d'un réseau de verdure ce rocher dont la cime est couronnée par un buisson d'épines. Ma grotte est commode, les murs en sont ornés de peaux molles; j'ai planté des courges à l'entrée; elles s'élèvent en rempart et forment un abri contre l'éclat du jour. Vois comme l'onde se précipite en écume du haut de mon rocher, et coule ensuite sur le cresson à travers l'herbe fleurie, d'où elle va se rassembler au pied de la colline, dans un petit lac entouré de saules et de roseaux. Là, souvent, aux clartés paisibles de la lune, les nymphes dansent au son de ma flûte, tandis que les faunes légers sautent en marquant la

MILON

(Suite.)

cadence avec leurs crotales *. Vois sur la colline ces coudriers former par leur entrelacement des grottes de verdure; vois ces ronces avec leur fruit noir se traîner autour de mon habitation; vois les branches de cet églantier, couvertes de grains d'un rouge éclatant; vois ces pommiers entourés de pampres verts et chargés de fruits. O Chloé! tout cela m'appartient. Que peut-on souhaiter de plus? Mais, hélas! si tu ne m'aimes pas, un brouillard sombre couvrira cette belle campagne. Ah! Chloé! aime-moi. Nous nous assoirons ici sur l'herbe molle, tandis que les chèvres grimperont sur le flanc escarpé de la montagne, et que les brebis et les génisses fouleront autour de nous l'herbe épaisse; puis, portant nos yeux pardessus la plaine immense, nous contemplerons la surface éclatante des mers, où les tritons bondissent en folâtrant, et où Phœbus descend de son char. Nous chanterons, et nos accents retentiront dans les rochers d'alentour : les nymphes et les satyres aux pieds de chèvre s'arrêteront pour nous écouter.

Ainsi chantait Milon, le berger de la grotte, pendant que Chloé l'écoutait dans le bocage. Elle s'avança en souriant et prit le berger par la main : O Milon! berger de la grotte, dit-elle, je t'aime plus que les brebis n'aiment le trèfle, plus que les oiseaux n'aiment le chant; conduis-moi dans ta grotte : le miel est moins doux pour moi que tes baisers, et les ruisseaux murmurent moins agréablement à mon oreille.

* Les crotales étaient des tuyaux fendus en deux, dont on frappait les parties l'une contre l'autre, pour marquer la mesure du chant et des instruments.

MILON

530

ANTIQUES. — SCULPTURE GRECQUE.

531

The fortunate initiative which M. Ravaisson, member of the Institute, has taken in collecting and exposing, in conjunction with the Campana Collections, at the *Palais de l'Industrie*, a series of important mouldings executed on the finest antique sculptures preserved in the foreing Museums, will be a new element for the study of the history of Grecian statuary and for the study of fine forms.

Every body will have remarked among M. Ravaisson's beautiful mouldings the nice *Flute-Player*, in the shape of terminal, and which our artists will be able to utilise for ingenious applications. Our imperfect sketch cannot give a sufficient idea of the witty elegance of this little master-piece, the arms and a portion of the draperies of the breast of which unfortunately seem to have been the object of restorations.

The original, known under the name of *Midas*, belongs to the British Museum. — Height, 1,01.

研究所成员拉维松（M. Ravaisson）倡议与坎帕纳的收藏品一起，在工业殿堂举办展览，展示一系列保存在前博物馆最精美的古董雕塑中的重要模型，这一重要的倡议将作为一种新元素，用于研究希腊雕像的历史及其精细的工艺。

在拉维松先生展示的这些令人钦佩的作品中，每个人都会注意到迷人的长笛演奏者，它端饰的形状排列，艺术家可以从中受到启发，完成更加有创造力的应用。我们不完美的描绘并不能充分展现这个"小主人"的精致与优雅。而不幸的是，它胸部的手臂和部分布料，似乎是需要修复的对象。

原作，以《迈达斯》命名，属于大英博物馆。高度 1.01 米。

L'heureuse initiative de M. Ravaisson, membre de l'Institut, qui a réuni et exposé, conjointement avec les Collections Campana, au Palais de l'Industrie, une série déjà importante de moulages exécutés sur les plus belles sculptures antiques conservées dans les Musées étrangers, fournira un élément nouveau à l'histoire de la Statuaire grecque et à l'étude des belles formes. Cette série, complétée par différentes adjonctions, trouverait, nous dit-on, son emplacement définitif dans la cour de l'École des Beaux-Arts, qui serait couverte à cet effet d'une élégante toiture en vitrage.

A ce propos, qu'il nous soit permis de soumettre une idée aux intelligents représentants de l'édilité parisienne.

Dans le but de *développer le goût du beau*, ne serait-il pas possible de compléter les embellissements de la capitale par l'établissement de *Squares couverts* ou jardins d'hiver publics, vastes promenoirs offrant plus d'espace que nos étroits *Passages*, et qui, peuplés des moulages des Chefs-d'Œuvre de Céramique et de Sculpture empruntés aux plus belles époques de l'Art, fourniraient au public et aux artistes un perpétuel sujet d'admiration et d'études ?...

Parmi les admirables moulages de M. Ravaisson, tout le monde a remarqué le charmant *Joueur de Flûte*, disposé en forme de gaine, et dont nos arts sauront s'inspirer pour en trouver d'ingénieuses applications. Notre imparfait croquis ne saurait rendre la spirituelle élégance de ce petit chef-d'œuvre, dont malheureusement les bras et une partie des draperies de la poitrine paraissent avoir été l'objet de restaurations.

L'original, connu sous le nom de *Midas*, fait partie du *British Museum*. — Hauteur 1,01.

XVIᵉ SIÈCLE. — ÉCOLE ALLEMANDE.

BRODERIES, — GUIPURES.

POINT COUPÉ,
PAR HANS SIEBMACHER.

Continuation of the models of *Cut-stitch* by *H. Siebmacher* (pages 202, 238). This page is, as the preceding, an union of three plates of the " New Book of models. "

The upper part shows four compositions of *guipures* cut out like lace, and with which they used to trim the *Spanish ruffles*, which were already in fashion at the court of the Valois towards the middle of the XVIᵗʰ century (see the picture of Clouet's *Ball*, Musée du Louvre). These frills were very large, strongly starched, and held up by metallic wires disposed like fans. Besides we shall give later a few interesting examples of this indispensable accessory of the grand toilet of a lady of that time.

The central part of our plate shows two running examples of cut-stitch, and a fine specimen of guipures for back-grounds (bed-covers, curtains) in a radiating disposition.

The lower part of the plate is also a reproduction of cutting-out, crests and trimming of ruffles, to be adapted to head-piece ties. One of these models has been executed in cross-stitch. — (*Fac-simile.*) — Will be continued.

本页继续汉斯·西布马赫（H. Siebmacher）的裁剪模型（参见第 202 页、第 238 页）。正如前面所讲的，这一页是《模型的新书》（New Book of Models）的三个板块的结合。

上面的部分展示了四幅蕾丝花边的作品，它们被用来装饰西班牙褶边，从瓦卢瓦王朝的宫廷一直到 16 世纪中叶，这些褶边已经开始流行（参见卢浮宫博物馆藏品"克鲁埃特的舞会"）。这些褶边向外展开像扇子一样，用金属线固定了。除此之外，后面我们还将举一些有趣的例子，即那个时代贵妇的豪华卫生间不可或缺的附属品。

我们版面中心部分显示了两种常见的剪裁图案，以及用于底部(床罩、窗帘等)具有辐射状布局的精美褶边。

版面下半部分也是褶皱剪裁、纹饰、修边的复制品，这些将被用于头饰。其中一种模型已经运用于十字绣了。（复制品）未完待续。

Folge der Muster von dick ausgeschnittner Arbeit des H. Siebmacher (S. 202, 238). Diese Pagina besteht, wie die vorhergehenden, aus einer Sammlung von drei Eintheilungen, die dem „ Neuen Modelbuche" entnommen sind.

Der obere Theil enthält vier Compositionen von überssponnenen Arbeiten, die als Spitzen ausgeschnitten sind und mit denen man die spanischen Halskrausen ausstattete, die am Hofe der Valois, um die Mitte des 16. Jahrhunderts, schon im Gebrauch waren (man sehe Clouet's Ballgemälde im Museum des Louvre). Diese Art Halskragen, die einen sehr großen Raum einnahmen, waren stark gesteift und stützten sich auf einen

fächerförmigen Drahtbüschel. Uebrigens geben wir in der Folge anziehende Beispiele dieses unentbehrlichen Zusatzes bei dem Prachtanzug der Damen in jenem Zeitalter.

Der mittlere Theil unserer Platte stellt zwei fortlaufende Motive von dick ausgeschnittenem Stiche dar, sowie ein schönes Probestück von überssponnener Arbeit für Hintergründe (Fußdecken, Vorhänge) in strahlender Anordnung.

Der untere Theil der Platte bietet ebenfalls Ausschnitte, Halskrausen, Saum- oder Randtheile dar, die man zu Kopfputzbändern benügen mag. Eines von diesen Mustern ist in gezähltem Stiche verfertigt —(Fac-simile.) — Soll fortgesetzt werden.

Troisième Année.   N° 65.   10 Février 1863.

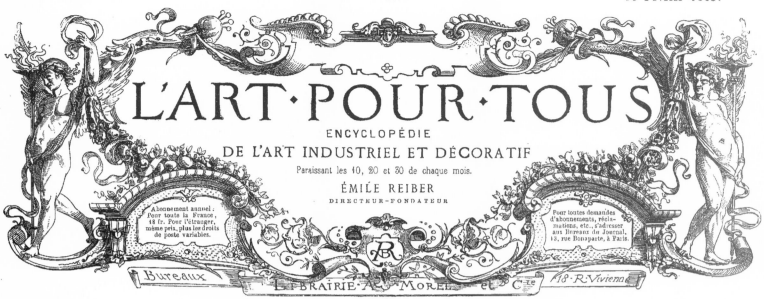

L'ART·POUR·TOUS

ENCYCLOPÉDIE
DE L'ART INDUSTRIEL ET DÉCORATIF
Paraissant les 10, 20 et 30 de chaque mois.

ÉMILE REIBER
DIRECTEUR-FONDATEUR

Abonnement annuel :
Pour toute la France,
48 fr. Pour l'étranger,
même prix, plus les droits
de poste variables.

Pour toutes demandes
d'abonnements, récla-
mations, etc., s'adresser
aux Bureaux du Journal,
13, rue Bonaparte, à Paris.

Bureaux   LIBRAIRIE A. MOREL et Cie   18 R. Vivienne

XVIe SIÈCLE. — ARQUEBUSERIE FRANÇAISE.

POIRES A POUDRE.

(COLLECTION DE GOODRICH COURT.)

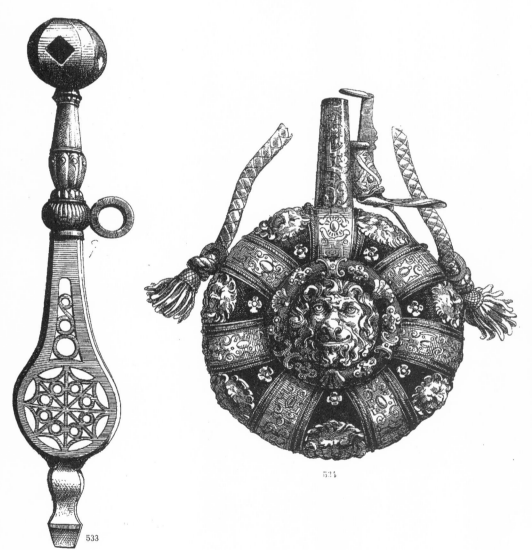

534

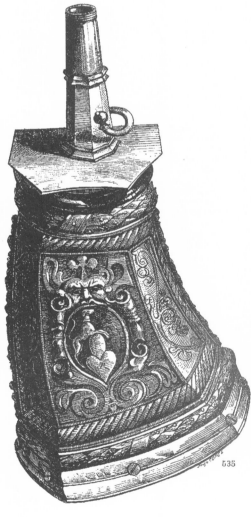

535

533

N° 533. — *Clef* d'arquebuse à rouet (fabrication allemande?).
Cette pièce, exécutée en acier, porte en son milieu un anneau où
passait le cordon de suspension. L'extrémité inférieure est garnie
d'un tournevis.

— Dans l'origine on renfermait dans des *cornes*, et plus tard
dans des *flasques*, la poudre grossière qui servait à charger
l'arme. Nous donnerons ultérieurement de curieux exemples de
ces grandes poires à poudre. — Les deux spécimens ci-dessus
sont des *poires à amorcer*, et servaient seulement à remplir le
bassinet d'une quantité de poudre fine suffisante pour produire
l'inflammation de la charge.

Le n° 534, qui est de l'époque de Henri III, est exécuté en
ébène richement incrusté d'ivoire et d'appliques de métal doré.
La chambre du haut, munie de son ressort, est ornée de ciselures à entrelacs en arabesques.

Le n° 535 est exécuté en cuir repoussé avec garnitures de
métal.

Ces trois objets en grandeur d'exécution.

图 533 是一个用于转动轮枪枪机的扳手（德国制造？）。
这个用钢制成的器械中心有一个圆环，悬挂带正是从其间
穿过。下端设有一个螺丝钻。

最初用于火枪的粗粉装在角里，后来又装在烧瓶里。
我们随后会举一些有趣的例子，来说明这些大型火药。上
述两种试件均为启动角，仅用于填充足量细粉到灰槽里，
以引起点火。

图 534 可以追溯到亨利三世时期，它是在乌木中镶
嵌象牙和镀金金属制作而成的。设有弹簧的上闸室装饰有
水彩画或麻线。

图 535 由贴皮和金属配件制成。

这三件物品都制作得很完美。

Nr 533. — A *Spanner* for turning the wheel-lock of an Arquebuse (German manufacture?). This instrument, executed in
steel, has a ring in the centre, through which the suspension
belt was passed. The lower extremity is provided with a turn-
screw.

— Originally the coarse powder used for loading the fire-arm
was contained in *horns*, and later in *flasks*. We will subsequently give some curious examples of these large powder-horns.
The two above specimens are *priming-horns* and are only used
for filling the fire-pan with a sufficient quantity of fine powder
to cause the ignition of the charge.

Nr 534, which dates from the time of Henry III, is executed
in ebony richly inlaid in ivory and gilt metal charging. —
The upper chamber, provided with a spring, is ornamented with
arabesks or twine chasing.

Nr 535 is executed in stamped leather, with metal mountings.
These three objects in perfect execution.

XVIIIᵉ SIÈCLE. — ÉCOLE FRANÇAISE.

ORFÉVRERIE.
ACCESSOIRES DE TOILETTE,
PAR P. GERMAIN.

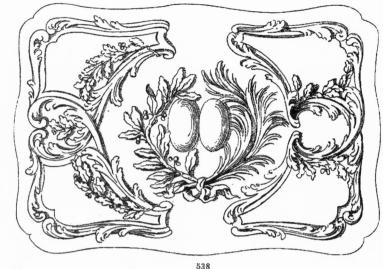

538

542

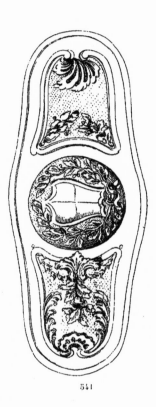

541

536

These objects complete the collection of the *Accessories of toilet-table* given pages 221 and 236. In fig. 536 is to be found the *Basin,* which belongs to the *Water-Jug* given page 221 ; and fig. 537, the *Large Linen Case,* the Cover of which is to be seen fig. 538. — The figure 539 represents the *Perfumery-Box,* the cover of which has been reproduced page 236. The figures 540 and 541 give the two sides of the *Brush,* and fig. 542, the *Comb-Brush.* — Composition of P. Germain, engraving of J.-J. Pasquier. — (*Facsimile.*)

537

Ces pièces complètent l'ensemble des *Accessoires de toilette* donnés p. 221 et 236. On y trouvera, fig. 536, la *Cuvette* qui accompagne le *Pot à l'eau* donné page 221, et figure 537, le *Grand Carré* au Linge, dont la fig. 538 donne le dessus. — La fig. 539 représente le *Coffre à racine* dont le couvercle a été reproduit p. 236. Les figures 540 et 541 donnent les deux faces de la *Vergette,* et fig. 542, la *Brosse à peigne.* — Composition de P. Germain, gravure de J.-J. Pasquier. — (*Facsimile.*)

这些作品完善了第 221 页和第 236 页提到的卫生间桌面配件的收藏。图 536 是一个水盆，它属于第 221 页的水罐。图 537 是大的方形物体，其顶部为图 538。图 539 是香料盒，其盖子复制品位于第 236 页。图 540 和图 541 分别给出了刷子的两个侧面。图 542 为梳状毛刷。P. 杰曼(P. Germain)创作，J. J. 帕斯基耶尔(J. J. Pasquier)雕刻。(复制品)

539

ANTIQUES. — CÉRAMIQUE GRECQUE.

FRISES.
(COLLECTIONS CAMPANA)

The two basso-relieves, forming the continuation of our series of *Antique Friezes*, are from an analogous subject (*A Sacrifice to the Gods*) and appear to be different interpretations of the same primitive type of which they are inspired. In both the kneeling figure of a female genius, whose naked forms detach themselves on the folds of a drapery, holds the sacred knife, ready to plunge it into the sides of the victim which she has just felled. The two friezes have underneath a reversed crest of palm-leaves of different proportions.

N° 543 is crowned by an annulated torus, bearing a double row of garlands and surmounted by a palm-leaf crest from which the heads of the victims detach themselves. The altar, in form of a tripod, serves as pedestal to a figure of Cybele or of Isis. Height : 0,42; width : 0, 40.

N° 544, of less bold execution, is surmounted by a simple line of ovoloes with rabbeted fillet or listel. The wings of the figure reach to the tripod. Height : 0,43; width : 0,43.

The difference of execution and details, though slight, shows that these two pieces come from two different monuments.

Ces deux bas-reliefs, faisant suite à notre série de *Frises antiques*, sont de sujet analogue (*Sacrifice aux Dieux*) et paraissent être des interprétations différentes d'un même type primitif dont ils sont inspirés. Dans l'un et l'autre, la figure agenouillée d'un génie féminin, dont les nus se détachent sur les plis d'une draperie, tient le couteau sacré, prête à le plonger dans les flancs de la victime qu'elle vient de terrasser. Les deux frises portent dans le bas une crête à palmettes renversées, de proportions différentes.

Le n° 543 est couronné d'un boudin annelé portant un double rang de guirlandes et surmonté d'une crête à palmettes où se détachent des têtes de victimes. L'autel, en forme de trépied, sert de piédestal à une figure de Cybèle ou d'Isis. Hauteur : 0,42; largeur : 0,40.

Le n° 544, d'une exécution moins franche, est surmonté d'un simple-cours d'oves avec filet ou listel saillant. Les ailes de la figure touchent à un trépied ou *tripods*. Hauteur : 0,43; largeur : 0,43.

Les différences d'exécution et de détails, quoique légères, font voir que ces deux pièces proviennent de deux monuments différents.

543

544

这两个浅浮雕成为了我们"古代带饰"系列的延续。它们源自一个类似的主题（对上帝的祭献），受同一原始类型启发，但对该原始类型却又进行了不同的诠释。两个浮雕都刻画的是一个女子。衣物从身上滑落下来，她赤裸的半跪着，拿着把神圣的刀，准备将它刺入她刚刚砍倒的祭祀品。这两个带饰下面有一个不同比例的倒棕榈叶饰。

图543，顶部有一个环形的花托，带有两排花环，和一个棕榈叶底座，祭祀品的头颅便放在上面。一个三脚架形状的圣坛作为西布莉

（Cybele）或爱希丝（Isis）形像的底座。高0.42米，宽0.40米。

图544，设计较为保守。顶部为一条简单的榫头圆角和扁带饰。雕塑的翅膀达到了三脚架。高0.43米，宽0.43米。

虽然制作和细节的差异很小，但可以看出这两个部分来自两个不同的古迹。

XVIᵉ SIÈCLE. — ÉCOLE ITALIENNE.

ÉCUSSONS, — CLEFS D'ARCADE
AUX ARMES DES PAPES.

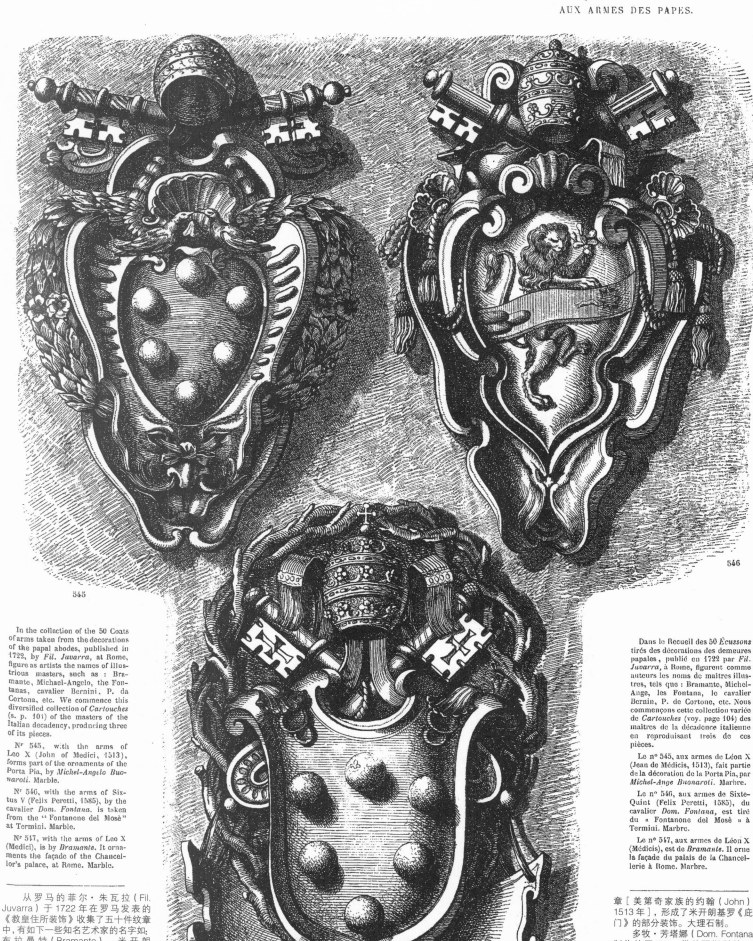

545

546

547

In the collection of the 50 Coats of arms taken from the decorations of the papal abodes, published in 1722, by *Fil. Juvarra*, at Rome, figure as artists the names of illustrious masters, such as : Bramante, Michel-Angelo, the Fontanas, cavalier Bernini, P. da Cortona, etc. We commence this diversified collection of *Cartouches* (s. p. 101) of the masters of the Italian decadency, producing three of its pieces.

Nᵣ 545, with the arms of Leo X (John of Medici, 1513), forms part of the ornaments of the Porta Pia, by *Michel-Angelo Buonaroti*. Marble.

Nᵣ 546, with the arms of Sixtus V (Felix Peretti, 1585), by the cavalier *Dom. Fontana*, is taken from the " Fontanone del Mosè " at Termini. Marble.

Nᵣ 547, with the arms of Leo X (Medici), is by *Bramante*. It ornaments the façade of the Chancellor's palace, at Rome. Marble.

Dans le Recueil des 50 *Écussons* tirés des décorations des demeures papales, publié en 1722 par *Fil. Juvarra*, à Rome, figurent comme auteurs les noms de maîtres illustres, tels que : Bramante, Michel-Ange, les Fontana, le cavalier Bernin, P. de Cortone, etc. Nous commençons cette collection variée de *Cartouches* (voy. page 104) des maîtres de la décadence italienne en reproduisant trois de ces pièces.

Le nᵒ 545, aux armes de Léon X (Jean de Médicis, 1513), fait partie de la décoration de la Porta Pia, par *Michel-Ange Buonaroti*. Marbre.

Le nᵒ 546, aux armes de Sixte-Quint (Felix Peretti, 1585), du cavalier *Dom. Fontana*, est tiré du « Fontanone del Mosè » à Termini. Marbre.

Le nᵒ 547, aux armes de Léon X (Médicis), est de *Bramante*. Il orne la façade du palais de la Chancellerie à Rome. Marbre.

从罗马的菲尔·朱瓦拉（Fil. Juvarra）于 1722 年在罗马发表的《教皇住所装饰》收集了五十件纹章中，有如下一些知名艺术家的名字如：布拉曼特（Bramante）、米开朗基罗（Michael-Angelo）、芳塔娜（Fontanas）、骑士贝尔尼尼（cavalier Bernini）、P. 达·科尔托纳（P. da Cortona）等。我们开始收藏这一多元化的意大利颓废大师"涡卷饰"系列，复制了其中的三件作品（参见第 104 页）。

图 545，带着教皇利奥十世的纹章［美第奇家族的约翰（John），1513 年］，形成了米开朗基罗《庇亚门》的部分装饰。大理石制。

多牧·芳塔娜（Dom. Fontana）制作的图 546，带着西斯科特五世的纹章［费利克斯·白泰勒（Felix Peretti），1585 年］是从特米尼的《Fontanone de Mose》截取的。大理石制。

图 547 是带着教皇利奥十世的纹章（美第奇），由布拉曼特（Branante）创作。它被用于装饰位于罗马总理宫殿的大门。大理石制。

Troisième Année.   N° 66.   20 Février 1863.

·L'ART·POUR·TOUS·

ENCYCLOPÉDIE
DE L'ART INDUSTRIEL ET DÉCORATIF
Paraissant les 10, 20 et 30 de chaque mois

ÉMILE REIBER
DIRECTEUR-FONDATEUR.

Abonnement annuel :
Pour toute la France, 18 fr.
Pour l'étranger,
même prix, plus les droits
de poste variables.

Pour toutes
demandes d'abonnements, réclamations, etc., s'adr.
aux Bureaux du Journal,
13, rue Bonaparte, à Paris.

Bureaux Librairie A. Morel & Cie   18 R. Vivienne

ANTIQUES. — CÉRAMIQUE GRÉCO-ROMAINE.

JOUETS D'ENFANTS.
PANTINS.
(COLLECTION CAMPANA.)

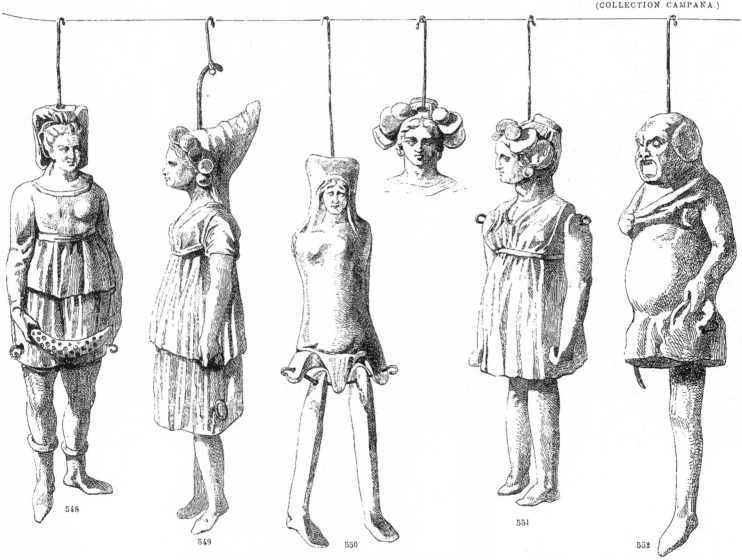

548   549   550   551   552

La simplicité, la pureté de goût qui caractérisent les arts des anciens se retrouvent dans leurs moindres productions. Les naïves figurines en terre cuite, recueillies en grand nombre dans les fouilles des tombeaux et qui servaient de jouets aux enfants, nous en fournissent une preuve.—Pour cet âge, où les impressions sont si vives et si durables, nous constatons que notre xixe siècle a encore beaucoup à faire. Au lieu d'inoculer le mauvais goût à ces petits êtres qui plus tard seront des hommes, en leur imposant, par leurs jouets, la mauvaise compagnie des formes laides, ne devrions-nous pas enfin apporter plus de sévérité dans le choix de leurs joujoux? Nous appelons sur cette question grave toute l'attention de nos lecteurs.

De toutes nos figurines, la figure 550 seule est d'origine grecque : elle provient des fouilles de l'Acropole d'Athènes. Les autres, trouvées dans l'Italie méridionale, représentent des suivantes de Flore et des villageoises de la Campanie. Les tuniques portent des traces de peinture (vermillon, rose, vert, bleu). Le n° 552 est la représentation d'un acteur comique. Les jambes de ces petites figures et les bras de celles 550 et 551 sont mobiles. — Dessin en grandeur d'exécution.

古人艺术简单纯粹的特性在他们最为简单的作品中得到了体现。在坟墓的挖掘中发现了大量的赤陶，它们是儿童的玩具，这为我们提供了证据。在这个时代，人们对此的印象是如此的有力和持久，我们发现这与19世纪仍有许多关联，而不是以玩具的形式把坏品位传递给那些以后会成为男人的小生命，把形式丑陋的坏伙伴强加给他们。我们难道不应该在选择他们的玩具的时候更小心一点吗？我们特别呼吁读者注意这重要的一点。

在我们所有的塑像中，只有图550塑像源自希腊，它是在发掘雅典卫城时被发现的。其他则是在意大利南部被发现的，代表了弗洛拉女随从和坎帕尼亚村的女仆。她们的束腰外衣有绘画的痕迹（朱红色、玫瑰色、绿色、蓝色）。图552是一个喜剧演员。这些小塑像的腿和图550、图551的手臂都是可活动的。绘制全尺寸。

The simplicity, the pureness of taste which characterize the art of the ancients are to be verified in their simplest productions. The little figures of terra-cotta, found in great number in the excavations of tombs, and which served as toys for children, furnish us with a proof of it. For this age, in which impressions are so forcible and lasting, we find that our xixth century has still much to do. Instead of ingrafting bad tastes in those little beings who later will become men, by imposing on them, by means of their toys, the bad companionship of ugly forms, ought we not at least to be more careful in the choice of the form of their play-things? We particularly call the attention of our readers to this important subject.

Of all our little figures, only the figure 550 is of Greek origin : it was found during the excavation of the Acropolis at Athens. The others, found in the south of Italy, represent the female followers of Flora and the village maids of Campania. The tunics bear the marks of painting (vermillion, rose, green, blue). N° 552 represents a comic actor. The legs of these little figures and the arms of those 550 and 551 are moveable. — Drawing full size.

XVIᵉ SIÈCLE. — ÉCOLE ITALIENNE.

FRISES, — ORNEMENTS COURANTS,

A SAINTE-MARIE-DU-PEUPLE,

PAR ANDREA SANSOVINO.

553

554

555

Le chœur de l'église de Sainte-Marie-du-Peuple, à Rome, est orné d'une suite importante de tombeaux des seigneurs romains, datant des premières années du xvıᵉ siècle, et dus pour la plupart au célèbre architecte *Andrea Sansovino,* qu'il ne faut pas confondre avec le Vénitien *Giacomo Tatti,* l'architecte de la Bibliothèque de Saint-Marc. Ces monuments nous fourniront une série de *Frises* et autres détails d'un haut intérêt au point de vue du développement des traditions antiques pendant les xvᵉ et xvıᵉ siècles en Italie.

Le nº 553 est une frise du monument du chevalier Albertoni, Romain, datant de l'an 1487.

La frise nº 554, à palmettes et rinceaux de feuilles de chêne, est tirée du monument de Jean de la Rovere. (Longueur, 1ᵐ,00.)

Le nº 555 est un fragment de frise faisant partie du monument du cardinal Sforza.

罗马的圣·玛利亚·德·波波洛（Santa-Maria-del-Popolo）教堂的合唱团装饰着罗马贵族的一系列重要的纪念碑，可追溯到18世纪初，并在很大程度上归功于著名建筑师安德里亚·桑索维诺（Andrea Sansovino）。他并不能和圣·马科（San-Marco）图书馆的建造者，来自威尼斯的吉亚科莫·塔提（Giacomo Tatti）混为一谈。这些纪念碑将为我们提供一系列的带饰以及其他关于15世纪、16世纪意大利古老传统发展的许多有趣细节。

图553是1487年罗马骑士阿尔伯托尼（Albertoni）的纪念碑。

图554带有棕榈叶和橡树叶子带饰，取自西瓦尼·德拉罗维（Giovanni della Rovere）的纪念碑。

图555是红衣主教斯福扎（Sforza）纪念碑的残片。

The choir of the church of *Santa-Maria-del-Popolo,* at Rome, is ornamented with an important series of tombs of the Roman nobility, dating from the commencement of the xvıᵗʰ century, and due for the most part to the celebrated architect *Andrea Sansovino,* who must not be confounded with the Venitian *Giacomo Tatti,* architect of the Library of San-Marco. These monuments will furnish us with a series of *Friezes* and other particulars of great interest with regard to the development of the ancient traditions during the xvᵗʰ and xvıᵗʰ centuries in Italy.

Nº 553 is a frieze of the monument of the Roman knight *Albertoni,* of the year 1487.

Frieze nº 554, with palm-leaves and oak-leaf foliage, is taken from the monument of *Giovanni della Rovere.* (Length, 1ᵐ.)

Nº 555 is a fragment of frieze belonging to the monument of Cardinal *Sforza.*

XVIe SIÈCLE. — ÉCOLE ALLEMANDE.　　　　　　　　　　　**FONTAINE PUBLIQUE,**
PAR W. DIETTERLIN.

556

La présente composition de *Fontaine*, par *W. Dietterlin* (p. 234), paraît destinée à orner quelque place de marché placée sous le vocable de *saint Christophe*.

Sur un piédestal orné de consoles à têtes de bouc, et se ramifiant dans le bas en quatre branches surmontées de Sirènes qui tiennent en main divers attributs, s'élève la statue du saint portant l'enfant Jésus dans ses bras. Le globe qui repose sur la tête du géant se rapporte à la légende chrétienne (voir la *Vie des Saints*). Des jets d'eau très-fins et trop multipliés peut-être s'échappent de nombreuses ouvertures. En A et B, l'artiste a esquissé les figures des Sirènes destinées aux branches antérieure et postérieure du soubassement, dont la disposition originale fournira des motifs intéressants aux industries du bronze et du meuble artistiques. — (*Fac-simile.*)

由文德林·迪特林（W. Dietterlin，参见第 234 页）设计的公共喷泉，在圣·克里斯托弗的描写下，似乎注定要点缀一些城市的市场。

一个圣人抱着年幼的耶稣，在一个顶部带有山羊头的基座上，这个基座底部有四个分支，上面放置着美人鱼，手中握有不同的属性。巨人头上的球状物使人联想起了基督教的传说（请参见圣人的生活）。

相当多的细水柱，从多个开口中流出。在 A 和 B 中，艺术家画出了美人鱼的形象，这些美人鱼注定要成为分支的底座，这一原始设计将为青铜艺术和家具行业提供有趣的启发。（复制品）

The present composition of a *public Fountain*, by *W. Dietterlin* (page 234), seems destined to adorn some market-place, under *Saint Christopher*'s vocable.

On a pedestal adorned with consols with goats' heads at the top, and four ramified branches at the bottom, surmounted by Mermaids holding different attributes in their hands, rises a statue of the Saint carrying the Infant Jesus in his arms. The globe which rests on the head of the giant reminds of the Christian legend (see the *Lives of the Saints*).

Very thin water-jets, rather too numerous, escape from manifold openings. In A and B, the artist has sketched the figures of the Mermaids destined to the fore and hind branches of the base, the original disposition of which will furnish interesting subjects to artistic bronze and furniture industries. — (*Fac-simile.*)

XVIᵉ SIÈCLE. — ÉCOLE ALLEMANDE.

ENTRELACS DE FILETS.

LES DÉDALES,

PAR A. DURER.

557

Ainsi que nous l'avons fait remarquer page 73, les maîtres de l'art ne dédaignèrent jamais de mettre leur talent au service des arts industriels de leur temps. Nous montrons ici le Chef de l'école allemande, composant patiemment ses ingénieux *Entrelacements de Filets*. Cette suite de six pièces, connue en France sous le nom de *Dédales*, est devenue très-rare. Nous en commençons la reproduction en choisissant celle dont le motif est des plus simples.

Le cercle est divisé en quatre quarts par les deux diamètres horizontal et vertical, et chacun de ces quarts est encore divisé en quatre parties égales, ce qui donne seize rayons ou divisions. Les zones principales du dessin s'indiquent par des cercles concentriques tracés aux distances voulues. Ces indications suffiront pour tracer le *bâtis* de l'entrelacs. La crête extérieure, à terminaisons alternativement simples et trilobées, est surajoutée au moyen d'un fil supplémentaire. La tablette centrale porte le monogramme du maître. — (*Fac-simile.*) — Sera continué.

因此，正如我们在第 73 页所说，艺术大师从不轻视利用他们的才能来促进当代工业艺术的发展这一行为。

在此，我们展示了德国学派大师用心创作的天才网状作品：《纠缠》。这六件作品，以马斯（Mazes）命名，变得非常珍稀。我们选择其最简单的设计来开始对其进行复制。

这个圆由水平和垂直两条直径分成四个部分，每个部分又被分成四个相等的部分，共有 16 个半径或部分。图画主要区域由规定间距的同心圆表示。这些迹象足以抽摹出网状图案。

外部的用可替换的简单三叶状的结装饰的部分，是通过额外的线叠加的。

中央的碑牌有大师的交织字母。未完待续。（复制品）

Thus as we remarked page 73, the masters of Art never disdained employing their talents for the benefit of the industrial arts of their time.

We here show the Master of the German school patiently composing his ingenious net-work *Intertwistings*. This series of six pieces, known by the name of *Mazes*, has become very scarce. We commence their reproduction by choosing one of the simplest designs.

The circle is divided into four quarters by the two diameters, horizontal and vertical, and each of these quarters is divided into four equal parts, which give sixteen radii or divisions. The principal zones of the drawing are indicated by concentric circles drawn at the required distances. These indications will suffice for tracing the pattern of the net-work.

The exterior tuft, with alternatively simple and trilobated endings, is superadded by means of an extra thread.

The central tablet bears the monogram of the master. — (*Fac-simile*). — To be continued.

Troisième Année. Nº 67. 28 Février 1863.

50 centimes le Numéro

L'ART POUR TOUS
ENCYCLOPÉDIE
DE
L'ART INDUSTRIEL ET DÉCORATIF
Paraissant les 10, 20 et 30 de chaque mois
ÉMILE REIBER
DIRECTEUR-FONDATEUR.

Abonnement annuel: Pour toute la France, 18 fr. Pour l'Étranger, même prix, plus les droits de poste variables.

Pour toutes demandes d'abonnements, réclamations, etc., s'adresser aux Bureaux du Journal, 13, rue Bonaparte, à Paris.

Bureaux Librairie A. Morel & Cie 18 R. Vivienne

XVIIIᵉ SIÈCLE. — ÉCOLE FRANÇAISE (LOUIS XVI).

VASES DE FLEURS.
PAR RANSON.

The composition of the *Flower Vases*, which are so frequently used in decoration of painted Panels, ought always to be studied from the double point of view of the *mass* and of *silhouette*. The specimens here annexed (a continuation of pages 133, 205) represent in A an animated profile (handles *à la grecque*) around which a simple branch of flowers gracefully entwines itself. B and C are vases crowned with nosegays of flowers from which sprigs fall in order to break the monotony of the horizontal lines. In the vase D surmounted with fruit, a garland of leaves, passing through the rings of the handles, fortunately accompanies and most successfully varies the general shape. The Vases themselves, of a rather ill-favoured design, would be improved by touching up the silhouettes. — Engraving by Berthault. — (Fac-simile.)

A B C D

La composition des *Vases de fleurs*, dont l'emploi est si fréquent dans la décoration des Panneaux de peinture, doit toujours être étudiée au double point de vue de la *masse* et de la *silhouette*. Les spécimens ci-contre (suite des pp. 133, 205) nous font voir en A un vase à profil mouvementé (anses *à la grecque*) autour duquel s'enroule gracieusement une simple branche fleurie. B et C sont des vases couronnés de bouquets de fleurs d'où retombent des brindilles destinées à rompre la monotonie des lignes horizontales. Dans le vase D, surmonté de fruits, une guirlande de feuilles, passant dans les anneaux des anses, accompagne et rompt heureusement la forme générale. Les Vases eux-mêmes, d'un dessin un peu naïf, gagneraient à être retouchés dans leur silhouette. — Gravure de Berthault. — (Fac-simile.)

花瓶经常被用来装饰油画板，应该从质量和剪影的双重角度来研究。A中的样本（续第133页、第205页）形象生动（希腊把手），一支简单的花簇优雅地缠绕着花瓶。B和C上面有许多花簇，一簇花掉落下来，打破了水平线的单调。D装着水果，一串穿过把手的环状叶子，挂在瓶身上，成

功地改变了普通的形状。这些花瓶虽然本身的设计相当不受欢迎，却可以通过修改剪影来改善。法国工程师帛尔陀（Berthault）刻画。（复制品）

XVIᵉ SIÈCLE. — ÉCOLE ALLEMANDE.

TAPISSERIES, — BRODERIES.
POINT COMPTÉ,
PAR H. SIEBMACHER.

Another set of three plates of *cross-stitching*, by *H. Siebmacher* (see page 238). The two upper stripes showing the designs for *ground-work* or *spotted ground* are octogonal, the base being a perfect square with its diagonals. The following stripes are patterns of borders with the same base, with the exception of the fourth stripe which, like that already given page 238, shows the way of executing in rug-work free designs, by cleverly combining full and empty spaces in the composition. It is a continuous pattern of coats of arms supported by unicorns alternating with vases of flowers (borders and lace of liveries, etc.).

Attentive readers will be able to find several points of comparison between these designs with geometrical basis and those given p. 152 and 162 (coffers and compartments of *S. Serlio*).

Our six stripes are composed : the 1ˢᵗ of 56 stitches, the 2ⁿᵈ of 31, the 3ʳᵈ of 29, the 4ᵗʰ of 65, the 5ᵗʰ of 32, and the 6ᵗʰ of 49. — (*Fac-simile.*) — To be continued.

Autre réunion de trois planches de *Point compté* par *H. Siebmacher* (voy. page 238). — Les deux bandes du haut, donnant des motifs de *fonds* ou *semis*, procèdent de l'octogone qui a pour base le carré parfait et ses diagonales. Les bandes suivantes sont des motifs de bordures procédant de la même base, sauf la 4ᵉ bande qui fait voir, ainsi que celle déjà donnée page 238, la manière d'exécuter en tapisserie des dessins libres, en pondérant savamment dans la composition les pleins et les vides. C'est un motif continu d'écussons d'armoiries soutenus par des licornes alternant avec des vases de fleurs (bordures et galons de livrées, etc.).

Les lecteurs attentifs sauront établir bien des points de rapprochement entre ces motifs à base géométrique et ceux donnés pages 152 et 162 (caissons et compartiments de *S. Serlio*).

Nos 6 bandes se composent : la 1ʳᵉ de 56, la 2ᵉ de 31, la 3ᵉ de 29, la 4ᵉ de 65, la 5ᵉ de 32, la 6ᵉ de 49 points. — (*Fac-simile.*) — Sera continué.

汉斯·西布马赫（H. Siebmacher）设计的另外三幅十字绣（参见第238页）。显示底面设计或斑点底面设计的上面两个条纹是八边形的，底部是对角线完整的正方形。除了第四个条纹，上下的条纹是底部相同的边饰图案，它就像第238页已经给出的一样，展现了地毯自由设计的方法，巧妙地将作品的填充和空白结合起来。它是一种战袍纹路，由独角兽与花瓶（服饰的镶边和花边）交替搭配。

细心的读者将能够发现这些设计与几何基础设计，和第152页、第162页［S. 塞利奥（S. Serlio）的花格镶板和隔间］给出的设计之间的几点相似。

本页有六个条纹组合：第一个56针，第二个31针，第三个29针，第四个65针，第五个32针，第六个49针。（复制品）未完待续。

XVIᵉ SIÈCLE. — ÉCOLE FRANÇAISE (HENRI III).

MEUBLES.
CABINET, FRISE, GUÉRIDON
PAR A. DU CERCEAU.

Figure 560 is the reproduction of a second specimen of the *Cabinets* of A. Du Cerceau (see page 213). The two folding-doors of the upper part, covered with elegant arabesk carvings, are framed with slender terminals, the upper parts of which are ornamented with the busts of women, crowned with capitals of Ionic order. In the lower part, two arcades, the tympan of which bear masks and garlands, leave the interior of the Cabinet, which is adorned with an arrangement of pannels in wood-work, visible in the back-ground, and which threw into relief the precious vases and other objects of curiosity which adorned the lower shelf. This shelf, seen in perspective and in full light, is indicated above the pedestal by the double field which the master has left in blank in his sketch. The crowning shelf, likewise destined to receive precious objects, is decorated on the front with an elegant foliage. We give, figure 562, a different reading in arabesks of a similar current ornament; it is taken from the book of *Grotesque Friezes*, by the artist (Paris, *Jombert*).

Figure 561 is a little round table or *guéridon* with a foot in the form of a baluster. The four tortoises at the foot correspond with the four serpents which support the circular top of the table. — *(Fac-simile.)* To be continued.

La fig. 560 reproduit un second spécimen des *Cabinets* de A. Du Cerceau (voy. page 213). Les deux Vantaux de la partie supérieure, couverts d'élégantes sculptures en arabesques, sont encadrés par des gaînes de forme très-élancée, s'épanouissant vers le haut en bustes de femme couronnés par des chapiteaux à volutes ioniques. Dans le bas, deux Arcades, dont les tympans portent des masques et des guirlandes, laissent apercevoir au second plan le fond du meuble garni d'un ajustement de panneaux de menuiserie sur lesquels se détachaient les vases précieux et autres objets de curiosité dont on garnissait la tablette inférieure. Cette tablette, vue en perspective et en pleine lumière, est indiquée au-dessus du socle par le double champ que dans son croquis le maître a laissé en blanc. La tablette de couronnement, également destinée à recevoir des objets précieux, est décorée sur sa face d'un élégant rinceau. Nous donnons fig. 562 une variante en arabesques d'un ornement courant analogue; elle est tirée du livre des *Frises grotesques* du maître (Paris, *Jombert*).

Fig. 561 est une petite Table ronde ou *guéridon* à pied en forme de balustre. Les quatre tortues de la base répètent le motif des quatre serpents formant support à la tablette circulaire supérieure. — *(Fac-simile.)* — Sera continué.

560

561

图560是迪塞尔索（A. Du Cerceau）柜子的第二个样本的复制品。上半部的两扇折门。上面覆盖着优雅的水彩画雕刻，镶着细长的端饰。而门的上面部分装饰着女人的半身像，头戴一种爱奥尼亚式的柱头。在下面的两个拱廊分隔了柜子内部，柜子的衬垫带有面具和花环，内部装饰着木制面板，珍贵的花瓶和其他有趣的物品摆放在较低的架子上。灯照下可以看出，这个架子在一个双层底座上面，大师将它放在草图的空白地方。用于收藏珍贵东西的架子，前面装饰着优雅的叶子。图562中，我们对类似当前装饰的彩绘有不同的解读；这节选自巴黎艺术家戎拜（Jombert）的《怪诞带饰》。

图561是一个小圆桌或独脚小圆桌。四只在脚上的乌龟对应着四条大蛇，它们支撑着桌子的圆形顶部。（复制品）未完待续。

562

FRISES, — ORNEMENTS COURANTS
DU VASE CORINTHIEN (p. 249).

ANTIQUES. — PEINTURE GRECQUE.

Ainsi que nous l'avons fait remarquer page 129, les arts décoratifs des grandes époques ont toujours procédé par les moyens les plus simples. Se bornant à s'inspirer de la Nature dans le choix du motif et le caractère des formes, et loin d'en rechercher l'imitation servile, les Anciens surent produire à peu de frais les effets les plus varies par l'harmonieuse opposition des lignes et l'étude savante des silhouettes. Le Vase corinthien que nous avons donné page 249 en fournit une preuve. Le col du vase est décoré d'un motif d'étoiles à 4 branches encadrées dans de grandes palmettes dont les extrémités se rejoignent en cercle. Ce motif, suffisamment indiqué dans le dessin d'ensemble p. 249, se retrouve dans la partie inférieure de la panse avec une variante de fines spirales très-fermement dessinées et donnant naissance à d'autres palmettes à 5 pétales (fig. 564). Entre ces deux zones s'étend la frise principale qui occupe la partie la plus saillante de la panse dont la partie supérieure, méplate, est enrichie du motif courant fig. 563. Cet entrelacement de deux branches de lierre offre une alternance de feuilles et de fruits. Les feuilles trop lourdes en proportion de la frise, si elles se présentaient de face, sont savamment disposées sur une surface très-fuyante qui leur fait perdre de leur importance par l'effet de la perspective. — (Calques pris sur l'original). — Sera continué.

Details of the Corinthian vase, p. 249:
The neck of the Vase is decorated with a pattern of four pointed stars framed in large palm-leaves the extremities of which join in in circles. The same design is to be found in the lower part of the bowl with a variety of small spirals very boldly drawn and producing five other petaled palm-leaves (fig. 564). The upper part of the bowl, flat, is enriched with the running pattern, fig. 563. This intertwining of two ivy branches gives an alternation of leaves and fruit. — (Copy taken from the original.) — To be continued.

第 249 页科林斯花瓶的细节：
瓶颈上装饰着四颗桃心，这些心被棕榈叶框了起来，它们的末端接着一个圆圈。相同的设计可以在花瓶的下部找到，我们非常大胆地绘制了各种小螺旋和其他五个花的棕榈叶（图 564）和花瓶的五上半部分装饰着圆形的图案（图 563），这两个常春藤交织在一起以替换叶子和果实。（摘自原版的复制品）未完待续。

Troisième Année.　　　　　　　　　　Nº 68.　　　　　　　　　　10 Mars 1863.

·L'ART·POUR·TOUS·

ENCYCLOPÉDIE
DE L'ART INDUSTRIEL ET DÉCORATIF
Paraissant les 10, 20 et 30 de chaque mois

ÉMILE REIBER
DIRECTEUR - FONDATEUR.

Abonnement annuel :
Pour toute la France, 18 fr.
Pour l'Étranger,
même prix, plus les droits
de poste variables.

Pour toutes
demandes d'abon-
nements, réclama-
tions, etc., s'adr.
aux Bureaux du Journal,
13, rue Bonaparte, à Paris.

XVIIᵉ SIÈCLE. — ÉCOLE ALLEMANDE.　　　　　　　　　　**ANIMAUX**
PAR H. ROOS.

566

Peintre d'animaux et graveur à l'eau-forte, Jean-Henri Roos, né dans le Bas-Palatinat, en 1631, fit ses études à Amsterdam sous *Jules Du Jardin* et *Adrien de Bie*, et s'établit en 1656 à Francfort-sur-le-Mein, où il mourut en 1681. Son œuvre gravée se compose de cinq Suites de paysages à animaux, qui sont fort recherchées des amateurs. Le dessin de ce maître, toujours ferme et correct, le charme de ses compositions qui fourniront peut-être d'intéressantes applications à la décoration intérieure, nous font un devoir de reproduire plus loin les principales de ces pièces.

约翰·亨利·鲁斯（John Henry Roos），是动物画家和雕刻师，他于1631年出生在下普法尔茨，在阿姆斯特丹接受了教育，1656年在弗兰克福特开始自学，1681年于弗兰克福特去世。他的雕刻作品是由五组动物组成的，受到艺术爱好者的极力追捧。这位艺术家的绘画，总是充满活力且十分细腻，他作品的魅力也许会为室内装饰提供一些有趣的启发，这使我们感到有责任复制他的主要作品。

John Henry Roos, painter of animals and etcher, born in the Lower-Palatinate, in 1631, was educated at Amsterdam, under *Julius Du Jardin* and *Adrian de Bie*, and established himself, in 1656, at Frankfurt on the Main, where he died in 1681. His work of engravings is composed of five sets of landscapes with animals, which are greatly sought after by amateurs. The drawings of this artist, always vigorous and accurate, the charm of his compositions which perhaps will furnish some interesting applications for interior decorations, make it our duty to reproduce his chief productions.

XVIᵉ SIÈCLE. — TYPOGRAPHIE ROMAINE.

ENTOURAGES, — NIELLES.

(Suite de la page 222.)

Fig. 567-570 represent different elements of *moveable* borders (as we explained pp. 172 and 222) and of which fig. 571 represents a general arrangement.

Nr. 572 reproduces a vase of original composition. It bears a dedicatory inscription and seems to have been designed from an antique basso-relief.

Fig. 573 is a *passe-partout* analogous to those of Nrs. 323, 329 and 359. Two sphinxes taken from the Antique are to be remarked on it, which *Serlio* afterwards used to complete the pediment of his *Corinthian chimney-piece* given p. 118.

Fig. 574 is a letter ornamented in the style of the Venetian typography at the commencement of the xvıᵗʰ century.

(*Fac-simile.*) — To be continued.

Les fig. 567-570 représentent divers éléments de bordures *mobiles* (ainsi que nous l'avons expliqué pp. 172 et 222) et dont la fig. 571 présente un ajustement d'ensemble.

Le nᵒ 572 reproduit un vase de composition originale. Il porte une inscription dédicatoire et paraît avoir été dessiné d'après quelque bas-relief antique.

La fig. 573 est un *passe-partout* analogue à ceux des nᵒˢ 323, 329 et 359. On y remarque les deux sphinx tirés de l'antique et dont *Serlio* se servit plus tard pour accompagner l'amortissement de sa *Cheminée corinthienne* donnée p. 118.

La fig. 574 est une lettre ornée dans le style de la typographie vénitienne du commencement du xvıᵉ siècle.

(*Fac-simile.*) — Sera continué.

567

572

568

574

573

图 567~570 代表了可移动边框（正如第 172 页和第 222 页解释过的那样）的不同元素。图 571 表示一个总体布局。

图 572 重现了一个器皿的原作。其上面有献词，它似乎是根据一个古老的浅浮雕设计的。

图 573 是一个裱画框，类似于图 323，329 和 359。这两件从古董上取来的狮身人面像将会加以说明，塞利奥（Serlio）后来用它

来完成了科林斯式三角墙的雕饰（参见第 118 页）。

图 574 是 16 世纪初，威尼斯装饰风格的字体。

未完待续。（复制品）

569

570

571

ANTIQUES. — ARMURERIE ÉTRUSQUE.

ARMES DÉFENSIVES.
BOUCLIER.
(COLLECTION CAMPANA.)

Ce *Bouclier* fait partie d'une armure complète découverte dans une sépulture étrusque, et dont nous reproduirons ultérieurement les autres pièces. — Autour d'un bouton central orné d'une disposition rayonnante, et entre deux zones de rosettes ciselées, se développe une frise circulaire portant une double suite de griffons ailés estampés, de deux grandeurs différentes, et qui rappellent la tradition orientale. (Voy. pp. 226, 232.) Ce disque central, terminé par une moulure demi-ronde à cannelures rayonnantes, se détache sur un champ uni formant bordure. Nous joignons le *profil* de cette pièce qui porte à son centre intérieur une simple poignée dont le méplat est garni de stries longitudinales en relief, dont la fig. *a* donne le détail en grandeur d'exécution, et qui avaient pour effet d'affermir l'arme dans la main du guerrier. — Bronze. — Moitié d'exécution.

这只圆盾属于一套盔甲，这套盔甲是在伊特鲁里亚墓穴中发现的。这套盔甲的其他部分我们将在以后进行复制。围绕着一个装饰着发散图案的中央圆形装饰，在两圈带雕花的花饰区之间，有一个圆形的装饰，刻有两圈不同尺寸的狮身人面像和鹰头兽，使人们想起东方的传统样式（参见第 226 页、第 232 页）。中央的圆盘，由一个带有发散图案的凹槽半圆形模件连接着，从而在平滑边缘处分离出来。我们增加了一幅图，这幅图中间有一个把手，平坦的部分装饰着纵向条纹，图 a 展示了所有的细节。它是为了让战士拿武器时更加稳固。铜制。实际尺寸的一半。

This *Buckler* belongs to a suit of Armour found in an Etruscan sepulchre, the other pieces of which we shall reproduce later. Around a central button ornamented with a radiating design, and between two zones of carved rosettes, a circular frieze, bearing a double series of sphinxes or stamped hippogriffs, of different sizes, develops itself and recalls to mind Oriental tradition (see pp. 226, 232). This central disk, terminated by a half-round moulding with radiating fluting, detaches itself from a smooth field which forms a border. We add the *profile* of this piece which has at its interior centre a single handle, the flat part of which is furnished with longitudinal strigæ in relief, the details of which are given in full size, fig. *a*, and which were intended to give the weapon firmness in the warrior's hand. — Bronze. — Half size.

XVIIIᵉ SIÈCLE. — ÉCOLE FRANÇAISE (LOUIS XVI).

POÊLES.
TRÉPIEDS, — PIÉDESTAUX,
PAR DE LA FOSSE.

Fig. 576. A *Stove* composed of a square pedestal surmounted by a trophy of war. A fust of a column, intended for conveying the smoke, presents the configuration of a cannon, at the base of which a group of offensive and defensive arms is arranged; on each side two eagles form a reuniting pediment.

Fig. 577 and 578. *Tripods* or *Atheniennes* to be executed in cast metal. Attempts have been lately made to apply these forms to the heating of large apartments by means of hot water. For that purpose it suffices to arrange these kind of fixtures in such a manner that the water may flow through a branch pipe corresponding with the lower part of the axal funnel, into the large central vases. From there the hot water distributes itself into the three feet and returns by a circular pipe which reunites them, in the thickness of the floor, with the principal water-pipe.

Fig. 579 is square based pedestal, decorated with pilasters in the form of vases enwreathed "*à l'égyptienne*". The central tablet bears the date 1776. — (*Fac-simile.*)

Fig. 576. *Poêle* composé d'un Piédestal carré surmonté d'un Trophée guerrier. Un fût de colonne, destiné à conduire la fumée, présente la configuration d'un canon à la base duquel est disposé un groupe d'armes offensives et défensives; de chaque côté deux aigles forment amortissement.

Fig. 577 et 578. *Trépieds* ou *Athéniennes* à exécuter en fonte de métal. Des essais ont été tentés récemment pour appliquer ces formes au chauffage par l'eau chaude des grands appartements. Pour cela il suffit de disposer ces sortes de *meubles fixes* de façon à faire arriver le courant d'eau (par un branchement correspondant au bas du tuyau d'axe) dans les grands vases centraux. De là l'eau chaude se distribue dans les trois pieds et rejoint un tuyau circulaire qui les réunit dans l'épaisseur du plancher à la conduite d'eau générale.

La fig. 579 est un piédestal à base carrée, décoré de pilastres en forme de vases enguirlandés *à l'égyptienne*. La tablette centrale porte la date 1776. — (*Fac-simile.*)

图576是由一个方形底座组成的炉子，装饰着一个战士奖杯。一根柱子，用来输送烟雾，呈现出一门大炮的结构，它的底部装饰着一群进攻性和防御性的武器，两侧的两只鹰汇聚成三角形檐饰。

图577和图578是用铸造金属制成的三脚架或"Athèniennes"。最近有人试图用热水来将这些形式应用于大公寓的供暖。为了达到这一目的，我们就可以将这些装置布置成这样一种形式，即：水可以通过一个分支管，流经轴流漏斗的下部，进入大型的中心花瓶。热水在那里会分成三部

分，然后由一个圆形管道返回，在连接主要水管的厚地板外，它们又流到一起。

图579有一个方形底座，壁柱是花瓶的形状装饰着"埃及文字"。碑面中心刻着1776年。（复制品）

Troisième Année.

N° 69.

20 Mars 1862.

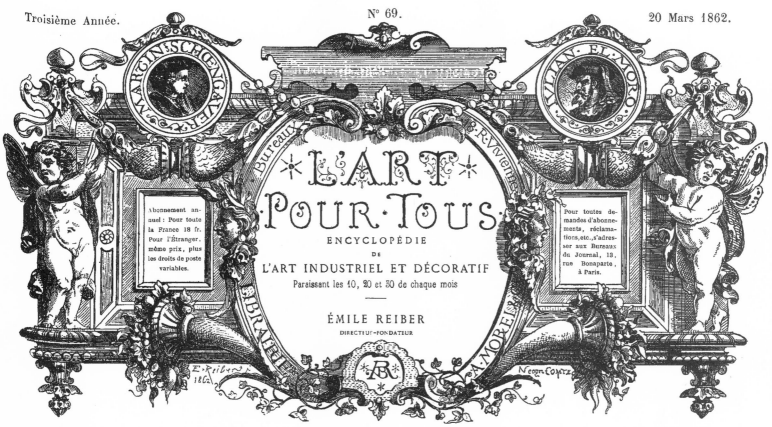

L'ART
POUR·TOUS

ENCYCLOPÉDIE
DE
L'ART INDUSTRIEL ET DÉCORATIF
Paraissant les 10, 20 et 30 de chaque mois

ÉMILE REIBER
DIRECTEUR-FONDATEUR

Abonnement annuel : Pour toute la France 18 fr. Pour l'Étranger, même prix, plus les droits de poste variables.

Pour toutes demandes d'abonnements, réclamations, etc., s'adresser aux Bureaux du Journal, 13, rue Bonaparte, à Paris.

XVIe SIÈCLE. — ECOLE FRANÇAISE.

MEUBLES.
LIT A BALDAQUIN.
(MUSÉE DE CLUNY.)

The custom, traces of which are already to be found in the XIIth century, of placing Beds in such a manner that the head became predominant in the XVIth century. Those pieces of furniture were besides surmounted with *baldachins* supported by posts; we shall have numerous specimens of them to reproduce.

In the *Bed* which we here give, the baldachin has a rectangular form of architectural disposition; the front is supported by two very ornamented posts, and the back by two figures, Mars and Victory. We merely give the general aspect of this piece of furniture; further on we shall furnish the most interesting details of its ornamentation.

This bed, which does not appear to us to have been executed before the reign of Henry III., is shown with the whole *bedding* (quilt, tester and scallop) which is some years younger; it formed part of the archbishop P. de Gondi's bed, and comes from the castle of Villepreux. (N° 541 of the Cat.)

580

La coutume, dont on retrouve déjà des traces au XIIe siècle, de disposer les *Lits* de façon que le chevet fût adossé à la muraille, ne devint prédominante qu'au XVIe siècle. Ces meubles étaient en outre surmontés d'un *Baldaquin* soutenu sur des colonnes; nous aurons à en reproduire de nombreux spécimens.

Dans le *Lit* que nous donnons ici, le baldaquin affecte la forme rectangulaire à disposition architecturale; il est soutenu sur le devant par deux colonnes très-ornées, et dans le fond par les deux figures de Mars et de la Victoire. Nous contentant ici de donner l'aspect d'ensemble de ce meuble, nous fournirons plus loin les détails les plus intéressants de son ornementation.

Ce Lit, qui ne nous paraît pas remonter au delà du règne de Henri III, est accompagné d'une *Garniture* complète (courte-pointe, ciel, gouttière ou lambrequin) qui lui est postérieure de quelques années; elle faisait partie du lit de l'évêque Pierre de Gondi, et provient du château de Villepreux. (N° 541 du Catal.)

人们已经在 12 世纪发明了这样的习俗，即把床头靠在墙上，这种习俗在 16 世纪盛行起来。这些家具都是用织锦来装饰的，我们将会有大量的样本进行复制。

在我们给出的这张床上，织锦有一种矩形建筑的感觉；前面有两个装饰精致的柱子支撑，后面有两个人像柱支撑，马尔斯（Mars，战神）和维克托里（Victory，胜利女神）。我们只是给出了这件家具的一个大概形像；随后我们会继续阐释它精美的装饰细节。

这张床的制作，在亨利三世的摄政时期之前还没有被完成，通过这张床上的被褥（被子、华盖和扇形边饰）可以看出它是较晚时期完成的；它是大主教 P. 德·岗蒂（P. de Gondi）床的一部分，来自法国城堡。［图 541 来自卡特（Cat）］

XVIe SIÈCLE. — ÉCOLE FRANÇAISE (HENRI III).

ENTRELACS,
PAR A. DU CERCEAU.
(Suite de la page 250.)

LES PLANS ET PARTERRES

DES JARDINS DE PROPRETÉ

Ainsi que les fig. 521-524, celles numérotées 581 à 583 ressortent du carré et de ses diagonales.

Dans la fig. 581, qui a pour motif un carré inscrit diagonalement dans un autre, les angles sont remplis par des demi-cercles, et le milieu par un entrelacement de lignes droites en forme de *grecques*. — Ce même motif de grecques se retrouve dans les angles de la fig. 582, dont le sujet principal est un carré inscrit dans un quatre-lobes. — La fig. 583 a pour base la combinaison des deux axes droits et des deux diagonales du carré parfait, laissant *en réserve* dans le centre de la figure un polygone étoilé à 8 pointes. — La fig. 484 est la combinaison de deux polygones étoilés *pentagones* (à cinq branches). Un cercle à dix lobes, compris entre deux zones concentriques (dont celle extérieure porte des nœuds circulaires pour remplir les vides), s'enlace dans les lignes droites des branches polygonales. — (*Fac-simile.*) — Sera continué.

除了图 521~524 之外，图 581，582，583 都是以方形和对角线开始。在图 581 中，是设计在另一个对角内切的正方形，角用半圆形填充，中心则是直线交错的回纹形式。

在图 582 所示的角度上，可以找到相同的回纹设计，其主题是一个刻在四个角内的方形。图 583 的底部是两个直轴和一个完美方形的两个对角线的组合，在中间留下一些空间，形成一个八角形。

图 584 是一个由两个五角形组成的多边形（具有五个分支），在两个同心圆区域（外部圆环结点填满空的空间）之间包含十个尖角的交点，则将其本身缠绕在多边形分支的直线上。未完待续。（复制品）

Besides the figures 521-524, those numbered 581, 582, 583 proceed from the square and its diagonals. In fig. 581, the design of which is a square inscribed diagonally in another, the angles are filled with semi-cercles, and the centre with an intertwisting of straight lines in the form of *fret-work*.

This same design of fret-work is to be found in the angles of fig. 582, the principal subject of which is a square inscribed in four cusps. The base of fig. 583 is a combination of two straight axles and two diagonals of a perfect square, leaving in the centre an empty space, in the form of an eight-pointed star.

Fig. 584 is the combination of two starred pentagonal polygons (with five branches). A circle of ten cusps, comprised between two concentric zones (of which the exterior one bears circular knots to fill up the empty spaces), entwines itself in the straight lines of the polygonal branches. — (*Fac-simile.*) — To be continued.

ANTIQUES. — PEINTURE ET CÉRAMIQUE GRECQUES.

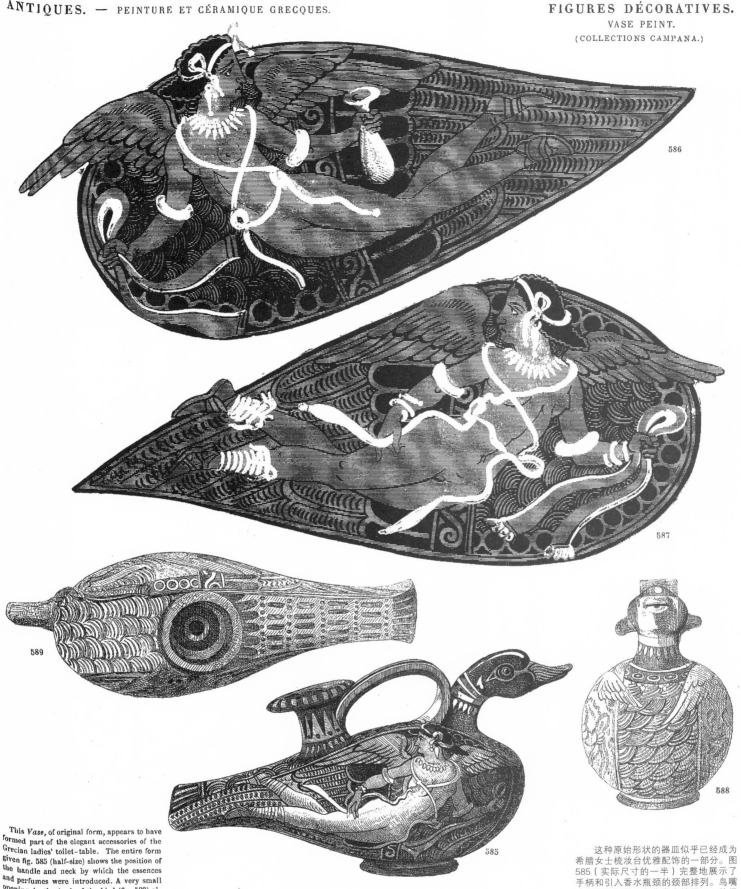

586

587

589

588

585

This *Vase*, of original form, appears to have formed part of the elegant accessories of the Grecian ladies' toilet-table. The entire form given fig. 585 (half-size) shows the position of the handle and neck by which the essences and perfumes were introduced. A very small opening in the beak of the bird (fig. 588) allowed the aromatic liquor to fall drop by drop.

The embellishment in painting, executed on reddle clay in a dark bistre tone with lights retouched in white, is one of the simplest and largest. The two wings of the bird are clearly indicated by broad lines which circumscribe the worked back-ground indicating the position of the feathers; upon this back-ground the figures of two divinities (Hebe, Iris?) detach themselves on both sides, the copies of which, taken from the originals, we reproduce in nᵛˢ 586 and 587. The other details of the ornamentation are sufficiently indicated by fig. 588 and 589 which show the front and lower part of the vase. — These two sketches are, like nᵒ 585, drawn half-size.

Ce *Vase* de forme originale paraît devoir être rangé au nombre des élégants Accessoires de la Toilette des dames grecques. L'ensemble donné fig. 585 (moitié d'exéc.) fait voir la disposition de l'anse et du goulot par lequel on introduisait les essences et les parfums. Une ouverture très-petite pratiquée au bec de l'oiseau (fig. 588) permettait de laisser tomber goutte à goutte la liqueur aromatique.

La décoration en peinture, exécutée sur *engobe* d'ocre rouge en ton de bistre foncé avec rehauts de blanc, est des plus simples et des plus larges.

Les deux ailes de l'oiseau sont franchement indiquées par de forts filets qui circonscrivent des champs ouvragés indiquant la disposition des plumes; sur ce *travail de fond* se détachent élégamment de chaque côté des figures de deux divinités (Hébé, Iris?) dont nous reproduisons aux nᵒˢ 586 et 587 les *calques* pris sur les originaux. Les autres détails de l'ornementation sont suffisamment indiqués par les fig. 588 et 589 montrant la face et le dessous du vase. Ces deux ensembles sont, ainsi que le nᵒ 585, dessinés en demi-grandeur.

这种原始形状的器皿似乎已经成为希腊女士梳妆台优雅配饰的一部分。图585（实际尺寸的一半）完整地展示了手柄和引入香水瓶颈的颈部排列。鸟嘴（图588）有一个非常小的开口，使得芳香的液体可以一滴一滴地落下。

绘画上的点缀是在深褐色的红赭石泥土上进行的，然后再以白色进行润色，这个作品是最大的，也是最简单的。鸟的两只翅膀用宽线条明显的显示出来，在背景的映衬下显示出羽毛的位置。在这种背景下，两个神［赫柏（Hebe）和伊利斯（Iris）］的形象附着在两边。图586和图587是从原件复制过来的。图588和图589充分地显示了器皿的前部和下部装饰的其他细节，两幅草图都是实际尺寸的一半，如图585。

LES IDYLLES DE GESSNER

IDAS, MICON

IDAS. Je te salue, Micon, aimable chanteur! Quand tu parais, mon cœur palpite de joie. Depuis qu'assis sur la pierre, au bord de la fontaine, tu chantais la chanson du printemps, je ne t'ai pas revu.

MICON. Je te salue, Idas, aimable joueur de flûte! Veux-tu que nous cherchions un lieu couvert, pour nous y asseoir à l'ombre?

IDAS. Montons sur cette hauteur, où le grand chêne de Palémon est planté. Il porte au loin son ombrage, et un vent frais voltige sans cesse alentour. Pendant ce temps mes chèvres grimperont sur cette roche escarpée et brouteront les tendres arbrisseaux. Vois comme ce bel arbre étend de tous côtés ses longs rameaux et répand avec son ombre une douce fraîcheur; asseyons-nous ici près de ces rosiers sauvages; les zéphyrs légers se joueront dans nos cheveux. Ah Micon! ce lieu est à jamais sacré pour moi. O Palémon! ce chêne sera toujours le monument respectable de ta droiture! Palémon avait un petit troupeau; il en sacrifia plusieurs brebis au dieu Pan. O Pan! s'écria-t-il, fais que mon troupeau se multiplie, afin que je

590

puisse en donner une partie à mon pauvre voisin. Pan fit qu'en une année le troupeau de Palémon s'augmenta de moitié; Palémon donna la moitié de son troupeau à son pauvre voisin. Puis il fit un sacrifice à Pan sur cette colline, et y planta un chêne en disant : O Pan! que ce jour où mes vœux sont remplis soit à jamais sacré pour moi! Bénis ce chêne, afin que chaque année je te fasse un sacrifice sous son ombre! Micon, veux-tu que je te répète la chanson que je chante toujours sous ce chêne?

MICON. Si tu m'apprends cette chanson, je te ferai présent de cette flûte à neuf trous : moi-même j'en ai taillé les roseaux, après les avoir choisis avec soin sur le rivage, et je les ai réunis avec de la cire odoriférante.

Alors IDAS chanta :

« O vous, branchages flexibles, qui vous élevez en cintre sur ma tête! votre ombre m'inspire un saint transport. Doux zéphyrs! quand votre souffle me rafraîchit, il me semble qu'une divinité invisible voltige autour de moi. Et vous, chèvres et brebis! épargnez, ah! épargnez le jeune lierre qui naît au pied de ce chêne! Ne l'arrachez pas! Qu'il monte le long de sa tige blanchâtre, et qu'il forme autour d'elle des guirlandes de verdure! O arbre! que jamais la foudre, que jamais les vents impétueux ne renversent ta cime élevée! Les dieux l'ont ainsi voulu! tu feras dans tous les temps un monument de bienfaisance. Ta tête superbe s'élance dans les nues; le berger l'aperçoit de loin, et la montre à son fils en l'instruisant; la tendre mère la voit et raconte l'aventure de Palémon à son jeune enfant qui l'écoute attentivement, assis sur ses genoux. Ah bergers! laissez après vous de pareils monuments, afin qu'un jour, errants dans l'obscurité de ces bocages, nous éprouvions à leur aspect de saints transports.»

Ainsi chanta Idas : déjà même depuis longtemps il ne chantait plus, et Micon restait encore assis comme pour l'écouter. Ah Idas, dit-il, la fraîcheur du matin m'enchante, le retour du printemps me ravit; mais les actions des hommes vertueux me plaisent encore davantage. Il dit, et donna au berger la flûte à neuf trous.

DAPHNIS

Pendant une belle matinée de janvier, Daphnis était assis dans sa cabane; la flamme pétillante d'un bois sec répandait au dedans une agréable chaleur, tandis que l'hiver ensevelissait le chaume dont elle était couverte sous une épaisse couche de neige. Le berger, d'un air satisfait, jetait ses regards du côté d'une fenêtre étroite, et les promenait sur la contrée ravagée par les aquilons.

O hiver! malgré tes rigueurs, que tu as encore de charmes! Quelle clarté riante le soleil répand à travers les brouillards légers, sur ces collines blanchies par les frimas! Que cette neige est éclatante! Quels magnifiques tableaux présentent ici les noires souches et les branches tortueuses et chauves de ces arbres épars sur ce tapis éblouissant; là, cette cabane grisâtre dont le toit est couvert de neige; ailleurs, ces haies d'épines, dont la couleur brune coupe la blancheur uniforme de la plaine.

Les grains qui germent dans nos guérets percent la neige de leurs tendres pointes. Que ce vert naissant s'entremêle agréablement avec le blanc qui couvre la terre! Quel brillant spectacle forment ces buissons voisins! La rosée, en forme de perles, étincelle sur leurs rameaux déliés et sur les filaments légers qui voltigent à l'entour au gré du vent. La contrée est à la vérité déserte : les troupeaux reposent paisiblement, enfermés dans leurs chaudes étables. A peine aperçoit-on quelquefois la trace du bœuf docile, qui conduit tristement à l'entrée de la cabane le bois que le berger a coupé dans la forêt prochaine. Les oiseaux ont abandonné les bocages. On ne voit plus voler que la solitaire mésange, qui chante malgré la froidure; le petit roitelet, qui sautille çà et là; et le moineau hardi, qui vient familièrement à la porte de nos cabanes becqueter les grains qui sont à terre.

594

Là-bas, sous ce toit rustique d'où la fumée sort en ondoyant du milieu de ces arbres, est la demeure de ma Philis. O ma Philis! peut-être qu'assise aussi près de ton foyer, appuyant ton beau visage sur ta main, tu penses à moi et tu désires comme moi le retour du printemps. Ah Philis, que tu es belle! mais ta beauté seule n'a point allumé l'amour que je ressens. Je t'aimai du jour que les deux chèvres du jeune Alexis se précipitèrent de la cime du rocher. Il pleurait. Mon père est pauvre, disait-il; voilà que j'ai perdu deux chèvres, dont l'une était pleine. Hélas! je n'ose plus retourner à notre cabane. Tu vis couler ses pleurs, et la pitié te fit pleurer aussi. Puis, essuyant tes larmes, tu pris dans ton petit troupeau deux de tes meilleures chèvres, et tu dis au berger affligé : Alexis, prends ces deux chèvres, l'une des deux est pleine. Il pleurait de joie; tu pleurais aussi de joie d'avoir réparé son malheur.

O hiver! quelque rigoureux que tu sois, ma flûte ne demeurera pas pour cela suspendue dans ma cabane et couverte de poussière. Je ne chanterai pas moins des airs tendres pour ma Philis. Tu as dépouillé nos arbres de feuilles, tu as moissonné les fleurs de nos prairies; mais je saurai encore composer une guirlande pour ma Philis. J'entremêlerai la verdure éternelle du lierre flexible avec ses grappes bleuâtres. Cette mésange, que je pris hier, chantera dans la cabane de ma Philis. Je la lui porterai aujourd'hui avec la guirlande. Chante alors, aimable oiseau; amuse-la de ton agréable ramage; elle t'adressera la parole avec un sourire gracieux, elle te donnera à manger dans sa belle main. Oh! avec quel empressement elle te prodiguera ses soins en songeant que tu viens de moi!

Troisième Année.   N° 70.   30 Mars 1863.

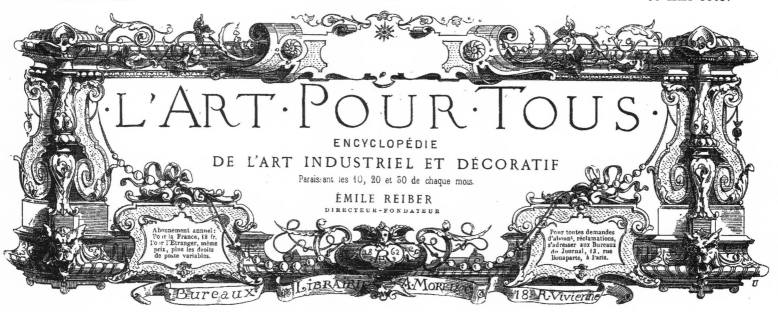

·L'ART·POUR·TOUS·

ENCYCLOPÉDIE
DE L'ART INDUSTRIEL ET DÉCORATIF

Paraissant les 10, 20 et 30 de chaque mois.

ÉMILE REIBER
DIRECTEUR-FONDATEUR

Abonnement annuel:
Pour la France, 18 fr.
Pour l'Étranger, même
prix, plus les droits
de poste variables.

Pour toutes demandes
d'abonnt, réclamations,
s'adresser aux Bureaux
du Journal, 13, rue
Bonaparte, à Paris.

Bureaux   LIBRAIRIE A. MOREL & Cie   18 R. Vivienne

ANTIQUES. — CÉRAMIQUE GRECQUE.

RETOUR DE CHÉNEAU.
MASCARON.
(COLLECTIONS CAMPANA.)

592

Quoique cette intéressante pièce présente dans ses détails beaucoup d'analogie avec la Frise donnée page 223, au n° 463, la différence de hauteur fait voir que ces deux fragments proviennent de monuments différents.

Une tête de Triton en ronde-bosse, d'un modelé très-énergique, forme Mascaron d'angle, et s'appuie sur une large feuille saillante. La chevelure flottante, d'où s'échappent des dauphins, la relie des deux côtés avec le champ principal de la frise. — Aux deux tiers de l'exécution.

尽管这幅有趣的作品在细节上与第 223 页的带饰很相似，但在图 463 中，高度的不同表明这两个碎片属于不同的纪念碑。
一个蝾螈的头部是有棱角的面具，并由一张巨大且凸出的叶子支撑着。这是一个充满活力的模型，几只海豚从飘逸的毛发里面解脱出来，这些毛发把它和主要背景结合在一起。实际尺寸的三分之二。

Although this interesting piece presents in its details great analogy with the Frieze given page 223, in n° 463, the difference in height shows that these two fragments belonged to different monuments.

A head of Triton in full relief, of a very energetic model, forms an angular mask, and is supported by a large projecting leaf. The flowing hair, from which some dolphins extricate themselves, unites it on both sides with the principal background of the frieze. — Two thirds size.

XVIᵉ SIÈCLE. — ÉCOLE FRANÇAISE.

VASES
D'APRÈS L'ANTIQUE,
PAR LAZARE DE BAIF.

593

594

595

The three annexed pieces complete the illustrations of the little work *de Vasculis*, by *Laz. de Baïf*. They are, like the figures given page 184, specimens of Vases in antique bronze. Although n° 593 is already in our beginning collection of the *Vases of Æneas Vicus* (see page 61), and though we shall find the others either in this same collection, or modified in that of the *Vases of A. du Cerceau* (see page 287), we have not wished to deprive our readers of the precious ements of comparison between the interpretations of the same object, by different artists of a same epoch. Besides, these three pieces will furnish curious information about the history of French wood-cutting at the time of Francis I. — (*Fac-simile.*)

Les trois pièces ci-jointes complètent les illustrations de la brochure *de Vasculis*, de *Laz. de Baïf*. Ce sont, comme les figures données page 184, des spécimens de Vases de bronze antiques. Quoique le n° 593 se trouve déjà dans notre collection commencée des Vases d'*Énée Vico* (voy. page 61), et que nous devions retrouver les autres, soit dans cette même collection, soit avec des variantes dans celle des Vases de *A. du Cerceau* (voy. page 287), nous n'avons pas voulu priver nos lecteurs de précieux éléments de comparaison entre les interprétations d'un même objet, faites par les artistes d'une même époque. Ces trois pièces fourniront en outre des données curieuses sur l'histoire de la *taille de bois* française du temps de François Iᵉʳ. — (*Fac-simile.*)

这三张附在一起的插图完整地展示了拉兹·德·贝弗（Laz. de Baïf）的《Vaesculis》作品。就像第 184 页上给出的图一样，它们是古代青铜花瓶的样本。图 593 已经在我们最初收集的埃内亚·维科（Æneas Vicus）"花瓶"系列里了（参见第 61 页），尽管我们也能找到其他作品，要么从同样的收藏中，要么从修复的迪塞尔索（A. du Cerceau）的花瓶

中（参见第 287 页），但我们不想剥夺读者去了解当代不同艺术家对同一主题不同阐释的机会。此外，这三件作品将提供关于弗朗索瓦一世时期法国木材的独特信息。（复制品）

XVIe SIÈCLE. — ÉCOLE ITALIENNE.

FIGURES DÉCORATIVES.
VOUSSURES DE LA CHAPELLE SIXTINE,
PAR MICHEL-ANGE.

SIBYLLA ERYTHRÆA. — Les anciens attribuaient aux sibylles l'inspiration divine et la connaissance de l'avenir. La Sibylle d'Erythres, en Ionie, qui paraît être la plus ancienne, et celle de Cumes, en Italie, étaient les plus célèbres. Ces grandes figures alternent, dans les pendentifs de la chapelle Sixtine, avec celles des Prophètes. Gravure de G. Ghisi dit le Mantouan, 1546. — (Fac-simile.) — Sera continué.

西比拉·厄立特里亚（SIBYLLA ERYTHRÆA），古人认为西比拉知晓神的启示和对未来的认识。西比拉·厄立特里亚在爱奥尼亚，似乎是最古老的，在意大利也是最有名的。这些大人物与先知们在西斯廷教堂的穹隅里交替出现。由 G. 赤司（G. Ghisi）刻画，名为《曼图亚》，1546 年。未完待续。（复制品）

SIBYLLA ERYTHRÆA. — The Ancients attributed to the sibyls divine inspiration and the knowledge of the future. The Sibyl of Erythræa, in Ionia, who appears to have been the most ancient, and that of Cumæ, in Italy, were the most celebrated. These large figures alternate in the pendentives of the Sixtina Chapel with those of the Prophets. Engraving by G. Ghisi, called the Mantuan, 1546. — (Fac-simile.) — To be continued.

ART CALLIGRAPHIQUE.

ALPHABETS,

PAR J.-B. PALATINO ET L. DE HENRICIS.

(Suite des pages 40 et 65.)

XVIᵉ SIÈCLE. — *ÉCOLE ITALIENNE.*

Spécimens de *Lettres françaises* importées en Italie, au xvᵉ siècle, par les calligraphes faisant partie de la suite du roi Charles VIII. Le nᵒ 597 donne un Alphabet de dimensions moins grandes que celui donné page 40. Les nᵒˢ 598 et 599 sont de proportion encore plus réduite. Chacun de ces Alphabets est précédé d'un *exemple* montrant l'enchaînement des lettres et la manière de remplir les vides par des *déliés* capricieusement entrelacés. La beauté de cette écriture consiste dans la régularité des intervalles et la pureté des extrémités. — (*Fac-simile.*)

Specimens of *French Letters* imported in Italy, in the xvᵗʰ century, by the pen-men who were in king Charles VIII's retinue. — Nᵒ 597 is an Alphabet of smaller dimensions than that given page 40. — Nᵒˢ 598 and 599 are of still more reduced proportions. — Each of these Alphabets is preceded by an illustration showing the concatenation of the letters and the manner of filling up the blanks with up-strokes capriciously interlaced. The beauty of this writing consists in the regularity of the intervals and the neatness of the extremities. — (*Fac-simile.*)

图为 15 世纪，由查理八世国王的侍从从意大利带回的法国信件样本。图 597 是一个比第 40 页更小的字母表。图 598 和图 599 的尺寸更小。每一种字母表都有一个插图，显示字母的连接和笔画反复交错的填空方式。这篇书法的妙处在于间隔均匀和末端整洁。（复制品）

Troisième Année.　　　　　　　N° 71.　　　　　　　10 Avril 1863.

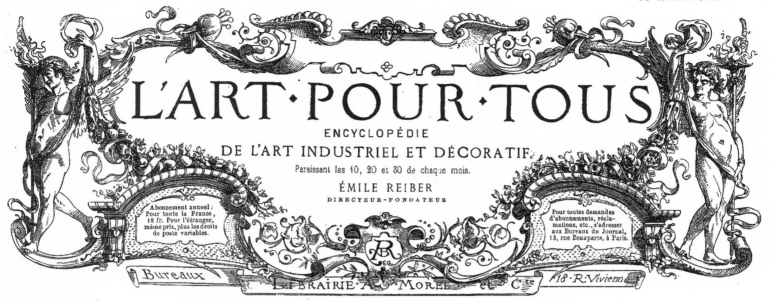

L'ART·POUR·TOUS

ENCYCLOPÉDIE
DE L'ART INDUSTRIEL ET DÉCORATIF

Paraissant les 10, 20 et 30 de chaque mois.

ÉMILE REIBER
DIRECTEUR-FONDATEUR

Abonnement annuel :
Pour toute la France,
18 fr. Pour l'étranger,
même prix, plus les droits
de poste variables.

Pour toutes demandes
d'abonnements, réclamations,
etc., s'adresser
aux Bureaux du Journal,
13, rue Bonaparte, à Paris.

Bureaux　LIBRAIRIE A. MOREL et Cie　18·R·Vivienne

XVIᵉ SIÈCLE. — GROSSERIE FRANÇAISE (LOUIS XV).

ACCESSOIRES DE TABLE.

SEAUX A RAFRAICHIR,

PAR P. GERMAIN.

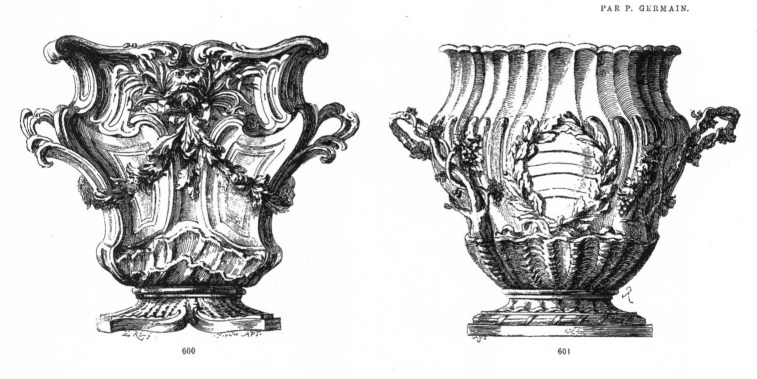

600　　　601

602

The use of Vases for cooling beverages is of great antiquity; they were originally made of earth, of bronze, and even of wood. From the xvᵗʰ century, the art borrowed from the Arabs of fashioning metallic plates by means of a hammer permitted to execute these kinds of *Basins* in copper and even in silver, and to cover them with rich ornaments in order to contribute to the luxury of the banquets. — In these three specimens of *Cooling-Pails* taken from the works of *P. Germain* (page 258), the decoration of n°ˢ 600 and 602 suggests aquatic subjects (shells, heads of dolphins, of tritons, etc.). The handles of n° 601 are indicated by an elegant vine-stock springing up the two sides of the lower basket. — (*Fac simile.*)

L'usage des Vases à rafraichir les boissons remonte à une haute antiquité; on les fabriquait originairement en terre, en bronze, et même en bois. Dès le xvᵉ siècle, l'art emprunté aux Arabes de travailler les plaques métalliques au marteau permit d'exécuter ces sortes de *Bassins* en cuivre et même en argent, et de les couvrir de riches ornements pour contribuer au luxe des festins. — Dans ces trois spécimens de *Seaux à rafraîchir* tirés de l'OEuvre de *P. Germain* (page 258), la décoration s'inspire aux n°ˢ 600 et 602 de sujets aquatiques (coquilles, têtes de dauphin, de triton, etc.). Les anses du n° 601 sont indiquées par un élégant cep de vigne surgissant des deux côtés de la corbeille inférieure. — (*Fac-simile.*)

　　用瓶子来冷却饮料是很古老的方法。最初，瓶子是由泥土、青铜，甚至是木头制成的。到了15世纪，从阿拉伯人的艺术品中，借鉴了用锤子来制作金属板，可以制作这些铜盆，甚至是银盆，并用丰富的装饰物来修饰它们，以彰显餐会的奢华。在这三个取自P. 杰曼（P. Germain，参见第258页）的《冷

却瓶》作品的样本中，图600和图602的装饰体现了水族主题（贝壳、海豚或蝾螈头部等）。图601，瓶子的下半部分两侧缠绕着葡萄藤，将把手凸显了出来。（复制品）

XVIIᵉ SIÈCLE. — TYPOGRAPHIE FRANÇAISE (LOUIS XIII).   CULS-DE-LAMPE.

604

603

605

The five annexed specimens of typographical *Brackets* with grey foliage are connected with the series of *ornamented Letters* given page 148. They are evidently due to the same artist.

The base of these triangular-shaped compositions is always a central bottom from which tufts of foliage make their escape. It is easy to trace the design of this ornature by seeking out first of all the principal shoots, generally terminated by a flower; the secondary shoots are only filling-ins. The loose stems of the foliage are full of strumæ variously cut out, borrowed from the *niello-grounds* of the xvɪᵗʰ century, which the Venitians had imported from the East. Each stem is terminated by a caracteristic struma in form of a large dot.

The use of the little glass without a frame (see page 109) will enable to find upon these pieces a crowd of new combinations applicable to the *ground-work* of tapestry, embroidery, etc. — (*Fac-simile.*)

Les cinq spécimens ci-joints de *Culs-de-lampe* typographiques à rinceaux de grisailles, se rattachent à la série des *Lettres ornées* données page 148. Ils sont évidemment dus au même artiste.

La base de ces compositions à masse triangulaire est toujours un culot central d'où s'échappent des touffes de rinceaux. Il est facile de découvrir la loi de cette ornementation en recherchant d'abord les jets principaux, généralement terminés par un fleuron; les jets secondaires ne sont que des remplissages. La tige déliée des rinceaux est nourrie de renflements à découpures variées empruntées aux *nielles* du xvɪᵉ siècle, que les Vénitiens avaient importés d'Orient. Chaque rinceau se termine par un renflement caractéristique, en forme de gros point.

L'usage de la petite glace sans bordure (voyez page 109) fera trouver sur ces pièces une foule de combinaisons nouvelles applicables à des *fonds* de tentures, broderies, etc. — (*Fac-simile.*)

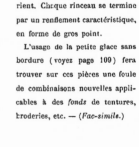

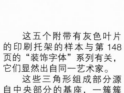

606

这五个附带有灰色叶片的印刷托架的样本与第148页的"装饰字体"系列有关，它们显然出自同一艺术家。

这些三角形组成部分源自中央部分的基座，一簇簇叶子从那里延伸出来。通过找出所有主芽，就很容易把握它的设计和特点，而这些主芽顶部通常有一朵花，次芽则只是作为填充。松散的枝干布满了各种各样的枝叶，源自16世纪的乌银，乌银则是威尼斯人从东方引入的。每一根根茎末端都有一个小点似的结。

在没有框架的情况下使用小玻璃（参见第109页），使我们发现在这些作品适用于织锦、刺绣等工艺的基础应用。（复制品）

607

ANTIQUES. — CÉRAMIQUE GRECQUE.

FRISES, — MASCARONS.
(COLLECTIONS CAMPANA.)

608

These two pieces, as well as several of the preceding *Friezes*, form a running ornament by the juxta-position of proofs taken from the same mould. In nº 608, a large mask of woman (Hygea, Gorgon?), whose abundant head of hair leaves visible serpents coiling round the temples, disengages itself from a circular back-ground formed by the reunion of four branches of palm-leaves, the origin of which we find in the archaic details of the *Corinthian Vase*, page 268. Height, 0,30. Length, 0,40.

In nº 609, a bearded and horned mask (Bacchus or Jupiter Ammon?) is sustained by two winged Fawns the lower extremities of which terminate in an elegant bunch of acanthus leaves. Heigth, 0,30. Length, 0,44. (Defaced.)

A course of ovolos accompany the top of these two fragments.

609

Ces deux pièces forment, ainsi que plusieurs des *Frises* précédentes, un ornement courant par la juxtaposition des épreuves tirées d'un même moule. Dans le nº 608, un large masque de femme (Hygie, Gorgone?), dont l'abondante chevelure laisse apparaître des serpents s'enroulant autour des temps, se détache sur un champ circulaire formé par la réunion de quatre rinceaux de palmettes dont nous retrouvons le principe dans les détails archaïques du *Vase corinthien*, page 268. Hauteur, 0,35. Longueur, 0,40.

Dans le nº 609, un mascaron barbu et cornu (Jupiter Ammon, Bacchus?) est soutenu par deux faunes ailés dont les extrémités inférieures se terminent un élégant rinceau de feuilles d'acanthe. Hauteur, 0,30. Longueur, 0,44. (Fruste.)

Un cours d'oves accompagne le haut de ces deux fragments.

这两件作品以及之前的一些装饰，是通过从相同的排列装饰作品中，抽出其中一部分的样本。图608是一个女人的面具[亥吉亚（Hygea）或戈耳工（Gorgon）?]，有着茂密的头发，鬓角处有蛇盘绕着。这个面具呈一个圆形凸显出来，背面是由四片棕榈叶围成的，我们从古老的科林斯花瓶的细节中发现了这种创意（参见第268页）。高0.35米，长0.40米。

图609中，一个长着胡须和角的面具［巴克斯（Bacchus）或朱庇特阿蒙神（Jupiter Ammon）?］，由两只长着翅膀的农牧神支撑着，它的下肢末端是一串优雅的毛茛叶。高0.30米，长0.44米。（受损）

在这两个残片的顶部，有一个卵锚饰线型装饰。

XVIᵉ SIÈCLE. — ÉCOLE ITALIENNE.

CARTOUCHES ET EMBLÈMES,
PAR GIROLAMO PORRO.

(Suite de la page 64.)

11

CAVAL. CLAUDIO PACI

610

12

CURIO BOLDIERI

611

13

CURTIO BORGHESI

612

14

CURTIO GONZAGA

613

15

DOMENICO AMMIANI

614

16

ENEA TIRANTI

615

Le principe des Bordures en Cartouche de cette intéressante suite d'Emblèmes est une combinaison de Cuirs (voyez page 104) dont les extrémités s'enroulent en volutes. Mis en faveur sous François Iᵉʳ par les artistes italiens de l'École de Fontainebleau, ce système d'ornementation prévalut pendant tout le XVIᵉ siècle et exerça une grande influence sur les écoles de la décadence jusque sous le règne de Louis XVI. (Voir les Cartouches des p. 204 et 215.) — (Fac-simile.) — Sera continué.

这些有趣的"徽章"系列的涡卷饰边框（参见第104页）是用皮革拼合成的，它的末端是卷起来的。在弗朗索瓦一世的帮助下，枫丹白露学派的意大利艺术家们使得这种自然主义体系在整个16世纪盛行起来，并对路易十六统治时期的颓废学派产生了巨大的影响（参见涡卷饰，第204页和第215页）。未完待续。（复制品）

The principle of the Cartouch-borders of this interesting series of Emblems is a combination of Leathers (see page 104) the extremities of which roll up in volutes. Brought into favour under Francis I. by the Italian artists of the Fontainebleau school, this system of ornature prevailed during the whole of the XVIᵗʰ century and exercised great influence upon the schools of the decadency until the reign of Louis XVI. (See the Cartouches, p. 204 and 215.) — (Fac-simile.) — To be continued.

Troisième Année.

N° 72.

20 Avril 1863.

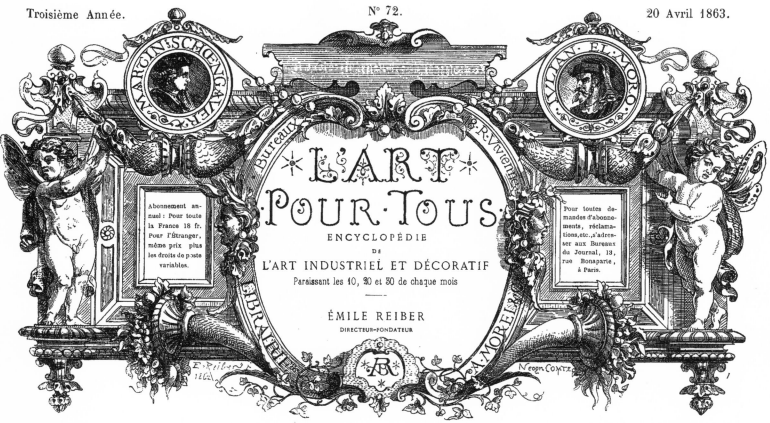

L'ART POUR TOUS
ENCYCLOPÉDIE
DE
L'ART INDUSTRIEL ET DÉCORATIF
Paraissant les 10, 20 et 30 de chaque mois

ÉMILE REIBER
DIRECTEUR-FONDATEUR

Abonnement annuel : Pour toute la France 18 fr. Pour l'étranger, même prix plus les droits de poste variables.

Pour toutes demandes d'abonnements, réclamations, etc., s'adresser aux Bureaux du Journal, 13, rue Bonaparte, à Paris.

ANTIQUES. — ÉCOLES DE LA GRANDE-GRÈCE.
XVIᵉ SIÈCLE. — ÉCOLE ITALIENNE.

FIGURES DÉCORATIVES.
PIERRES GRAVÉES,
PAR ÉNÉE VICO.

616

618

617

By their number and the perfection of their execution, the *Engraved Stones* (cameœs, agates, sardonyx, onyx, etc.), accruing from the rings and jewels of the Ancients, have furnished at all times precious elements of research for learned men and a vast field of study for artists. To the reproduction of *Æneas Vicus'* collection (pages 206, etc.) we will join that of the Engraved Stones taken from the principal Cabinets. — The subjects of the four annexed pieces are : fig. 616, *Hippomenes* offering a sacrifice to Cupid after having vanquished Atalanta in the race; fig. 617, *Comus, god of the banquets;* fig. 618, *Bellerophon,* conqueror of the Amazons, *with the horse Pegasus;* and fig. 619, the *Train of Bacchus.* — (Fac-simile.) — To be continued.

619

Par leur nombre et la perfection de leur exécution, les *Pierres gravées* (camées, agates, sardoines, onyx, etc.) provenant des bagues et autres bijoux des Anciens ont fourni de tous temps des éléments précieux de recherches aux savants et un vaste champ d'études aux artistes. A la reproduction de la collection d'*Énée Vico* (pages 206, etc.) nous joindrons celle des Pierres gravées tirées des principaux Cabinets. — Les sujets des quatre pièces ci-jointes sont : fig. 616, *Hippomène* offrant un sacrifice à l'Amour après avoir vaincu Ata!ante à la course; figure 617, *Comus, dieu des festins;* figure 618, *Bellerophon,* vainqueur des Amazones, maintenant le cheval Pégase; et figure 619, le *Cortége de Bacchus.*—(Fac-simile.)— Sera continué.

通过它们的数量和完美的工艺，从古人的戒指和珠宝中得到雕刻的石头（玛瑙、红玛瑙、黑玛瑙等等），为学者提供了珍贵的研究元素，为艺术家提供了广大的研究领域。为了复制埃内亚·维科（ÆEneas Vicus）的藏品（参见第 206 页等），我们将把从主陈列柜中取出的雕刻石头联系起来。四个附件的主题是：图 616，希波墨涅斯（Hippomenes）

在征服阿塔兰塔（Atalanta）之后，向丘比特（Cupid）献祭；图 617，科马斯（Comus），宴会欢乐之神；图 618，柏勒洛丰（Bellerophon）同飞马（Pegasus）成为亚马逊的胜利者；图 619，巴克斯（Bacchus），酒神。未完待续。（复制品）

ANTIQUES. — ORFÉVRERIE ÉTRUSQUE.　　　　　　　　　　　　　　　　　**BIJOUX.**
COLLIERS, FERRETS, PENDANTS D'OREILLES.
(Suite des notices de la page 242.)　　　　　　　　　　　　　　　　　(COLLECTIONS CAMPANA.)

501. (Suite.) — Au-dessous du bord inférieur sont disposés en *d* les anneaux auxquels se rattachent de deux en deux cinq groupes de chainettes (fig. *e*) terminées en *f* par des amphores en or fondu, à palmettes en estampé et cordelées de fil d'or, dont on voit en *g* le mode d'attache (derrière), et en *h* le détail de face. De chacun des anneaux de suspension des chainettes obliques du bord *d* descend une chainette droite supportant une amphore à rosette, dont on voit en *i* le mode de réunion, en *n* le point d'attache, et en *k* le détail. D'autres amphores suspendues au bord *d* remplissent les triangles formés par des chaînettes obliques. En *l*, on voit le détail et le mode d'attache d'une perle centrale de verre rouge à zone d'émail blanc, garnie haut et bas de paillons d'or découpés en feuilles en étoile, garnies sur leurs bords de cordelés de fil d'or.

Tous ces détails sont dessinés à des échelles variables, en rapport avec l'importance de la partie décrite. Le grand nombre de pièces fondues de verre, d'émail et d'or qui rentrent dans la composition de ce bijou le rendent assez lourd; ce ne pouvait être qu'un bijou de cérémonie. La collection possède la paire de ces admirables pendants d'oreilles qui s'attachent au moyen de simples crochets analogues à ceux de la fig. 441, p. 214. Ils ont été trouvés dans une tombe à Bolsena (l'ancienne Vulsinies). — Écrin IX, nº112.

501. (续篇) 在下边缘的下面是排列的 d 环，每一个链上附着着五组小链 (图 e) ，端接 f，f 由合金铸造刻有棕榈叶纹饰，边上缠有金线，(后面的) 附着方式见 g，而 h 则是前面的细节。从边缘 d 倾斜的小链条的每个悬挂环下，都有一个支撑玫瑰花饰的双耳细颈瓶的直小链，从 i 可以看出其重合方式，由 n 可以看出紧点，由 k 可以看出一些细节。其他直接悬挂在边缘 d 上的双耳细颈瓶填满了由小斜链形成的三角形。在 l 处可以看到将红色玻璃中间的明珠与白色珐琅质区域相连接的细节和方式，上下都用闪光金属片雕刻叶子组成星形，它们用金线装饰在边缘上。

所有这些细节都是根据所描述部分的重要性而设计的。由玻璃、镶嵌物和金子制成的大量碎片组成了这颗宝石，因而相当沉重；它只能是一个用于仪式的宝石。这个收藏拥有一对令人赞叹的耳坠，它们通过类似于第 214 页图 441 那样的简单的钩子固定。它们是在博尔塞纳 (Bolsena) 墓中发现的 [古尔西尼 (Vulsinii)] 九号棺椁，112 号。

501 (Continuation.) — Beneath the lower edge are arranged at *d* rings to every second of which are attached five groups of little chains (fig. *e*) terminated at *f*, by amphoræ in cast gold, with palm leaves, stamped and twisted with golden thread, the manner of attaching which (behind) is seen at *g*, and at *h* the details of the front. From each of the suspension-rings of the oblique little chains of the edge *d* descends a straight little chain supporting an amphora in form of a rosette, of which one may see at *i* the manner of reunion, at *n* the fastening point, and at *k* the details. Other amphoræ directly suspended from the edge *d* fill up the triangles formed by the oblique little chains. At *l* are to be seen the details and manner of attaching a central pearl of red glass with a white enamelled zone, garnished above and below with a golden spangle carved in leaves forming stars, which are decorated on their edges with golden thread twisting.

All these details are designed on various scales in connexion with the importance of the part described. The great number of pieces made of glass, enamel and gold which enter into the composition of this jewel render it rather heavy; it could only be a jewel used for ceremonies. The collection possesses the pair of these admirable ear-drops which are fastened on by means of simple hooks analogous to those in fig. 441, p. 214. They were found in a tomb at Bolsena (ancient Vulsinii). — Casket IX, nº 112.

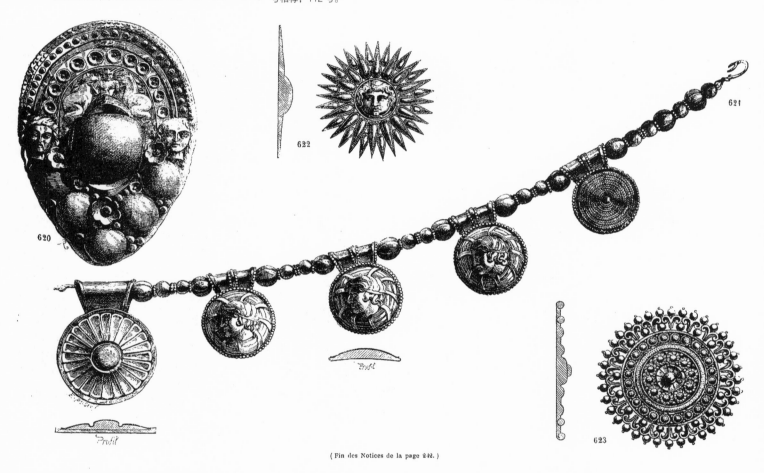

622　623　620　621　Profil　Profil

(Fin des Notices de la page 242.)

502. — Le principe de la plupart des Pendants d'oreilles de la *Série étrusque* de la Collection est un anneau renflé en forme de conque (voir les *Fibules* données p. 193, fig. 391 et 392). La fig. 502 présente ce motif dans toute sa simplicité, ainsi que son complément ordinaire qui s'ajoute ici un croissant renversé, posé à cheval sur l'anneau.

Ici l'anneau est bordé latéralement d'un astragale; la lame (estampée) du croissant est munie d'un cordelé. La partie inférieure de la conque porte quatre lentilles disposées en *piles de boulets* (voir nº 442), dont trois sur la face, et dont les angles rentrants sont étoffés de groupes de quatre petits grains d'or disposés d'une manière semblable. — Écrin VII, nº 52.

503. — *Plaque d'oreilles funéraire étrusque en or*, à face de derrière plate (estampée en deux coquilles excessivement minces). Cette pièce n'est que la représentation en bas-relief du type primitif nº 502. La grande partie convexe du milieu, entourée d'ornements en pointillé (postes et palmettes), figure une portion de la face de l'anneau à renflement. Le croissant, très-développé et muni d'un rang de perles estampées inscrit dans un rebord en gros cordelé, présente la figuration d'un oiseau (colombe?) entre deux animaux symboliques, rappelant le dogme asiatique de l'âme humaine sollicitée par les génies du bien et du mal. Les grosses lentilles et grains d'or de la partie inférieure sont également disposés en pyramide renversée. — Écrin VII, nº 53 *bis*.

La série des *Urnes et Sarcophages* de la collection des terres cuites nous fera étudier la manière dont les Étrusques habillaient et paraient leurs morts.

504. — *Pendants d'oreilles en or*. L'anneau (creux) à surface unie porte un gland estampé orné de côtes godronnées au repoussé. De petits groupes de grains d'or sont disposés aux points principaux. — Écrin VII, nº 58.

505. — *Petites plaques funéraires* analogues au nº 503, destinées à orner le corps d'un enfant.

506. — *Petits pendants d'oreilles en or*. L'anneau plat, et en forme de bague, porte une nervure longitudinale et est bordé d'un astragale. — Écrin VII, nº 66.

Les anneaux ou crochets d'attache de toutes ces pièces manquent.

Les notices des bijoux nᵒˢ 620-623 seront données ultérieurement.

502. 该收藏于 "伊特鲁里亚" 系列，耳坠的大部分元素是一个海螺形的空心环形 (参见第 193 页，图 391 和 392 饰针) 。图 502 展示了这个设计的简单性和普通的填充，它是一个跨过环的反向新月形。

在此，这个环的侧面接一个半圆饰；这个新月形的刀片 (冲压) 有一些扭曲。海螺的下部有四根排列成弹枪式箭头的小扁豆 (参见图 442) ，其中三根放在前面，角落里堆满了几组排列方式相似的四颗黄金颗粒。十一号棺椁，52 号。

503. 伊特鲁里亚人的葬礼黄金的金板，有一个平坦的背部 (切成两个特别薄的海螺壳形) 。这件作品简单地说，就是原始类型的代表。中心大凸起的部分，被点缀的装饰物 (维特鲁威卷轴和棕榈叶) 所包围，代表了空心圆环前面的一部分。新月形被大大扩展，并在边缘上刻有一排加盖印花的珍珠，在两个象征性的动物之间呈现出一只鸟 (鸽子？) 的形态，使人们想起善恶的天才恳求人类灵魂的亚洲教条。下部的黄金大扁豆和谷物也放置于倒金字塔中。十一号棺椁，53 号。

该赤陶器收藏品的瓮和石棺将会告诉我们伊特鲁里亚人穿着和装饰死者的方式。

图 504，金耳坠。表面光滑的圆环 (中空) 上有一枚有印花的橡子。这个橡子装饰着印花边。少量的黄金颗粒被放在主要的点上。十一号棺椁，58 号。

图 505，类似于图 503 的小葬礼板用于装饰孩子的身体。

图 506，小金耳坠。扁平的圆环，以环状的形式，承受着纵向的脉络，被一个半圆饰所环绕。十一号棺椁，66 号。

所有这些粘贴碎片的圆环或卷叶饰绕都需要。

图 620~ 623 的珠宝将在后文叙述。

502. — The element of the greater portion of the Ear-drops of the *Etruscan series* of the Collection is a hollow ring in the form of a conch (see the *Fibulæ* given p. 193, fig. 391 and 392). Fig. 502 presents this design in all its plainness and likewise its ordinary complement which is a reversed crescent, placed astride upon the ring.

Here the ring is bordered laterally by an astragal; the blade (stamped) of the crescent is provided with twistings. The lower part of the conch bears four lentils arranged in *bullet-piles* (see nº 442), three of which are on the front and whose recentering angles are filled up with groups of four little grains of gold arranged in a similar manner. — Casket VII, nº 52.

503. — *Etruscan funeral Ear-plate in gold*, with a flat back (cut in the form of two conch-shells excessively thin). This piece is simply the representation in basso-relievo of the primitive type. The large convex part of the centre, surrounded with dotted ornaments (Vitruvian scrolls and palm leaves), represents a portion of the front of the hollow circlet. The crescent, greatly expanded, and provided with a line of stamped pearls inscribed in a border of large twisting, presents the configuration of a bird (dove?) between two symbolical animals, recalling to mind the Asiatic dogma of the human soul solicited by the geniuses of good and of evil. The large lentils and grains of gold of the lower part are also disposed in reversed pyramids. — Casket VII, nº 53 *bis*.

The series of *Urns and Sarcophaguses* of the terra-cotta collection will instruct us in the manner in which the Etruscans clothed and adorned their dead.

504. — *Gold ear-drops*. The ring (hollow) with a smooth surface bears a stamped acorn ornamented with stamped godrooned edges. Little groups of grains of gold are disposed at the principal points. — Casket VII, nº 58.

505. — *Little funeral plates* analogous to nº 503, destined to ornament the body of a child.

506. — *Little golden ears-drops*. The flat circlet, and in the form of a ring, bears a longitudinal nerve and is bordered by an astragal. — Casket VII, nº 66.

All the rings or crockets for attaching these pieces are wanting.

The account of the jewels nᵉ 620-623 will be given further on.

XVIᵉ SIÈCLE. — ÉCOLE FRANÇAISE (HENRI III).

VASES,
PAR A. DU CERCEAU.

624   625   626

627   628   629

Ainsi que nous l'avons fait remarquer page 278, c'est en s'inspirant des données de l'Antiquité qu'*A. Du Cerceau* (page 109) composa les formes aussi gracieuses qu'originales de ces *Vases;* ainsi le nº 625, par exemple, est une combinaison des fig. 593 et 594. — Dans toutes ces compositions, le galbe de la *panse* affecte en général la forme ovoïde. Les *anses* sont figurées soit par des serpents, soit par des pieds ou des cornes de bouc; leurs *attaches* sont formées par des masques de satyre. Des guirlandes, des mascarons, des frises à figures délimitées par des zones d'ornements courants décorent la panse de ces Vases auxquels le Maître a su imprimer son cachet tout individuel. — (*Fac-simile.*) — Sera continué.

正如我们在第 278 页所提到的，是受到古代礼物的启发，迪塞尔索（A. Du Cerceau）把这些形状制作得和原作花瓶一样优美，例如，图 625 是图 593 和图 594 的结合。在所有这些艺术作品中，瓶身膨胀的大小，通常会影响到它的形态。把手由蛇或山羊的脚或角来表示；它们的紧固件是由萨蒂尔（Satyrs）面具形成的。花环、面具、褶饰，都受到装饰的区域限制，装饰着这些花瓶的瓶身，并且上面盖有他们的私人印章。未完待续。（复制品）

As we have remarked page 278, it is by inspiring himself with the gifts of Antiquity that *A. Du Cerceau* (page 109) composed the forms as graceful as original of these *Vases;* thus nº 625, for instance is a combination of the figures 593 and 594. — In all these compositions, the swelling of the *paunch* affects in general the ovoid form. The *handles* are represented either by serpents, or by the feets or horns of goats; their *fastenings* are formed by masks of satyrs. Garlands, masks, friezes of figures, limited by the zones of running ornaments, decorate the body of these vases, to which the Master has affixed his private seal.— (*Fac-simile.*) — To be continued.

BRODERIES. — CHIFFRES.

LETTRES ENTRELACÉES,

PAR J.-B. PALATINO.

632

630

631

XVIᵉ SIÈCLE. — ÉCOLE ITALIENNE.

Le *Livre d'Écritures* de *Giovanbattista Palatino* (page 280), citoyen romain (Rome, 1545), contient deux planches intéressantes d'Entrelacs de lettres formant *chiffre*. Ces chiffres devaient s'inscrire dans un carré parfait, et les *lettres symétriques* telles que A, V, devaient être disposées sur l'axe milieu. Une même lettre ne pouvait se produire qu'une fois dans un même chiffre, pour éviter les complications. L'auteur fait voir (figure 631) la manière de chiffrer le nom de *Lavinia* par les exemples successifs LA, LAV, LAVI, etc. La figure 632 donne en chiffres les prénoms de *Faustina, Lucretia, Virginia, Vittoria, Giulia, Flaminia*, alors encore en usage à Rome.

Le nᵒ 630 est une page du Livre plus ancien de *Lud. de Henricis* (page 40) et présente un entrelacement curieux dont nous ne déchiffrons que les premiers mots : HIEronymo dedo... etc. — (*Fac-simile*.)

The *Book of Writings*, by *Giovanbattista Palatino* (page 280), Roman citizen (Rome, 1545), contains two interesting plates of Intwisting of letters forming *cipher*. These ciphers, were to be inscribed in a perfect square, and *symmetrical Letters*, such as A, V, were to be disposed on the centre axle. The same lester could only be used once in the same cipher, in order to avoid complications. The author indicates LA, LAV, the manner of ciphering the name of *Lavinia* by the successive examples LA, LAV, LAVI, etc. Figure 632 gives in ciphers the prenomens of *Faustina, Lucretia, Virginia, Giulia, Flaminia*, atthat time still in use at Rome.

Nᵒ 630 is a page of the more ancient Book by *Lud. de Henricis* (page 40), and presents a curious intertwisting of which we will only decipher the first words : HIEronyvro dedo... etc. — (*Fac-simile*.)

由乔万巴蒂斯塔·帕拉提娜(Giovanbattista Palatino,罗马公民,1545年)所著的《书写之书》中,包含两个有趣的密码叠在一起组成的密码。这些密码将被镌刻在一个完美的方形上,对称的字母上如 A 和 V 被布置在中心轴上。同样的字母只能在同一个密码中使用一次,以避免发复杂化。作者通过一系列的例子,如 LA、LAV、LAVI 等,指出了拉维尼亚(Lavinia)的名字。图 632 用密码给出了姓氏福斯蒂娜(Faustina)、卢克丽霞(Lucretia)、维吉尼亚(Virginia)、朱里亚(Giulia)、弗拉米尼(Flaminia)等,那时在罗马仍在使用。

图 630 是卢德·享里基斯(Lud.de Henricis)一本更古老的书籍中的一页(参见第 40 页),并给出了一个有趣的交错,我们只会破译第一个单词:HIERONYMODEDO。(复制品)

Troisième Année.　　　　　　　　　Nº 73.　　　　　　　　　30 Avril 1862.

L'ART POUR TOUS

ENCYCLOPÉDIE
DE
L'ART INDUSTRIEL ET DÉCORATIF

Paraissant les 10, 20 et 30 de chaque mois

EMILE REIBER
DIRECTEUR-FONDATEUR

Abonnement annuel :
Pour toute la France, 18 fr.
Pour l'Étranger, même prix, plus les droits de poste variables.

Pour toutes demandes d'abonnements, réclamations, etc., s'adresser aux Bureaux du Journal, 13, rue Bonaparte, à Paris.

Bureaux — Librairie A. Morel & Cie, 18 · R. Vivienne

XVIIIᵉ SIÈCLE. — ORFÉVRERIE FRANÇAISE (LOUIS XV).　　　　**SUCRIERS,**
PAR P. GERMAIN.

633

634

635

636

We continue the study of the details of *P. Germain's Table-accessories* (p. 281) by here annexing the complete series of his *Sugar-basins*. These kinds of Vases are composed of two pieces : the upper one , forming the lid, must be taken off in order to introduce the condiment. It is furnished with punched apertures disposed with much variety in the annexed specimens, and which permit to sprinkle the viands with regularity. The bodies of the vases 633 and 636 are fluted and adorned with garlands ; nᵒˢ 634 and 635 are made in rock-work. Figure 637, of simple form, has a flower de lys on its cover ; 638 and 639 are different copies in good style. — (*Fac-simile.*)

我们汇集了他全套的"糖罐"系列作品来研究 P. 杰曼（P. Germain）的《餐桌配件》（参见第 281 页）这本书的细节。这类瓶子由两部分组成：上面的部分形成一个盖子，为了放入调料，必须拿下来。它备有洞口孔径，可以有规律地洒在食物上。在附件的样本中还有很多款式。图 633

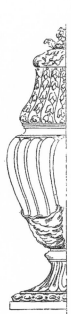

638

637

639

Nous continuons l'étude des *Accessoires de Table* de *P. Germain* (p. 281) en réunissant ici la suite complète de ses *Sucriers*. Ces sortes de vases sont composés de deux pièces ; celle supérieure, formant couvercle, doit pouvoir s'enlever pour l'introduction du condiment. Elle est munie d'ouvertures faites à l'emporte-pièce, disposées avec beaucoup de variété dans les spécimens ci-joints et permettant de saupoudrer les mets avec régularité. Les panses des vases 633 et 636 sont cannelées et décorées de guirlandes ; les nᵒˢ 634 et 635 sont composés en rocailles. La figure 637, de forme simple, porte à son couvercle une fleur de lys ; 638 et 639 sont des variantes d'un bon style. — (*Fac-simile.*)

和图 636 的瓶子装饰着花环；图 634 和图 635 是由石块砌成的；图 637，造型简单，盖子上有一朵花；图 638 和图 639 是造型独特的不同复制品。（复制品）

XVIᵉ SIÈCLE. — ÉCOLE ALLEMANDE.

BRODERIES, — GUIPURES.

POINT COUPÉ,

PAR HANS SIEBMACHER.

In the numerous models contained in this reunion of three plates of *H. Siebmacher's* Collection (continuation of pages 202, 238, 256, 266) are some of the most picturesque and most diversified combinations of a perfect square and a cercle.

The two figures in the first band are square seed-plats appearing upon their diagonals and alternating with octogonal starred polygons.

In the two figures of the second band, the circular element predominates.

The third band is arranged in chest-boards filled in with starred polygons.

The fourth is a large pattern based on diagonal squares with large four-lobed stars.

The fifth, which is of great delicacy, presents an alternation of diagonal and straight squares. The quarter angles of these are wanting, which gives them the configuration of a Grecian cross (of equal branches).

The sixth band is composed partly of the elements of the fourth, with diagonal squares, separated by starred polygons. — (*Fac-simile*.) — To be continued.

Dans les nombreux modèles contenus dans cette réunion de trois planches du Recueil de *H. Siebmacher* (suite des pages 202, 238, 256, 266), on trouve les combinaisons les plus pittoresques et les plus variées du carré parfait et du cercle.

Les deux figures de la première bande sont des semis de carrés se présentant sur leurs diagonales alternant avec des polygones étoilés octogones.

Dans les deux figures de la seconde bande, l'élément circulaire domine.

La troisième bande est disposée en damier avec remplissage de polygones étoilés.

La quatrième est un grand motif à base de carrés diagonaux avec grandes étoiles à quatre lobes.

La cinquième, qui est d'une grande délicatesse, présente une alternance de carrés diagonaux et droits. Les quartiers d'angle, manquant à ceux-ci, leur donnent la configuration de la croix grecque (à branches égales).

La sixième bande est composée d'une partie des éléments de la quatrième avec carrés diagonaux séparés par des polygones étoilés. — (*Fac-simile*.) — Sera continué.

在这幅汉斯·西布马赫(H. Siebmacher)收藏（续第202, 238, 256, 266页）的三个版面所包含的众多模型中，我们找到了方形与圆形优美别致的完美组合。

第一部分的两幅图上，正方形的幼苗出现在它们的对角线上，与八角多边形交替出现。

第二部分的两个图形中，圆形元素占主要部分。

第三部分是在充满星形多边形的棋盘格上排列的。

第四部分是基于大的四叶星形斜方形图案。

第五部分，非常精致，呈现出一种对角线和直线的交替。它们的四分角是有必要的，这就给了它们一个希腊式交叉（相等分支）的结构。

第六部分是由第四部分组成，有对角线，并由星形多边形分隔。未完待续。（复制品）

ANTIQUES. — CÉRAMIQUE GRECQUE.

FIGURES DÉCORATIVES
FRISES DES VENDANGEURS.
(COLLECTIONS CAMPANA.)

641

L'abondance et la variété des bas-reliefs antiques recueillis dans les nombreux Musées de l'Italie s'expliquent par la coutume des Anciens de décorer les intérieurs de leurs édifices avec des Frises à hauteur d'œil (voy. page 223, n° 464) représentant au spectateur les poétiques fictions empruntées au culte des Dieux et de la Nature. Ces ornements, toujours en rapport avec la destination de l'édifice, présentent la plus grande diversité. Sobres et sévères quand ils sont appliqués aux temples et lieux dédiés aux grandes divinités, ils deviennent gracieux et familiers lorsqu'ils décorent soit le *triclinium* ou salle à manger, soit l'oratoire consacré aux dieux domestiques. Multipliés à l'infini par les procédés du moulage en terre, rendus durables par la cuisson, les types sortis de la main des grands artistes grecs purent ainsi traverser les épreuves du temps et venir, après bien des siècles écoulés, montrer encore aux aspirations artistiques des nations civilisées la voie éternelle du Beau et du Vrai.

Le sujet de la présente *Frise*, connue sous le nom des *Vendangeurs*, paraît avoir joui d'une grande popularité parmi les Anciens mêmes, puisqu'on la trouve sur nombre de Vases, Bronzes antiques, etc. Au son de la double flûte jouée par un gracieux adolescent dont la joyeuse gambade a souvent inspiré les artistes, deux Faunes jeunes et vigoureux foulent aux pieds en cadence les grappes qu'un vieillard apporte dans une grande corbeille.

Ce bas-relief présente des traces de peinture très-apparentes. Les oves, les cheveux, peaux de léopard et draperies se détachent en jaune clair sur un fond de couleur bleue (base de cuivre). Le ton bleu se retrouve aussi dans les palmettes du bas qui ressortent sur un fond brun-rouge. Les grands lobes de la crête inférieure, ainsi que les filets des palmettes en jaune clair. Hauteur, 0,55; largeur 0,558.

在意大利众多的博物馆中收藏了各种各样古老的半浮雕，它们是源自古人对其建筑内部装饰的习俗（参见第223页，图464），代表着源自对天神和自然崇敬的诗意构想。这些装饰品，总是与宏伟建筑所表达的主题相一致，呈现出丰富的多样性。当它们在寺庙和那些供奉着大神祇的场所时，既清醒又严肃；当它们装饰着餐桌或饭厅，或者是供奉着家庭神灵的教堂时，又会变得赏心悦目。由于是陶制的，又经过烘焙，使其更加经久耐用，因此，伟大的希腊艺术家们制作的这种类型可以经得起时间的考验，并在几个世纪之后，展现出文明国家的艺术抱负、美丽与现实的永恒之路。

这一件带饰，以葡萄的名字闻名，似乎在古代就已经广受欢迎，因为它在多个花瓶、古董青铜器上被发现。年轻人的快乐总能启发艺术家，在一个优雅的年轻人演奏的双长笛的声音里，两个年轻充满活力的农牧神，不停地踩着一位老人放在篮筐中的水果。

浅浮雕上有很明显的绘画痕迹。在蓝色的底面上（铜制基底），毛发、豹皮和帷幔都呈淡黄色。然后，蓝色的色调出现在它下半部分的棕榈叶中，由一个红棕色的底面映衬出来。底部的大叶子以及棕榈叶子都是淡黄色的。高0.55米，宽0.58米。

The abundance and variety of the antique basso-relievos collected in the numerous Museums of Italy is explained by the custom which the Ancients had of decorating the interior of their buildings with Friezes eye high (see page 223, n° 464), representing to the spectator the poetical fictions borrowed from the worship of the Gods and of Nature. These ornaments, always in conformity with the destination of the edifice, present the greatest diversity. Sober and austere when applied to temples and places dedicated to the great divinities, they become pleasing and free when they decorate either the *triclinium* or dining-room, or the oratory consacrated to the household gods. Infinitely increased by the use of earthen moulding, rendered durable by baking, the types executed by the great Grecian artists could thus stand the test of ages, and show, after many centuries, the artistic aspirations of civilized nations, the eternal path of Beauty and of Reality.

The subject of the present Frieze, known by the name of the *Vintagers*, appears to have gained great popularity even among the Ancients, since it is to be found upon several Vases, antique Bronzes, etc. At the sound of the double flute played by a graceful youth whose joyous gambol has often inspired artists, two young and vigorous Fawns trample under foot, while keeping time, the bunches of fruit which an old man carries in a large basket.

The basso-relievo presents very apparent traces of painting. The ovolos, the hair, leopard skins and draperies stand out in light yellow upon a blue coloured ground (copper base). The blue tone is also found in the palm leaves of the lower part which it set off by a reddish brown ground. The large lobes of the lower crest, as well as the fillets of the palm leaves, are in light yellow. Height, 0,55; breadth, 0,58.

XVIIIᵉ SIÈCLE. — ÉCOLE FRANÇAISE (LOUIS XVI).   VIGNETTES.
CULS-DE-LAMPE.
PAR LE BARBIER.

LES IDYLLES DE GESSNER

(Suite de la page 276.)

MIRTILE

642

C'était le soir d'un beau jour, et la lune épanchait sur les eaux tranquilles tout l'éclat de sa lumière. Mirtile s'était arrêté aux bords de cette onde. Le calme des campagnes doucement éclairées et le chant du rossignol l'avaient retenu longtemps plongé dans une douce rêverie. Il reprit enfin le chemin de sa cabane solitaire, et sous le berceau de pampres verts qui en ombrageait l'entrée, il trouva son vieux père. Couché sur le gazon, le vieillard sommeillait paisiblement au clair de la lune, et sa tête grise reposait sur une de ses mains. Mirtile demeura immobile devant lui ; les bras enlacés l'un dans l'autre, il y demeura longtemps. Tous ses regards étaient attachés sur son père ; seulement il levait quelquefois les yeux vers le ciel qui brillait à travers le feuillage, et de ses yeux coulaient alors de douces larmes.

O toi, s'écria-t-il, toi, qu'après les dieux j'honore le plus, comme tu reposes doucement ! Que le sommeil du juste est calme et serein ! C'est pour célébrer le soir par de saintes prières que tu as porté sans doute tes pas tremblants jusque sous ce berceau, et tu te seras endormi en priant. — O mon père ! — Tu auras aussi prié pour moi. Que je suis heureux ! car les dieux entendent ta prière ; et, s'ils t'aimaient moins, notre cabane serait-elle si paisible à l'ombre de ces branches courbées sous le poids de leurs fruits ? La bénédiction du ciel daignerait-elle s'étendre ainsi sur nos troupeaux et sur nos champs ?... Combien de fois, sensible à mes faibles soins pour le repos de ta vieillesse, tu verses des larmes

de joie ! Combien de fois, tournant tes regards vers le ciel, tu me bénis avec un doux sourire ! O mon père, quels sentiments remplissent alors mon âme ! — A peine je respire, et des larmes pressées ruissellent de mes yeux. — Encore aujourd'hui, sortant de la cabane, appuyé sur mon bras pour aller te ranimer à la chaleur du soleil, et voyant nos troupeaux bondir autour de toi, les arbres chargés de fruits, et toute la contrée fertile et riante ; mes cheveux, disais-tu, sont blanchis dans la joie. Campagnes chéries, soyez bénies à jamais ! Mes regards s'obscurcissent et n'ont pas encore longtemps à vous parcourir. Je vous quitterai bientôt pour d'autres campagnes plus heureuses... O mon père, mon meilleur ami ! Je dois donc bientôt te perdre ! Triste pensée. Alors, hélas ! j'élèverai un autel à côté de ta tombe, et toutes les fois qu'il me luira un jour propice, un jour où j'aurai pu faire du bien à quelque infortuné, ô mon père, je répandrai sur l'autel du lait et des fleurs.

Il se tut et regarda le vieillard avec des yeux mouillés de larmes. Comme il repose ici ! et comme il sourit dans son sommeil ! — C'est sans doute, dit-il en pleurant, c'est le charme de quelque action vertueuse, dont ses songes lui retracent l'image. Quel doux éclat la lune répand sur sa tête chauve et sur sa barbe blanche ! Puissent les vents frais du soir et la rosée humide ne te faire aucun mal ! A ces mots, il le baise au front, l'éveille doucement et le conduit dans la cabane pour lui préparer, sur des peaux molles, un sommeil plus paisible.

LA CRUCHE CASSÉE

643

Un Faune aux pieds de chèvre reposait, étendu sous un chêne, et plongé dans un sommeil profond. De jeunes bergers l'aperçurent. Attachons-le fortement à cet arbre, dirent-ils ; il faudra bien qu'il nous chante une chanson pour obtenir sa liberté. Ils le lièrent au tronc du chêne, et ils l'éveillèrent en lui jetant des glands. Où suis-je? dit le Faune en bâillant et en étendant ses bras et ses pieds de chèvre. Où suis-je? Où est ma flûte? Où est ma cruche? Ah, voici les morceaux de la plus belle des cruches ! Je suis tombé ici hier étant ivre et je l'ai cassée... Mais qui est-ce qui m'a lié? Il dit et, regardant autour de lui, il entendit les éclats de rire des bergers. Allons, déliez-moi, petits garçons, leur cria-t-il. Nous ne te délierons point, dirent-ils, que tu ne nous aies chanté une chanson. Que voulez-vous, bergers, que je vous chante? dit le Faune. Je vais vous chanter ma cruche cassée ; asseyez-vous sur l'herbe autour de moi. Les bergers se placèrent autour de lui sur le gazon, et il commença ainsi :

Elle est cassée ! elle est cassée, la plus belle des cruches ! En voici les morceaux autour de moi.

Qu'elle était belle, ma cruche ! C'était le plus bel ornement de ma grotte. Quand un dieu des bois passait, je lui criais : Viens boire et voir la plus belle des cruches. Jupiter même, dans ses fêtes les plus joyeuses, n'avait pas une plus belle cruche.

Elle est cassée ! elle est cassée la plus belle des cruches ! En voici les morceaux autour de moi !

Quand mes amis s'assemblaient chez moi, nous nous asseyions autour de la cruche, nous buvions, et celui qui buvait chantait l'aventure gravée sur le côté de la cruche que touchaient ses lèvres. Hélas ! mes amis, nous ne boirons plus de cette belle cruche, nous ne chanterons plus l'aventure gravée sur le côté que toucheront nos lèvres !

Elle est cassée ! elle est cassée, la plus belle des cruches ! En voici les morceaux autour de moi.

Sur cette cruche on avait gravé l'infortune du dieu Pan, lorsque, saisi d'effroi, il vit la plus belle des Nymphes se métamorphoser dans ses bras mêmes en une touffe de roseaux bruyants. Il coupa dans ces roseaux plusieurs tuyaux de longueur inégale et, les réunissant avec de la cire, il en composa une flûte, et joua aussitôt sur le rivage un air lugubre. Écho entendit cette musique nouvelle, et la répéta aux bocages et aux collines étonnés.

Mais elle est cassée ! elle est cassée, la plus belle des cruches ! En voici les morceaux autour de moi !

On voyait ensuite Jupiter, en forme de taureau blanc, transporter sur son dos la nymphe Europe à travers les flots. Sa langue flatteuse caressait les genoux d'albâtre de la belle désolée, qui, pendant ce temps, se lamentait et joignait les deux mains au-dessus de sa tête ; cependant les Zéphyrs folâtres se jouaient avec les boucles de sa chevelure ondoyante, et les Amours portés sur des dauphins complaisants précédaient sa marche en riant.

Mais elle est cassée ! elle est cassée, la plus belle des cruches ! En voici les morceaux autour de moi.

On y voyait aussi gravé le beau Bacchus assis sous un berceau de pampres ; une Nymphe était couchée à son côté : elle avait son bras gauche passé sous la tête du dieu, et de sa main droite élevée, elle lui enlevait la coupe que redemandaient ses lèvres riantes. Elle le regardait d'un air languissant qui semblait solliciter des baisers. Aux pieds de Bacchus jouaient ses tigres tachetés, qui, d'un air caressant, mangeaient des raisins dans les mains délicates des Amours.

Mais elle est cassée ! elle est cassée, la plus belle des cruches ! En voici les morceaux autour de moi. Écho répète-le aux forêts, redis-le aux Faunes dans leurs grottes ; elle est cassée ! En voici les morceaux autour de moi.

Ainsi chanta le Faune ; alors les jeunes bergers le délièrent et regardèrent avec admiration les morceaux de la cruche épars sur le gazon.

Troisième Année.   № 74.   10 Mai 1863.

750 centimes le Numéro

L'ART·POUR·TOUS

ENCYCLOPÉDIE
DE L'ART INDUSTRIEL ET DÉCORATIF
Paraissant les 10, 20 et 30 de chaque mois.
ÉMILE REIBER
DIRECTEUR-FONDATEUR

Abonnement annuel :
Pour la France : 18 francs.
Pour l'Étranger, même
prix, plus les droits
de poste variables.

Pour toutes demandes
d'abonnements, récla-
mations, etc., s'adresser
aux Bureaux du Journal,
18, rue Vivienne, à Paris.

BUREAUX   LIBRAIRIE A. MOREL et Cie   18·R·Vivienne

XVIIᵉ SIÈCLE. — ÉCOLE FRANÇAISE (LOUIS XIV).   VASES,
PAR JEAN MAROT.

644

645

646

Le caractère des compositions et la manière de *Jean Marot, Parisien*, doivent le faire considérer comme un des représentants les plus purs de l'art décoratif français au xviiᵉ siècle. Procédant directement d'*A. Du Cerceau* (p. 287) par l'élégance de ses créations, il garde, comme le maître, dans l'exécution du modelé, cette sobriété de tailles qui laisse aux formes toute leur importance. — Préoccupés de la recherche des *effets colorés*, en traduisant les œuvres de peinture de l'école de Lebrun, les autres graveurs du règne de Louis XIV furent bientôt amenés à trouver de nouvelles combinaisons de tailles, et souvent l'habileté du burin l'emporta chez eux sur la pureté du dessin.

Dans sa suite de *Vases, Chapiteaux* et autres détails d'architecture, Jean Marot, on le voit, cherche à réagir contre le goût italien qui avait envahi l'art français sous Marie de Médicis, en ramenant à des formes plus correctes les éléments décoratifs qu'une décadence précoce avait exagérés et maniérés. Nous retrouverons cette tendance dans la suite de ses œuvres. — (*Fac-simile.*)

让·马洛特（Jean Marot，巴黎人）作品的特点与风格成为 17 世纪法国装饰艺术最纯粹的代表。他优雅的作品风格来源于他的师傅迪塞索尔（A.Du cerceau，参见第 287 页），在模型的制作过程中，醒目的形状在整个造型中很重要。在对色彩效果的研究中，对勒布伦学派的作品进行翻译的同时，路易十四统治时期的其他雕刻者很快就发现了其他形状的组合，而且雕刻的纯粹性更加出色。

意大利风格在美第奇家族的玛丽亚（Maria）统治时期入侵了法国艺术，而他的"花瓶""大写字母"系列和其他细节使人们认为，让·马洛特试图反抗意大利风格，在回归到正确的形式前，装饰元素过早的受到了颓废主义的影响。我们在以下一些作品中找到了迹象。（复制品）

The character of the compositions and the style of the Parisian *Jean Marot*, ought to make them considered as the purest representation of the French decorative art of the xviiᵗʰ century. Originating directly in *A. Du Cerceau* (p. 287) by the elegance of his productions, he maintains, like his master, in the execution of the model, that soberness of shape which leaves the whole importance to the forms. — Being occupied with the research of *coloured effects*, while translating the works of Lebrun's school, the other engravers in the reign of Lewis XIV were soon brought back to find that other combinations of shapes, and frequently the engraving was superior to the purity of the design.

In his series of *Vases, Capitals*, and other architectural details, *Jean Marot*, one sees, tries to react against the Italian taste, which had invaded the French art during the reign of Maria di Medici, in bringing back to more correct forms the elements of decoration which a precocious decadency had exaggerated and rendered affected. We find that tendency in his following works. — (*Fac-simile.*)

XVIIIᵉ SIÈCLE. — GROSSERIE FRANÇAISE.

ACCESSOIRES DE TABLE,
PAR P. GERMAIN.

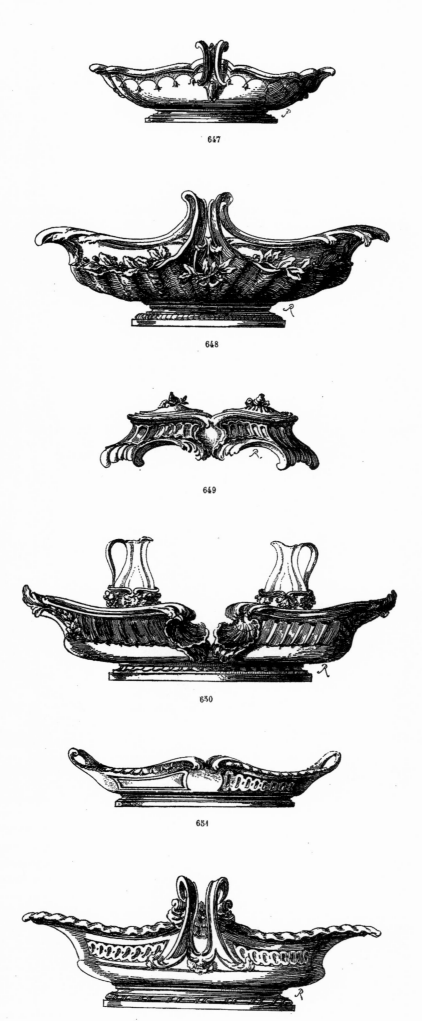

647

648

649

650

651

652

In this series of *Table Acces-sories* taken from the work of *P. Germain* (page 289) we always remark the same ele-gance of shape and clever ar-rangement. We call the atten-tion of our readers to the nice dispositions of the *handles* of this series of flat vases. We reproduce, nᵒˢ 647 and 648, two drawings of *Sauce-boats;* nᵒˢ 649 a *double Salt-cellar.*

Nᵒ 650 is *Cruet-stand*. It will be remarked that, in order to prevent the upsetting of this piece, the cruets are placed upon a large open basin. They are fastened in openworked stands ornamented with olives and grapes (see page 161). In order to prevent during the dinner-time the drops to run outside and gather at the foot of the vases, the bottoms of which are generally flat, it might be advisable for our Glass manufacturers to make cruets, with bellies finishing in a point like the antique ampho-ræ: a metallic fastening *in the form of a ring* would hold the vase under the belly. This arrangement, adding new ele-ments to the art of decorating, would prevent those accidents, so much dreaded by careful house-keepers.

Fig. 651 and 652 are draw-ings of *Sauce-boats*. — (*Fac-simile*.) — To be continued.

Dans cette série d'*Accessoires de table,* tirée de l'œuvre de *P. Germain* (p. 289), on re-marque toujours la même élé-gance de formes et la même habileté d'ajustement. Nous appelons l'attention de nos lecteurs sur l'heureux agence-ment des *anses* de cette suite de Vases à forme aplatie. Nous reproduisons aux nᵒˢ 647 et 648 deux dessins de *Saucières;* au nᵒ 649, une *Salière à deux.*

Le nᵒ 650 est un *Porte-Hui-lier*. On remarquera que, pour parer au renversement de cette pièce, les burettes sont dispo-sées sur une cuvette de forme très-large et très-évasée. Elles sont retenues dans des récep-tacles à jour ornés de grappes d'olives et de raisins (voyez p. 161). — Afin d'éviter que pendant le service les gouttes d'huile, coulant le long des pa-rois extérieures, ne s'amassent en dépôt vers le pied des petits vases dont le fond est ordinai-rement plat, il serait peut-être bon que nos Verreries livras-sent au commerce des burettes dont la panse finit en pointe, à la manière des amphores an-tiques; une monture métalli-que *en bague* soutiendrait le vase par le dessous de sa panse. Cette disposition, prêtant à la décoration des éléments nou-veaux, éviterait les accidents si redoutés des ménagères soi-gneuses.

Les fig. 651 et 652 sont des dessins de *Saucières*. — (*Fac-simile*.) — Sera continué.

　P . 杰曼(P . Ger-main)的"配饰"系列作品中 (参见第298 页) ，我们总是能注意到相似的优雅造型和巧妙搭配。请读者注意这一系列扁平器皿的处理。我们复制了图647 和图648 两张关于酱料碟的图纸；图649 是一个双格小盐瓶。
　图650 是一种调味瓶架。值得注意的是，为防止调味瓶翻倒，瓶子被放置在了非常宽大的器皿中，瓶身装饰着橄榄和葡萄，并安放在装饰有簇状物的宽大器皿中 (参见第161页)。为避免在使用时，液体沿着瓶边流出，沉积在瓶边的平底，建议玻璃制造商可以制

作出让漏液停留在瓶身上的器皿，就像古老的双耳瓶一样，一个环形金属框架装饰在瓶肚上。这一安排，为装饰艺术增添了新的元素，可以防止那些即便细心的管家也会害怕的事故。
　图651 和图652 是两张酱料碟的图样。未完待续。(复制品)

ANTIQUES. — CÉRAMIQUE ÉTRUSQUE.

ANTÉFIXE.

(COLLECTIONS CAMPANA.)

654

653

Cet *Antéfixe*, ou Bout de Tuile faîtière (voy. pages 220, 240), est un des plus intéressants de la collection. Il se compose d'un motif de volutes ioniques accouplées, disposées verticalement, et donnant naissance à une palmette à deux branches où l'on pourrait reconnaître un souvenir des cornes de vache de la déesse Io (voy. p. 226). De l'aisselle de cette double branche surgit une tête de divinité accompagnée du *nimbe*, surmonté d'une disposition de palmettes rayonnantes. Ce Masque, dont la coiffure rappelle la tradition asiatique, présente d'une manière très-prononcée les caractères du type étrusque primitif au front bas, aux yeux largement fendus, aux lèvres sensuelles et souriantes. Nous avons cru devoir indiquer la restauration des contours de ce curieux monument qui porte des traces de *polychromie*. Les tailles verticales de notre dessin indiquent suffisamment le ton *brun rouge*; les cheveux sont peints en *noir bistré*. — Fruste. — Moitié d'exécution. — La fig. 654 donne à une échelle plus réduite l'ensemble de cet Antéfixe vu de profil.

装饰屋瓦或者脊瓦的末端(参见第 220 页、第 240 页) 是这个收藏中最有趣的一个。它是由直立的爱奥尼亚式 的成对涡卷组成，伸出一片带有两个分支的棕榈叶，使 人想起女神的两个牛角（ 参见第 226 页）。从这双枝叶 的轴上伸出是一个神圣的头像，并佩戴着向四周发散的 棕榈叶头冠。这个头像上的头饰让我想起亚洲的传统， 以一种非常引人注目的方式呈现原始的伊特鲁里亚人的 表达方式，前额低，眼睛大，微笑和性感的嘴唇。我们 觉得有必要展示这个奇特古迹的轮廓，它承载着多色的 痕迹。我们绘画的垂直笔触充分显示了棕红色的色调； 头发是黑色的。受损。实际尺寸的一半。图 654 给出了 图中整个檐口饰的较小规模版。

This *Antefix*, or end of a ridge tile (see pages 220, 240), is one of the most interesting of the collection. It is composed of Ionic coupled volutes standing upright, and throwing out a palm leaf with two branches, which give the remembrance of the two cow horns of the goddess Io (see page 226). From the axil of this double branch comes out the head of a divinity accompanied by the *nimbus*, crowned by radiating palm leaves. This mask, the head-dress of which reminds us of the Asiatic tradition, presents, in a very striking manner, the expression of the primitive Etruscan type, with a low forehead, large open eyes, and smiling and sensual lips. We feel obliged to show the restoration of the outlines of this curious monument which bears the traces of *polychromy*. The vertical strokes of our drawing show sufficiently the *red-brown* tone; the hair is painted *black bistre*. — Defaced. — Half size. — Figure 654 gives on a smaller scale the whole of this antefix seen in profile.

XVe-XVIe SIÈCLES. — TYPOGRAPHIE PARISIENNE (LOUIS XII).

655

656

657

658

659

660

661

662

663

Les *Lettres liassées* n'ont paru que pendant une courte période dans les productions typographiques parisiennes du commencement du xvie siècle. Importées probablement d'Italie, où elles avaient emprunté leur principe décoratif aux peintures des manuscrits des écoles byzantines, elles se produisirent vers la fin du règne de Louis XII et au commencement de celui de François Ier. Sans doute, les Alphabets dont nous donnons ici des spécimens de grand et petit format doivent, dans l'histoire de l'ornementation des majuscules typographiques, servir de lien entre les alphabets vénitiens primitifs et le grand alphabet royal de Robert Estienne (voy. pages 60, 92). Remarquons aussi en passant l'analogie de l'ornementation des lettres N, Q, nos 657 et 658, avec celle du Plat italien donné p. 175. — (*Fac-simile.*) — Sera continué.

在 16 世纪初的巴黎印刷作品中，交错的字母只出现了很短的时间。它们很可能是从意大利引进的，从拜占庭学派的手稿中借用了其装饰性原则，在路易十二世统治末期、弗朗索瓦一世初期产生的。当然，在印刷字体的历史上，我们提供的大、小字母表样本，连接了原始的威尼斯字母和罗伯特·埃蒂安（Robert Estienne）伟大的皇家字母表（参见第 60 页、第 92 页）。让我们再谈下图 657 和图 658 中的 N 和 Q，与第 175 页给出的意大利餐具做个对比。未完待续。（复制品）

Entwined letters only appeared a very short time, in the Parisian typographic productions of the beginning of the xvith century. Most likely imported from Italy, where they had borrowed their decorative principle from the paintings of the manuscripts of the Byzantine schools, they were produced towards the end of the reign of Lewis XII. and at the beginning of that of Francis I. Of course, the Alphabets of which we give large and small specimens must be a link, in the history of the ornamentation of typographic capital letters, between the primitive Venitian alphabets and Robert Estienne's great royal alphabet (see pages 60, 92). Let us also remark the analogy of the ornamentation of the letters *N, Q*, nrs 657 and 658, with that of the Italian *Dish* given page 175. — (*Fac-simile.*) — To be continued.

Troisième Année.   Nº 75.   20 Mai 1863.

·L'ART·POUR·TOUS·

ENCYCLOPÉDIE
DE L'ART INDUSTRIEL ET DÉCORATIF
Paraissant les 10, 20 et 30 de chaque mois.

EMILE REIBER
DIRECTEUR-FONDATEUR

Abonnement annuel :
Pour toute la France, 18 fr.
Pour l'Étranger,
même prix, plus les droits
de poste variables.

Pour
toutes demandes
d'abonnements, ré-
clamations, etc.,
s'adr. aux Bureaux du Journal,
13, Rue Bonaparte, à Paris.

Bureau   Librairie A. Morel & Cie   18 R. Vivienne

XVIIIᵉ SIÈCLE. — ÉCOLE FRANÇAISE (LOUIS XVI).   POÊLES,
PAR DE LA FOSSE.

664   665   666

Dès les premières années du règne de Louis XVI, l'abus des rocailles et autres éléments décoratifs de forme tourmentée poussa la jeune génération vers l'étude de l'Antiquité qui fournit aux artistes des données nouvelles. Ainsi que le prouvent les trois spécimens de *Poêles* ci-joints et ceux de la même suite donnés p. 247, *De la Fosse* doit sa remarquable *personnalité* dans ses compositions à l'emploi d'éléments spéciaux parmi lesquels se distingue d'abord le *tambour de colonne* cannelée et tronquée (nᵒˢ 515-518, 664-666) ; viennent ensuite les *vases* (nᵒˢ 515-517, 664) formant *amortissement*; les *trophées* (nᵒˢ 516, 517, 665, 666) jouant le même rôle, ainsi que les *bustes* (nᵒˢ 517, 665). Les *médaillons* (nᵒˢ 515, 518, 664-666) forment motif milieu. Enfin l'inévitable *guirlande*, lourdement feuillue dans les soubassements, ou finement fleurie autour des parties délicates, sert de liaison entre toutes les parties de la composition. — (*Fac-simile.*)

在路易十六世统治的最初几年，石雕和其他装饰元素遭到滥用，使得年轻一代的艺术家开始研究其他能为他们带来灵感的古董。正如第247页给出的三个炉子样本以及相似系列的样本证明了这一点，德拉福斯（De la Fosse）在他的作品中，把他突出的个性归结于对特殊元素的应用，首先是区分了凹槽与截头柱鼓（图515~518，图664~666）。然后是形成山花的花瓶（图515~517，图664），奖杯（图516，517，665，666）的作用是相同的，以及半身雕像（图517，665）。圆雕饰（图515，518，664~666）是中心主题。最后，不可或缺的花环，在底座上有大量的叶子，或者在更精致的部分上点缀着花朵，连接着不同的组成部分。（复制品）

As soon as the first years of the reign of Lewis XVI., the abuse of rock-work and other decorative elements rather tormented induced the young generation to study the Antique which afforded new information to artists. *De la Fosse*, as the three specimens of Stoves which are given here and those of the same series, p. 247, prove it, owes his remarkable personality in his compositions to the use of special elements among which the fluted and truncated *column drum* is first distinguished (nʳˢ 515-518, 664-666) ; then come the *vases* (nʳˢ 515-517, 664) forming *pediments*: the *trophies* (nʳˢ 516, 517, 665, 666) perform the same part, as well as the *busts* (nʳˢ 517, 665). The *medallions* (nʳˢ 515, 518, 664-666) form the central subjects. At last the unavoidable *garland*, heavily loaded with leaves in the bases, or lightly adorned with flowers around the more delicate parts, connects the different parts of the composition. — (*Fac-simile.*)

ANTIQUES. — VERRERIE ET POTERIE GRECQUES.   PETITS VASES.
(COLLECTIONS CAMPANA.)

Verres et petits Vases corinthiens de la suite commencée pp. 212 et 228. Les nos 667 et 668 sont des pièces de verrerie blanche à reflets irisés. Le no 669 est en verre *brun* à filets *bleu turquoise* ; le no 670, de forme godronnée, en *vert émeraude* très-limpide.

Le no 671, en terre fine, dure et polie, d'un *brun verdâtre*, est décoré d'une zone d'anneaux obtenus *par empreinte*, entourée d'ornements gravés ; les creux remplis d'un émail jaunâtre. Les nos 672 et 673 en terre naturelle rehaussée de tons de peinture *bruns et rouges*. No 674, terre *brune*, ornements *blancs* (décadence). — Tous ces objets (accessoires de toilette) en gr. d'exéc.

玻璃器皿和科林斯小花瓶，该系列开始于第212页和第228页。图667和图668是有杂色反射的白色玻璃作品。图669由棕色玻璃制成，带有蓝绿色的带状装饰。图670，串珠饰，翡翠绿，非常清澈。
图671绿棕色，精细、坚硬且抛光的黏土装饰了一圈环形的雕刻装饰物；这些设计充满了淡黄色的珐琅。图672和图673的天然黏土带有红褐色的色调。图674，棕色黏土，白色装饰（褪色）。所有物品（梳洗用具）均为全尺寸。

Glasses and *small Corinthian Vases*, belonging to the series begun pages 212 and 228. Nrs 667 and 668 are pieces of white glass-work with variegated reflection. Nr 669 is made of brown glass with *turquoise blue* fillets. Nr 670, godrooned, *emerald green*, very limpid.

Nr 671 of fine hard and polished clay, of a greenish brown, is decorated with a zone of rings stamped and surrounded with engraved ornaments; the designs are filled with yellowish enamel. Nrs 672 and 673 of natural clay set off by brown and red tones of paint. Nr 674, brown clay, white ornaments (decadency). — All the objects (toilet-implements) full size.

675

676

The name of *Ark* must be particularly applied to fixed Chests mounted on four short legs, and the covers of which are rounded off like arches. We give here a curious specimen of that sort of furniture so very much in fashion in the Middle-ages and at the time of the *Renaissance*. Ours is evidently a wedding present. On one of the girths which are inlaid with coloured wood and which divide the cover in coffers ornamented with carved cartouches imitating heads of Cherubim, the motto, MITTE ARCANA DEI, may be read. The body of the chest is held up by caryatids with falling fruits. The lively carving is in perfect harmony, by its vigorous embossing, with the discreet light that sifted through the small panes held by leaden compartments into the severe apartments of that time. In the great cartouches of the front-piece, Hymen is seen holding his torch and Cupid armed with its bow. Fig. 676 is a sketch of the side of that trunk which comes from the Chateau de Loches. — Height, 1,04; breadth on the cornice, 1,20; depth on the cornice, 0,63.

Le nom d'*Arches* doit s'appliquer spécialement aux Coffres fixes montés sur quatre pieds courts, et dont le couvercle s'arrondit en forme de voûte. Nous donnons ici un spécimen curieux de ce genre de meubles si fort en usage au moyen âge et à l'époque de la renaissance. Celui-ci est évidemment un cadeau de mariage. Sur une des bandes incrustées des marqueterie en bois de couleur, qui divisent le couvercle en caissons ornés de cartouches sculptés à têtes de chérubin, on lit l'inscription : MITTE ARCANA DEI. Le corps du coffre est soutenu par des cariatides avec chutes de fruits. La sculpture, très-vivement exécutée, s'accommode bien par ses reliefs vigoureux avec le jour discret que tamisaient les verrières à compartiments de plomb dans les intérieurs sévères de cette époque. Dans les grands cartouches de la face on voit l'Hymen tenant son flambeau et l'Amour armé de son arc. La fig. 676 est un croquis de la face latérale de ce Bahut qui provient du château de Loches. — Hauteur, 1,04; largeur sur la corniche, 1,20; profondeur, id., 0,63.

方舟的名字特别适用于装在四条短腿的固定箱子上，且箱子的盖子呈拱门一样的圆形。我们在这里展示给大家一个独特的例子，是在中世纪和文艺复兴时期非常流行的家具。该作品显然是结婚礼物，在一个镶嵌着彩色木头的围板上，刻着铭文（MITTE ARCANA DEI），围板把装饰着涡卷饰箱子的盖子分开，这个涡卷饰模仿基路博（Cherubim）的头颅。胸部部分通过带着掉落果子的女像柱支撑着。生动的雕刻通过压纹和谐地结

合在一起，细弱的光线从铅灰色的小格子间穿过，进入了那个时代的豪华公寓。在箱子前面伟大的雕刻中，人们看到许门（Hymen，婚姻之神）举着她的火炬，丘比特（Cupid）背着他的弓。图676是一个侧面的草图，它来自于洛什城堡。高1.04米；檐口宽1.20米，檐口深0.63米。

ENTOURAGES. — MÉDAILLES,

PAR ÉNÉE VICO (1557).

(Suite des pages 11, 76, 140, 229, 244.)

XVᵉ SIÈCLE. — ÉCOLE ITALIENNE.

LE LIVRE DES IMPÉRATRICES ROMAINES

678

Livia Medullina fut la seconde épouse de l'empereur *Claude*. Elle descendait de ce généreux *Camille* qui fut dictateur et entra quatre fois à Rome comme triomphateur ; ce fut lui qui délivra le Capitole des Gaulois. Elle mourut subitement au milieu des pompes nuptiales ; si bien, dit un ancien, que les flambeaux qui devaient éclairer les mystères de l'hyménée servirent de torches funèbres à cette regrettable princesse.

利维亚·麦都丽娜（LIVIA ME-DULLINA）是皇帝克劳迪亚斯（Claudius）的第二任妻子。那个慷慨的独裁者卡米洛斯（Camillus）以四次的胜利进出入罗马，她是他的后裔，正是他把都城从高卢人手中解救出来的。她在红尘中突然去世。古老的作家如此说道，那些被用来解开许门之谜的火把，是为这位悲叹的公主的葬礼服务的。

Livia Medullina was the emperor Claudius's second wife. She descended from that generous Camillus who was dictator and entered Rome four times as a triumpher; it is he who delivered the Capitol from the Gauls. She died suddenly in the middle of her nuptial pomp, so much, so says an ancient author, that the very torches which were to be used for the mysteries of hymen were those that served for the funerals of this lamented princess.

677

Julia Drusilla naquit de C. César *Caligula* et de Millonia Cæsonia, quatrième femme de cet empereur. À sa naissance, Caligula la porta dans les temples de tous les dieux et la déposa dans le giron de Minerve comme pour la mettre sous sa protection. Mais cette démarche fut vaine : la fille hérita de la violence et de la cruauté de ses parents. Elle périt lors du massacre de la famille impériale par Cassius Chereas et les siens.

朱莉娅·德鲁西拉（JULIA DR-USILLA）是C.卡雷拉·卡利古拉（C. Caesar Caligula）和米尔尼亚·卡索尼亚（Millonia Caesonia）的女儿，她是当时皇帝的第四任妻子。她出生后，卡里古拉带着她来到众神的神庙，把她放在密涅瓦（Minerva）的膝上，仿佛想要保护她。但这一措施被无用处。女儿继承了父母的暴力和残忍。她死于卡修斯·切茉亚斯（Cassius Chereas）和他的朋友们屠杀皇室时。

Julia Drusilla was the daughter of C. Caesar Caligula and of Millonia Caesonia, the fourth wife of that emperor. After her birth, Caligula carried her to the temples of all the gods, and deposited her in the lap of Minerva, as if to put her under her protection. But this measure proved useless: the daughter inherited the violence and cruelty of her parents. She perished at the time of the massacre of the imperial family by Cassius Chereas and his friends.

Troisième Année.　　　　　　　N° 76.　　　　　　30 Mai 1863.

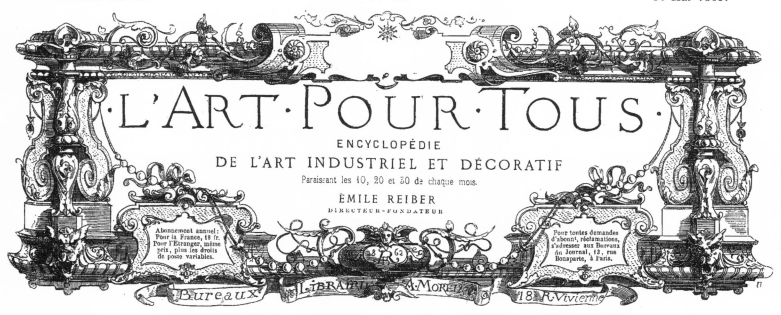

·L'ART·POUR·TOUS·

ENCYCLOPÉDIE

DE L'ART INDUSTRIEL ET DÉCORATIF

Paraissant les 10, 20 et 30 de chaque mois.

ÉMILE REIBER
DIRECTEUR-FONDATEUR

Abonnement annuel:
Pour la France, 18 fr.
Pour l'Étranger, même
prix, plus les droits
de poste variables.

Pour toutes demandes
d'abon¹, réclamations,
s'adresser aux Bureaux
du Journal, 13, rue
Bonaparte, à Paris.

Bureaux. LIBRAIRIE A. MOREL 18 R. Vivienne

XVI SIÈCLE. — ÉCOLE FLAMANDE.

FIGURES DÉCORATIVES.
BACCHUS,
PAR H. GOLTZIUS.

This plate, remarkable for the vigor of execution, belongs to the series of H. Goltzius's *Medallions of the Gods* (p. 165) and represents *Bacchus*, the god of wine. The god, whose torso is naked, whose brow is crowned with vine-leaves, and shoulders covered with a goatskin, holds in one hand, above his head, a cup filled with the divine nectar; with the other, and in the folds of his drapery, he holds up bunches of grapes of which a little Fawn eats with avidity. The group detaches itself on a landscape. In the angles of the top of the square which forms the frame of the medallion, there are Satyrs' masks with two cherry-tree branches; and in the lower corners, nice specimens of *Drinking glasses* used in Flanders towards the end of the xvi century. — (*Fac-simile*)

Cette planche, remarquable par la vigueur de son exécution, fait partie de la suite des *Médaillons des Dieux*, de H. Goltzius (p. 165) et représente *Bacchus*, dieu du vin. Le torse nu, le front couronné de pampres, les épaules couvertes d'une peau de bique, le dieu, d'une main, tient élevée au-dessus de sa tête une tasse pleine du divin nectar; de l'autre, et dans les plis de la draperie, il retient des grappes de raisin dont un petit Faune mange avec avidité. Le groupe se détache sur un fond de paysage. Dans les angles du haut du carré, formant bordure au médaillon, sont disposés des masques de satyre accompagnés de branches de cerisier. Dans le bas se remarquent des spécimens intéressants de *Verres à boire* en usage en Flandre vers la fin du xvi siècle. — (*Fac-simile.*)

Oblecto dulci merentia corda Lyeo
Ofor tris facie, lçticiç

679

这一版块是酒神巴克斯（Bacchus），因其富有活力的创作而闻名，属于霍尔奇·厄斯（H. Goltzius）的"诸神"系列（参见第165页）。这位神，他的躯体赤裸着，额头上爬满了藤叶，肩上披着山羊皮，一只手把杯子举过额头，杯子里装满了神的花蜜；他的另一只手拿着一串葡萄，在他帷幔的皱褶里也有一串

葡萄。另一个人尽情地吃着葡萄，它们的背后是一片风景。在形成圆雕饰框架顶端的角上，有两棵樱桃树的枝桠；在下面角落，是在16世纪末期，佛兰德斯（Flanders）使用的酒杯的精美样本。（复制品）

XVIᵉ SIÈCLE. — ÉCOLE FRANÇAISE (HENRI III).

ENTRELACS,
PAR A. DU CERCEAU.
(Suite de la page 274.)

LES PLANS ET PARTERRES

DES JARDINS DE PROPRETÉ

680

684

682

683

680. — On obtient cette figure en prolongeant les côtés d'un octogone dont les sommets servent de centres aux huit cercles, qui forment une zone entourant les polygones intérieurs. On obtient ainsi un carré inscrit diagonalement au cadre extérieur. — Et réciproquement. — Les sommets de l'octogone joints de deux en deux donnent naissance à un polygone étoilé octogone sur les côtés duquel viennent aboutir les huit branches du polygone étoilé intérieur.

681. — Motif de *grecques* avec entrelacement d'éléments courbes. L'inspection des angles fait voir que *l'œil* ou espace vide de la grecque étant carré, la combinaison des entrelacements est obtenue par une suite de trois intervalles égaux; l'intervalle milieu est de la valeur de trois intervalles des angles. Cet intervalle est rempli par quatre lobes disposés sur le grand cercle central.

682. — Motif analogue à celui du nᵒ 583 (p. 274) avec introduction de deux carrés se coupant diagonalement.

683. — Ce motif, à l'aspect irrégulier, ressort pourtant du carré. Il est obtenu par la division en quatre parties égales de deux côtés contigus, ce qui détermine, par les intersections, la position des centres des trèfles à quatre lobes, dont les quatre extérieurs sont placés sur les côtés d'un carré inscrit diagonalement au cadre extérieur. Ces quatre lobes sont réunis entre eux par le prolongement des branches étoilées. — (Fac-simile.) — Sera continué.

680. 这一幅图是通过延长八角形的边缘而得到的，它的顶点被用作八个圆的中心，形成一个围绕着内部多边形的区域。它是通过对角线镶嵌在外部框架下的，这样就得到了一个正方形。相反，八角形的顶点两两结合形成一个星形多边形，内部多边形的八个分支在星形多边形边上汇聚。

681. 回纹细工作品带有缠绕的卷曲元素。通过对角度的观察表明，回纹的镂空部分是正方形的，通过连续三个相等的间隔得到交错的组合；中间的间隔等于三个角的间隔。这个区间由位于中心圆上的四个尖点填充。

682. 这个模型类似于图 583（参见第 274 页），其中两个正方形通过对角线相交。

683. 虽然这个模型看起来很不规则，但它是画在正方形上的。它是由两个相邻边且平分为四个相等的部分组成的，并通过十字交叉确定四个三角翼的中心位置，这四个三角翼的外部被放置在一个正方形上，这个正方形通过对角线镶嵌在外部结构里。这四个尖头是由星形分支的伸展连接起来的。未完待续。（复制品）

680. — This figure is obtained by prolonging the sides of an octagon the summits of which are used as centres for the eight circles, forming a zone surrounding the inner polygons. Thus a square is obtained which is inscribed diagonally to the exterior frame. And reciprocally. — The summits of the octagon joined two by two produce a star-shaped octagonal polygon on the sides of which the eight branches of the inner polygon come and end.

681. — Model of fret-work with intertwisting of curved elements. The inspection of the angles shows that the *eye* or empty space of the fret being square, the combination of the intertwistings is obtained by a series of three equal intervals; the middle interval is equal to three intervals of the angles. This interval is filled by four cusps disposed on the central circle.

682. — Model similar to nᵒ 583 (page 274) with introduction of two squares intersecting one another diagonally.

683. — Though this model looks rather irregular, it is drawn on squares. It is obtained by the division in four equal parts of two contiguous sides, which determines, by the intersections, the position of the centres of the four cusped trefoils, the four external of which are placed on the sides of a square inscribed diagonally to the outer frame. These four cusps are connected by the prolongation of the starry brauches. — (Fac-simile.) — To be continued.

XVIᵉ SIÈCLE. — TYPOGRAPHIE VÉNITIENNE.

FRISES, — BORDURES.
CULS-DE-LAMPE.

The print-shops of Venice and other towns of northern Italy were scenes of an immense activity during the second half of the xviᵗʰ century. The taste for chivalrous poems (*Orlando furioso, Gerusalemme liberata*, etc., see p. 18), for emblems and mottos, didactic treaties, etc., produced the beautiful editions of the *Juntœ*, the *Valgrisi*, the brothers *Sessa*, the *Giolito de Ferrari*, etc., etc. All these books are illustrated with friezes, titles of pages, lamp-stands, ornamented letters, engraved plates, surrounded with frame cartouches, etc. — It is to *Æneas Vicus'* school that the composition of all these little master-pieces must be attributed; they are remarkable for a great identity of style, though produced by different print-shops and in different localities. The following are specimens of the same:

Fig. 684. — *Title of a page.* — A three-faced mask detaches itself on an architectural base. Right and left the figures of Time and Fame.

Fig. 685-688.—Elements of a *frame-cartouch*, taken from the Venitian edition of 1572 of *Ariosto*, and consisting in war and love attributes.

Fig. 689-693.—*Lamp-stands*, the characteristic base of which is the big Venitian volute with mask-clasps (satyrs, cherubs, etc.). — (*Fac-simile.*) — To be continued.

La seconde moitié du xviᵉ siècle fut le témoin d'une immense activité dans les officines typographiques de Venise et des autres villes du nord de l'Italie. Le goût des poëmes chevaleresques (le *Roland furieux*, la *Jérusalem délivrée*, etc., voy. p. 18), celui des emblèmes et devisos, des traités didactiques, etc., fit éclore les belles éditions des *Juntes*, des *Valgrisi*, des frères *Sessa*, des *Giolito de Ferrari*, etc., etc. Tous ces livres sont illustrés de frises, têtes de page, culs-de-lampe, lettres ornées, planches gravées entourées de cartouches en bordure, etc. C'est à l'école d'*Énée Vico* qu'il faut attribuer la composition de tous ces petits chefs-d'œuvre, remarquables par une grande unité de style, quoique sortis d'officines et de localités différentes. En voici divers spécimens :

Fig. 684. — *Tête de page.* Un masque à trois faces se détache sur un soubassement architectural. A gauche et à droite, les figures du Temps et de la Renommée.

Fig. 685-688. — Éléments d'une *Bordure en cartouche* tirée de l'édition vénitienne de 1572 de l'*Arioste*, et composée d'attributs de guerre et d'amour.

Fig. 689-693.—*Culs-de-lampe* ayant pour base caractéristique la grosse volute vénitienne avec agrafes de mascarons (satyres, chérubins, etc.). — (*Facsimile.*) — Sera continué.

684

685

689

687

688

690　　　　　　　690 *bis.*

691

692

693

686

在 16 世纪下半叶，威尼斯和意大利北部的一些城镇的印刷厂见证了一场巨大的活动。对骑士诗歌的鉴赏力［奥兰多·福瑞奥索（Orlando furioso）、格罗塞姆·利巴塔（Gerusalemme liberata）等等，参见第 18 页］，对纹章和格言、箴言等的鉴赏力，催生了军政府（Juntae）瓦尔格西里（Valgrisi）兄弟、吉欧里提·德·法拉利（Giolito de Ferrari）等人的精美版本。所有这些书都有插图、页头、尾花、花体字母、镶边的雕刻板等，这些小杰作的创作必须归功于埃涅斯维克斯（Æneas Vicus）学派；虽然出自不同的印刷厂和不同的地方，但它们的风格都很有特色。以下是一些相同的样本：

图 684，页头，一个三面的面具附着在一个建筑

基座上。左右分别是代表了"时间"与"名望"的人像。

图 685~688，涡卷饰框架的元素，取自 1572 年威尼斯版本的阿里奥斯托（Arioste），包括战争和爱情的元素。

图 689~693，尾花，其特征是带有许多的威尼斯螺旋饰和怪面饰扣（半人半兽的森林之神，小天使等等）。未完待续。（复制品）

XVIᵉ SIÈCLE. — ÉCOLE ALLEMANDE.

FUTS DE COLONNE,
PAR W. DIETTERLIN.

1   2   3   4

694

Spécimens de *Fûts de colonne* (voy. p. 78) tirés de l'*Ordre corinthien* (4ᵉ livre) de *W. Dietterlin* (p. 263). Ces Fûts sont ornés de bagues moulurées correspondant à peu près, suivant la règle, au tiers inférieur de la hauteur de la colonne. Au-dessus de ces bagues (nº 1), ou bien au-dessous (nº 3), ou sur ces bagues elles-mêmes (nᵒˢ 2 et 4), se groupent des mascarons variés disposés en guirlandes ou reliés par des cartouches. La partie supérieure des Fûts est diversement décorée, soit par une disposition de pilastres en bas-relief (nº 1) à désinence en branchages, soit par un cartouche à compartiments surmonté de cannelures (nº 2), soit encore par un entrelacement de branchages touffus à la manière gothique allemande de la fin du xvᵉ siècle (nº 3), soit enfin (nº 4) par une disposition en arabesques. — Pl. 21 de la 1ʳᵉ édit.; pl. 138 de l'édit. de Nuremberg. — (*Fac-simile.*)

这个柱身（参见第 78 页）取自文德林·迪特林（W. Dietterlin，参见第 263 页）的《科林斯柱形》（第四本书）。根据规则，这些轴是用环形装饰的，位于大约在柱子高度的三分之一处。各种各样的面具，如花环一样通过涡卷饰连接在一起，要么在圆圈上方（柱 4）、下方（柱 3）或是柱身上（柱 2 和柱 4）。柱身上层部分有不同的装饰，要么是装饰有树枝尾端浮雕（柱 4），要么是用一种镶有装饰物的镶板（柱 2），要么是用粗树枝交错的方式装饰，这是形成于 15 世纪末期（柱 3）的德国哥特式风格，或至少是阿拉伯风格（柱 4）。第一版，第 21 页；纽伦堡版，第 138 页。（复制品）

Specimens of *Column Shafts* (see p. 78) taken from *W. Dietterlin's* (p. 263) *Corinthian order* (4ᵗʰ book). These Shafts are ornamented with rings moulded, according to the rule, about on the inferior third of the height of the column. Various masks disposed like garlands and connected by cartouches are grouped either above those rings (nʳ 1), underneath (nʳ 3), or on the very rings themselves (nʳˢ 2 and 4). The superior portions of the shafts are diversely decorated, either by a disposition of basso-relievo pilasters (nʳ 1) with branched endings, or by a panel-cartouch surmounted by flutings (nʳ 2), or also by thick branches intertwisted, after the German Gothic fashion of the end of the xvᵗʰ century (nʳ 3), or at last by arabesks (nʳ 4). — Pl. 21 of the 1ˢᵗ edit.; pl. 138 of the Nurnberg edit. — (*Fac-simile.*)

Troisième Année.   N° 77.   10 Juin 1863.

Abonnement
annuel :
Pour toute
la France,
18 fr.
Pour l'Étranger, même
prix, plus
les droits de
poste
variables.

L'ART POUR TOUS

ENCYCLOPÉDIE

DE

L'ART INDUSTRIEL ET DÉCORATIF

Paraissant les 10, 20 et 30 de chaque mois.

EMILE REIBER

DIRECTEUR-FONDATEUR

Pour toutes
demandes
d'abonnements, réclamations, etc.,
s'adresser
aux Bureaux
du Journal,
13, rue
Bonaparte,
à Paris.

Bureaux Librairie A. Morel & Cie 18 R. Vivienne

XVIIᵉ SIÈCLE. — ÉCOLE FRANÇAISE (LOUIS XIV).   MASCARADES, — COSTUMES.

TROMPETTE ET TIMBALIER

DU « GRAND CARROUSEL DU ROY. »

695

La Place du *Carrousel*, à Paris, tire son nom de la grande *Course de Têtes et de Bagues*, faite le 5 juin 1662, par le Roi et par les princes et les seigneurs de sa cour. Cette fête magnifique y fut célébrée à l'occasion de la naissance du Dauphin. Les cinq *Quadrilles* qui prirent part au Carrousel représentaient les principales Nations : elles étaient composées chacune d'un Chef et de dix Chevaliers avec leurs Officiers et leurs équipages. Les couleurs de *la quadrille des Indiens*, commandée par *Monsieur le Duc* (d'Enghien), étaient noir, jaune et blanc. Elle était précédée d'un Timbalier et de deux Trompettes.

« *La coiffure du Timbalier étoit un grand perroquet accompagné de deux petits sur ses épaules, avec ses plumes de couleur naturelle.* — *Le fond de l'habit étoit couleur de chair brune chamarré de jaune et de noir ; le jaune étoit brodé d'argent et le noir étoit brodé d'or. Les ornements étoient de couleurs différentes.* — *Il avoit une espèce de plastron d'or orné de perles.* — *Le caparaçon et banderole étoit des bandes de satin noir brodé d'or et d'argent avec des lambrequins de plumes de toutes couleurs.* » — Gravure de F. Chauveau. — (Fac-simile.) — Sera continué.

1662 年 6 月 5 日，巴黎的卡鲁塞尔广场，国王、王子和朝臣们根据"头和圆环"为它命名。这盛大的节日为了庆祝皇太子的诞生。参赛的五个四对方舞队代表了主要国家。每个队都是由一个首领和十个骑士组成的。印第安人部队的颜色是黑色、黄色和白色。在他们的前面有一个鼓手和号手。

小鼓手的头饰是一只鹦鹉，肩上扛着两只幼鸟，羽毛还呈现出一种天然的颜色。外套的主体是棕色，并同时涂上黄色和黑色；黄色部分绣有银线，黑色部分绣有金线。这些装饰品有不同的颜色；胸牌是金色的，装饰着珍珠；华丽的服饰和扇形装饰是用金色和银色刺绣编织成的黑色缎带，上面有各种颜色的羽毛。F. 夏沃（F. Chauveau）雕刻。未完待续。（复制品）

The *Place du Carrousel,* in Paris, takes its name from the *Head and Ring tilts* given the 5th of June 1662, by the King, the princes and courtiers at his court. This magnificent fete was celebrated in consequence of the birth of the Dauphin. The five *quadrilles* that take part in the tournament represent the principal nations. They were each one composed of a chief with ten knights with their officers and equipages. The colour of *the troop of the Indians* was black, yellow, and white. They were preceded by a kettle-drummer and two trumpeters.

"The head-dress of the kettle-drummer was a parrot, accompanied by two young ones on his shoulders, with their feathers of a natural colour. The body of the coat was brown flesh colour bedizened with yellow and black ; the yellow was embroiderod with silver, the black with gold. The ornaments were of different colours. Its breast-plate was golden and ornamented with pearls. The caparison and scollop were bands of black satin embroidered with gold and silver with mantles of feathers of various colours." — Engraving of *F. Chauveau.* — (Facsimile.) — Will be continued.

ANTIQUES. — FONDERIES ÉTRUSQUES.

BRONZES.

ANSE DE VASE.

(COLLECTIONS CAMPANA.)

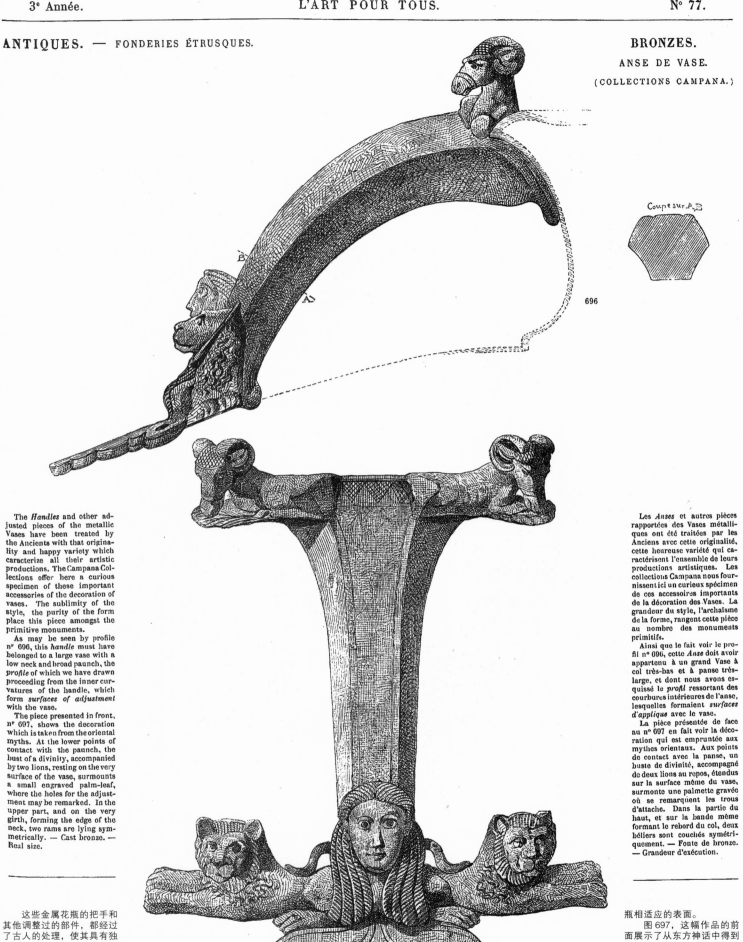

Coupe sur A B

696

697

The *Handles* and other adjusted pieces of the metallic Vases have been treated by the Ancients with that originality and happy variety which caracterize all their artistic productions. The Campana Collections offer here a curious specimen of these important accessories of the decoration of vases. The sublimity of the style, the purity of the form place this piece amongst the primitive monuments.

As may be seen by profile nᵣ 696, this *handle* must have belonged to a large vase with a low neck and broad paunch, the *profile* of which we have drawn proceeding from the inner curvatures of the handle, which form *surfaces of adjustment* with the vase.

The piece presented in front, nᵣ 697, shows the decoration which is taken from the oriental myths. At the lower points of contact with the paunch, the bust of a divinity, accompanied by two lions, resting on the very surface of the vase, surmounts a small engraved palm-leaf, where the holes for the adjustment may be remarked. In the upper part, and on the very girth, forming the edge of the neck, two rams are lying symmetrically. — Cast bronze. — Real size.

Les *Anses* et autres pièces rapportées des Vases métalliques ont été traitées par les Anciens avec cette originalité, cette heureuse variété qui caractérisent l'ensemble de leurs productions artistiques. Les collections Campana nous fournissent ici un curieux spécimen de ces accessoires importants de la décoration des Vases. La grandeur du style, l'archaïsme de la forme, rangent cette pièce au nombre des monuments primitifs.

Ainsi que le fait voir le profil nᵒ 696, cette *Anse* doit avoir appartenu à un grand Vase à col très-bas et à panse très-large, et dont nous avons esquissé le *profil* ressortant des courbures intérieures de l'anse, lesquelles formaient *surfaces d'applique* avec le vase.

La pièce présentée de face au nᵒ 697 en fait voir la décoration qui est empruntée aux mythes orientaux. Aux points de contact avec la panse, un buste de divinité, accompagné de deux lions au repos, étendus sur la surface même du vase, surmonte une palmette gravée où se remarquent les trous d'attache. Dans la partie du haut, et sur la bande même formant le rebord du col, deux béliers sont couchés symétriquement. — Fonte de bronze. — Grandeur d'exécution.

这些金属花瓶的把手和其他调整过的部件，都经过了古人的处理，使其具有独创性和多样性，而这也是他们所有艺术作品的特征。在此，坎帕纳的收藏品为花瓶的装饰提供了一个奇特的样本。风格的崇高性，形式的纯洁性将这一作品放在原始的纪念物中。

从图696的侧面看，这个把手一定是属于一个大的花瓶，这个花瓶瓶颈较低但瓶肚较宽，我们根据手柄的内部弯曲，画出了它的轮廓，这形成了与花瓶相适应的表面。

图697，这幅作品的前面展示了从东方神话中得到的装饰。在与瓶肚相连部分较低的地方，有一个神性的面具和两头狮子在花瓶的表面上，周围刻有棕榈叶，在棕榈叶旁可以看到调整的洞。在上面，接近腰线的地方，形成了把手的边缘，两只公羊在两边对称地躺着。青铜铸造。实际尺寸。

698

赫拉克勒斯（Hercules）的功绩，除了他的十二试炼，还有其他几项辉煌的功绩，其中就包括讨伐俄卡利亚的国王欧律托斯（Eurytus），俘虏了他年轻的女儿伊俄勒（Iole），并把她带回了特拉赫纳。对这位英雄来说，他们的爱情被证明是致命的。他的妻子德詹尼拉（Dejanira）看到她正处于被遗弃的境地，给他送去了半人马涅索斯（Centaur Nessus）的短袍，染上了有毒的血液，是她让丈夫作为护身符带回来的，以防他不忠。赫尔克勒斯穿上它，并在最可怕的痛苦中死去。

我们在这里复制的这些令人钦佩的物件是受到一些古老艺术品的启发。这幅版画是由亚当·斯加托里（Adam Scultori）的兄弟 G. 赤司（G. Ghisi）以一种非凡的方式完成的，他把这幅画叫做《曼图亚》（参见第 111，203，279 页），再现了朱里奥·皮皮（Giulio Pippi）的作品，名为《罗马诺》，他是拉斐尔（Raphael）最喜欢的弟子（1492~1546 年）。（复制品）

Outre ses *douze travaux,* Hercule accomplit plusieurs autres exploits brillants au nombre desquels il faut compter la prise d'Œchalie, qui lui permit d'enlever et d'emmener à Trachine la jeune Iole, fille du roi Euryte. Cet amour fut fatal au héros. Se voyant près d'être abandonnée, Déjanire, sa femme, lui envoya la tunique teinte du sang empoisonné du centaure Nessus, qui lui avait été donnée comme un talisman propre à ramener son époux s'il était infidèle. S'étant revêtu de cette robe, Hercule périt au milieu de souffrances horribles.

L'admirable groupe que nous reproduisons ici paraît être inspiré de quelque camée antique. La gravure, exécutée d'une façon remarquable par *Adam Scultori,* frère de G. Ghisi, dit *le Mantouan* (Voy. pages 111, 203, 279), reproduit une composition de *Giulio Pippi,* dit *le Romain,* disciple favori de Raphaël (1492-1546). — (*Fac-simile.*)

Hercules has accomplished, besides his *twelve labours,* several other brilliant exploits, among which must be counted the taking of Œchalia which enabled him to ravish the young Iole, the daughter of the king Eurytus, and take her to Trachina. This love proved fatal to the hero. His wife, Dejanira, seeing that she was on the point of being abandoned, sent him the Centaur Nessus's tunic, dyed in poisened blood, which had been given to her as a talisman to bring her husband back, in case he should be faithless. Hercules put it on and died amidst the most terrible sufferings.

The admirable group which we reproduce here seems to have been inspired by some antique camœa. The engraving, executed in a remarkable way by *Adam Scultori,* the brother of G. Ghisi, called the *Mantuano* (see pages 111, 203, 279), reproduces a composition of *Giulio Pippi,* called the *Romano,* Raphael's favorite disciple (1492-1546). — (*Fac-simile.*)

XVIe SIÈCLE. — ÉCOLE ALLEMANDE.

ARABESQUES,
PAR A. DURER.

699

Cet Entourage en arabesques précède, dans le livre original, celui donné p. 252. On voit, sur l'un des montants de la bordure, *Hercule ayant terrassé le lion de Némée*. Dans le bas, un buveur, nonchalamment étendu, boit à la régalade, entouré de vases de formes diverses, parmi lesquels on remarque le classique pot d'étain allemand du XVe siècle ; près de cette figure, un oiseau fantastique se précipite sur un moucheron. Le reste de l'entourage est garni d'arabesques en branchages. Nous n'avons pu, quant à l'interprétation du sujet, établir aucun lien entre · la composition et le texte que porte le cadre intérieur (Psaume XCVI), et que nous avons remplacé par la suite de l'Herbier de *J. Bock*. — (*Fac-simile*.) — Sera continué.

　　这周围的蔓藤花饰先出现在原著中，第 252 页。在边界的一侧站立着赫拉克勒斯（Hercules），他是尼米亚（Nemean）雄狮的征服者。在下半部分，一个醉汉漫不经心地躺着喝酒，而不让嘴唇接触盛酒器；他被各种形状的花瓶所包围，其中包括了 15 世纪德国古典的锡壶；在那个人的近旁，一只神奇的鸟嘴里叼着一个小昆虫。周围装饰的其余部分由分枝的蔓藤花纹组成。关于这一主题的解释，我们无法在构图和内框的文字（圣诗）之间建立任何联系，这些文字被我们替换成 J. 博克（J. Bock）的《植物标本集》。未完待续。（复制品）

This surrounding Arabesk ornament precedes, in the original book, that given p. 252. On one of the sides of the border stands *Hercules, the vanquisher of the Nemean lion*. In the lower part a drunkard, carelessly lying, drinks, without allowing his lips to touch the vessel ; he is surrounded by vases of various shapes, among which the classical German pewter pot of the XVth century is remarked ; near that figure, a fantastic bird dashes on a gnat. The remainder of the surrounding ornament is composed with branched arabesks. With respect to the interpretation of the subject, we were unable to establish any connexity between the composition and the text on the inner frame (Psalm XCVI), and which we have replaced by *J. Bock's Herbarium*. — (*Fac-simile*.) — To be continued.

Troisième Année. N° 78. 20 Juin 1863.

·L'ART·POUR·TOUS·

ENCYCLOPÉDIE
DE L'ART INDUSTRIEL ET DÉCORATIF
Paraissant les 10, 20 et 30 de chaque mois
ÉMILE REIBER
DIRECTEUR-FONDATEUR.

Abonnement annuel :
Pour toute la France, 18 fr.
Pour l'Étranger,
même prix, plus les droits
de poste variables.

Pour toutes
demandes d'abon-
nements, réclama-
tions, etc., s'adr.
aux Bureaux du Journal,
13, rue Bonaparte, à Paris.

XVII° SIÈCLE. — ÉCOLE ALLEMANDE.

ÉCUSSONS D'ARMOIRIES,
PAR MICHEL BLONDUS.

704

Nieu
WAPEN
BOEXKEN
van
Mle Blon
1649

700

702

703

704

705

Michel le Blond (Blon ou Blondus), orfévre et graveur au bu-rin, né à Francfort-sur-le-Mein, vers la fin du XVI° siècle, mourut en 1656 à Amsterdam, où il s'était établi. C'est le dernier des *petits maîtres* allemands; sa manière a beaucoup d'analogie avec celle de *Théodore de Bry.* Son Œuvre est assez important pour le temps considérable, le fini précieux et la patience toute hollandaise que cet artiste mettait à l'exécution de ses travaux, dont nous donnons ici un premier spécimen. C'est son *Nouveau Cahier d'Armoiries,* suite peu commune. Le soin constant que nous apportons au perfectionnement de nos procédés spéciaux de reproduction nous permettra, nous l'espérons, d'aborder bientôt les suites si rares et si intéressantes des *Bijoux, Médaillons, Cachets, Manches de couteau,* etc., du même maître. — (Fac-simile.)

米歇尔·勒·布尔金（Michel le Blond），是一名金匠和雕刻师，出生于法国马约弗朗费特，直到16世纪末期，于1656年死于阿姆斯特丹，阿姆斯特丹是他定居的地方。他是德国最后一名大师，举止很像西奥多·德·布里（Theodore de Bry）。他的作品在相当长的一段时间里都是非常重要的，艺术家在其作品中倾注了非凡的创作和荷兰人的耐心，我们在这里给出了第一个样本。这是他的《纹章新书》，一个鲜为人知的藏品。相信经过我们不断完善地再现特殊工艺品的用心，将使我们能够很快收集到一系列稀有而有趣的收藏品，包括同一大师的珠宝、圆雕饰、印章、刀柄等。（复制品）

Michel le Blond (Blon or Blondus), a goldsmith and engraver, born at Francfurt on the Mayn, towards the end of the XVIth century, died at Amsterdam in 1656, where he had settled. He is the last of the German *little masters;* his manner is very much like *Theodore de Bry's.* His work is sufficiently important for the considerable time, the remarkable finishing and the Dutch patience with which the artist executed his works, of which we give here a first specimen. It is his *New Book of Crests,* a collection little known. We trust that the care with which we constantly improve our special processes of reproduc-tion will enable us to begin, very soon, the rare and interesting collections of *Jewels, Medallions, Seals, Knife-handles,* etc., of the same master. — (Fac-simile.)

ANTIQUES. — CÉRAMIQUE GRECQUE.

Frieze nᵒ 706 is crowned by a wreath of ovolos surmounted by a prominent fillet. The central vase, which is decorated by the mask of Silenus, accompanied by festoons; panthers chained with vine-garlands held by two children who ride them, show that this *terra-cotta* was found in some place consecrated to the worshipping of Bacchus. The shape of the vase, the bodies of the panthers ending in arabesks of a weak design, some neglect in the model of the two figures, cause this piece to be classed among the monuments belonging to epochs not far remote from the decline of fine arts, notwithstanding the beauty of the general subject. — Length, 0,45.

Nᵒ 707. — Another terra-cotta from an epoch of decline, if not entirely apocryphal. A double fret with variegated flowers extends under a festoon of pomegranate buds and flowers. The upper crest, semi-circularly cut out, bears a bearded mask between the Roman eagle and the sacred goose. Traces of polychromy: red brown and yellow. — Length, 0,49.

Nᵒ 708 is a variation of nᵒ 463 (page 223). Here the children, more slender, hold the dolphins by means of bridles. At the top, an elegant palm-leaf crest surmounts an astragal of pearls. The trident in the middle is evidently a modern restoration. — Length, 0,43.

706

707

La Frise nᵒ 706 est couronnée par une bande d'oves surmontée d'un filet saillant. Le vase central, décoré d'un masque de Silène accompagné de festons; les panthères, enguirlandées de pampres, et que maintenant deux enfants qui les montent, font voir que cette terre-cuite provient de quelque lieu dédié au culte de Bacchus. Malgré la beauté du motif général, la forme du vase, la désinence des corps des panthères en rinceaux d'arabesques d'un jet assez pauvre, des négligences dans le modelé des deux figures, font ranger cette pièce parmi les monuments appartenant aux époques voisines de la décadence. — Longueur, 0,45.

Nᵒ 707. Autre terre-cuite datant d'une époque de décadence, sinon tout à fait apocryphe. Une double grecque à fleurons variés s'étend au-dessous d'un feston de boutons et de fleurs de grenadier. La crête supérieure, à découpures semi-circulaires, porte un mascaron barbu, entre l'aigle romain et l'oie sacrée. Traces de polychromie: brun-rouge et jaune. — Longueur, 0,40.

Le nᵒ 708 est une variante du nᵒ 463 (p. 223). Ici les enfants, de formes plus élancées, maintiennent les dauphins au moyen de brides. Dans le haut, une élégante crête à palmettes surmonte une astragale de perles. Le trident du milieu est évidemment une restauration moderne. — Longueur, 0,43.

图 706，带饰顶上有一排凸起的卵锚饰花环。中央的花瓶装饰有西勒诺斯（Silenus）的面具，并配以月牙形花边。两个孩子骑在黑豹上并用藤条拴住它们，这表明这个赤陶是在某处供奉巴克斯（Bacchus）的地方发现的。虽然花瓶的形状及图案是美丽的，但是在黑豹身体末端相当薄弱的蔓藤花纹，以及两个人物的模型中的疏忽，使得这件作品被放置在属于颓废时代的纪念物中。长 0.45 米。

图 707，如果不是完全的杜撰的话，这是另一个源自颓废时代的赤陶。成对的

希腊小花在石榴花和花蕾组成的月牙形花饰下蔓延。上面的顶部，是以半圆型切割的，其间有一个长满胡须的面具在罗马雄鹰和神圣的鹅之间。多色的痕迹：红棕色和黄色。长 0.49 米。

图 708 是图 463 的变体（参见第 223 页）。在这里，孩子们更加苗条，用缰绳拴着海豚。在顶端，一排优雅的棕榈叶装饰覆盖在串珠线饰上。中间的三叉戟显然是现代修复的。长 0.43 米。

708

710

711

Bernard Picart, dessinateur et graveur, né à Paris en 1673, mort à Amsterdam en 1733, appartient à l'école si fine et si élégante de la *Régence.* Il ne fut guère occupé en Hollande que par les libraires qui entreprirent avec lui une foule d'éditions illustrées parmi lesquelles on remarque les *Métamorphoses d'Ovide* (in-folio), dont les sujets, composés par Diepembeck, furent entourés par B. Picart d'une série de bordures variées. Nous en donnons ici un premier spécimen inspiré de motifs aquatiques.

Les.nᵒˢ 710 et 711 sont des spécimens de *Têtes de page, culs-de-lampe,* etc., dans la composition desquels il excellait. — (*Fac-simile.* — Sera continué.

伯纳德·皮卡特（Bernard Picart），一位绘图师、雕刻师，1673 年出生在巴黎，1733 年在阿姆斯特丹去世；他属于那个精致而优雅的摄政时期。他几乎完全占领了荷兰的书商，并与他们一起出版了一些插图书籍，其中有奥维德（Ovid）的《变形记号》，由迪本贝克（Diepembeck）设计主题，皮卡特设计一系列不同的边框。我们在此给出了第一个样本，它是受到水生设计的启发。

图 710 和图 711 是书名页和尾片等的样本，他对这两部分非常擅长。未完待续。（复制品）

Bernard Picart, a draftsman and engraver, born in Paris in 1673, died at Amsterdam in 1733; he belongs to that refined and elegant school of the *Régence.* He was almost exclusively occupied in Holland by the booksellers, which undertook with him a number of illustrated editions amongst which are remarked the *Metamorphoses of Ovid* (in fᵒ), the subjects of which, composed by Diepembeck, were surrounded by B. Picart with a series of variegated borders. We give here a first specimen of it, inspired by aquatic designs.

Nʳˢ 710 and 711 are specimens of *Title-pages, tail-pieces,* etc., in the composition of which he excelled. — (*Fac-simile.*) — Will be continued.

XVIᵉ SIÈCLE. — ÉCOLE ITALIENNE.

CARTOUCHES ET EMBLÈMES,
PAR GIROLAMO PORRO.

(Suite de la page 284.)

含了丰富的想象力。在对第 8, 64, 284 页复制作品进

17

ERCOLE SILLANI

712

18

EVSTACHIO SIMONI

713

19

FEDERIGO ASINARI

Conte di Camerano

714

20

FEDERIGO CERVTTI

715

21

FRANCESCO ORATORI

716

22

GIO. BATTISTA GORGO

717

Dans cette importante suite d'ornements, G. Porro, digne élève de son maître Énée Vico, fait preuve d'une remarquable fécondité d'imagination. L'étude attentive des pièces déjà reproduites aux pages 8, 64, 284, fera reconnaître à nos lecteurs la variété soutenue de ces intéressants motifs. A mesure que nous nous avancerons dans l'œuvre du maître, nous remarquerons une composition plus ferme, une exécution plus large et plus franche. — (Fac-simile.) — Sera continué.

G. 普罗（G. Porro）是大师埃内亚·维科（AEneas Vicus）的得意门生，证明了这个重要的装饰品收藏中蕴含了丰富的想象力。在对第 8, 64, 284 页复制作品进行细心研究后，我们将向读者展示这些有趣主题的持续变化。当我们在大师的作品中取得进展时，将会注意到一个更坚实的创作和更大胆的实施。未完待续。（复制品）

G. Porro, the worthy pupil of his master Æneas Vicus, evinces proofs of a remarkable fecundity of imagination in this important collection of ornaments. The attentive study of the pieces already reproduced in the pages 8, 64, 284, will show our readers the continual variety of these interesting subjects. As we are progressing in the master's work, we shall remark a firmer composition and a bolder execution. — (Fac-simile.) — To be continued.

Troisième Année.   N° 79.   30 Juin 1863.

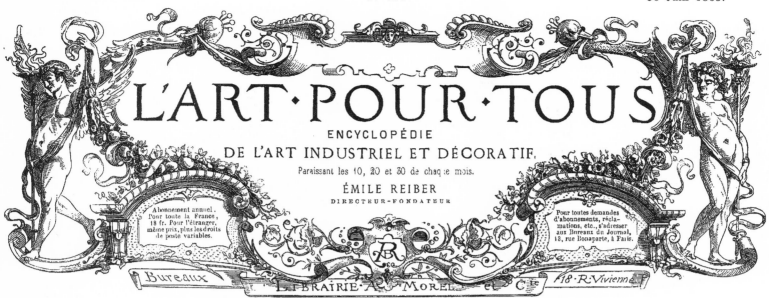

L'ART·POUR·TOUS

ENCYCLOPÉDIE
DE L'ART INDUSTRIEL ET DÉCORATIF.

Paraissant les 10, 20 et 30 de chaque mois.

ÉMILE REIBER
DIRECTEUR-FONDATEUR

Abonnement annuel.
Pour toute la France,
18 fr. Pour l'étranger,
même prix, plus les droits
de poste variables.

Pour toutes demandes
d'abonnements, récla-
mations, etc., s'adresser
aux Bureaux du Journal,
18, rue Bonaparte, à Paris.

Bureaux   LIBRAIRIE A. MOREL et Cie   18·R·Vivienne

XVIIIᵉ SIÈCLE. — GROSSERIE FRANÇAISE (LOUIS XV).

MOUTARDIERS,
PAR P. GERMAIN.

721   722   725   726   723   724   718   749   720

Réunion des pl. 58, 59, 60 et 61 de l'œuvre de *P. Germain* (p. 294). — Les fig. 718, 719 et 720 sont des dessins de *Moutardiers* d'un goût charmant; 721 et 722 sont des variantes. — 723 et 724, croquis de *Pots à Oilles.* — 725 et 726, Moutardiers d'un *goût nouveau* : c'est la rocaille et le faux goût qui commencent à s'introduire vers le milieu du siècle. — (*Fac-simile.*)

P. 吉尔曼（P. Germain）作品（参见第 294 页）包含第 58、59、60 和 61 页版块的收藏品。图 718、图 719 和图 720 是品位独特的芥菜瓶绘画；图 721 和图 722 是对相同作品的改进。图 723 和图 724 是杂烩盆的草图。图 725 和图 726 是新款芥菜瓶；这是在本世纪中叶开始流行的岩石工艺和错误品位。（复制品）

Collection of the plates 58, 59, 60 and 61 of *P. Germain's* work (page 294). — Fig. 718, 719 and 720 are drawings of *Mustard pots* of exquisite taste; 721 and 722 are modifications of the same. — 723 and 724 sketches of *Olio-pots.* — 725 and 726, Mustard-pots of a *new taste*; it is the rock-work and false taste which began to be in fashion towards the middle of the century. — (*Fac-simile.*)

XVIe SIÈCLE. — TYPOGRAPHIE VÉNITIENNE.

FRISES, — BORDURES.
CULS-DE-LAMPE.

The same as figures 685-688 of Page 303, the *passepartout border* nº 727 is taken from the Venitian edition of *Orlando Furioso*. It is one of the frames of the text of the *Argomenti* which precede every division of the poem. There are Cupids frolicking in intertwined volutes connected by garlands.

Fig. 728 is a *Vignette* taken from the *Imprese, Stratagemi*, etc., *di B. Rocca* (Vinegia, Gab. Giolito de' Ferrari, 1567), representing a mask appearing between two sphinxes sitting back to back.

Fig. 729. — A *Title-page* taken from the same book. Three cherubs' heads detach themselves from a compartment pannel with groups of nymphs, satyrs and cupids right and left.

Fig. 730 and 731. — Top and bottom of a *Border* of the same origin as nº 727. In the first of those friezes, the figures of military Glory and Fame receive palm-leaves from the hands of two Genii. — Frieze nº 731 is a military trophy with children holding branches of laurel.

Fig. 732. — *Title-page* taken from the book of *Camilli's Emblems* (pages 8, 64, 284, 328, etc.), Venice, Francesco Ziletti, 1586. — Central cartouch the back-ground of which bears an emblem representing a Vase watering drop by drop a plant warmed by the rays of the sun. We shall find that emblem again, and also the motto: POCO A POCO, on the exergue. On each side of the cartouch there is a rolled volute ended by a vase.

Fig. 733. — *Title-page*. A rich compartment cartouch animated in the center by a woman's mask; at each extremity a satyr's side-mask. A garland of beads runs through the whole composition. — (*Fac-simile.*) — To be continued.

Ainsi que les figures 685-688 de la page 303, la *Bordure en passepartout* nº 727 est tirée de l'édition vénitienne du *Roland furieux*. C'est un des encadrements du texte des *Argomenti* qui précèdent chaque division du poème. On y voit des Amours se jouer dans un entrelacement de volutes réunies par des guirlandes.

Fig. 728 est une *Vignette* tirée des *Imprese, Stratagemi*, etc., *di B. Rocca* (Vinegia, Gab. Giolito de' Ferrari, 1567), et dont le motif est un mascaron surgissant entre deux sphinx adossés.

Fig. 729. — *Tête de page* tirée du même livre. Trois têtes de chérubins se détachent sur un panneau de compartiment flanqué de deux groupes composés de nymphes, de satyres et d'amours.

Fig. 730 et 731. — Haut et bas de *Bordure* de même origine que le nº 727. Dans la première de ces frises, les figures de la Gloire militaire et de la Renommée reçoivent des palmes des mains de deux génies. — La frise nº 731 est un trophée militaire accompagné d'enfants qui tiennent des branches de laurier.

Fig. 732. — *Tête de page* tirée du livre des *Emblèmes, de Camilli* (pages 8, 64, 284, 328, etc.), Venise, Francesco Ziletti, 1586. — Cartouche central dont le champ porte un emblème figurant un Vase qui arrose goutte à goutte une plante réchauffée par les rayons du soleil. Nous retrouverons plus loin cet emblème, ainsi que la devise: POCO A POCO, que porte l'exergue. De chaque côté du cartouche, un enroulement de volutes terminé par un vase.

Fig. 733. — *Tête de page*. Riche cartouche de compartiment animé en son centre par un masque de femme; à chaque bout, un masque de satyre posé de profil. Une guirlande de perles court à travers toute la composition. — (*Fac-simile.*) — Sera continué.

727

728

729

730

732

731

图 685~688，裱框边，与第 303 页相同。图 727 取自奥兰多·福瑞奥索（Orlando Furioso）的威尼斯版。它是专题的一个框架，专题指的是在诗歌两个部分前面的那一部分。爱神在缠绕着花环的涡形装饰上玩耍。

图 728 从《印象》《战略》等摘取的小插图，B. 罗卡［B.Rocca，威尼斯，盖博·焦利托·德·法拉利（Gab. Giolito de' Ferrari），1567 年］创作，其中有一个面具在两个背对背狮身人面像之间。

图 729 是从同一本书中摘取的页头。三个小天使的头部在中间面板上，两边各有一组宁芙、森林之神和丘比特。

图 730 和图 731，边界的顶部和底部同图 727 是同一起源。在第一批带饰中，那些在军事上获得荣誉和名望的人从两个精灵手中接过了棕榈叶。图 731 是一个军事奖杯，有两个小孩拿着月桂枝。

图 732，威尼斯艺术家弗朗西斯科·吉赖提（Francesco Ziletti）1586 年出版了《卡米

利纹章》一书，页头则选自这本书（第 8、64、284、328 等页）。中央的涡卷装饰面板上有一个图案，描绘的是用花瓶浇水，植物在阳光下，水一滴一滴滴在它的身上。在空白处我们会再次看到那个标记，也就是箴言：逐渐。在涡卷饰的两侧，涡形的卷绕以一个花瓶结束。

图 733，页头。一个女性面具中间有一个生动的隔断涡卷饰。两边各有一个半人半兽的森林之神侧面面具。珍珠花环贯穿整个构图。未完待续。（复制品）

733

Le dieu *Terme* (Terminus), chez les anciens Romains, était le protecteur des limites et le symbole de la solidité, de l'immuabilité. Il était figuré par un simple bloc de pierre surmonté d'une tête accompagnée quelquefois du buste et même des bras. Les ingénieux maîtres de la Renaissance surent tirer un grand parti de cette donnée décorative d'une application si rationnelle et si féconde. Aux spécimens déjà reproduits par nous (voir le mot *Gaines* au Répertoire, 2e année), et tout en suivant la reproduction des compositions des *Raphael*, des *Du Cerceau*, des *Vriese*, etc., dans cette spécialité, nous joindrons celle du rare et curieux Recueil des dix-huit *Gaines ou Termes*, de *Hugues Sambin* (Lyon, 1572), auquel la présente planche sert de *Frontispice*. Le livre est dédié au fameux *Éléonor Chabot*, gouverneur de Bourgogne, le même qui, en cette année 1572, devait refuser au roi Charles IX le massacre des protestants dans cette province. On remarquera au milieu du frontispice les armes de ce seigneur, et dans la partie supérieure, des allusions à ses *armes parlantes* (le poisson dit *chabot*). — (*Fac-simile.*)

在罗马，护界神是领土的守护者，坚不可摧的象征。它的代表是一块有头的石像，有时带有胸部，甚至胳膊。文艺复兴时期的天才大师从这种装饰风格中获得了巨大的优势，其应用既理性又亲切，仍然遵循拉斐尔（Raphael）、迪塞尔索（Du Cerceaux）、弗里斯（Vrieses）等人的复制标准。我们在这一分支中，将添加一些稀有且有趣的藏品，即雨果·桑班（Hugues Sambin）的十八个《端饰》（里昂，1572年），这十八个《端饰》现在的版块是卷首插画。这本书是献给著名的勃艮第州长埃莱诺·查伯特（Eleonor Chabot）的，正是他在1572年拒绝了查理九世对勃艮第新教徒的大屠杀。这位贵族的底座占据了卷首插图的中间部分，而在上面部分暗指某种被称为查伯特（Chabot）的鱼。（复制品）

The god *Terminus* was, at Rome, the protector of the limits and the symbol of solidity, of immutability. It was represented by a single block of stone surmounted by a head, sometimes with the bust and even the arms. The ingenious masters of the *Renaissance* derived a great advantage from this style of decoration, the application of which is both rational and genial. To the specimens which we have already reproduced (see the word *Gaines* (terminals,) in the Index, 2d year), and, still following the reproduction of the *Raphaels*, the *Du Cerceaux*, the *Vrieses*, etc., compositions in this branch, we shall add that of the rare and curious collection of *Hugues Sambin's* eighteen *Terminals* (Lyons, 1572), of which the present plate is the *Frontispiece*. The book is dedicated to the famous *Eleonor Chabot*, governor of Burgundy, the same who, in that year 1572, was to refuse Charles IX. the massacre of the protestants in that province. That nobleman's crest occupies the middle of the frontispiece, and in the upper part there are allusions made to his *Cantheraldry* (the fish called *Chabot*). — (*Fac-simile.*)

XVIᵉ SIÈCLE. — ÉCOLE LYONNAISE.   EMBLÈMES, — DEVISES.

LES DEVISES D'ARMES ET D'AMOURS
DE PAUL JOVE
(Suite de la page 174)

13. FERRAND D'ARAGON
ROY DE NAPLES

735

14. ALPHONSE II D'ARAGON
ROY DE NAPLES

736

15. LE ROY FERRANDIN
D'ARAGON

737

16. LÉON X
PAPE

738

13. Cette devise fut inspirée au roi Ferdinand Iᵉʳ (1424-1494), par une noble pensée de clémence. Marino Marciani, son parent, s'étant joint à Jean d'Anjou pour ourdir un complot contre ses jours, le roi lui donna la vie sauve, disant qu'il ne voulait point souiller ses mains du sang d'un parent ; et il prit pour devise l'*hermine* environnée d'un rempart de fumier avec ces mots : MALO MORI QUAM FOEDARI, car c'est le propre de l'hermine d'endurer la mort par la faim, plutôt que de souiller la blancheur de sa fourrure.

14. Le jour de la bataille de Campo-Morto, Alphonse II, pour stimuler le courage de son armée, fit peindre en un étendard trois *nimbes* de saints liés ensemble, avec la laconique devise : VALER, signifiant que ce jour-là il fallait montrer sa valeur sur tous les autres, prononçant à l'espagnole : *Dia de mas valer*.

15. Devise du roi Ferdinand II qui avait eu le roi de France, Charles VIII, pour compétiteur au trône. Pour montrer que les royales vertus de libéralité et de clémence viennent de nature et non par art, il prit pour devise une *montagne de diamants* naissant tout taillés, comme s'ils étaient produits par l'artifice du lapidaire, avec les mots : NATURÆ NON ARTIS OPUS.

16. Celle-ci est due à Jean, cardinal de Médicis, qui fut le pape Léon X. Ayant rétabli sa famille et son autorité à Florence, en 1521, il prit pour devise un *Joug* avec le mot : SUAVE, pour dire qu'il ne revenait pas pour se venger des injures de ses ennemis, mais pour user de clémence, conformément aux paroles de l'Écriture : *Jugum meum suave est et onus meum leve*.

13. 这句格言是用仁慈的思想启发费迪南德一世（1424~1494年）的。他的亲戚马里诺·马西尼（Marino Marciani）与让·达昂儒（Jean d'Anjou）一起密谋夺取他的生命，国王赦免了他们的罪行，说不会让亲戚的血弄脏他的手，他还用"白釉周围环绕着粪便"来作为他的格言：MALO MORI QUAM FOEDARI，因为白釉宁愿饿死也不愿弄脏它的毛皮。

14. 坎普莫托（Campo-Marto）之战的那天，阿方斯二世为了刺激他军队的勇气，把三个圣徒连接的雨云画在了一个军旗上，上面还写有简洁的箴言：VALER，意为，在那一天他们将展示出超凡的英勇；西班牙语为：Dia de mas valer。

15. 国王费迪南的第二条格言。法国国王查理八世是他的竞争对手，为了证明国王宽大和仁慈的美德是自然而非人工的，他采用了一堆易于切割的钻石来刻写他的格言，就好像它是出自宝石商的工艺，上面写有：天然而非人造。

16. 约翰（John），美第奇家族的红衣主教，他是教皇利昂十世。1521年，他重新建立了他的家族和在佛罗伦萨的权威，他的格言是：SUAVE，说他没有回来报复他的敌人，而是用仁慈接纳敌人，这与圣经相契合：Jugum meum suave csl el onus meum leve。

13. This motto was inspired to king Ferdinand I. (1424-1494) by a noble thought of clemency. Marino Marciani, his relative, having joined Joan d'Anjou to plot against his life, the king pardoned him his life, saying that he would not stain his hands with the blood of a relative, and he adopted for his motto the *hermine* surrounded with a rampart of dung with these words: MALO MORI QUAM FOEDARI : as the hermine would rather be starved to death than stain its fur.

14. The day of the battle of Campo-Morto, Alphonse II., in order to stimulate the courage of his army, had three saints' connected *nimbi* painted on a standard, with the laconic motto : VALER, meaning that on that day they were to show their valor above all the others, in Spanish : *Dia de mas valer*.

15. King Ferdinand the Second's motto; Charles VIII., king of France, had been his competitor to the throne. In order to show that the kingly virtues of liberality and clemency are natural and not produced by art, he adopted for his motto a *mountain of diamonds* springing up ready cut, as if they were produced by the lapidary's workmanship, with the words: NATURÆ NON ARTIS OPUS.

16. This one is due to John, cardinal of Medici, who was pope Leon X. Having reestablished his family and his authority in Florence in 1521, he adopted for his motto *a Yoke* with the word : SUAVE, to say that he did not come back to revenge his enemies' wrongs, but to use clemency, in conformity with the words of the Scriptures : *Jugum meum suave est et onus meum leve*.

Troisième Année. N° 80. 10 Juillet 1863.

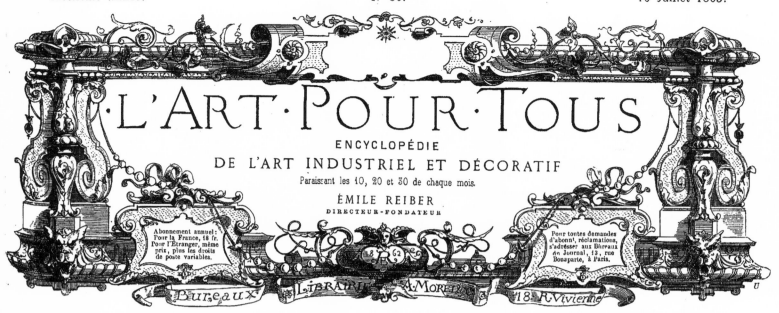

L'ART·POUR·TOUS

ENCYCLOPÉDIE
DE L'ART INDUSTRIEL ET DÉCORATIF
Paraissant les 10, 20 et 30 de chaque mois.

ÉMILE REIBER
DIRECTEUR-FONDATEUR

Abonnement annuel:
Pour la France, 18 fr.
Pour l'Étranger, même
prix, plus les droits
de poste variables.

Pour toutes demandes
d'abonn', réclamations,
s'adresser aux Bureaux
du Journal, 13, rue
Bonaparte, à Paris.

Bureaux Librairie A. Morel 18 R. Vivienne

ANTIQUES. — CÉRAMIQUE GRECQUE.

FIGURES DÉCORATIVES.

BACCHANTE.

(COLLECTIONS CAMPANA.)

739

Outre l'élégance de la masse générale et la pureté de la silhouette, ce remarquable morceau se distingue par de grandes beautés de détail, telles que les riches contours de la panthère, la belle ligne du bras qui tient le thyrse, et l'heureuse disposition de la tête qui, se détachant en profil sur le cours des moulures du haut, donne plus d'importance à la figure en la faisant déborder de son cadre naturel. — Le poisson qui saute au poitrail du quadrupède anime le sujet et en transporte la scène sur les bords de la mer. — D'inintelligents lavages ont malheureusement détruit la pureté primitive de cette pièce intéressante. — Hauteur, 0,32 ; largeur, 0,37.

除了整体的优雅和轮廓的纯粹，这个非凡的作品通过细节美脱颖而出，如：豹的轮廓，手臂的线条，捧着的巴斯卡手杖，以及头部的摆放，将这上部分的轮廓分离出来，把更多的重视放在整个构图上，因为它呈现出其自然的属性。在四足动物胸部前跳跃的鱼，使得整幅作品更加生动，营造出一幅海面的感觉。不幸的是，不明智的清洗破坏了这一有趣作品原始的纯洁性。高 0.32 米，宽 0.37 米。

Besides the elegance of the general mass and the purity of the outline, this remarkable piece distinguishes itself by the great beauty of the details, such as the rich contours of the panther, the fine line of the arm which holds the thyrsus, and the happy disposition of the head which, detaching itself as a profile on the upper mouldings, gives more importance to the whole figure, as it comes out of its natural frame. — The fish which jumps to the breast of the quadruped animates the subject and transports the scene on the borders of the sea. Unintelligent washings unfortunately have destroyed the primitive purity of this interesting piece. — Height, 0,32 ; width, 0,37.

XVIᵉ SIÈCLE. — ÉCOLE LYONNAISE (CHARLES IX).

GAINES, — TERMES,

PAR H. SAMBIN.

740

741

POVRTRAIT

ET DESCRIPTION

du 9.

TERME.

———

Ce neufiefme Terme,
troifiefme
en ordre Ionique,
fe loüe affez
de luy·mefme,
tant par
fon diuers enrichiffement
que pour
les bien confiderees
proportions.
Je ne declareray donc
plus au long
fa beauté tant
admirable
que digne
de
remarquer.

———

Dans la composition et l'ajustement de ses *Gaines* ou *Termes*, *Hugues Sambin* fait toujours sentir l'origine *champêtre* (p. 315) de cette sorte de décoration ; aussi les guirlandes et corbeilles de fruits, ingénieusement entremêlées de draperies, constituent-elles le fond principal des dispositions si originales de cette suite remarquable.

Ainsi dans la fig. 740, qui représente une des divinités présidant aux productions de la terre, une grosse couronne de fruits forme liaison entre la tête et l'entablement architectural qu'elle porte ; elle retombe en avant du cou et encadre la face que soutiennent deux enfants assis sur les épaules. Une sorte de mantelet double, à franges et à découpures, recouvre le buste ; le bas est décoré de guirlandes s'agrafant à des têtes de bélier.

La fig. 741 présente une disposition des plus originales, et paraît se rapporter au principe de la reproduction des êtres, fondé sur le dualisme des sexes. L'agrafe, portant un masque d'enfant nouveau-né, paraît confirmer cette interprétation. Les draperies, d'un jet savant, relient et enveloppent admirablement les parties principales. — (*Fac-simile.*) — Sera continué.

在雨果·桑班（Hugues Sambin）雕塑作品的构图和调整中，总是展现了源于乡村元素的这种装饰（参见第315页）；由于这一原因，花环和果篮与披巾巧妙地混合在一起，构成了这一非凡藏品极其原始的基础元素布置。

因此在图740中展现了掌控地球万物的神灵，一大串水果将雕塑头部与建筑的柱顶线盘接在一起。水果花环环绕在其面部周围，落在脖子上，两个孩子坐在女性雕像肩部，手捧着她的脸。一种带条纹、有切割边缘的双层披风覆盖于半身像上；雕像下部装饰着公羊头，其上挂着花环。

图741展示了一种十分原始的布置方式，似乎这与基于人类的繁殖原理相关。钩子悬挂着一枚新生儿面具，似乎验证了这一解读方式。披巾安排得十分巧妙，十分优雅地围绕着主体部分。未完待续。（复制品）

In the composition and adjusting of his *Terminals*, *Hugues Sambin* always shows the *rural* origin (p. 315) of this sort of decoration ; for which reason garlands and baskets of fruit, ingeniously mixed with drapery, constitute the basis of the very original disposition of this remarkable collection.

Thus in fig. 740, which represents one of the divinities reigning over the productions of the earth, a large wreath of fruit unites the head and the architectural entablature which it bears ; it falls before the neck and surrounds the face which is held by two children sitting on her shoulders. A sort of double mantle with fringes and cut out borders covers the bust ; the lower portion is decorated with garlands hooked on ram-heads.

Fig. 741 shows a very original disposition, and seems to be connected with the principle of the reproduction of beings, founded on the dualism of sexes. The hook, on which a new born child's mask in suspended, seems to confirm this interpretation. The drapery, which is very cleverly arranged, unites and surrounds the principal parts most admirably. — (*Fac-simile.*) — Will be continued.

XVIIIe SIÈCLE. — ÉCOLE FRANÇAISE (RÉGENCE).

PANNEAUX, — TENTURES,
PAR CLAUDE GILLOT.

Cette composition de *Tenture,* tirée du *Livre de Portières,* de *Cl. Gillot,* se distingue, ainsi que les cinq autres planches, par l'élégance et la légèreté qui caractérisent les productions françaises du commencement du xviiie siècle.

Une proue de navire, ornée d'un mascaron et d'un trophée de rames et de gouvernails, porte un jeune Triton qui souffle dans une conque. Sur cette masse, formant premier plan, est établie une large moulure de soubassement sur laquelle viennent surgir, au milieu d'une mer écumante et furieuse, les chevaux marins du char de Neptune, qui se détache en silhouette sur le fond de la composition. Un arc de triomphe léger, composé de plantes marines et surmonté d'une élégante couronne de roseaux et de coquillages, délimite le motif milieu qu'entoure un encadrement de roseaux et de congélations. — *(Fac-simile.)* — Sera continué.

这幅挂毯作品选自 Cl. 吉洛（Cl. Gillot）的《Lwre de portieres》，由于其优雅精致，在六幅作品中脱颖而出，而这一特点正是 18 世纪初法国作品的代表。

一艘船的船头用面具、桨、舵的战利品予以装饰，上面有一名青年特赖登（Triton）正在吹一个螺壳。以该场景作为画面重点部分，前面有一个宽阔的凹口，尼普顿（Neptune）的坐骑从波涛汹涌、满是泡沫的海面上奔驰而来。海神如剪影一般，游离于画面的背景中。由水草形成的凯旋拱门看起来十分轻盈，最上端饰有芦苇和贝壳组成的花环，包围着由芦苇和冻结物环绕的中央主图。未完待续。（复制品）

This *Tapestry* composition taken from *Cl. Gillot's " Livre de Portières "* distinguishes itself as well as the five other plates by the elegance and grace which characterize the French productions at the beginning of the xviiith century.

The prow of a ship, adorned by a mask and a trophy of oars and rudders, bears a young Triton who blows a shell. On this mass forming the fore-ground there is a broad socket moulding on which the sea-horses of Neptune's car sally from a furious and foaming sea. The God detaches himself like a silhouette on the back-ground of the composition. A light triumphal arch formed with sea-weeds, and surmounted by an elegant wreath of reeds and shells, circumscribes the central composition which is surrounded by a frame of reeds and congelations. — *(Fac-simile.)* — To be continued.

XVIIIᵉ SIÈCLE. — ÉCOLE FRANÇAISE (LOUIS XVI).   VIGNETTES.

CULS-DE-LAMPE,

PAR LE BARBIER

LES IDYLLES DE GESSNER

(Suite de la page 292.)

MIRTILE ET THYRSIS

MIRTILE s'était rendu pendant une nuit fraîche sur un coteau qui dominait au loin sur la plaine. Quelques branches sèches formaient un feu clair, auprès duquel le berger seul, étendu sur le gazon, parcourait de ses regards errants le ciel semé d'étoiles, et la campagne éclairée par la lune. Tout à coup, inquiet d'un bruit léger qu'il entendait dans l'obscurité, il regarda derrière lui : c'était Thyrsis. — Sois le bienvenu, lui dit Mirtile, assieds-toi près du feu : par quel hasard viens-tu ici, tandis que tout dort dans le canton ?

THYRSIS. Te voilà, Mirtile, bonsoir. Si j'avais cru te trouver, je n'aurais pas tant hésité à suivre la lueur de cette flamme, qui brille avec tant d'éclat au milieu de l'obscurité répandue sur la vallée. Écoute, Mirtile, à présent que la sombre clarté de la lune et la solitude de la nuit nous invitent à des chants graves, écoute ce que j'ai à te proposer. Je te donnerai une belle lampe d'argile, travaillée artistement par mon père. C'est un serpent avec des ailes et des pieds ; il ouvre une large gueule, dans laquelle brûle une petite mèche. L'animal replie sa queue en haut, pour former une anse commode. Je t'en ferai présent, si tu veux me chanter l'aventure de Daphnis et de Chloé.

MIRTILE. Je veux bien te chanter l'aventure de Daphnis et de Chloé, puisque la nuit nous invite à des chants graves. Voici des branches sèches ; prends garde que le feu ne s'éteigne pendant que je chanterai.

Antres des rochers, répétez mes accents plaintifs ; faites retentir mes chants lugubres, dans le bois et sur le rivage.

La lune éclairait paisiblement l'horizon. Chloé, solitaire sur le rivage, attendait impatiemment un bateau, dans lequel Daphnis devait traverser le fleuve. Qu'il tarde longtemps, mon amant ! disait-elle, et le rossignol se taisait pour écouter les accents de sa passion. Qu'il tarde longtemps ! Mais... écoutons... j'entends un bruit comme quand les flots frémissent contre un bateau. Viens-tu ? Oui... Non, ce n'est pas lui. Flots bruyants, voulez-vous encore me tromper ? Ne vous jouez pas de la tendre impatience d'une bergère passionnée. Où es-tu à présent, cher amant ? L'amour n'a-t-il pas prêté des ailes à tes pieds ? Traverses-tu à présent le bois pour gagner le rivage ? Ah ! puissent tes pieds empressés ne rencontrer aucune épine ! Qu'aucun serpent ne blesse tes talons ! Chaste déesse, dont les flèches n'ont jamais manqué d'atteindre leur but, Lune ou Diane, répands sur son passage ta douce clarté. Oh ! quand il sor-

743

tira du bateau, avec quelle ardeur je le presserai dans mes bras ! Mais pour cette fois, certainement, ô flots ! certainement pour cette fois vous ne me trompez pas ! Frémissez légèrement autour de son bateau, portez-le soigneusement sur votre dos. Et vous, Nymphes, si jamais vous avez aimé, si jamais vous avez su ce que c'est que d'attendre ce qu'on aime... Ah ! je vois ! cher Daphnis... tu ne me réponds point ! Dieux !... A ces mots, Chloé tomba évanouie sur la rive.

Antres des rochers, répétez, etc.

Un bateau renversé flottait sur les ondes. La lune éclairait cette aventure déplorable. Chloé, évanouie, était étendue sur la rive ; un silence effrayant régnait autour d'elle. Elle se réveilla enfin ; réveil affreux ! La lune se cacha derrière les nuages. Chloé était assise au bord du fleuve, tremblante et muette ; ses soupirs et ses sanglots soulevaient sa poitrine ; elle jeta un cri perçant ; l'écho porta dans toute la contrée les accents de sa douleur. Un gémissement inquiet résonnait dans les bois et parmi les buissons. Elle se tordait les bras, elle se frappait la poitrine, elle s'arrachait les cheveux. Ah ! Daphnis, Daphnis ! Flots perfides, Nymphes barbares ! Ah ! malheureuse que je suis ! s'écria-t-elle ; quoi ! j'hésite ! Je tarde encore à chercher la mort dans les ondes qui m'ont ravi les délices de ma vie ! Et à l'instant elle se précipita du rivage dans le fleuve.

Antres des rochers, répétez, etc.

Mais les Nymphes avaient ordonné aux ondes de la porter soigneusement sur leur dos. Nymphes cruelles ! s'écria-t-elle, ah ! ne différez pas ma mort ! Flots, hâtez-vous de m'engloutir ! Mais les flots ne l'engloutirent point ; ils la portèrent doucement sur leur dos jusqu'aux bords d'une petite île. Avec quelle tendresse, avec quels transports elle se précipita dans les bras de son amant ! Inutilement voudrais-je exprimer par mes chants ce qu'elle ressentit alors. Telle et moins tendre encore est la joie du rossignol lorsqu'il s'est envolé de sa prison : sa compagne avait passé les nuits entières à gémir tristement sur la cime des arbres : maintenant il vole à sa compagne encore tremblante. Ils soupirent, ils se becquètent, ils entrelacent leurs ailes ; ils expriment leurs transports par des chants d'allégresse, et interrompent le silence de la nuit.

Antres des rochers, cessez de répéter des sons plaintifs ; faites retentir la joie dans les bois et sur le rivage. Et toi, Thyrsis, donne-moi la lampe, car je t'ai chanté l'aventure de Daphnis et de Chloé.

CHLOÉ

744

Nymphes favorables qui habitez cette grotte paisible, vous dont les mains ont planté ces buissons touffus qui en cachent l'entrée pour vous procurer un ombrage frais et un repos tranquille, vous qui de vos urnes versez les eaux de cette claire fontaine, lorsque vous n'êtes point occupées à danser dans les épaisses forêts avec les dieux des bois ; si, dans ce moment, vous sommeillez ou sur les coteaux voisins, ou sur vos urnes, que ma voix ne trouble point votre repos. Mais si vous veillez, ô Nymphes favorables ! prêtez l'oreille à mes plaintes. J'aime... hélas !... j'aime Lycas aux cheveux blonds. N'avez-vous point vu quelquefois ce jeune berger lorsqu'il conduit dans ces lieux ses vaches tachetées et ses veaux bondissants, et lorsque, marchant à leur suite, il appelle les échos par les doux sons de sa flûte ? N'avez-vous point entendu sa voix lorsqu'il chante ou les charmes du printemps, ou la joie qui accompagne la moisson, ou les couleurs variées de l'automne, ou le soin des troupeaux ? Hélas ! j'aime le plus beau des bergers, et le plus beau des bergers ne sait pas que je l'aime. Que tu as duré longtemps, triste et rigoureux Hiver, qui nous as chassés des pâturages ! Oh ! quel long intervalle s'est écoulé depuis que j'ai vu Lycas pour la dernière fois dans l'automne ! Hélas ! il dormait couché dans le bocage. Qu'il était beau ! Comme les zéphyrs se jouaient dans les boucles de sa chevelure ! la clarté du soleil répandait sur lui les ombres flottantes des feuilles. Ah ! je le vois encore, je vois les ombres des feuilles voltiger çà et là sur son beau visage ; je le

vois sourire comme dans le songe le plus agréable. Je m'empressai de ramasser des fleurs, j'en formai doucement une guirlande autour de sa belle chevelure et autour de sa flûte, puis je me retirai à l'écart. Je veux, disais-je, attendre ici le moment de son réveil. Comme il va rire ! comme il va être étonné de voir sa tête et sa flûte entourées de guirlandes ! Je vais attendre qu'il s'éveille : il faudra bien qu'il me voie si je reste ici, et s'il ne me voit pas... oh ! je me mettrai à rire tout haut. Je parlais ainsi, et je me tenais dans le bosquet voisin, lorsque mes compagnes m'appelèrent. Oh ! que je fus piquée ! Il fallut m'en aller, et je ne pus être témoin de son sourire et de sa joie, lorsqu'il vit sa chevelure et sa flûte entourées de fleurs. Quel plaisir à présent ! voilà le printemps de retour ; je reverrai Lycas dans les prés. O Nymphes ! je vais suspendre ici des guirlandes aux rameaux de ces arbustes qui ombragent votre grotte. Ce sont les premières fleurs du printemps : la violette hâtive, le muguet, la jaune primevère, la marguerite rougeâtre et les premières fleurs des arbres. Soyez favorables à mon amour, et si Lycas vient dormir sur le bord de cette fontaine, dites-lui en songe que c'est Chloé qui a entouré de fleurs sa chevelure et sa flûte, dites-lui que c'est Chloé qui l'aime. — Ainsi parla Chloé. En même temps elle suspendit autour des arbustes, encore privés de feuilles, une guirlande des premières fleurs. Alors il sortit de la grotte un doux frémissement, semblable au murmure de l'écho lorsqu'il répète les sons d'une flûte éloignée.

Troisième Année.   N° 81.   20 Juillet 1863.

L'ART POUR TOUS

ENCYCLOPÉDIE
DE
L'ART INDUSTRIEL ET DÉCORATIF
Paraissant les 10, 20 et 30 de chaque mois
EMILE REIBER
DIRECTEUR-FONDATEUR

Abonnement annuel : Pour toute la France, 18 fr. Pour l'Étranger, même prix, plus les droits de poste variables.

Pour toutes demandes d'abonnements, réclamations, etc., s'adresser aux Bureaux du Journal, 13, rue Bonaparte, à Paris.

Bureaux · Librairie · A · Morel & Cie · 18 · Rue Vivienne

XVIIᵉ SIÈCLE. — ÉCOLE FRANÇAISE (LOUIS XIV).   PLAFOND DE PEINTURE,
PAR D. MAROT.

Dans ces sortes de compositions, si appropriées à l'application des éléments architecturaux, il est toujours bon de chercher à rompre les grandes lignes par l'emploi de l'*élément circulaire*. Les exemples donnés jusqu'ici montrent avec quelle variété ces dispositions peuvent être obtenues. Ainsi, page 43, on verra un Plafond dont la grande *soffite* quadrangulaire (ornée de médaillons ovales à ses angles arrondis) forme *repoussoir* à une coupole sphérique oblongue pénétrée par quatre arcs plein cintre. A la p. 225, l'élément circulaire se retrouve dans les deux grandes baies qui s'étendent au-dessus des grands côtés du rectangle.— Ici l'entablement terminal lui-même suit la forme elliptique. Il est supporté vers les angles par des massifs de maçonnerie décorés de pilastres et laissant apercevoir sur les grands côtés un double rang de colonnes formant une galerie disposée en *loge ouverte* et animée de différents personnages. Ces angles sont décorés par d'opulents pendentifs formés de figures plafonnantes assises, qui accompagnent des cartouches surmontés de bustes. Le sujet milieu représente *Borée enlevant Orithyie*. La composition originale est simplement traitée en esquisse par le maitre. Nos lecteurs ne nous sauront pas mauvais gré d'avoir apporté nos soins à préciser davantage le dessin des figures, et à compléter l'effet général.

此处描绘的这幅作品与建筑元素的应用十分契合。有时，通过采用圆形规则尝试打破直线线条装饰是十分明智的。这里我们已经给出范例，以展示可能出现的各类布置。因此在第43页中可以看到一片天花板(圆边角上装饰着椭圆形图案)，大型四方拱腹形成一个由半圆形的拱，贯穿了椭圆形屋顶。在第225页中，圆形规则再次应用于两个巨大的架间中，架间在矩形的侧面延伸。在这里，上檐部紧贴椭圆形图案。大量石制作品支撑着角部，以壁柱做装饰，在长边展示出双排柱形物，这些柱形物形成一条长廊。该长廊安排得如同开放的凉廊，由若干雕塑装饰。一群天使装饰着富丽堂皇的穹隅，涡卷装饰坐落于天花板上的半身像周围。中部的群像展示了欧丽泰亚(Orithyia)被波瑞士(Boreas)掳走的画面。大师只给出了原作品的草图。读者会很高兴地看到我们更加细致地描绘了人物，从而体现了整体效果。

In compositions of this description, which are so well appropriate to the application of architectural elements, it is always advisable to try and break the straight lines by the adoption of the *circular system*. The examples already given show the variety of arrangements which may be obtained. Thus, page 43, a ceiling will be seen, the large quadrangular *soffit* of which (adorned with oval medallions in its rounded angles) sets off a spheric oblong cupola penetrated by four semi-circular arches. Page 225, the circular system is to be found again in the two large bays which extend among the sides of the rectangle. — Here above the top entablature itself follows the elliptic figure. It is supported towards the angles by masses of stone-work ornamented with pilasters, and show on the long sides a double row of columns forming a gallery disposed like an *open loggia* and animated by several figures. These angels are decorated by rich pendentives formed by sitting ceiling figures which accompany cartouches surmounted by busts. The group in the middle represents *the rape of Orithyia by Boreas*. The original composition has merely been sketched by the master. Our readers will be pleased to see that we have drawn the figures more carefully, and completed the general effect.

XVIᵉ SIÈCLE. — ÉCOLE ITALIENNE.

VASES, — BRONZES.

CHANDELIER,

PAR E. VICO.

746

Cette pièce remarquable fait partie de la suite des *Candélabres et Flambeaux d'Énée Vico.* On a pu remarquer le beau motif de notre premier spécimen (voy. p. 19) qui se compose d'un vase élégamment étudié dont la panse allongée forme le *fût*, et dont les épanouissements forment le *pied* et la *coquille* du flambeau. — Ici le motif est de la plus grande richesse. Un vase à panse ramassée en bouton et garnie de mufles de lion et de guirlandes sert de piédestal à trois athlètes qui soulèvent une large coquille marine décorée de mascarons et de volutes, et destinée à recevoir le flambeau de cire que maintiendront les serpents dont la silhouette se dessine dans la partie supérieure. Le vase lui-même surgit d'un amortissement à pans coupés, étoffé sur ses arêtes de dauphins en haut relief, et qui vient se rattacher à la base, forte moulure circulaire en forme de *tore* ou *boudin*, et décorée d'une frise de mascarons barbus. Malgré quelques négligences de perspective, il est facile de reconnaître que le plan général de ce bronze est un triangle équilatéral inscrit dans un cercle. — (*Fac-simile.*)

这件伟大的作品属于埃内亚·维科（AEneas Vicus）的"吊灯"和"大烛台"系列。我们第一个精美的样品是一个造型优雅的烛台，它修长的瓶身形成了竖轴，其向外延展形成了烛台底座以及烛台的外壳，这几点可能已经被广泛评论过了。这种情况下该作品显得极其大胆和优雅。烛台有着球形把手样的瓶腹，四周由狮子和花环环绕，形成一个基座，其上站着三名运动员，手持饰有面具和螺旋图案的大贝壳，专为接住蛇举起的蜡烛而设计，上部已经展示出了该轮廓。烛台自身在经过前部修整以及边缘安装向外伸展的海豚后就成型了。海豚与基座相连，结实的圆形扭曲造型，上面装饰着胡须面具的浮雕。尽管忽略了透视图，还是可以清楚地看出这件青铜作品的总体设计是一个等边三角形内接圆形。（复制品）

This remarkable piece belongs to the series of *Æneas Vicus, Chandeliers* and *Flambeaux.* The fine composition of our first specimen (see p. 19) consisting of a vase elegantly conceived, the long paunch of which forms the *shaft*, and the spreading of which forms the *foot* and the *shell* of the flambeau, has very likely been remarked. — In this case the composition is excessively bold and elegant. A vase with a paunch in the shape of a knob, and surrounded with lions' muzzles and garlands, forms a pedestal on which three athlets stand holding up a large sea-shell decorated with masks and volutes, and destined to receive the wax-candle which the serpents hold up, the silhouet of which is shown in the upper part. The vase itself emerges from a finishing with hewn fronts bearing on their edges projecting dolphins, and which is connected with the base, a strong circular twisted moulding, decorated with a frieze of bearded masks. Notwithstanding some negligence of perspective, it is easy to see that the general plan of this bronze is an equilateral triangle inscribed in a circle. — (*Fac-simile.*)

PANNEAUX DÉCORATIFS.

LA FORTUNE,

PAR PAUL VÉRONÈSE.

XVIe SIÈCLE. — ÉCOLE ITALIENNE.

PLAFONDS DU PALAIS SAINT-MARC.

A VENISE.

748

749

This monument, which is so interesting with respect to the history of the *Greek Palmette* (see fig. 69, 410, 454, 455, 499, 512-514, 564, 608, 653, etc.), belongs to the remotest times; its origin is Lydian or rather Ionian (see p. 226). Without any other direct connexion than a *symmetrical arrangement*, the portions of the ornamentation are of a *hieroglyphical disposition.*

The *double voluted rolls* which, in this piece, connects the alternating palm-leaves must also be accepted as the first datum in the history of an important decorative element, out of which the masters of the *Renaissance* formed the *Cartouches*, leather *Twistings*, etc., of which our pages 303 and 314 offer specimens to our readers. — One third size.

Farther the explanation of fig. 749 will be found.

Ce monument, si intéressant au point de vue de l'histoire de la *Palmette grecque* (voy. figures 69, 410, 454, 455, 499, 512-514, 564, 608, 653, etc.), remonte aux temps primitifs; il est d'origine lydienne, ou plutôt *ionienne* (voy. p. 226). Sans autre lien direct entre elles qu'une*ordonnance symétrique*, les parties de l'ornementation affectent la disposition que nous appellerons *hiéroglyphique.*

Les *rinceaux à doubles volutes* qui, dans cette pièce, relient les palmettes alternantes, doivent également être acceptés par nous comme premiers jalons dans l'histoire d'un élément décoratif important, d'où les maîtres de la Renaissance firent naître les *Cartouches, Enroulements de Cuirs*, etc., dont nos pages 303, 314 présentent des spécimens à nos lecteurs. — Tiers d'exécution.

On trouvera plus loin l'explication de la figure 749.

这个古迹属于最遥远的时代，它对希腊的棕叶饰的历史来说是如此的有趣（参见图69，410，454，455，499，512~514，564，608，653 等）；它的起源是吕底亚，或者更确切地说是爱奥尼亚（参见第226 页）。没有任何其他直接的连接，只有对称的排列，纹饰的部分是象形文字。

该作品中，连接交替棕榈叶的双涡形装饰被认为是重要

的装饰元素历史上的第一个基准，由此文艺复兴时期的大师们形成了涡卷饰、皮革缠绕等等，我们在第303页和第314页为读者展示了其范例。三分之一尺寸。

后文会有图749 的详细介绍。

Troisième Année. N° 82. 30 Juillet 1863.

L'ART · POUR · TOUS

ENCYCLOPÉDIE
DE L'ART INDUSTRIEL ET DÉCORATIF
Paraissant les 10, 20 et 30 de chaque mois.

ÉMILE REIBER
DIRECTEUR-FONDATEUR

Abonnement annuel.
Pour toute la France,
18 fr. Pour l'étranger,
même prix, plus les droits
de poste variables.

Pour toutes demandes
d'abonnements, récla-
mations, etc., s'adresser
aux Bureaux du Journal,
13, rue Bonaparte, à Paris.

Bureaux LIBRAIRIE A. MOREL et Cie 13. R. Vivienne

XVIIe SIÈCLE. — ÉCOLE FRANÇAISE (LOUIS XIV).

CHEMINÉE,
PAR D. MAROT.

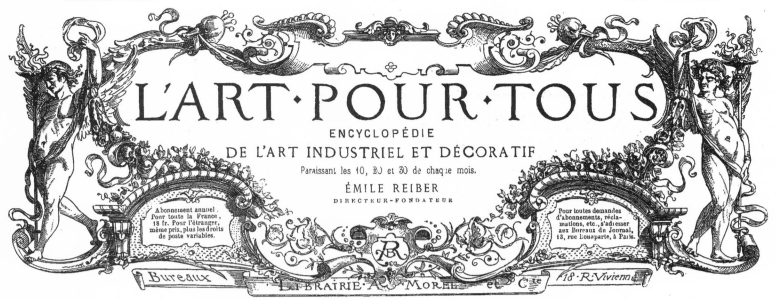

Upon the death of Charles the Fifth the Netherlands passed under the domination of the Spanish branch of the house of Austria. It is to that circumstance, as well as to the discovery of America and the passage to the East Indies, that the trade and industry of Holland owed their rapid development. The Batavian ships crossed the seas and brought back the products of the remotest countries : thus the remarkable manifestations of *Chinese art* were introduced into Europe. China was gathered by ship-owners whom a century of national prosperity has made rich ; numerous collections were formed, and we find in *D. Marot's* work (p. 43) curious specimens of the manner in which this China was used for the decoration of apartments at that time.

We reproduce here the *Frontispiece* of his *New book of Chimney-pieces* which shows the artistic earthen-ware arranged both with symmetry and in a picturesque way, either on the slab of the chimney or on the consols wrought in the frame of the upper pannel. The *profile* given by the master completes the indication of the architectural dispositions. — (*Fac-simile.*)

A la mort de Charles-Quint, les Pays-Bas passèrent sous la domination de la branche espagnole de la maison d'Autriche. C'est à cette circonstance, jointe à la découverte de l'Amérique et du passage aux Grandes Indes, que le commerce et l'industrie de la Hollande durent leur rapide accroissement. Les navires bataves sillonnèrent les mers et rapportèrent les produits des contrées les plus éloignées : c'est ainsi que s'introduisirent en Europe les remarquables manifestations des *Arts chinois*. Les porcelaines de la Chine furent recueillies par les armateurs qu'un siècle de prospérité nationale avait enrichis ; de nombreuses collections se formèrent, et nous trouvons dans l'œuvre de *D. Marot* (p. 43) des spécimens curieux de la manière dont on employait ces porcelaines à la décoration des intérieurs de cette époque.

Nous reproduisons ici le *Frontispice* de son *Nouveau Livre de cheminées* qui fait voir les potiches disposées d'une façon à la fois symétrique et pittoresque, soit sur la tablette de la cheminée, soit sur les consoles pratiquées dans l'encadrement du panneau supérieur. Le *profil*, joint par le maître, complète l'indication des dispositions architecturales. — (*Fac simile.*)

查理五世死后，荷兰处于奥地利众议院西班牙分支的统治之下。就是在这种情形下，发现了美洲和通往东印度群岛的通道，使得荷兰的贸易和工业得以飞速发展。巴达维亚的船只穿过大海，带回了最遥远国家的作品，由此，中国艺术非凡的表现形式传入了欧洲。国家的繁荣使得他们富裕起来，中国的瓷器被船主们收集起来，包含了无数种类的收藏品，我们在 D. 马洛特（D. Marot）的作品（参见第43页）中找到了一个奇妙

的范例，是当时的中国用于房屋装饰的方式。

我们在这里复制的是马洛特《壁炉新书》的卷首插画页，展示了艺术的作品既具有对称性，又以一种别致的方式排列，无论是在壁炉的厚板上，还是在上面镶板的悬臂架上。大师给出的侧视图补充了建筑构造的说明。（复制品）

Nouveaux Livre de Cheminée. a la Hollandoise
Inventé et Gravé par D. Marot Architecte Avec Privilege

BONARV·ARTIV·STVDIO
·ET·PRISCORV·ARTIFICV·
MEMORIÆ
HANC·EXIMII·OPERIS·RESTAVRATIOₘ
D·D·D·
Æmilius Reiber, Schlestudiensis
Aᵒ·MDCCCLXIII·
— Bœotum in ᵃᵉʳᵉ crassō —

751

Le *Traité d'Anatomie de Ch. Estienne* (*De dissectione partium corp. humani*, etc., Paris, Sim. de Colines, 1545, in-fᵒ) est bien connu des amateurs pour ses curieuses planches marquées de la *croix de Lorraine* et gravées sur bois par *Jollat* et autres, vers 1530 et années suivantes. Outre l'intérêt que présente ce livre au point de vue de l'histoire de la gravure française pendant la première moitié du XVIᵉ siècle, il en offre un bien plus grand à nos yeux pour les précieux renseignements qu'il fournit sur l'*Ameublement français* à l'époque qui précéda l'arrivée des artistes italiens à la cour de Fontainebleau. (Voy. pages 60, 89.)

Nous résumerons en quelques planches ces documents intéressants.

La page 241 du livre, à laquelle nous n'avons fait d'autre changement que de supprimer la figure humaine et de redresser les erreurs de perspective du siége, servira de *Frontispice* à cette série curieuse. — (Sera continué.)

Ch. 艾蒂安（Ch. Estienne）的《专著分析》是艺术爱好者们熟知的，因为它奇特的板子有洛林（Lorraine）的《十字架》标记的，是由乔拉特（Jollat）等人在1530年和接下来的几年用木材切割而成的。这本书除了展示了对16世纪上半叶法国雕刻历史的敬重，还提供了在我们看来十分珍贵的信息，也就是关于当时的法国家具的内容，这是在枫丹白露宫廷里意大利艺术家的到来之前（参见第60页、第89页）。

我们把这些有趣的记载放在几个版块里。

在本书第241页，我们没有做任何其他的改变，只是对人物的身体进行了调整，并纠正座位位置角度的错误，这幅图会作为这个奇妙收藏品的卷首插画。（未完待续）

Ch. Estienne's *Treatise Anatomy* (*de Dissectione partium corp. humani*, etc., Paris, Simon de Colines, 1545, in-fᵒ) is well known by amateurs for its curious plates marked with the *cross of Lorraine*, the wood-cuts being by *Jollat* and others, towards 1530 and the following years. Besides the interest which this book presents with respect to the history of French engraving during the first half of the XVIᵗʰ century, it offers a much greater one in our eyes for the precious information which it gives on the *French furniture* at the time which preceded the arrival of the Italian artists at the court of Fontainebleau. (See p. 60, 89.)

We resume in a few plates these interesting documents.

Page 241 of the book, where we made no other alteration but the suppression of the humane body and rectifying the errors of perspective of the seat, will serve for a *Frontispiece* to this curious collection. — (Will be continued.)

POVRTRAIT

ET DESCRIPTION

du 13.

TERME.

—

Ce Treziefme Terme
f'appelle compofite,
pour ce
qu'il eft compofé
des proportions
des quatre premiers ordres
des Termes
à fçavoir
du Tufcan, du Dorique,
du Ionique & du Corinthe
& n'a rien en luy
dont les portions de la fymmétrie
curieufement recherchée
ne fe retreuuent
efdicts quatre premiers ordres;
l'antique en a ufé
comme d'une fort belle
& luy a donné
fa particuliere proportion.

—

752

753

Lors même que l'auteur (pages 315, 318) ne citerait pas avec une certaine complaisance les *Vénitiens* (voir au *Pourtrait du 1er Terme*), cette remarquable planche suffirait pour prouver que *H. Sambin* les avait étudiés et s'était largement inspiré des maîtres de cette École, ses contemporains. Dans la figure n° 752, on retrouve la fermeté du Titien unie à la robuste élégance du Tintoret. L'ajustement de la coiffure et des draperies, les belles lignes du torse aux nuds énergiquement modelés se détachent au-dessus d'une gaine ornée d'une chute de fruits.

Ainsi que dans la figure 752, la gaine du n° 753 s'emmanche à la base du tronc. La poitrine est couverte d'un pectoral orné de draperies. Sur l'estomac, un mufle de lion porte un grand anneau dont le chaton est un diamant taillé. Le même motif se répète deux fois en décroissant vers le bas de la gaine. Cette décoration originale, allusion probable à l'*anneau* emblématique des *Médicis* (voir aux *Devises de P. Jove et de Gab. Siméon*), est reliée d'une façon pittoresque par des chutes de fruits et de draperies. — (*Fac-simile.*) — Sera continué.

作者（参见第 315、318 页）不应该以某种自满的态度来称呼这些威尼斯人（参见第一个 Terme 的肖像画），这个引人注目的作品足以证明 H. 萨姆宾（H. Sambin）曾研究过他们，并从他同时代的那个学派的大师那里得到了真正的启示。图 752 中，提香（Titian）的坚毅与廷托雷罗（Tintorerro）的稳健、典雅再次被发现。头饰和打褶装饰物的调整、身体精致的线条、每一个裸露的部分都被充满活力，水果花环的装饰将它们突显出来。

与图 752 一样，图 753 的底座是从树干的基底开始的。胸部被有打褶装饰物装饰的板子覆盖。在肚子上，狮子的嘴带着一个大圈，它的边框是一颗切割的钻石。同样的构图重复两次，并逐渐减少到底座的底部。这种原始的装饰，这很可能是美第奇家族的象征［参见 P. 约夫（P. Jove）和盖博·西梅奥尼（Gab. Simeoni）的格言］，由落下的水果和打皱装饰物这种独特的方式连接在一起。未完待续。（复制品）

In case even the author (p. 315, 318) should not name the *Venitians* with a certain complacency (see *Portraiture of the 1st Terme*), this remarkable plate would suffice to prove that *H. Sambin* had studied them and had seriously inspired himself with the masters of that school, his contemporaries. In figure n° 752 Titian's firmness united to Tintoretto's robust elegance are to be found again. The adjustment of the head-dress and drapery, the fine lines of the body, every naked part of which is energetically modelled, detach themselves above a terminal adorned with garlands of fruit.

The same as in fig. 752, terminal n° 753 starts from the basis of the trunk. The breast is covered with a plate adorned with draperies. On the stomach a lion's muzzle carries a large ring the bezel of which is a cut diamond. The same composition is repeated twice and decreasing towards the foot of the terminal. This original decoration, which is very likely an allusion to the emblematic ring of the *Medici* (see *P. Jove's* and *Gab. Simeoni's* mottos), is connected in a picturesque way by falling fruits and draperies. — (*Fac-simile.*) — Will be continued.

3ᵉ Année.　　　　　　　　L'ART POUR TOUS.　　　　　　　　Nᵒ 82.

XVIᵉ SIÈCLE. — ÉCOLE LYONNAISE.　　　　　　EMBLÈMES, — DEVISES.

LES DEVISES D'ARMES ET D'AMOURS

DE PAUL JOVE

(Suite de la page 316.)

17. JEAN TRIVVLCE

754

18. LOVIS SFORZE

755

19. PIERRE DE MÉDICIS

756

20. LES SEIGNEURS DE FIESQUE

757

17. 著名的 J. 提瓦尔提奥（J. Trivultio）曾加入亚拉贡国王对抗卢多维科·摩尔（Lodovico Moro，即斯福尔扎）的行列，并希望向众人展示这样一种精神：只要自己执政，便永不向路易公爵屈服。他的格言刻在一块大理石盘上，石盘中间插着一根铁棒，正对太阳。大理石盘上刻着如下文字：太阳虽可能转动，铁棒却总会投下阴影（NON CEDITUMBRA SOLI）。

18. 路易·斯福尔扎公爵（Louis Sforza）曾是意大利战争与和平的独裁者，后来被囚禁于洛什城堡，在城堡中结束了自己的一生。在佛罗伦萨大使访问时，他要求别人称他为摩尔人，用以纪念自己很久之前的格言：白桑树（该树是智慧的象征）。他在城堡某处画了一幅白桑树用以挑衅，画中代表意大利的人物形象身着女王的服饰，金色的斗篷上覆盖着代表城市的图案，这些图案为摩尔风格。该图整体象征着他随心所欲控制了意大利。""你最好小心点"，刻薄的佛罗伦萨人看见这幅画时如此表示，别让那个黑人弄的你满身是土。"这一事实后来被证实。

19. 皮耶罗·德·美第奇（Pietro de' Medici）是洛伦佐（Lorenzo）的儿子，年轻时一直一个接一个地磨生原木，直至其燃烧起来，借以显示他爱的热情是无与伦比的，因为他炽热的爱将潮湿的原木都燃烧了。这一名言由睿智的意大利诗人安其罗·珀利提艾诺（Angelo Politiano）提出，他还为皮耶罗创作了一句拉丁语的诗句：IN VIRIDI TENERAS EXURIT FLAMMA MEDULLAS。

20. 意大利菲耶斯科（Fiesco，现意大利克雷莫纳省的一个市镇）的领主追随意大利皇帝，反对法兰西国王与阿多尔尼（Ardoni）结盟以共同对抗弗雷斯科（Fregosi）时，被他的友军认为这一举措十分轻率。随后，他们在一片宁静的大海上因见到一窝翠鸟而创作了一句法语名言：Nous Scavons Bien Le Temps。这是因为翠鸟的本性使领主明白了一点；只有确认一切安全的因素之后，才能安心筑造自己的浮巢。

17. Le célèbre J. Trivulce, s'étant joint avec le roi d'Aragon contre Louis le More (*Sforce*), et voulant faire voir qu'au gouvernement de son pays il ne céderait d'un point au duc Louis, prit pour devise un *cadran de marbre* avec une *verge de fer* plantée au milieu et opposée au soleil, avec les mots : NON CEDIT UMBRA SOLI ; car le soleil a beau tourner, la verge porte toujours son ombre.

18. Le duc Louis Sforce, qui fut un temps l'arbitre de la guerre et de la paix en Italie, vint finir ses jours comme prisonnier au château de Loches. Lors de la visite de l'ambassadeur de Florence, comme il se faisait appeler *le More*, en souvenir de son ancienne devise : LE MURIER BLANC (*gelsomoro*, symbole de sagesse), il fit peindre par bravade, en un lieu du château, l'Italie vêtue comme une reine, dont le manteau d'or couvert de peintures figurant des *villes* était épousseté par un page *more*, voulant dire qu'il rangeait l'italie à son plaisir. — « Il faudrait prendre garde », dit le subtil Florentin, en voyant cette image, « que ce moricaud ne jette toute la poussière sur lui-même. » — Ce qui fut confirmé par les faits.

19. Pierre de Médicis, fils de Laurent, porta dans sa jeunesse des tronçons de bois verdoyants l'un sur l'autre et enflammés, pour signifier que son ardeur d'amour était incomparable, puisque les bois verts en étaient brûlés. — Cette devise est de l'invention du docte Ange Politien, qui lui fit aussi ce mot d'un vers latin : IN VIRIDI TENERAS EXURIT FLAMMA MEDULLAS.

20. Lorsque les seigneurs de Fiesque prirent parti pour l'empereur contre le roi de France, en se joignant aux Adornes contre les Fregoses, cette démarche fut considérée comme imprudente par leurs amis. Ils prirent alors pour devise un *nid d'alcyons* sur une mer tranquille, avec la devise française : NOUS SÇAVONS BIEN LE TEMPS. Car l'instinct de l'alcyon l'avertit de ne faire son nid flottant et sa couvée que lorsque la tranquillité des éléments est assurée.

17. The celebrated J. Trivulzio, having joined the king of Aragon against Lodovico Moro (*Sforza*) and wishing to show that in the government of his country he would not stoop to duke Louis, took for his motto a marble *dial* with an *iron rod* planted in the middle and opposite the sun, with these words : NON CEDIT UMBRA SOLI (though the sun may turn, the rod always throws its shade).

18. Duke Louis Sforza, who was for a time the arbitrator of war and peace in Italy, came and finished his days as a prisoner in the chateau of Loches. At the time of the visit of the ambassador at Florence, as he caused himself to be called *the Moor* in remembrance of his ancient motto : THE WHITE MULBERRY-TREE (*gelsomoro*, a symbol of wisdom), he had painted, by way of bravado, somewhere in the chateau, Italy dressed like a queen, whose golden cloak covered with pictures representing *cities* was dusted by a *Moorish* page, meaning that he dealt in Italy as he pleased. — " You had better take care, said the sharp Florentine, when he saw the painting, not to let that blackamore throw all the dust upon himself. " Which facts confirmed later.

19. Pietro de' Medici, the son of Lorenzo, wore in his youth verdant logs of wood one upon another, and inflamed, to express that the ardor of his love was matchless, since it kindled green wood. — This motto was invented by the wise Angelo Politiano, who also composed this Latin verse for him : IN VIRIDI TENERAS EXURIT FLAMMA MEDULLAS.

20. When the lords of Fiesco sided with the emperor against the king of France joining the Adorni against the Fregosi, this step was considered imprudent by their friends. They then took for their motto a *nest of halcyons* on a quiet sea, with the French device : NOUS SÇAVONS BIEN LE TEMPS. For the halcyon's instinct tells him not to make his floating nest and covey before the tranquillity of the elements be well assured.

Troisième Année.

Nº 83.

10 Août 1863.

·L'ART·POUR·TOUS·

ENCYCLOPÉDIE
DE L'ART INDUSTRIEL ET DÉCORATIF
Paraissant les 10, 20 et 30 de chaque mois.

EMILE REIBER
DIRECTEUR-FONDATEUR

Abonnement annuel :
Pour toute la France, 18 fr.
Pour l'Étranger,
même prix, plus les droits
de poste variables.

Pour
toutes demandes
d'abonnements, ré-
clamations, etc.,
s'adr. aux Bureaux du Journal,
13, Rue Bonaparte, à Paris.

XVIIIᵉ SIÈCLE. — GROSSERIE FRANÇAISE (RÉGENCE).

ACCESSOIRES DE TABLE.

SEAU A RAFRAICHIR,

PAR J.-A. MEISSONNIER.

758

Cette importante pièce d'orfévrerie fut exécutée en 1723 pour *Monsieur le Duc* (d'Enghien) sur les dessins de *J.-A. Meissonnier* (voy. pages 161, 171). La composition, ainsi que le sujet le comporte, est inspirée de motifs aquatiques. A chaque angle des dieux marins soutiennent des poissons se recourbant en anses ; au centre se détache un riche cartouche aux armes du possesseur ; le panneau du bas est une frise en ciselure où l'on remarque le char de Neptune. — Le triple profil qui délimite de chaque côté les contours du vase fait voir que le plan général de cette pièce est un carré parfait avec faces courbes convexes pénétrant à peu de distance des angles. — Gravure de Huquier. — (*Fac-simile.*)

这件重要的银制品创作于 1723 年，由昂吉安（Enghien）公爵专为杜克（Duc）先生设计，上面雕有 J. A. 米修纳（J. A. Meissonnier）的绘画作品（参见第 161 页、第 171 页）。该银制品上的构图正如主题要求，灵感来自于水中的场景。在每个角部，航海的神灵把手中的鱼虾弯成把手的形状；画面中部，涡卷饰图案环绕在拥有者的纹章四周，呈闭合状态；银板较低的部分饰有表现追逐画面的浮雕，此处可见海神尼普顿（Neptune）的战车。该肖像雕刻分为三层，每层以瓶子的纹饰作为边界轮廓，展示出该银制品的整体设计是一个完美的正方形，具有弯曲的凸面，从四个角部开始向内凹陷一小段距离。哈吉尔（Huquier）雕刻作品。（复制品）

This important piece of silversmith's work was executed in 1723 for *Monsieur le Duc* (of Enghien) on *J. A. Meissonnier*'s drawings (see p. 161, 171). The composition, as the subject requires, is inspired by aquatic scenes. At each angle maritim gods hold fishes recurved in the shape of handles ; a rich cartouch with the owner's crest detaches itself in the center ; the lower pannel is a chased frieze where Neptune's car may be seen. — The treble profile, which borders on each side the contours of the vase, shows that the general plan of that piece is a perfect square with curved convex faces penetrating a short distance from the angles. — Huquier's engraving. — (*Fac-simile.*)

761

759

760

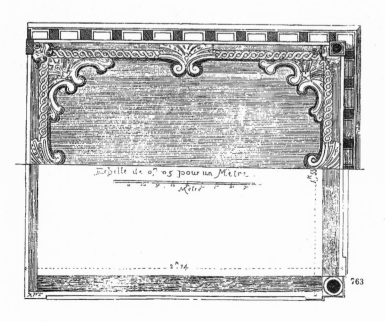

762

We give here, one fifth of its real size, the details of the posts of the baldachin of the *Bed* p. 273. Figures 759 and 760, being placed one above another, show the whole of the front bed-post. The top of the shaft (fig. 760), in the form of a baluster, presents a succession of profiles cleverly studied. A fine specimen of sheathes decorates the top of the inferior part (fig. 759), the lower part of which has two rings decorated and covered with carved mouldings. Fig. 761 and 762 are the details of the two warriors holding the canopy at the apsis of the bed. At nr 763 we have drawn the half-plan of the base and that of the tester seen from underneath. The large inside pannel is ornamented with a *cartouch border* worked in quilted embroidery of about 6 centimetres in thickness, which surrounds a ground of tapestry representing Psyche sitting in a car drawn by two hinds, on a cloud which floats upon a starred heaven. — Will be continued.

Nous donnons ici, au cinquième de l'exécution, les détails des montants du baldaquin du *Lit* donné p. 273. Les fig. 759 et 760, par leur superposition, donnent l'ensemble de la colonne de devant. Le haut du fût (fig. 760), en forme de balustre, présente une suite de profils savamment étudiés. Un beau motif de gaînes décore le haut de la partie inférieure (fig. 759), dont le bas porte deux bagues ornées et étoffées de moulures sculptées. Les fig. 761 et 762 sont les détails des deux figures guerrières qui soutiennent le dais au chevet du lit. Au n° 763 nous avons figuré le demi-plan du soubassement et celui du ciel de lit vu en dessous. Le grand panneau intérieur est décoré d'une *bordure en cartouche* exécutée en passementerie matelassée, d'une épaisseur de 6 centimètres environ, qui entoure un fond de tapisserie représentant Psyché traînée dans un char attelé de deux biches, sur un nuage qui se détache sur un ciel étoilé. — Sera continué.

我们在这里展示的是按照真实大小的五分之一比例缩小的示意图，展示的是本书第273页中华盖床柱的一些细节。图759和图760为两根柱子，一根柱子叠放在另一根上面，展示了床前柱的整体形态。立柱的顶端（图760）为栏杆柱形式，呈现出一系列经过巧妙设计的侧切面。立柱的顶端装饰有精致的叶鞘形状（图759），下面有两个带有雕刻图案的环状装饰物。图

761和图762为用于支撑华盖的两名战士的雕塑细节。在图763中，我们绘制了基座的半平面图，以及华盖的半平面仰视图。大块的内部平面装饰有6厘米厚的绗缝绣花状涡卷饰边，这些饰边围绕着一块挂毯，挂毯描绘了普赛克（Psyche）坐在两只雌鹿拉的车中，在云中奔向星光灿烂的天堂。未完待续。

XVIIe SIÈCLE. — CÉRAMIQUE FRANÇAISE (LOUIS XIV).
FAIENCES DE ROUEN.

ASSIETTES A AIRS NOTÉS.
(COLLECTION A. LE VÉEL.)

Thanks to praiseworthy efforts which have been made in the last few years, the *Ceramic Art*, evidently the most interesting of all industrial arts, seems more and more to cease following in the hackneyed path and to leave the mere industrial road. These efforts have chiefly borne up to our days on the imitation of ancient types : we ought not to complain. The imitation of good models in fine arts is a praiseworthy thing, were it even servile. As for creating in their turn *original* works, an end so very much envied by our ceramists, it is a question of genius sustained by a taste refined by strong studies ; moreover it is an affair of experience and long practise. — *Genius is* PERSEVERANCE.

We can but exhort to patience and steady work those whom a noble ambition causes to occupy themselves with the renovation of so attractive an art. We shall endeavour on our part to assist them in their studies by the consciencious reproduction of the fine types which have been left to us by the ancient French manufactures. We shall take our materials from the remarkable collections which have been made in the course of the last few years by distinguished amateurs.

First of all comes the beautiful collection of *French Crockery* which Mr A. Le Véel, the clever statuary, has been nearly twenty years gathering.

The two curious specimens which we give here belong to the Rouen manufactory. They are two dessert-plates with noted tunes. It is useless to call the attention of our readers on the elegance of the ornamentation ; with respect to the noted tunes, they bear a remarkable character : the *dilettanti* will not omit convincing themselves of it. — Will be continued.

764

陶瓷艺术是所有工业艺术中最有趣的一种。过去的几年里，幸亏有人付出了值得称赞的努力，使得它越来越倾向于走出常规和纯粹的工业方式。到目前为止，这些努力主要归于对古代艺术品的重塑。那时我们模仿古老的艺术类型，对此我们不应该有所抱怨，尽管模仿行为显得有些卑屈，但模仿优秀作品仍然是一件值得称颂的事情，等到他们艺术创作的时候，我们的陶艺家则十分羡慕一种结果：这个问题是关于一位天才通过勤奋学习不断提升自己品位的过程。此外，这也是一种依靠经验和长期练习才能达到的境界。天才也依靠毅力。

我们只能劝勉一些人耐心和坚定地工作，这些人因崇高的志向而忙于革新某种具有吸引力的艺术。我们将努力尽自己所能，通过认真重塑那些古老的法国工厂留给我们的艺术形式，从而帮助他们创做好研究工作。过去几年中，一些杰出的艺术爱好者拥有着非凡的藏品，我们将从这些收藏中提取一些研究材料。

首先出现在这里的就是法国陶器中美丽的藏品，这些藏品是由灵巧的雕塑家 A. 勒·维尔先生（Mr. A Le Veel）接近二十年收集的。

在这里，我们展示的两个制作精巧的样品，他们来自于鲁昂制造厂，是两个画着著名曲谱的甜点盘。无须费心使读者注意那些优雅的装饰，他们自然而然就会注意到；而对于曲谱本身来说，它们具有一个显著的特征：艺术爱好者们不会忘记说服自己去观察图案。未完待续。

765

Grâce à de louables efforts tentés depuis quelques années, l'*Art céramique*, le plus intéressant sans contredit de nos arts nationaux, tend des plus en plus à sortir de l'ornière de la routine et de la voie purement industrielle. Ces efforts se sont portés jusqu'ici en grande partie vers l'imitation des types anciens : il ne faut pas s'en plaindre. Imiter de bons modèles en matière d'art est chose louable, l'imitation fût-elle servile. Quant à créer à leur tour des œuvres *originales*, but si envié de nos céramistes, c'est affaire de génie soutenu d'un goût épuré par de fortes études ; c'est de plus affaire d'expérience et de longue pratique. — *Le génie, c'est* PERSÉVÉRANCE.

Nous ne pouvons donc qu'exhorter à la patience et au travail opiniâtre ceux qu'une noble ambition pousse à la rénovation d'un art si éminemment national ; ils sont dans la bonne voie, et nous avons le ferme espoir que bientôt nous aurons à enregistrer dans notre recueil des œuvres vraiment originales dues à nos artistes contemporains.—Nous prendrons à tâche, de notre côté, de les aider dans leurs études par la reproduction consciencieuse des beaux types que les anciennes fabriques françaises nous ont laissés. Nous puiserons nos matériaux aux remarquables collections formées depuis quelques années par des amateurs distingués.

Au premier rang viennent se placer les admirables *Faïences françaises* que M. A. Le Véel, l'habile statuaire, a mis près de vingt ans à rassembler.

Les deux curieux spécimens que nous donnons ici appartiennent à la fabrique de Rouen ; ils viennent corroborer ce que nous venons de dire à propos de l'*imitation* en fait d'art.

L'histoire de la faïence française est malheureusement encore à faire, et nous ne possédons que de rares documents sur nos établissement céramiques nationaux. Cependant, par la simple inspection de la Collection Le Véel, il est facile de constater que les premiers faïenciers rouennais ne durent se proposer pour but autre chose qu'une sorte de *contrefaçon* des porcelaines qui arrivaient de la Chine (voy. p. 325), essais dont nous fournirons ultérieurement des exemples. —Ces modèles, péniblement imités d'abord, furent abandonnés dès que les ouvriers, maîtres des nouvelles formes décoratives qu'ils s'étaient peu à peu assimilées, eurent acquis cette liberté de main, cette indépendance du pinceau que seule donne la grande pratique.

Nos deux planches représentent deux *Assiettes de dessert* à airs notés. — Il fut un temps où les charmes de la vie sociale et la sécurité du lendemain réunissaient paisiblement nos pères autour du banquet de famille. Nous constatons avec regret que la France ne chante plus...

Inutile d'appeler l'attention de nos lecteurs sur l'élégance de l'ornementation ; quant aux airs notés, ils sont d'un grand caractère : les *dilettanti* ne se feront pas faute de chercher à s'en convaincre. — Sera continué.

ANTIQUES. — CÉRAMIQUE GRÉCO-ROMAINE.
TERRES CUITES D'ARDÉE.

SIÉGES, — COSTUMES.
(COLLECTIONS CAMPANA.)

The artistical productions of the ancient towns of *Latium* feel the effects of the neighbourhood of the Grecian colonies of southern Italy. The town of *Ardea*, the ancient capital of the *Rutules* (one of those warlike nations at the expense of which the first kings of Rome enlarged the territory of the great rising City) was occupied, in the year 442 before J. C., by a Roman colony. Amongst the industrial productions of this town the *Ceramic* held one of the first places. Its baked clays are remarkable for their yellowish colour.

The great number of *original sketches* coming from that source make us believe that an important artistic center existed in that locality. The *Urns*, the *Sarcophagi*, the *Little figures* destined to perpetuate in families the remembrance of their ancestors, etc., form a very great collection in the *Musée Campana*. We reproduce here one of those figures which adorned oratories and the tombs of the ancient Latin people, and which represent a *Lady at her toilet*. Her right hand seems to approach her head to arrange her curls, and the left must have held a small *Looking-glass*, of which we have given specimens at pages 201, 216. The arrangement of the drapery, the head-dress in the form of the *mitra*, the bandelets of which fall on the shoulders, the original shape of the seat accompanied by a step or stool, present curious particulars. — Height of the terra-cotta, 0,50 ; length, 0,30.

Les productions artistiques des anciennes villes du *Latium* se ressentent du voisinage des colonies grecques de l'Italie méridionale. Ancienne capitale des *Rutules* (une de ces nations belliqueuses aux dépens desquelles les premiers rois de Rome agrandirent le territoire de la grande Cité naissante), la ville d'*Ardée* fut occupée, dès l'an 442 av. J.-C., par une colonie romaine. Au nombre des produits de cette ville industrieuse, la Céramique tenait un des premiers rangs. Ses terres cuites se distinguent par leur ton jaunâtre.

Le grand nombre d'*esquisses originales* provenant de cette source font croire à l'établissement, dans cette localité, d'un centre artistique important. Les *Urnes*, les *Sarcophages*, les *Figurines* destinés à perpétuer dans les familles le souvenir des ancêtres, etc., forment dans les collections Campana une réunion assez nombreuse. Nous reproduisons ici une de ces images qui ornaient les oratoires et les tombeaux des anciens peuples latins, et qui représente une *Dame à sa toilette*. La main droite paraît se rapprocher de la tête pour rajuster les boucles de la chevelure ; la gauche devait tenir un de ces *Miroirs de main* dont nous avons fourni des spécimens aux pages 201, 216. L'ajustement des draperies, la coiffure en forme de *mitre*, dont les bandelettes retombent sur les épaules, la forme originale du siége accompagné d'un degré ou tabouret, présentent des particularités curieuses. — Hauteur de la terre cuite, 0,50 ; longueur, 0,30.

766

767

从意大利古拉丁姆城的艺术作品中，可以感受出意大利南部希腊殖民地居民的影响。阿尔代亚是路图勒斯（那些好战的国家之一，罗马的先王们以扩大崛起之城的疆域为代价建造的国家）的古都。公元前 442 年，阿尔代亚曾经一度被罗马殖民者占领过。在这个小镇的工业产品中，陶制品占据首位。这里的烤黏土以其发黄的颜色而闻名于世。

我们确信，该地区曾经出现过一个重要的艺术中心，来源于此的大量原始草图就是证据。骨灰瓮、石棺、小塑像，它们注定要延续家族传统、缅怀祖先，这些东西形成坎帕纳博物馆数量可观的藏品。在这里，我们复原了这些塑像中的一个，是古拉丁人用以装饰教堂和坟墓的。我们在

第 201 页、第 216 页展示了图片，该雕塑向大家展现了一位梳妆打扮的女人。她的右手似乎正在靠近头部试图整理自己的卷发，左手必定拿着一枚小镜子。褶皱的排布，密特拉形式的头饰，肩膀上垂落下的帷幔，伴有台阶或凳子配套的原始座椅，这些都展示了一定精巧的特性。赤土陶器高 0.50 米，长 0.30 米。

Troisième Année.

N° 84.

20 Août 1863.

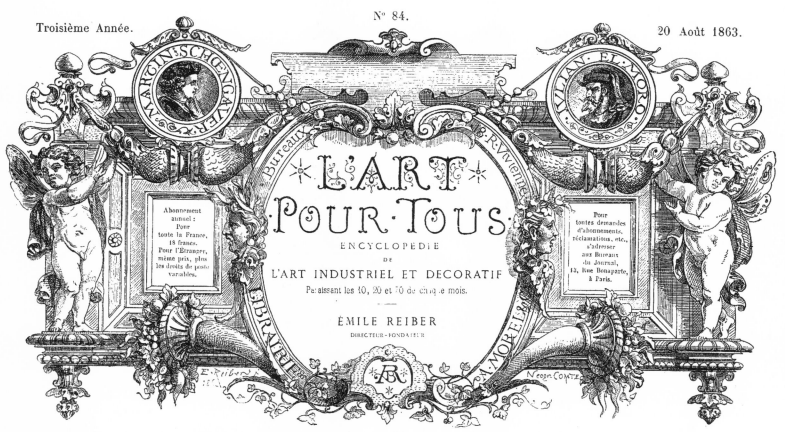

L'ART · POUR · TOUS

ENCYCLOPÉDIE

DE

L'ART INDUSTRIEL ET DÉCORATIF

Paraissant les 10, 20 et 30 de chaque mois.

ÉMILE REIBER

DIRECTEUR-FONDATEUR

Abonnement annuel : Pour toute la France, 18 francs. Pour l'Étranger, même prix, plus les droits de poste variables.

Pour toutes demandes d'abonnements, réclamations, etc., s'adresser aux Bureaux du Journal, 13, Rue Bonaparte, à Paris.

XVIIIᵉ SIÈCLE. — ÉCOLE FRANÇAISE (LOUIS XV).

FONTAINE,

PAR CH. EISEN.

A worthy rival of the *Moreaux*, of the *Choffards* (p. 125), of the *Marilliers*, the *Gravelots*, etc., *Charles Eisen*, a painter of Flemish extraction, cultivated as they did the illustration of the numerous literary productions of his time. We are chiefly indebted to him for the composition of the Vignettes with Portraits which adorn *J. B. Descamps' Lives of the Painters* (4 vol. in-8°, 1753-1764). He also left us a *Coherent Work* of estimable decorative compositions from which we take the adjoining *Fountain*.

At the bottom of a Niche, the impost and demi-cupola of which are decorated with congelations, a large shell shelters two Cupids whose arms are intertwined above a bearded Mask. Its mouth throws out water into a large cup held by two vigorous Tritons whose inferior extremities bind themselves to a group of dolphins. A second cup, dividing the water into five radiating sheets, detaches itself on the picturesque disposition of the rocks of the base. While following the *fac-simile* of his aqua fortis, we have tried to concentrate the general effect. — Will be continued.

Digne émule des *Moreau*, des *Choffard* (p. 125), des *Marillier*, des *Gravelot*, etc., Charles Eisen, peintre d'origine flamande, se livra comme eux à l'illustration des nombreuses productions littéraires de son époque. On lui doit notamment les compositions des Vignettes à Portraits qui ornent la *Vie des peintres* de J.-B. Descamps (4 vol. in 8°, 1753-1764). Il nous a également laissé une *Œuvre suivie* de compositions décoratives estimables, et dont nous tirons la *Fontaine* ci-contre.

Au fond d'une Niche, dont l'imposte et le cul-de-four sont décorés de congélations, une large coquille marine abrite deux Amours dont les bras s'entrelacent au-dessus d'un mascaron barbu. Sa bouche fournit l'eau à une large vasque soutenue par deux vigoureux Tritons dont les extrémités inférieures se relient à un groupe de dauphins. Une seconde vasque, répartissant l'eau en cinq nappes rayonnantes, se détache sur la disposition pittoresque des rochers du soubassement. — Tout en suivant le *fac-simile* de cette eau-forte, nous avons cherché à concentrer l'effet général. — Sera continué.

查尔斯·艾森（Charles Eisen）足可以匹敌莫罗（Moreaux）、乔法德（Choffards）、马利叶（Marilliers）、格拉瓦罗（Gravelots）等画家，他拥有佛兰德人的血统，在他们分析自己那个时代大量作品时表现出极大的涵养。他为《J. B. 德康（J. B. Descamps）作为画家的一生》（第四卷，1753~1764 年）创作了肖像插画作品，我们至今仍然十分赞赏这一成就。他为我们留下了一连串值得尊敬的装饰性作品，我们从中选取了毗邻的《喷泉》。

在壁龛的底部，拱墩和半圆顶上装饰着冻结物，两名爱神在一个巨大的贝壳中，他们手臂交织于一个遍布胡须的面具之上。该面具的嘴部向外

喷水，刚好喷入一个巨大的承水盘中。这个杯子由两名强壮的特赖登（Triton）向上高举，他们的下肢系于一堆海豚身上。而第二个承水盘与岩石基座精巧的布置分隔开来，将水分为五束呈放射状喷下。我们在从事蚀刻版画的复制工作期间，已经尝试了关注整体效果。未completed待续。

XVIIIᵉ SIÈCLE. — ÉCOLE FRANÇAISE (LOUIS XVI).

DÉCORATIONS INTÉRIEURES.
CABINET, MEUBLES,
PAR F. BOUCHER, LE FILS.

769

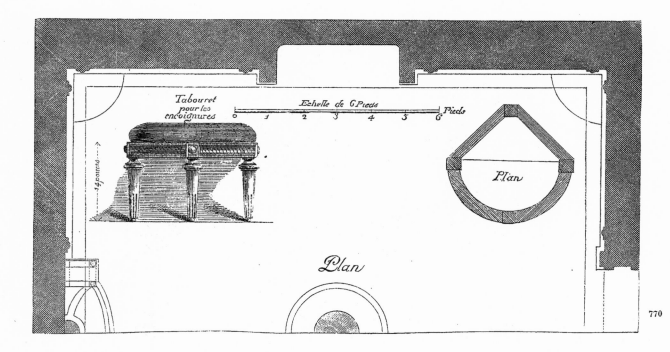

770

L'abus des *rocailles* avait, dès les premières années du dernier quart du xviiiᵉ siècle, ramené la décoration intérieure à des données plus simples et plus rationnelles. La *ligne droite* fut remise en honneur, et son application fournit de nouveaux développements.

La décoration de ce *Cabinet* est d'une grande sobriété. C'est un lambris de hauteur avec panneaux de tenture soutenus par de fortes moulures. Le *plan* fait voir la disposition des autres faces. Une table ronde occupe le milieu de la pièce. Un meuble en forme de Console garnit le Panneau qui fait face à la Porte. Nous joignons, d'après *De la Londe*, un spécimen des *Tabourèts d'encoignure* indiqués au plan. — (*Fac-simile.*)

从 18 世纪后期以来，石制品的盛行使公寓的装修风格变得更加简洁合理。直线再次受到青睐，其应用取得了新的发展。

这个壁橱的装饰就明显具有节制、严肃的特点。这是一块有帷幔的直立护壁板，由硬模浇铸而成。平面图展示了其他面的组成情况，一张圆桌立在房间中央，一件类似于操纵台的家具紧靠门对面的墙壁。我们在德·拉·郎德（De La Londe）之后的平面图里添加了一件标注为"角凳"的样品。（复制品）

The abuse of *rock-work* had brought back, since the first years of the last quarter of the xviiiᵗʰ century, the decoration of appartments to more simple and more rational principles. The *straight line* was honoured again, and its application produced new developments.

The decoration of this *Closet* is of a remarkable sobriety. It is an upright wainscot with tapestry pannels sustained by strong mouldings. The *plan* shows the disposition of the other faces. A round table stands in the middle of the room. A piece of furniture resembling a consol fills up the pannel opposite the door. We add, after *De la Londe's*, a specimen of *Corner stools* indicated on the plan. — (*Fac-simile.*)

XVIIᵉ SIÈCLE. — ÉCOLE FRANÇAISE (LOUIS XIV).　　　　　TENTURE,
PAR JEAN BÉRAIN.

771

Pièce connue sous le nom des *Funérailles du Satyre.* — Sur un fond d'architecture découpé à jour et s'arrondissant comme la voûte en cul-de-four du sanctuaire d'un Temple, se détache le Catafalque surmonté d'un Obélisque. La veuve éplorée au pied du monument central, l'orchestre occupant les tribunes, les montants en forme de gaines, les chutes de guirlandes et de draperies, les lustres et autres accessoires complètent et enrichissent la composition. — (*Fac-simile.*)

这是一件名为《萨蒂尔（Satyr）的葬礼》的藏品。一座灵柩台，上面立着一块方尖碑，该碑自身与建筑开阔的地面分离，向上拱起，如寺庙神殿一般的半圆形穹顶。中央纪念碑下方哭泣的寡妇、长廊中的乐队、像端饰的立柱、垂落的花环和帷幔、水晶吊灯及其他一些装饰物组成了整个作品。（复制品）

Piece known under the name of *The Satyr's funeral.* — A Catafalco surmounted by an Obelisk detaches itself on an architectural open-worked back-ground and arched like the demi-cupola of the sanctuary of a Temple. The weeping widow at the foot of the central monument, the band in the gallery, the uprights shaped like terminals, the falling garlands and tapestry, the chandeliers and other accessories complete and embellish the composition. — (*Fac-simile.*)

772

A spirited disposition, hard studies, and his passionate admiration for Michel-Angelo and the Parmesan, gave the *Rosso* an extraordinary manner which many people have called affected and fantastical. The plate below is a study destinated by the Master to the decoration of Francis the First's gallery (p. 15).

For those of our readers who do not admit of this fierceness in decorative designing, we have added a *Medallion* of the same school of a milder composition, and the subject of which is *Diana and Actæon*.—René Boivin's engraving. — (*Fac-simile.*)

活泼的性格、勤奋的学习以及对米开朗基罗和帕尔玛（Michel Ange and Parmesan）热情的赞美，带给罗索（Rosso）一种超凡的个性，许多人称之为有感染力、富于幻想。下面展示的盘子是大师最后的习作，收藏于弗朗索瓦第一美术馆（参见第 15 页）。

对于那些拒不承认装饰设计中这种强烈元素的读者们，我们已经添加了同一派系中更温和的作品，是一块圆形浮雕，主题是关于"黛安娜与阿克泰翁"（Diana and Actaeon）。雷内·布瓦万（Rene Boivin）的雕刻作品。（复制品）

773

Un tempérament fougueux, de fortes études, et son admiration passionnée pour Michel-Ange et le Parmesan, composèrent au *Rosso* une manière extraordinaire que bien des gens ont taxée de maniérée et de bizarre. — « C'est ètre maitre de son art, dit d'Argenville, que de savoir quelquefois en sortir. » — C'est, pensons-nous, faire preuve de génie et de goût, et même simplement de *bon sens*, que de savoir calculer les effets décoratifs suivant la distribution de la lumière dans les grands espaces à décorer. Telle composition, étudiée pour être exposée dans un jour direct, perdra tout son effet si, mise en place, elle ne reçoit qu'un jour secondaire. Rien de plus saisissant, au contraire, que de voir surgir dans la pénombre des salles et galeries l'énergique silhouette des figures décoratives. La planche ci-dessus, d'une exécution assez rude, est la reproduction probable d'un des nombreux cartons exécutés par le maitre pour remplir, dans la galerie de François Iᵉʳ (p. 15), l'espace laissé libre par les embrasures et les panneaux de compartiment.

Pour ceux de nos lecteurs qui n'admettent pas la *férocité* en matière de décoration, nous avons joint un *Médaillon* de la même École, d'une composition plus aimable, et dont le sujet est *Diane et Actéon*. — Gravure de René Boivin. — (*Fac-simile.*)

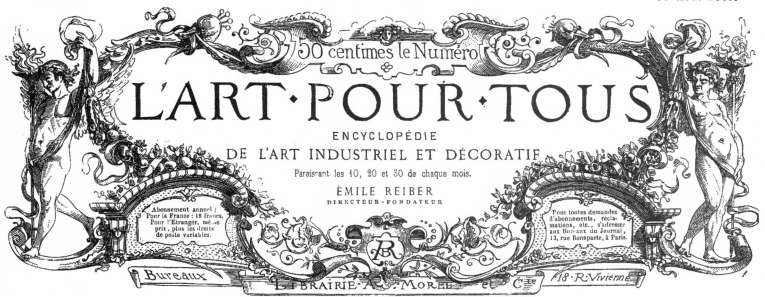

750 centimes le Numéro

L'ART·POUR·TOUS

ENCYCLOPÉDIE
DE L'ART INDUSTRIEL ET DÉCORATIF
Paraissant les 10, 20 et 30 de chaque mois.

ÉMILE REIBER
DIRECTEUR-FONDATEUR

Abonnement annuel :
Pour la France : 18 francs.
Pour l'Étranger, même
prix , plus les droits
de poste variables.

Pour toutes demandes
d'abonnements , récla-
mations, etc., s'adresser
aux Bureaux du Journal,
13, rue Bonaparte, à Paris.

Bureaux

LIBRAIRIE A. MOREL et Cie

18·R·Vivienne

XVIᵉ SIÈCLE. — ÉCOLE FLAMANDE.

PANNEAUX, — NIELLES.
LES QUATRE PARTIES DU MONDE.
(ÉCOLE D'ANVERS.)

Series of four medallions (*the Four parts of the world*), with *niello* backgrounds decorated with leather-scrolls and arabesques. They are very likely goldsmiths' compositions or enamel-works intended to be enchased in the principal faces of jewel-boxes and other small precious pieces of furniture. The four figures detach themselves on landscape backgrounds.

Europe is represented on a sphere. In one hand she holds a sceptre, in the other a vine-stock. The bad Latin distich which accompanies that piece means : " With a crown on her head, Europe is sitting on the globe as a queen on her throne."

Asia, holding a censer, is explained by the following words : " Asia, a nymph mighty by her wealth and by the extent of her dominions, rests on the rugged back of the camel."

For *Africa*, the words are : " Third part of the world, with a swarthy complexion, rest on the crocodile, holding in thy hand the precious dittany."

For *America* : " Part of the world scarcely known to us, thy gold mines made thee soon renowned."

These four pieces remind us of *Crispin de Pas'* manner. — (*Fac-simile.*)

Suite de quatre médaillons (les *Quatre parties du monde*) à fonds niellés, décorés de cuirs et d'arabesques. Ce sont vraisemblablement des compositions d'orfévrerie, ou d'émaux destinés à être enchâssés aux faces principales des coffrets à bijoux ou autres petits meubles précieux. Les quatre figures se détachent sur des fonds de paysages.

L'Europe est représentée sur une sphère. D'une main elle tient un sceptre, de l'autre, un cep de vigne. Le mauvais distique latin qui accompagne cette pièce signifie : « Portant au front une couronne, l'Europe est assise sur le globe, comme une reine sur son trône. »

La figure de l'*Asie*, tenant à la main un encensoir, est expliquée par ces mots : « Nymphe puissante par ses richesses et la grandeur de ses domaines, l'Asie repose sur le dos abrupte du chameau. »

Pour l'*Afrique*, on lit : « Troisième partie du monde, au teint basané, appuie-toi sur le crocodile, en tenant à la main le précieux dictame. »

Pour l'*Amérique* : « Partie du monde à peine connue de nous, tes mines d'or t'ont bien vite donné la célébrité. »

Ces quatre pièces rappellent la manière de *Crispin de Pas.* — (*Fac-simile.*)

"四浮雕"系列(世界的四个部分)采用银制背景,饰以皮革卷轴和花纹。它们很像是金制艺术作品或是搪瓷制品,通常镶嵌在珠宝盒的正面或是其他体积不大却很贵重的家具上。这四组人物形象分别在各自的风景画中脱颖而出。

欧洲展示于一个球体上。她一只手手持权杖,另一只手拿着一根葡萄藤。这件重要作品附着糟糕的拉丁语,意思是:"欧洲头戴王冠,坐在地球上,犹如女王坐在宝座之上"。

亚洲手持香炉,旁边用如下文字解释着:"亚洲,是一位强大的女神,财富惊人、领土广阔,栖息于骆驼崎岖不平的背上"。

非洲则是:"世界的第三部分,皮肤黝黑,依靠在鳄鱼身上,手握着珍贵的白藓"。

至于美洲则是:"我们几乎不知晓世界的这一部分,但是你们的金矿很快将使你们闻名于世"。

这四块浮雕使我们想起克里斯宾·德·巴斯(Crispin de Pas)风格。(复制品)

XVIIIᵉ SIÈCLE. — CÉRAMIQUE FRANÇAISE (RÉGENCE).
(FAIENCES DE MOUSTIERS).

FONTAINE.
(COLLECTION A. LE VÉEL.)

Moustiers, chief town of a canton of the department of the Lower-Alps, ossessed, during the second half of the xviii century, ten or twelve crockery manufactories, which supplied, with those of Marseilles, the southern provinces of France. Many of those productions were intended for the daily use of table-service; they are found rather frequently still now. They may be known by their monochromatic (pale blue, light-brown, water-green) cameos, representing arabesques and *caprices* in Callot's style, etc.

Moustiers produced, besides this current manufacture, pieces of a different order, and which have lately attracted the attention of amateurs. They may be known by the whiteness and fineness of their enamel; they are mostly decorated with delicate pale blue cameo arabesques in the style of the *Régence* ornamentation, taken from the compositions of the *Toros,* the *J. Bérains,* the *Gillots,* the *B. Picarts* and others. In the pieces which present large surfaces such as Dishes, Basons, Trays, etc., the central decoration ordinarily consists of a subject of figures in *terminals,* supporting a triumphal arch or canopy adorned with falling draperies, vases, chimeræ and several finishings. These pieces, which had been *ordered,* frequently bear the crest of the first owner. Fine arabesques or current vignettes form the border.

The present *Fountain suspended* on a wall, or wash-hand fountain, taken from A. Véel's collection, is a remarkable piece of its kind: it consists of the body of the fountain, of the cover and consol. The principal body is a rectangular prism with its sides cut off, decorated, top and bottom, with mouldings joining the cover and inferior consol forming finishings. On the sides there are masks of a good style. The bottom of the principal body, which ends like a cup, is adorned with a water-shoot provided with a bronze tap. On the principal field of the body of the reservoir stands *Hercules,* vanquisher of the Nemæan lion and of the dragon of the Hesperides; elegant terminals support the canopy. A painted running frieze, of a rather vigorous design, sets off the lines of the crowning; a similar frieze exists in the lines of the inferior consol. Horizontal fillets, thin and broad, very judiciously disposed, cause the principal mouldings to be well detached, the primitive edges of the model having been rounded off, softened, by the thickness of the layer of enamel.—To be continued.

778

Moustiers, chef-lieu de canton du département des Busses-Alpes, possédait, pendant la seconde moitié du xviiiᵉ siècle, dix ou douze manufactures de faïence qui, avec celles de Marseille, alimentaient abondamment les provinces méridionales de la France. Beaucoup de ces produits étaient destinés aux usages journaliers de la table; ils sont encore assez répandus. On les reconnaît à leur décoration monochrome (*camaïeux* bleu pâle, brun clair, vert d'eau) représentant des *caprices* dans la manière de Callot, etc.

A côté de cette fabrication courante, Moustiers a produit des pièces d'un autre ordre, et qui ont depuis quelque temps attiré l'attention des amateurs. Reconnaissables à la blancheur et à la finesse de leur émail, elle sont décorées pour la plupart de délicates arabesques en camaïeu bleu pâle dans le style d'ornementation de la Régence, puisé dans les compositions des *Toros,* des *J. Bérain,* des *Gillot,* des *B. Picart* et autres. Dans les pièces à grandes surfaces, telles que les Plats, Bassins, Plateaux, etc., la décoration centrale se compose d'ordinaire d'un motif de figures en *gaînes* supportant un arc de triomphe ou baldaquin orné de chutes de draperies, vases, chimères, festons et amortissements divers. Il n'est même pas rare de voir ces *pièces de commande* porter les armoiries du client. De fines arabesques ou *vignettes courantes* forment bordure.

La présente *Fontaine adossée* ou Lave-mains, tirée de A. Véel, est une pièce unique en son genre. Elle se compose du corps de la fontaine, du couvercle et de la console. Le corps principal est un prisme rectangulaire à pans coupés, décoré haut et bas de moulures se reliant avec celles du couvercle et de la console inférieure qui forment amortissement. Les faces latérales portent des mascarons d'un bon style. Le bas du corps principal, qui se termine en forme de vasque, est orné d'une gargouille portant un robinet de bronze. Sur le champ principal du corps du réservoir, on remarque *Hercule vainqueur* du lion de Némée et du dragon des Hespérides; d'élégantes gaînes supportent le baldaquin. Une frise courante de peinture, d'un dessin assez ferme, soutient les lignes du couronnement, une frise analogue se retrouve dans les lignes de la console inférieure. Des filets horizontaux, fins et larges, très-judicieusement placés, viennent *réveiller* à propos les moulures principales, les arêtes primitives du modèle ayant été arrondies, amollies par l'épaisseur de la couche d'émail. — Sera continué.

穆斯捷是上普罗旺斯阿尔卑斯省某区的一个主要城镇，在 18 世纪后的五十年中拥有约 10~12 家陶器工厂，与马赛的工厂一起用以供应法国南部各省的陶瓷需求。这些产品中许多都是为日常餐桌所用，甚至是现在，在餐桌上也会频繁地发现它们。这些陶瓷以单色（浅蓝色、浅棕色或者水绿色）浮雕为人所知，是卡洛（Callot）风格中蔓藤花饰和随意多变的代表。

除了目前的制造业，穆斯捷还生产陶器，这一点最近吸引了许多陶瓷艺术爱好者的注意。陶瓷为人熟知可能是因为其洁白的色彩和珐琅与陶器本身相得益彰；它们大多饰以精致的浅蓝色浮雕花纹，为法国摄政时期风格，采用托罗（Toro）、J. 博润思（J. Berains）、吉洛（Gillots）、皮卡尔（Piscarts）等人的作品。在拥有大表面的陶器中，如盘子、盆、托盘等等，中央装饰通常包括人物主题，上面还有装饰织物、花瓶、神化怪物及各式各样的垂花饰。这些被预定的陶器，通常刻上第一位拥有者的纹章，精美的花纹或水流图案形成陶器的镶边。

现如今的作品《喷泉》悬挂在墙上，也可称之为盥洗池，来自于 A. 维尔（A. Véel）的收藏，是其所属类别中十分引人注目的一个作品。它由喷水池主体、盖子和底台构成。其主体部分是一个矩形棱柱，边缘因切割而呈现出十分圆滑的线条，线脚（即凹凸带型装饰）连接顶部和底部，盖子和下部由此形成了装饰图案。矩形棱柱侧面饰有风格精致的面具。主体的底部收口，形似杯子，装有带青铜水龙头的排水管。赫拉克勒斯（Hercules）的形象立于喷水池的主体部分，这位英雄征服了尼米亚（Nemean）雄狮和赫斯珀里得斯（Hesperides）的龙。喷泉篷顶装饰着优雅的花纹，线条流畅的浮雕具有十分强烈的设计感，线条从最顶部出发，一路延伸向下；下部还有一个相似的浮雕。水平圆角薄而宽，经过十分谨慎的处理，使主体的线脚各自独立，颇具美感。模型的原始边缘已经磨圆，在厚重的珐琅层的衬托下显得更为柔和。未完待续。

XVIII° SIÈCLE. — ÉCOLE FRANÇAISE (LOUIS XV).

FIGURES DÉCORATIVES.
PANNEAU A LA CHINOISE,
PAR F. BOUCHER.

779

Nous avons vu (p. 63) le roi Louis XV établir des relations commerciales avec le Céleste-Empire ; aussi les Chinois ne tardèrent-ils pas à être à la mode en France, et à exercer, par leurs productions depuis longtemps répandues en Europe par les navires hollandais (p. 325), une influence sensible sur les arts. Les *Boucher*, les *Huquier*, les *Peyrotte*, les *Pillement*, etc., suivirent une voie fructueuse en empruntant aux porcelaines, aux bronzes, aux peintures, aux étoffes de la Chine cette franchise, cette vivacité des silhouettes, cette ingénieuse et savante opposition des masses et des détails, cet éclat des couleurs, cette liberté de facture enfin, qui font des peuples orientaux les vrais dépositaires de la grande tradition décorative.

Le présent *Panneau* fait partie de la grande suite des *Quatre éléments*, de *F. Boucher* ; il a pour sujet les productions de la *Terre*. — Gravure de P. Aveline. — (*Fac-simile.*)

正如我们看到的那样（参见第 63 页），国王路易十五世与天朝（即中国）建立了商业贸易交流，因此法国的中国居民数量迅速增加，这些居民用自己国家的产品进行贸易。如同很多年前荷兰船只在欧罗巴地区传播了文化，中国也对法国的艺术产生了深远影响。布歇（Boucher）、哈吉尔（Huquier）、贝霍特（Peyrotte）、皮耶尔（Pillement）等人在作品方面都十分高产，这是因为他们从中国的瓷器、青铜器、绘画作品、服装中学习到那种真诚的情感，受到活泼轮廓的感染，被整体和个体之间精致巧妙的对照所吸引，惊异于色彩的绚丽，以及对践行的自由精神的崇拜，使东方国家成为伟大的装饰传统的真正保存者。

这块画板属于"四元素"系列的藏品，由 F. 布歇收藏，代表了地球的产物。P. 阿夫林（P. Aveline）雕塑作品。（复制品）

As we have seen (p. 63) king Louis XV established a commercial intercourse with the Celestial-Empire ; the inhabitants of China therefore became rapidly *à la mode* in France, and exerced with their productions, which the Dutch ships, long time ago, had propagated through Europa, a great influence upon the arts. The *Boucher, Huquier, Peyrotte, Pillement*, etc., followed a fructuous way ; for they took from the porcelains, bronzes, pictures, clothes of China that sincerity, that vivacity of the silhouettes, that ingenious and skillful opposition between the masses and the singular parts, that splendour of colours, finally that liberty of execution which establish the oriental nations as the true depositaries of the great decorative tradition.

This *Panel* belongs to the great collection of *the Four elements*, by *F. Boucher* ; it represents the productions of the *Earth*. — Engraving by P. Aveline. — (*Fac-simile.*)

ANTIQUES. — ARMURERIES ÉTRUSQUES.

ARMES DÉFENSIVES.
CASQUE.
(COLLECTIONS CAMPANA.)

This *Helmet* belongs to the Etruscan warrior's armour, whose *Shield* we have already reproduced at page 271. This piece presents several remarkable particulars, among others the configuration of the fixed visor, extending down in the shape of a spatula as far as the nostrils, in order to protect the upper part of the face ; the strong binding which runs along its rim ends in volutes on the temples.

A projecting edge, extending from the occiput to the top of the forehead (fig. 779), intercepts the round form of the head with advantage and shows widely the forehead piece which is decorated with the mask of a goddess. The portion which protects the nape is boldly and elegantly united to the broad outlines of the strap, which is provided with holes, in order to receive the strings that fasten the helmet under the chin.

A (defaced) ornament like a crest, with volutes, crowns the upper part ; there are also three projecting pieces to receive the plumes or coloured tufts. — Will be continued,

Ce *casque* fait partie de l'armure du Guerrier étrusque, dont nous avons déjà reproduit le *Bouclier* à la page 271. Cette pièce présente plusieurs particularités saillantes, entre autres la configuration de la visière fixe, se prolongeant en forme de spatule jusque vers les narines, pour protéger les parties supérieures de la face : la forte nervure qui en délimite les contours s'enroule en volutes sur les tempes.

Une arête saillante s'étendant de l'occiput vers le sommet du front (fig. 779) brise heureusement les formes arrondies de la tête, et accuse largement la partie frontale dont le champ est décoré d'un masque de divinité. La partie qui protège la nuque se relie avec élégance et hardiesse aux larges contours de la *jugulaire* qui porte des trous pour recevoir les cordons destinés à assujettir le casque au menton.

Un ornement (fruste) en forme de crête à volutes couronne la partie supérieure ; il est accompagné de trois mamelons destinés à recevoir les plumes ou aigrettes de couleur.—Sera continué.

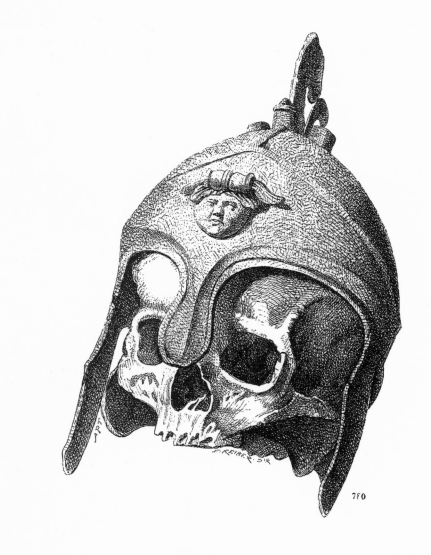

780

781

这件头盔属于伊特鲁里亚勇士甲胄的一部分，其中盾牌我们在第271页已经展示了复制品。这件藏品展示出几点显著的细节，在这些细节中，固定帽舌的构造尤为特别，形似锅铲，向下延伸到鼻孔，这是为了保护面部的上半部分；结实的固定装置沿边缘延伸，呈螺旋形结束于太阳穴处。

一道凸出的边缘从枕骨部延伸至前额额顶（图779），截取头部圆形的部分，充分展示前额的区域，该区域以一位女神的面具作为装饰

物。保护颈背的部分明显而优雅地与皮带的大致轮廓相连接，皮带上带孔，以便能与下颚下面固定头盔的绳子相连。

头盔顶部的装饰物（已损坏）形似羽饰，螺旋形装饰物冠上头盔上部。此外，还有三个凸出部分用以连接彩色羽毛。未完待续。

Troisième Année.   N° 86.   10 Septembre 1863.

50 centimes le Numéro

Abonnement annuel: Pour toute la France, 18 fr. Pour l'étranger, même prix, plus les droits de poste variables.

L'ART POUR TOUS

ENCYCLOPÉDIE
DE
L'ART INDUSTRIEL ET DÉCORATIF
Paraissant les 10, 20 et 30 de chaque mois
ÉMILE REIBER
DIRECTEUR-FONDATEUR.

Pour toutes demandes d'abonnements, réclamations, etc., s'adresser aux Bureaux du Journal, 13, rue Bonaparte, à Paris.

Bureaux Librairie A. Morel & Cie 18 Rue Vivienne

XVI° SIÈCLE. — ÉCOLE FLAMANDE.

MEUBLES, — SIÉGES.

CHAISE A DOSSIER RENVERSÉ.

(MUSÉE DE CLUNY.)

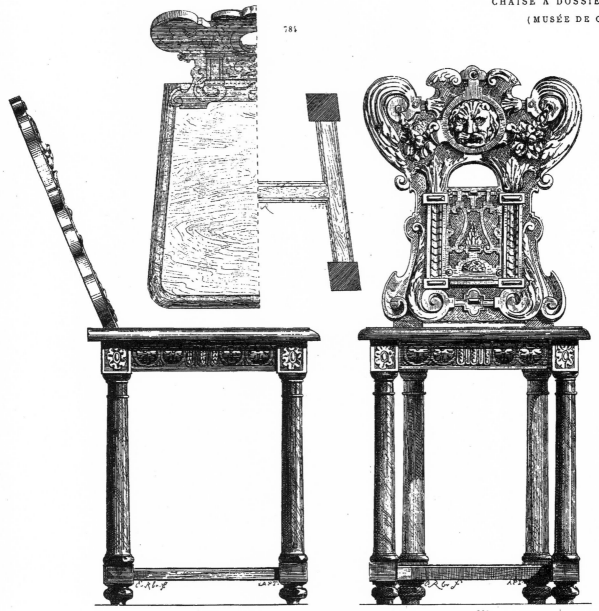

784

783   782

Ainsi que le fait voir le *plan* (fig. 784), le contour de la tablette formant siège est un trapèze à rives moulurées et à angles arrondis sur le devant. Le petit côté reçoit le *dossier* qui est incliné suivant le profil fig. 783. Les quatre pieds, tournés en forme de colonnes doriques, sont reliés par des traverses basses dont la disposition est indiquée au demi-plan, fig. 784, et dont les arêtes sont élégies de moulures. Les traverses hautes, sur lesquelles s'applique le siége, portent une frise d'ornements courants. — Echelle de 0,20 pour 1 mètre. — Noyer. — N° 545 du Catalogue.

Nous reviendrons ultérieurement sur la décoration du Dossier dont nous fournirons un détail à moitié d'exécution. Nous aurons également l'occasion de présenter les intéressants *détails d'assemblage* d'un des types les plus simples de ce genre de Siéges.

正如平面图（图784）展示的那样，椅子的椅面轮廓图描绘了一个具有模铸边缘的梯形，最前面的角为圆角。较短边与靠背相连接，倾斜角度见图783椅子的侧面轮廓图。四条椅子腿呈多立克柱式，由低处的横木连接。横木的边缘有装饰线条，配置见图784所展示的半平面图。较高处用以支撑椅面的横木则饰有重复的浮雕。该图比例尺为1:5。沃尔纳特（Walnut），目录编号545。

我们会重新讨论椅背的装饰，对此我们将给出比例尺为1:2的缩略图，同时也会展示一些关于组装这种椅子的细节，包括最简单的一种组装方式。

As shown by the *plan* (fig. 784), the outline of the tablet which forms the seat describes a trapezium with moulded edgings and angles rounded in front. The smaller side is to receive the *back* whose inclination is given by the profile fig. 783. The four legs, turned in the shape of doric columns, are united by low cross-bars whose disposition is shown in the half-plan, fig. 784, and whose edges are ornamented with mouldings. The upper cross-bars which the seat is laid upon, bear a frieze of running ornaments. — Scale of 0,20 for 1 metre. — Walnut. — N° 545 of the Catalogue.

We are to reconsider the decoration of the Back, of which we intend to give a sketch at half the real size; and the occasion will also present itself of giving the interesting *details of assemblage* of one of the simplest types of this species of Seats.

XVIIIᵉ SIÈCLE. — CÉRAMIQUE FRANÇAISE (LOUIS XIV. — LOUIS XV).
FAÏENCES DE ROUEN.

ACCESSOIRES DE TABLE.
ASSIETTES.
(COLLECTION A. LE VÉEL.)

These two specimens belong to one of the best known types of Rouen.

The centre of the plate is occupied by a radiating subject with geometrical basis (star-shaped polygons). The circumference presents a running ornament whose extremities, as well as those of the central roses, are ending in foliage vignettes.

Another characteristic of this sort of ornamentation is to be found in the alternation of the subject in one and same disposition.

Thus, fig. 785, in the central rose, the great three-cusps of the star-shaped polygon with five branches are alternating with the five-lobed rays of a second and less important polygon.—In fig. 786, the principal trefoils are intersected with simpler subjects of the same kind. — Same observation for the *Marly* or crests forming the border: the designs alternate, and the one is more important than the other. The exterior festoon itself shows an alternate disposition of rounds and half-roses.

The *filling in* of all those principal silhouettes and specially of fig. 785 recalls to mind the Chinese tradition. They are dark niello-grounds with foliage volutions, from whose meeting points start up either large flowers or radiating dispositions of flower-leaves. Those white ornaments detach themselves from *blue* grounds; the modelling touch of the leaves is given with radiating hatchings of a *dark red* (oxyd of iron).

The remarkable series of *Grand Dishes* of the same collection will completely acquaint us with the numerous developments which the artists of the school of Rouen knew how to give to that kind of ornamentation.

Les deux spécimens ci-joints appartiennent à l'un des types rouennais les plus répandus.

Le centre de l'assiette est occupé par un motif rayonnant à base géométrique (polygones étoilés). Le pourtour est un ornement courant dont les extrémités se terminent, ainsi que celles des rosaces centrales, en rinceaux de vignettes.

Une autre particularité caractéristique de cette ornementation, c'est l'alternance du motif dans une même disposition.

Ainsi, fig. 785, dans la rose centrale, les grands trilobes du polygone étoilé à cinq branches alternent avec les rayons à cinq lobes d'un second polygone moins important. — Dans la fig. 786, les trilobes principaux sont séparés par des motifs plus simples et de même nature. — Même remarque pour le *marly*, ou crêtes qui forment bordure: les motifs alternent, et l'un a plus d'importance que l'autre. Le feston extérieur lui-même offre une disposition alternante de points ronds et de demi-rosaces.

Les *remplissages* de toutes ces silhouettes principales, ceux de la fig. 785 surtout, rappellent la tradition chinoise. Ce sont des fonds de nielles avec rinceaux à volutes, aux points de réunion desquels surgissent, soit de grosses fleurs, soit des dispositions rayonnantes de pétales. Ces ornements se détachent en blanc sur des fonds *bleus*; les feuilles sont modelées par des hachures rayonnantes en *brun rouge* (oxyde de fer).

La remarquable suite des *Grands Plats* de la même collection nous fera étudier au complet les nombreux développements que les artistes rouennais surent donner à ce genre d'ornementation.

785

786

这两个样品属于鲁昂最著名的一种类别。

盘子的中心由几何（星形多边形）辐射图案占据。外轮廓是一种常见的装饰元素，其末端和中间的玫瑰花饰都在叶漩涡饰中结束。

这类装饰的另一个特点就是两个类似形状的图案交替出现。

因此，在图785中心的玫瑰图案中，有三个尖端和五个分枝的星形多边形占主要地位，与居于次要地位的五瓣射线多边形交替出现。在图786中，主要的三叶形与同类较为简单的图案交替出现。观察泥灰质地以及边缘的图案，规律类似：图案交替出现，且明显主次。外部花纹装饰提供圆点和半玫瑰花的交替排列。

那些主要的剪影形态，特别是图785，使我

们想起中国传统风格。它们呈叶状涡卷饰镶嵌在深色背景之上，相交点既可以从大花图案开始，也可以从花叶辐射状排布开始。那些白色装饰物与蓝色背景分离开来，叶子的造型用深红色辐射开来的阴影线画出（为铁氧化物）。

著名的系列"大盘子"中都是相似的藏品，这一系列藏品将使我们深入了解到无数发展和创新，鲁昂派的艺术家深谙如何展现此类装饰。

XVIIᵉ SIÈCLE. — ÉCOLE ITALIENNE.

FIGURES DÉCORATIVES.
VOUSSURES DE LA GALERIE FARNÈSE,
PAR ANNIBAL CARRACHE.

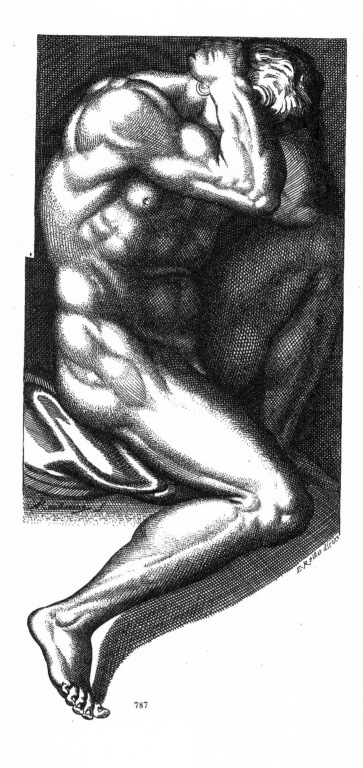

787

788

Parmi les nombreux sujets qui décorent les différentes portions des *Voussures* de la *Galerie Farnèse* (voy. p. 3), il en est que le maître semble avoir traités avec un soin particulier. De ce nombre sont les six figures assises, disposées en Cariatides, dont nous donnons ici deux premiers spécimens, et qui, par la puissance de la composition, la fermeté du modelé et la science anatomique, ont toujours attiré l'attention des connaisseurs. Si une certaine lourdeur dans les formes, si le dessin des membres inférieurs rappellent l'époque de décadence à laquelle cette grande Œuvre a été conçue, ces défauts sont amplement rachetés par la tranquille énergie des attitudes et par le savant modelé des parties principales. Nous appelons l'attention de nos lecteurs sur le dessin des torses de ces deux figures et particulièrement sur l'attache de l'épaule de la fig. 787 ; c'est une beauté de premier ordre. — Gravure de *Césius*. — (*Fac-simile*.) — Sera continué.

法内仙纳美术馆穹顶的各个部分由众多主题的艺术作品装饰而成，这些主题经过了艺术家们精心的设计。其中，有六个像女像柱一样的坐姿人物形象，我们在这里展示其中两个样品。这两个样品构图完美、造型坚固、结构科学，因此吸引了鉴赏家们的注意。虽然形式确实沉重，而且对底层人物的描绘使人想起当时颓废的时代，即创造这件伟大作品的时代，但这些缺陷完全被作品蕴含的安静神态和主体部分的巧妙造型所弥补。我们重点向读者展出这两个人物雕像可展曲面的描绘，特别是图787中肩部的处理。这两件雕塑足可称之为一流的艺术。塞西厄斯（Cesius）的雕塑作品。未完待续。（复制品）

Among the numerous subjects adorning the various parts of the *Farnesian Gallery* (see p. 3), there are some indeed which the artist seems to have executed with particular care. Out of these are the six sitting figures disposed as caryatides, of which we give here two first specimens, and which have always, by the potency of the composition, the firmness of the modelling, and the anatomical science, drawn the attention of the connoisseurs. Though a certain heaviness in the forms and the drawing of the lower members make one remember the epoch of decadence wherein that great Work was created, those defects are fully redeemed by the quiet energy of attitudes and the skilful modelling of the chief parts. We point to our readers the drawing of the torses of these two figures, and particularly the attachment of the shoulder of fig. 787; this is a first-rate beauty. — Engraving by *Cesius*. — (*Fac-simile*.) — To be continued.

789

Comme à la page 264, la division rayonnante des *axes* de cet Entrelacs ressort du carré. Le quart de cercle formé par les deux diamètres horizontal et vertical est divisé en quatre parties égales ; les points milieu de ces parties, joints au centre, donnent les axes intermédiaires. Total, 32 divisions. — Quant aux quatre zones concentriques, la première (en partant du centre) est un entrelacs courant, la seconde a pour base un motif de forme *quadrangulaire*, la troisième, de forme *circulaire*, la quatrième (extérieure) un motif *triangulaire*. Cette crête fait partie de l'entrelacement général, au lieu d'être surajoutée comme à la p. 264. — Les quatre pattes d'angle extérieures sont ajustées de façon à laisser entre elles, haut et bas, trois grandes divisions du cercle, et, sur les côtés de la figure, cinq divisions. — (*Fac-simile*) — Sera continué.

与第264页相同，这条细绳的中心线辐射出多个部分，向外延伸出正方形。由水平和竖直轴线形成的象限被分为四等份，其中心点指明了中轴。总体形成32个部分。而四个同心带中，第一个（开始于中心）是一条连续的线，第二个以四边形设计为基础，到第三个时变成圆形，第四个则变成三角形（外部的那个区域）：顶部的只是普通的相互缠绕，而不是如第264页中直接叠加的那种形态。四个外部的角状装饰分散置于圆周四面，分别位于顶部和底部。圆分成三大区域，还有五个位于图画的侧面。未完待续。（复制品）

As well as at page 264, the radiating divisions of the *axis* of this Twine come out of the square. The quadrant formed by the horizontal and vertical diameters is divided into four equal parts whose central points give out the intermediary axes. 32 divisions for the whole. — As to the four concentric zones, the first (beginning from the centre) is a running twine, the second has for its basis a design of *quadrangular* form, which becomes *circular* in the third and *triangular* in the fourth (the exterior one). That crest is a part of the general intertwisting, instead of being superadded as in page 264. — The four exterior angle ornaments are disposed to leave between them, at the top and bottom, three great divisions of the circle, and five on the sides of the drawing. — (*Fac-simile.*) — To be continued.

Troisième Année.   N° 87.   20 Septembre 1863.

ENCYCLOPÉDIE
DE
L'ART INDUSTRIEL ET DÉCORATIF
Paraissant les 10, 20 et 30 de chaque mois
EMILE REIBER
DIRECTEUR-FONDATEUR
Bureaux Librairie A. Morel & Cie 18 R. Vivienne

XVIᵉ SIÈCLE. — ÉCOLE DE FONTAINEBLEAU (FRANÇOIS Iᵉʳ).

FIGURES DÉCORATIVES.

LES DIEUX, PAR MAITRE ROUX.

(Suite de la page 209.)

790

794

Neptune, dieu des mers, est représenté avec son trident et accompagné d'un cheval marin. Une draperie flottante faisant partie de la coiffure s'attache à la jambe d'une façon originale. — La gracieuse figure d'*Amphitrite*, représentée en Néréide, a dû souvent faire rêver *Jean Goujon.* — (*Fac-simile.*) — Sera continué.

尼普顿（Neptune）是海神，画中他手持三叉戟，身侧跟随着一匹海中之马。一条飘扬的帷幔是其头饰的一部分，在原作中缚于尼普顿的左腿上。另一座优雅的人物浮雕是安菲特里忒女神（Amphitrite），她装扮的像一位涅瑞伊得斯（Nereid），经常使让·古戎（Jean Goujon）进入美妙的梦中。未完待续。（复制品）

Neptune, the god of the Seas, is represented holding his trident and with a marine horse by his side. A floating drapery, which is a part of the head-dress, is fastened to the leg in an original fashion. — The gracious figure of *Amphitrite*, in the garb of a Nereid must have often set *Jean Goujon* dreaming. — (*Fac-simile.*) — To be continued.

XVIIIᵉ SIÈCLE. — CÉRAMIQUE FRANÇAISE (RÉGENCE).
FAIENCES DE MOUSTIERS.

JOUETS D'ENFANTS.
CHAISE A PORTEUR.
(COLLECTION A. LE VÉEL.)

This unique piece of work, one of the marvels of the Collection, bears the arms of the *Dauphin*. The peculiar character of the elegant ornamentation which covers the whole of it and presents a striking analogy with the *manner* of the celebrated Arquebusier-Artist *De la Collombe*, 1730 (whereof we will subsequently give remarkable specimens), brings back the production of this little master-piece of Ceramic to the first years of Louis XV. — It was probably a gift to, and for the use of the young Dauphin, afterwards father to king Louis XVI.

The entire decoration is executed in blue *cameo* over a *trait* of remarkable chasteness and firmness. The modellings are very soft, and the borders come and blend with the chief arris and principal mouldings through painted and *dotted* backgrounds.

Fig. 792. Forepart of this toy Sedan.—In the centre of the upper field, a large cartouch is expanding and presents the armorial bearing of the Dauphin, surrounded by the two collars of the orders of Saint-Michael and Saint-Esprit, and capped with the delphine crown.— Right and left, two *sheaths* with military head-gears hold the standard with the *canting arms* of the young prince. The lower panel, having a disposition analogous to the *Cooling-pail*, executed some years before for *Monsieur le Duc* (of Bourbon*; see page 329), is adorned with a mythological subject (*Amphitrite's Triumph*).

Fig. 793. Decoration of the upper surface. — On the four sides foliated arabesques disposed in *pediments* are ending in a central rose-work. The *dolphins* are again to be seen in several places of that ornamentation whose elegant fineness we think needless to show off. The small masks of children surmounting the arabesques of the sides, sufficiently indicate the destination of this pretty little thing.

That ceiling besides shows marks of the fastening of the four plumes in gilt bronze which surmounted the four corners; on the *principal faces*, which will be further given, may be seen the places whereto the gilt rings were made fast through which passed the two *poles* (page 248) by the means of which the Sedans were carried.— Two thirds of the real size.

(*) We had written : *of Enghien;* it is a mistake we rectify.

Cette pièce *unique*, une des merveilles de la Collection, porte les armes du *Dauphin*. Le caractère spécial de l'élégante ornementation qui en recouvre toutes les parties, et qui offre une analogie frappante avec la *manière* du célèbre arquebusier-artiste *De la Collombe*, 1730 (nous en fournirons ultérieurement de remarquables spécimens), fait remonter la production de ce petit chef-d'œuvre de Céramique aux premières années du règne de Louis XV. — Il fut probablement offert, pour son usage, au jeune Dauphin, qui devait être plus tard le père du roi Louis XVI.

Toute la décoration est exécutée en *camaïeu* de couleur bleue sur un *trait* d'une pureté et d'une fermeté remarquables. Les modelés sont très-doux, et les bordures en rinceaux se rattachent aux grandes arêtes et moulures principales par des fonds également en peinture, exécutés *au pointillé*.

Fig. 792. Face antérieure de ce petit meuble.—Au centre du champ supérieur s'épanouit un large cartouche portant un médaillon aux armes du Dauphin, entouré du double collier des ordres de Saint-Michel et du Saint-Esprit, et surmonté de la couronne de dauphin. —A droite et à gauche, deux gaines à coiffure guerrière portent l'étendard aux *armes parlantes* du jeune prince. Le panneau du bas, d'une disposition analogue à celle du *Seau à rafraîchir* exécuté quelques années auparavant pour *Monsieur le Duc* (de Bourbon*; voir p. 329), est décoré d'un sujet mythologique (*le Triomphe d'Amphitrite*).

Fig. 793. Décoration de la surface supérieure.—Des quatre côtés, des rinceaux d'arabesques disposés en *amortissements* viennent aboutir à une rosace centrale. Les *dauphins* se retrouvent en plusieurs points de cette ornementation dont il nous paraît inutile de faire ressortir l'élégante finesse. Les petits mascarons d'enfants qui surmontent les arabesques des côtés latéraux indiquent suffisamment la destination de ce petit meuble.

Ce plafond porte en outre les traces du scellement des quatre panaches en bronze doré qui surmontaient les quatre angles; sur les *faces principales*, qui seront données plus loin, on remarquera également les points d'attache des anneaux dorés par lesquels passaient les deux *bâtons* (p. 248) servant au transport des Chaises à porteur. — Aux deux tiers de l'exécution.

(*) Nous avions dit : *d'Enghien;* c'est une erreur à rectifier.

792

793

这件独特的作品是藏物中的一个奇迹，其带有王储的纹章。其整体典雅的装饰具有独特的特点，它与 1730 年著名的武器艺术家德·拉·科洛姆贝（De la Collombe）的风格惊人的相似（我们稍后会提供一些举世瞩目的样品），这个陶瓷小杰作于路易十五统治的前几年被制作出来。在年轻的王储成为路易十六世的父亲之后，这可能是送给他的礼物，以供其使用。

蓝色浮雕所采取的整体装饰是以纯洁和坚固为特点。模型十分柔和，边缘线穿过和斑驳的背景融入主棱线和主装饰线条。

图 792 是这件礼物的前部。在上方的中间区域，大型的涡卷饰向外扩展，展示了王储的纹章。两条项圈从里到外分别属于圣迈克尔（Saint-Michael）和圣灵（Saint-Esprit），环绕着该纹章，顶部装饰着王储的王冠。在左右两侧，两个头带军帽的战士，手持的武器上带有年轻王子的暗语纹章。浮雕下半部分有一个类似于冷

却桶的凸出部分，是先前几年为公爵先生［波旁家族的公爵，参见第 329 页］设计的，下部饰有神话的主题"安菲特律特的凯旋"。

图 793 展示的是顶部平面。在四周，有簇叶的花纹处理成三角形楣饰，不断延伸，结束于中部的玫瑰形装饰。海豚再次出现于装饰中的几个部位，优雅精致显而易见。孩童的小面具居于侧面蔓藤花纹的最顶部，充分显示出这个美丽小东西将被送往何处。

旁边的顶棚显示出固定四片镀金青铜羽毛的痕迹，这四片羽毛占据了四个角的制高点。我们将进一步展示正面图，将会看到固定金环的部分，是如何灵活地沿着杆部，连接着整个箱子的。比例尺为 2:3。

XIXᵉ SIÈCLE. — ÉCOLE FRANÇAISE.

STATUAIRE ÉQUESTRE.
CHARLEMAGNE,
PAR A. LE VÉEL.

794

En exécutant la première pensée de ce grand travail, l'artiste a voulu surtout placer le *Patron des Escholiers* au sein même de l'antique quartier des Écoles; — le vieil Empereur des premiers âges de la France à côté des plus anciens monuments de son histoire, au milieu des plus vieux souvenirs de la monarchie; — le fondateur des Académies, l'auteur des *Capitulaires*, au centre du quartier des Sciences, des Arts et de la Justice.

Placé dans l'axe du boulevard de Sébastopol et du Panthéon, au point culminant du vieux Paris, ce monument, en dotant la rive gauche de la Seine d'un genre de statue qui lui fait défaut, viendrait encore acquitter la vieille dette de la France envers le fondateur de son organisation et de sa puissance, si ce n'est même de sa nationalité.

Notre dessin, exécuté d'après l'Esquisse originale présentée à M. le Préfet de la Seine en décembre 1854, formera, pensons-nous, un digne *Frontispice* à notre collection des productions artistiques de l'*Ère romane* (IXᵉ-XIIᵉ siècle).

在进行这项伟大的艺术创作时，艺术家的第一想法是，希望将"学者的赞助人"置于学校老区的最中间；将法国原始时代的伟大皇帝置于最古老纪念碑的旁边，在法国君主政治最遥远记忆的中心；将学院的创始人、《牧师们》的作者与科学、艺术和司法共同置于城中心。

这座纪念碑建造于塞瓦斯托尔大街和万神殿的中轴线上，也位于古代巴黎的制高点上。该纪念碑除了为塞纳河左岸提供一种它所缺少的雕像外，也偿还了法国的旧债，那是为了建立国家组织和集中国家权力而欠下的债。若非欠下这些债务建设国家，则根本不会有法国这个国家。

在 1854 年 12 月，原始草图向塞纳河的行政长官展示以后，若干绘画作品出现了。在我们看来，我们的绘画作品完全可以作为罗马时代（即 9 世纪到 12 世纪）艺术藏品的卷首插画。

In carrying on the first thought of this great work, the artist wished above all place the *Patron of the Scholars* in the very middle of the old quarter of the Schools; — the great Emperor of the primeval ages of France beside the oldest monuments of her history, in the centre of the remotest memories of the French monarchy; — the founder of the Academies, the author of the *Capitularies* in the heart of the city where sit altogether Science, Art and Justice.

Being erected in the axis of both the boulevard of Sebastopol and the Pantheon, on the culminating point of ancient Paris, this monument, besides endowing the left shore of the Seine with a kind of a statue which it is lacking, would also redeem the old debt of France towards him who has founded her organization and even her power, if not her nationality.

Our drawing, made after the original sketch presented to the Préfet of the Seine in december 1854, will in our opinion constitute quite an acceptable *Frontispiece* to our collection of the artistic products of the *Roman Era* (IX-XIIᵗʰ centuries).

ANTIQUES. — CÉRAMIQUE GRECQUE.   FRISES, — COSTUMES.
(COLLECTIONS CAMPANA.)

795

796

A great number of the *Greek Friezes* of the Campana Collection represent, in various attitudes, young girls gathering flowers. The first of the two specimens, which we give here and belonging to that interesting series, seems to have been traced as far as the *Eginetic* school which was anterior to Pericles' century. The two figures, dressed with long robes which they take up with one hand, have their shoulders covered with a sort of scarf similar to the *Xystos Paryphes* which, passing under one of the arms and brought back on the chest, falls down to the ground behind the opposite shoulder in folds of an archaic disposition (see p. 241).—Height, 0,38; breadth, 0,45.

In the fine fragment n° 693, the folds of the tunic recall to mind the great school of Phidias; unfortunately the head, the left arm and the bottom of the ornement have undergone modern restorations. — Height, 0,46; breadth, 0,32.

Un grand nombre des *Frises grecques* de la Collection Campana représentent, dans des attitudes variées, des jeunes filles cueillant des fleurs. Le premier des deux spécimens que nous donnons ici de cette suite attrayante parait remonter à l'école *éginétique* qui est antérieure au siècle de Périclès. Les deux figures, vêtues d'une robe traînante qu'elles relèvent d'une main, ont les épaules couvertes d'une sorte d'écharpe du genre du *Xystos Paryphès* qui, passant sous l'un des bras et ramené sur la poitrine, retombe jusqu'à terre derrière l'épaule opposée en plis d'une disposition archaïque (voir p. 241). — Hauteur, 0,38; largeur, 0,45.

Dans le beau fragment n° 693, les plis de la tunique rappellent la grande école de Phidias; malheureusement la tête, le bras gauche et le culot de l'ornement ont été l'objet de restaurations modernes. — Hauteur, 0,46; largeur, 0,32.

坎帕纳藏品中，许多希腊浮雕形态各异地展现了年轻女孩采花的场景。我们在这里展示两个样品，其中第一个样品就属于那个有趣的系列，似乎可以追溯到伯里克利（Pericles）时代之前的 Eginetic 学派。这两个人物浮雕都身着长裙，一手提起长裙一角，肩部环绕着一种类似于 Xystos Paryphes 的围巾。这种围巾穿过一条胳膊，再穿回到胸前，另一头经由另一肩膀背面呈古典式样折叠拖在地上（参见图 241）。高 0.38 米，宽 0.45 米。

在编号为 693 的精致部分中，束腰外衣的褶皱使人回忆起菲狄亚斯（Phidias）伟大的派别；不幸的是，作品头部、左臂以及装饰物的底部由于损坏，受到过现代的修复。高 0.46 米，宽 0.32 米。

Troisième Année.

N° 88.

30 Septembre 1863.

L'ART · POUR · TOUS
ENCYCLOPÉDIE
DE
L'ART INDUSTRIEL ET DECORATIF
Paraissant les 10, 20 et 30 de chaque mois.

EMILE REIBER
DIRECTEUR-FONDATEUR

Abonnement annuel : Pour toute la France, 18 francs. Pour l'Étranger, même prix, plus les droits de poste variables.

Pour toutes demandes d'abonnements, réclamations, etc., s'adresser aux Bureaux du Journal, 13, Rue Bonaparte, à Paris.

XVIII° SIÈCLE. — ÉCOLE FRANÇAISE (RÉGENCE).

ARQUEBUSERIE.
CROSSE DE FUSIL. — PLATINES,
PAR N. GUÉRARD.

N. Guérard, inue. fecit et excudit. C. F. ſc

Par la largeur de la composition et la simplicité de la facture, la *manière* de l'arquebusier-artiste *N. Guérard* se rapproche de celle de *Séb. Leclerc*. Son œuvre, qui ne se compose que de quelques feuilles très-rares et très-recherchées, remonte aux premières années du XVIIIe siècle. Nous en commençons la reproduction par la planche 10e, celle qui porte sa signature. Elle représente une *Crosse de fusil* couverte d'un riche entrelacement de rinceaux en arabesques s'enroulant autour de figures qui se détachent aux points principaux. Au centre, un conquérant à cheval est revêtu du costume romain. Il est précédé d'une Renommée qui souffle dans deux trompettes, et suivi d'une Victoire assise sur son char. Des trophées et autres accessoires belliqueux garnissent des intervalles de rinceaux; dans l'angle de droite, les *Victimes de la guerre* se relient par une indication spirituelle à l'ornementation générale.

Les motifs des deux *platines* n°s 798 et 799 sont des sujets de chasse d'après *J.-B. Oudri*. — (*Fac-simile.*) — Sera continué.

作品之伟大和制作之简洁使火枪兵艺术家 N. 格拉德（N. Guérard）与塞布·勒克莱尔（Seb. Leclerc）的风格相似。他只有少数作品受到追捧且非常罕见的图版，可追溯回 18 世纪早些年间。我们从第十个开始复制这些作品，因为这一个图版上面有作者的签名。它展示了一件枪托，上面点缀着交织的落叶，形成错综复杂的蔓藤花纹，在主体部分围绕主要人物，错落有致。注意观察，在中部有一位胜利的英雄坐于马背上，战马按照罗马人的习惯排列，前方偏下位置是两只号角，后方跟着一辆战车，胜利女神坐于其中。奖杯和其他象征战争的用具填补了叶子留下的空白，而在右下角，战争的受害者与整体装饰巧妙地融为一体。

图 798 和图 799 两块螺丝板在 J. B. 奥德瑞（J. B. Oudri, 1686~1755 年，法国画家、雕刻师、挂毯设计师，洛可可风格，皇家艺术学院教授，描绘动物及狩猎的作品最广为人知）之后时期的作品，具有"狩猎"主题的装饰。未完待续。（复制品）

Grandness of composition and simplicity of execution make the *manner* of the arquebusier-artist *N. Guérard* akin to that of Seb. Leclerc. His works of only a few very rare and sought after plates go as far back as to the first years of the eigteenth century. We begin their reproduction by the tenth plate, the one bearing his signature. It represents the *Butt-end of a gun* embellished with a rich enterlacing of foliages in the fashion of arabesques, going round prominent figures in the chief parts. Mark in the centre a conquering hero on horseback arrayed in the Roman habit, preceded by Fame blowing two trumpets and followed by Victory in a car. Trophies and other warlike implements fill the blanks left by the foliages, and in the right angle *War's victims* are ingeniously connected with the general ornamentation.

The two *screw-plates* of n°s 798 and 799 have sporting subjects after *J. B. Oudri*. — (*Fac-simile.*) — To be continued.

XVIᵉ SIÈCLE. — ÉCOLE FRANÇAISE (CHARLES IX).

PUITS,
PAR A. DU CERCEAU.

800

801

迪塞尔索（A. du Cerceau）回到巴黎后（参见第 194 页），他受凯瑟琳·德·美第奇（Catharina de' Medici）之托在圣德尼斯修建瓦卢瓦王朝陵墓的任务。在休息时间里，他成功出版了《Bastiments pour Seigneurs》第二卷等作品。但是皇宫密谋迫使他返回都灵，在那里，这个勤奋的艺术家在退休的沉寂中还在创作和雕塑，并完成了颇具精致审美品位的《蔓藤花纹》第二卷，一卷含各类家具的图册（参见第 213 页、第 267 页），还有一卷关于"花瓶"的著作。我们在第 169 页及第 287 页展示了关于花瓶著作中的一些样品。1592 年，迪塞尔索死于流放中，享年 73 岁。

上面的插图展示了两口井，它们的山形墙结构引人注目，旁边还展示了各自的平面图。这几幅图选自迪塞尔索《绘画的结构》一书中（参见第 146 页）。（复制品）

XVIII° SIÈCLE — ÉCOLE FRANÇAISE (RÉGENCE).

PANNEAUX, — TENTURES.
APOLLON,
PAR CLAUDE GILLOT.

E. RElBER   DIP EXIT

802

Claude Gillot, peintre et graveur, né à Langres en 1673, mourut à Paris en 1722. *Watteau* (pages 87, 198, 199) fut son élève. Après s'être longtemps employé pour les décorations de l'Opéra, il fut reçu à l'Académie en 1715. Il excellait dans les sujets mythologiques; outre ses Bacchanales, Fêtes d'enfants, de faunes et de satyres, Arabesques et Grotesques, etc., on a de lui son *Livre de Portières*, recueil de six planches représentant les principales Divinités présidant aux Éléments, et qui résument pour ainsi dire l'élégance et la distinction françaises de cette époque.

La planche ci-dessus sert de *Frontispice* à cette suite recherchée. — D'un riche trépied entouré de vases à parfums s'élève un nuage d'encens sur lequel est assis le Dieu de la lumière, au front entouré de rayons. Un élégant baldaquin surmonté d'une couronne de soleils et de nuages forme motif milieu. A droite et à gauche, un prêtre et une prêtresse du Soleil se détachent au premier plan. Toutes ces parties sont disposées sur une élégante console ornée de rinceaux et de guirlandes, et portant à son centre un médaillon représentant Apollon vainqueur du serpent Python. — Sera continué.

克劳德·吉洛（Claude Gillot）是一名画家、雕塑家，1673 年生于朗格勒，1722 年死于巴黎。他是华托式（Watteau，参见第 87，198，199 页）作品的大师。他长期受聘于剧院做装饰工作，之后，在 1715 年成为学院会员。他最擅长神话题材的创作。除了他的作品狂欢作乐者、儿童、农牧神和森林之神的游行队伍，还有蔓藤花纹以及怪诞艺术，我们还保存有他的《门帘之书》，该书是由六个板块组成的合集，展示了主宰元素的主要神灵，可以说，是对那个时代的优雅和法国特色的总结。

上面的插图是为那些颇受追捧的系列所做的卷首。装饰华丽的三角架上摆放着散发香氛的香水瓶，香雾顶端坐着神，头部散发着光芒。中间装饰着优雅的顶棚，顶部有太阳和云彩。太阳神的牧师和女祭司在显眼的位置分隔在左右两侧。该作品整体由一个饰有叶子和花环的优雅端饰分隔，下部中间部分挂有一枚圆形装饰，描绘了太阳神阿波罗（Apollo）战胜巨蟒的场景。未完待续。

Claude Gillot, a painter and engraver, born in Langres 1673, died at Paris, 1722. He was the master of *Watteau* (see pages 87, 198 and 199). After being long employed in the Opera decorations, he was made a member of the Academy in 1715. He was most excellent in mythological subjects. Besides his Bacchanals, his Processions of children, fauns and satyrs, his Arabesques and Grotesques, we have his *Book of Portières*, a collection of six plates representing the chief Divinities that preside over the Elements, and being, so to say, a summary of the elegance and truly French distinction of that epoch.

The above plate is to serve for a *Frontispiece* to that sought-after series.—Out of a richly ornamented tripod surrounded with perfume vases arises a cloud of incense upon which is seated the God of light crowned with rays. The middle ornamentation is an elegant canopy whose top is surmounted by suns and clouds. Right and left, a priest and a priestess of the Sun detach themselves on the foreground. The whole is disposed upon an elegant consol adorned with foliages and garlands, and whose central part bears a medallion showing the god Apollo as vanquisher of the serpent Python. — To be continued.

ANTIQUES. — ORFÉVRERIE ÉTRUSQUE.

BIJOUX.

COLLIERS. — FIBULES.
(COLLECTIONS CAMPANA.)

Notices des Bijoux de la page 286.

620. *Plaque funéraire étrusque en or*, d'une grandeur extraordinaire, analogue à celle du nº 503, et comme elle dérivée du type primitif nº 502. — De chaque côté du *barillet* central, rappelant l'anneau renflé en forme de conque, est placé un masque de divinité. Cinq grosses lentilles entourent le bord inférieur; comme remplissage des vides, trois rosaces à six pétales se détachent aux points principaux; les autres angles sont remplis par des groupes de grains d'or. Pour la partie supérieure, les deux masques de femme forment retombée en une archivolte ornée de rosaces et de grains d'or, au centre ou *tympan* de laquelle on remarque un Triton (?) accompagné de deux chevaux marins.

Toute cette ornementation paraît exécutée en *estampé* sur un relief ou *matrice* en fonte de métal. Une lame d'or plate, portant une ouverture centrale, garnit la face postérieure. — Écrin VII, nº 53.

621. *Collier étrusque en or* portant à son centre une grande bulle, à bouton saillant entouré d'une disposition rayonnante; une forte bélière la rattache au cordon intérieur. De chaque côté sont disposées trois autres bulles plus petites, soit uniques, soit granulées, sont décorées d'une tête de divinité vue de profil, se détachant au centre d'un anneau ou couronne enroulée d'une bandelette. Les bords de ces bulles, ainsi que leurs bélières, sont décorés de grains d'or. Les deux bulles extrêmes, de dimensions plus petites, se composent d'un bouton central autour duquel s'enroule en spirale un fil de cordelé. — Ce collier a subi de fortes restaurations. — Écrin XVII, nº 206.

622. *Fibule ronde en or.* — Tête d'Apollon entourée d'un double rang de rayons bordés de cordelé. — Écrin XXXIV, nº 353.

623. *Fibule ou Agrafe en or*, en forme de disque. Une rosace centrale est entourée de dix autres plus petites, à bouton intérieur couvert de granulé. Un boudin de granulé sépare cette zone de la suivante, dont les rosaces sont beaucoup plus petites encore. Une crête à *jour*, composée de tiges rayonnantes à doubles rinceaux et de grains d'or, contourne ce riche bijou. — Écrin XXXIV, nº 356.

---

620. 伊特鲁里亚人葬礼用的黄金耳板尺寸惊人，与图 503 所展示的黄金耳板类似，并且极有可能来源于图 502 所示的原始种类。中间桶状物的两边各有一枚神的面具，这使人回忆起被吞下的海螺形戒指。在下部边缘附近有五颗大扁豆，为了填补空隙，三朵六瓣的玫瑰分散在主要位置，其他角落填满了金豆子。至于上半部分，两枚女性面具支撑着穹隆的起拱点。该穹隆上饰有玫瑰和金豆，在中部或者说薄膜状物上，我们在两只海中马之间发现了特赖登（Triton）的形象。

整个纹饰似乎压印在浮雕或者金属制造的母材上。一片中央带孔的金箔覆于背面。七号棺椁，53 号。

621. 伊特鲁里亚人黄金项圈的中部有一枚大型垂饰，垂饰上有个凸出的球形物，周围环绕着放射性的结构装饰。最大的垂饰通过一个结实的圆柱形管与内部绳线相连。两边各有三枚较小的垂饰，上面装饰着神像的头部，从环或者说花环的中部通过扭曲的细带相连。这些垂饰以及连接它们的圆柱形管的边缘装饰着金色的小珠。最外方的每一个垂饰都较小，由一个中部凸起和周围的扭曲的线组成。十七号棺椁，206 号。

622. 圆形金搭扣。阿波罗（Apollo）的头上环绕着两道光芒，边缘装饰着扭曲的线条。三十四号棺椁，353 号。

623. 盘状金胸针或金钩。中央的玫瑰四周环绕着十枝具颗粒状凸起的小玫瑰，颗粒状的圆环面将柱形与下方更小的玫瑰分隔开来，由呈放射状的双叶茎和金色珠子组成的环脊围绕着这颗贵重的珠宝。三十四号棺椁，356 号。

---

620. *Etruscan funeral ear-plate* in gold, of an extraordinary size, analogous to that of nº 503, and likely derived from the primitive type given in nº 502. — A mask of a deity is placed on both sides of the central *barrel* which recalls to mind the swollen ring in the shape of a conch. Five large lentils are seen near the lower edge, and, to fill the blanks, three roses with six petals detach themselves at the principal points. The other angles are filled with groups of golden beans. As to the upper part, the two feminine masks support the springing of an archivolt ornamented with roses and golden beans, and in whose centre or *tympan* we mark a Triton (?) between two marine horses.

The whole ornamentation seems to be stamped on a relievo or *matrice* of a metallic casting. A lamel of gold with a central aperture covers the backside. — Casket VII, nº 53.

621. *Etruscan golden collar* whose centre bears a large bulla with projecting knob surrounded by a radiating disposition. The largest bulla is attached to the interior string by means of a strong cylindrical tube. On both sides are disposed three other and smaller bullæ decorated with the head of a deity in profile, detaching itself from the centre of a ring, or wreath, with twisting bandelette. The rims of those bullæ as well as their cylindrical tubes, are adorned with small golden beads. Each outermost bulla, which is smaller, is composed of a central knob round which a twisting winds itself. — Casket XVII, nº 206.

622. *Rounded gold fibula.* — Head of Apollo surrounded by a double row of rays edged with twistings. — Casket XXXIV, nº 353.

623. *Fibula* or hook in gold, disk-shaped. A central rose is surrounded by ten others and smaller ones with granulated interior knobs. A granulated torus separates this first zona from the following whose roses are still much smaller. A cut out crest composed of radiating and two-leaved stalks, and of golden beads, is running around that rich jewel. — Casket XXXIV, nº 356.

803. *Collier étrusque en argent* d'une forme très-bizarre. Composé d'une série de vingt boules lisses séparées de quatre en quatre par des animaux fantastiques (harpies?). Dans chaque groupe les deux boules du milieu portent une amphore à col triangulaire, surmonté de l'anneau cylindrique recouvert de fils rapportés. Dans le champ du croissant qui indique les ailes de ces animaux, on remarque un ornement en spirales rapportées et exécutées en cordelé avec une grande précision. Cette pièce curieuse est parfaitement conservée, et a de plus, comme tous les colliers d'argent antiques, le mérite d'être d'une grande rareté. — Écrin XVI, nº 202.

804. *Fibule en or* de forme archaïque. Ici, l'arc à renflement (nºˢ 391, 392, p. 193) est remplacé par un lion au repos. La gaine de l'épingle est ornée d'un beau rinceau de palmettes; ses extrémités portent des disques à face humaine et à contours granulés. Ces pièces sont exécutées en estampé. L'épingle d'or, retournée sous le lion en un *tour de spire*, forme *ressort*. — Écrin XXX, nº 267.

805. *Collier étrusque en or*, dont la disposition, pleine d'une ingénieuse simplicité, mérite l'attention de nos lecteurs. Ses éléments se composent : 1° d'une série de boules lenticulaires petites et moyennes, enfilées sur un cordon de soie; 2° d'une double série de boules plus grosses, soit unies, soit granulées, et de disposition alternante. Le mode d'attache de ces boules est très-curieux : nous en avons joint un détail *grandi*. Chacune d'elles (estampé) porte à sa partie supérieure une petite ouverture munie de deux attaches *b* qui reçoivent les pièces, entre lesquels joue la petite boule *c*, et que viennent cacher les boules de seconde grandeur *d*, quand toutes les pièces, enfilées dans le même ordre, viennent se serrer l'une contre l'autre. Le cordon est ainsi complètement caché, et le collier forme un ensemble à la fois souple et compacte, toutes les pièces jouant à *frottement doux* l'une sur l'autre. En outre, par une suprême re-herche, les granules des boules alternantes inférieures sont formés en petites pointes, d'une finesse et d'une régularité surprenantes, et qui, ayant la propriété de *gripper* la peau, empê-hent l'ornement de glisser sur le cou. — Écrin XV, nº 199.

---

803. 伊特鲁里亚人奇异形状的银项圈。它是由二十个光滑的小球串成一串，每隔四个小球会出现一个奇特的动物垂饰［希腊神话中的鹰身女妖哈耳皮埃（harpies）?］。每一组中间的两个小球分别连接着一个带有三角形颈部的双耳瓶，顶部覆盖着一个带线的柱形圆环。月牙形装饰象征着那些动物的翅膀，月牙抵部可以看到后来添加的螺旋状装饰，呈现出非常精巧的扭曲形态。这件精美的作品保存的十分完好，而且同其他古老银项圈一样，都十分珍贵。十六号棺椁，202 号。

804. 古典式样的金胸针。一只卧着的狮子替代了凸起弓形物。别针的鞘上装饰着精致细小的棕榈叶，末端有具颗粒状轮廓的人脸盘状垂饰，那些部分采用的冲压工艺。金色的别针具有弹性，在狮子下方以螺旋状弯曲。三十号棺椁，267 号。

805. 伊特鲁里亚人的金项圈排布兼具简洁和巧妙的特点，完全值得读者关注。其构成部分是：①小号和中等大小的荚状球状相间分布的项圈，由丝捻线穿成；②两种类型的大球相间分布，表面光滑或者有凸起。那些球以一种奇特的方式相互连接，我们在这里展示了放大的细节。每一个珠子（压印的）上部有一个小开口，装饰着两个固定点 b，以便连接可自由移动的环 a，一个小球 c 松散放置其中，所有部分以相同顺序串好并相互挤压。这时，球 c 会被中等大小的球 d 遮挡起来。因此，串珠绳就从视野中完全消失了，项圈既柔软又紧凑，因为所有的小部分相互之间都发生了轻微的摩擦。此外，经过最高级的改良，交替出现的珠子处于较低位置，上面的小颗粒展现了惊人的细度和规律性，因此，珠子具有黏着皮肤的特性，阻止饰品沿着颈部滑动。十五号棺椁，199 号。

---

803. *Etruscan silver collar* with a very odd shape. It is made of a chaplet of twenty smooth balls of which every fourth one is separated from the others by fantastic animals (harpies?). The two middle balls of each group support an amphora with a triangular neck surmounted by a cylindrical ring covered with after-added wires. On the ground of the crescent, indicating the wings of those animals, may be seen a spirally ornament after-added and twisted with very great precision. This curious piece of work is in a perfect state of preservation and besides, as all ancient silver collars, has the merit of being of great rarity. — Casket XVI, nº 202.

804. *Golden fibula* of Archaic form. Here to the arc with swelling (nºˢ 391, 392, p. 193) is substituted a setting lion. The sheath of the pin is adorned with a fine foliage of small palm-leaves, and his ends bear disks with human faces in granulated contours. Those pieces are stamped works. The golden pin, bent under the lion by means of a *spiral turn*, is made springy. — Casket XXX, nº 267.

805. *Etruscan golden collar* which, by its arrangement at once simple and ingenious, fully deserves the reader's attention. Its constituting pieces are : 1° a chaplet of lenticular balls alternatively small and middle-sized strung on a silken twist; 2° a double series of larger balls either smooth or granulated and also alternating. Those balls are attached in a very peculiar fashion, and we give a magnified detail. Each of them (stamped) has on its upper part a small opening furnished with two fastening points *b*, that receive the freely moving rings *a*, between which the small ball *c* is placed loose, and hidden by the middle-sized balls *d*, when all the pieces, strung in the same order, come and press against each other. The string is thus and then fully out of sight, and the collar presents an ensemble both of pliability and compactness, as all the pieces play against each other with *soft friction*. Added to which, by a superlative refinement, the granules of the alternating lower balls are pointed with surprising fineness and regularity, and so, having the propriety of griping the skin, impede the ornament from sliding along the neck. — Casket XV, nº 199.

Troisième Année.

N° 89.

10 Octobre 1863.

·L'ART·POUR·TOUS·

ENCYCLOPÉDIE
DE L'ART INDUSTRIEL ET DÉCORATIF
Paraissant les 10, 20 et 30 de chaque mois

ÉMILE REIBER
DIRECTEUR-FONDATEUR

Abonnement annuel :
Pour toute la France, 18 fr.
Pour l'Étranger,
même prix, plus les droits
de poste variables.

Pour toutes
demandes d'abon-
nements, réclama-
tions, etc., s'adr.
aux Bureaux du Journal,
13, rue Bonaparte, à Paris.

Bureaux — Librairie A. Morel & Cie — 18, R. Vivienne

XVIᵉ SIÈCLE. — ECOLE ITALIENNE.

FIGURES DÉCORATIVES.
NEPTUNE,
PAR PIERINO DEL VAGA.

Pietro Buonaccorsi was born in Tuscany, in 1500, and was surnamed *del Vaga* because of his being taken to Roma by a Florentine painter of this name. Introduced to Rafaele by Giulio Romano and the *Fattore* (see p. 203 and 307), he was employed in the painting of the Vatican Loggie, under the direction of *Giovanni da Udine*. His ample and firm manner is near to that of the great Master whose extraordinary fecundity he equalled. We shall further find the *seven Planets* which he executed after Raphael's cartoons, in the Popes' Hall of the Vatican. His principal engravers are Giacomo Caraglio of Verona, and Giulio Bonasone.

The actual plate forms a part of his series of the *four Gods*. The God of the Seas is represented standing up on the waves, leaning upon his Trident and accompanied by two marine horses. The fine movement of the trunk imitative of the antique sculpture, the remarkable adjusting of the whole composition in his frame, and the filling of the blanks by draperies and other accessories, are worth being studied by our readers. — *(Fac-simile.)* — To be continued.

Pietro Buonaccorsi naquit en Toscane en 1500, et dut son surnom *del Vaga* à ce qu'un peintre florentin de ce nom le conduisit à Rome. Présenté par Jules Romain et le *Fattore* (voy. pages 203, 307) à Raphaël, il fut employé aux peintures des Loges du Vatican, sous la direction de Jean dd Udine. Sa manière large et ferme se rapproche de celle du grand Maitre; comme lui, il fut d'une fécondité extraordinaire. Nous retrouverons plus loin les *sept Planètes* qu'il exécuta d'après les cartons de Raphaël, dans la Salle des Papes, au Vatican. Ses principaux graveurs sont Jacques Caraglio, de Vérone, et Jules Bonasone.

La présente planche fait partie de sa Suite des *quatre Dieux*. Le Dieu des Mers est représenté debout sur les ondes, s'appuyant sur son trident et accompagné de deux chevaux marins. Le beau mouvement du torse imité de la statuaire antique, la façon remarquable dont la composition s'ajuste dans le cadre et dont les draperies et autres accessoires remplissent les vides, méritent d'être étudiés par nos lecteurs. — *(Fac-simile.)* — Sera continué.

彼得罗·波纳科尔西（Pietro Buonaccorsi）1500年生于托斯卡纳，由于将他带到罗马佛罗伦萨的画家姓德尔·瓦加（del Vaga），他也沿用了这个姓氏。朱利奥·罗马诺（Giulio Romano）和法洛尔（Fallore）将他推荐给拉斐尔（Raphael），后来，他受雇于乔凡尼·达·乌迪内（Giovanni da Udine），并在他的指导下为梵蒂冈凉廊作画。他那毫无保留又坚定的处事风格十分接近大师的标准，作品多产，足以可以与那些大师比肩。我们将进一步发现他跟随拉斐尔学习绘画后创作的《七个星球》，位于梵蒂冈教皇大会

堂。他的主要雕刻师有贾科莫·卡拉廖维罗纳（Giacome Caraglio）和朱利奥·博纳松（Giulio Bonasone）。

这块版画是他"四神"系列其中之一。描绘了海神站立在波浪之上，斜举着他的三叉戟，身边伴随着两只海马。人物躯干优雅的动作模仿了古典雕塑，框架的整体构成十分协调，通过使用帷幔和其他装饰对空白进行填补，这些都值得读者进行研究。未完待续。（复制品）

806

XVIIᵉ SIÈCLE. — ÉCOLE FRANÇAISE (LOUIS XIII).

MEUBLES.
CABINET DU MARÉCHAL DE CRÉQUI.
(MUSÉE DE CLUNY.)

This *Bureau*, or *Cabinet*, whose details of ornamentation are as curious as its general form, bears the arms of Charles of Créqui, prince of Poix, governor of Dauphiny, peer and field-marshal of France, who was killed at the siege of Bremen, in 1638, in the sixtieth year of his age.

Considering the want of mouldings in the main work which is furnished with numerous drawers, and its being made of two portions superposed and which may be put asunder, one can safely infer this piece of furniture was so constructed as to be taken to pieces, at will, to follow the captain in his campaigns and travels.

It is composed of a richly inlaid desk or table supported by four legs in the form of balusters, whose feet are united by a cross-bar. The front-frame over those balusters is embellished with military trophies in a *charging* of gilt and carved bronze. One double drawer is contrived under the upper table.

The main body, or *Cabinet*, bears on each side a forepart with four drawers ; and the middle portion two large square folding doors, with, right and left, four smaller drawers.

A fine time-piece, surmounted by a figure of Fame, serves for the crowning of the work, and reposes on a pediment ornamented with chargings in gilt bronze whose motive is a trophy with the emblems of the administrative power. In the centre of the trophy, the sceptre and crown, the sword and scales ; on the right the mace and lictors' fasces ; on the left the caduceus and helm are united by palms and laurel boughs.

The whole piece is manufactured in ebony inlaid with copper, tin and tortoise shell. Scale of 0,14 for 1 metre.

Further will be found, besides the *plan* and general *outline*, the detailing of the time-piece and likely the interesting series of the *tracings* of the checkerworks. — Nº 1907 of the Catalogue.

E. Reiberg

Aussi curieux par les détails de son ornementation que par sa forme générale, ce *Bureau* ou *Cabinet* porte les armes de Charles de Créqui, prince de Poix, gouverneur du Dauphiné, pair et maréchal de France, qui fut tué au siége de Brême, en 1638, à l'âge de soixante ans.

L'absence de moulures au corps principal qui est garni de nombreux tiroirs, et sa disposition en deux parties superposées et pouvant se séparer, semblent indiquer que ce meuble fut destiné à pouvoir être en partie démonté pour suivre ce capitaine à la guerre ou dans ses voyages.

Il se compose d'un bureau ou plateau de table à riches incrustations supporté par quatre pieds en forme de balustres, dont le bas est réuni par une traverse. Le bâti de face, au droit de ces balustres, est orné de trophées militaires en applique de bronze doré et ciselé. Un double tiroir est pratiqué au-dessous de la table.

Le corps principal ou *Cabinet* porte de chaque côté un avant-corps à quatre tiroirs ; la partie milieu, deux grands vantaux carrés accompagnés à droite et à gauche de quatre tiroirs plus petits.

Le couronnement du meuble est une fort belle pendule surmontée d'une Renommée. Elle porte sur un amortissement orné d'appliques en bronze doré, dont le motif est un trophée composé des emblèmes du pouvoir administratif. Au centre, le sceptre et la couronne, le glaive et la balance ; à droite, la massue et le faisceau des licteurs; à gauche, le caducée et le gouvernail sont réunis par des palmes et des branches de lauriers.

Tout le meuble est exécuté en bois d'ébène avec incrustations de cuivre, d'étain et d'écaille. Échelle de 0,14 pour 1 mètre.

On trouvera plus loin, outre le *plan* et le *profil* général, le détail de la pendule, ainsi que l'intéressante suite des *calques* de la marqueterie. — Nº 1997 du Catalogue.

这张书桌或陈列柜，装饰的细节与其整体形式都很精美，用来摆放克雷基（Créqui）的查理的武器。他是多菲纳（Dauphiny）的统治者，法兰西贵族、陆军元帅。1638 年，在不莱梅围困被杀，享年 60 岁。

桌子主体上没有装饰品，配有许多抽屉，是由叠加的两部分组成，可以拆分，我们有把握地推断这件家具的特殊构造是为了能够随意拆卸成几部分，从而跟随上尉征战和远航。

这件家具由一张镶嵌华丽的桌子组成。四条腿以栏杆柱的形式支撑着桌子，桌脚由横木连接在一起。那些栏杆柱装饰着镀金的军事战利品和雕花的青铜。一个双开门抽屉根据设计安装于上桌的下部。

主体部分，即陈列柜，每边前端都有四个抽屉，并且中间的部分是两个大方型折叠门，左右各有四个抽屉。

精美的座钟上端有一个人物雕像，用来作为整件作品的顶点。该雕像安放于饰有镀金铜的三角形楣饰之上，安装镀金铜的动机是将其作为战利品，象征着具有行政权力。战利品中心是权杖和皇冠，利剑和天平；右侧是狼牙棒和扈从（古罗马高级官员外出时负责开道的随从人员）；左侧是节杖和舵柄，由棕榈树和月桂树树枝相连接。

整件作品由乌木制成，上面镶嵌铜、锡和龟甲，与真实大小相比，比例尺为 0.14:1。

除了平面图和整体轮廓，我们将进一步发现，座钟的详细设计以及彩格花样有趣的系列描摹。目录编号 1997。

XVIIᵉ SIÈCLE. — ÉCOLE ALLEMANDE.

BIJOUX, — NIELLES.
BOITES DE MONTRE,
PAR MICHEL BLONDUS.

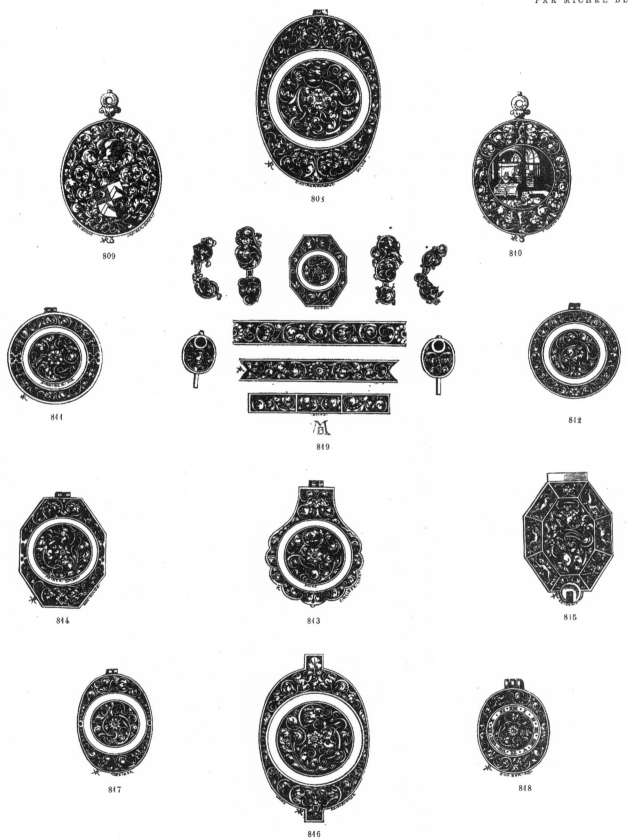

L'examen des nombreux spécimens de *Boîtes de montre* (pièces rares) que nous reproduisons ici (voy. p. 309) nous prouve que, du temps de Louis XIII, les contours de ces sortes de bijoux ne s'étaient pas encore arrêtés à la forme circulaire. *L'ovale* était encore employé de préférence, ainsi que le font voir les nᵒˢ 808-810, 816-818 ; parfois aussi *l'octogone allongé* (fig. 814, 815, 819) circonscrivait la forme générale. Les zones blanches concentriques que portent plusieurs de ces pièces indiquent la place du *cadran* (voir fig. 818). Une riche ornementation de feuillages en arabesques se détache partout sur des fonds *niellés*. — Les sujets des *revers* nᵒˢ 809 et 810 sont un écusson armorié et un saint Jérôme dans sa cellule. Le nᵒ 813 se distingue par un élégant contour ; le nᵒ 815 offre un sujet de chasse à compartiments. Au nᵒ 819, on trouve une réunion de motifs de chaînons et mailles pour agrafes, boucles d'oreilles, anneaux, bracelets, chaînes, etc. — Malgré la petitesse des détails, la riche et savante disposition de ces bijoux pourra, croyons-nous, ouvrir des horizons nouveaux à plusieurs de nos arts contemporains. — (*Fac-simile.*) — Sera continué.

对于这里所复制的众多表壳进行研究，结果证明，在路易十三时期，这类珠宝还未采取圆形的式样。尽管有时主体轮廓图展示的是长八角形（图814、815、819），如图808~810及图816~818所示，椭圆形仍然流行。在样品中可以看到的白色区域标识了刻度盘的位置（图818），华丽的叶状花纹在乌银质地的底面上彼此分离，背面主题分别是"盾形纹章"和"牢房中的圣杰罗姆"（图809和图810）。图813因其外形的典雅独树一帜。图815则以对比的方式展示了"运动"的主题的设计灵感。尽管细节微小，在我们看来，这些珠宝造型华丽，技艺精湛，为某些现代艺术开辟了新前景。未完待续。（复制品）

A survey of the numerous *Watch-cases* (rare specimens) here reproduced (see p. 309) proves that in the time of Louis XIII, this kind of jewels had not yet adopted the circular shape. The *oval* was still prevailing, as shown by nᵒˢ 808-810, 816-818, though a *long octagon* is sometimes given by the general outline (fig. 814, 815 and 819). The white zones seen upon several of the samples mark the place of the *dial* (see fig. 818). Rich foliaged arabesques detach themselves everywhere on *niello-grounds*. — Subjects of the *back-sides* (nᵒˢ 800 and 810) are a coat of arms and a Saint-Jerome in his cell. Nᵒ 813 is distinguishable by the elegance of its contour ; nᵒ 815 presents a sporting subject in compartiments. In nᵒ 819 are gathered motives of links and mails for hooks, ear-drops, rings, bracelets, chains, etc. — Despite the minuteness of the details, the rich and skilful composing of these jewels may, in our opinion, open new prospects to some of the arts of the present time. — (*Fac-simile.*) — To be continued.

Besides his *Pieces of Architecture*, *Pierre Collot* (pages 14 and 72) has left us an interesting series of smaller sketched compositions which supply nice subjects of chimney-pieces, doors, dormer-windows, etc. The first of the two above *chimney-pieces* (n° 820) presents a large projecting panel upon which, right and left, Nymphs in full relievo hold downward branches of fruits and cornucopias. — Disposition analogous to n° 821, whose four figures personify Strength, Justice, Temperance and Prudence. — Collection of M. Cuny of Lunéville. — *(Fac-simile.)* — To be continued.

除了《建筑物件》的作品，皮埃尔·科洛(Pierre Collot，参见第 14 页和第 72 页)为我们留下了一系列小型素描作品。这些作品为壁炉、门、天窗等设计提供了好素材。上图中展示了两座壁炉架(图 820)，其中第一座展示了一大块凸出的镶板。其一左一右立着女神全身浮雕，女神手持下垂的果实和丰饶角。类似于图 821 的布置，四座人物雕像分别为力量女神(Strength)、正义女神(Justice)、节制女神(Temperance)、审慎女神(Prudence)。M. 库尼·卢内夫里斯(M. Cuny of Lunéville)的藏品。未完待续。(复制品)

Outre ses *Pièces d'architecture*, *Pierre Collot* (p. 14, 72) nous a laissé une suite intéressante de compositions de format plus petit, traitées en esquisses et offrant d'intéressants motifs de cheminées, portes, lucarnes, etc. Des deux *Cheminées* ci-dessus, la première (n° 830) présente un grand panneau en saillie sur lequel se détache un cadre à bords arrondis des deux côtés. A droite et à gauche, des nymphes en ronde-bosse tiennent des chutes de fruits et des cornes d'abondance. Une Renommée, s'appuyant sur un faisceau d'armes, occupe le milieu de la frise de couronnement. Des emblèmes maritimes, un grand cartouche surmonté d'un chapeau de cardinal et accompagné de deux ancres en sautoir, enrichissent la composition. — Disposition analogue au n° 831. Les quatre figures sont les personnifications de la Force, de la Justice, de la Tempérance et de la Prudence. — Collection de M. Cuny de Lunéville. — *(Fac-simile.)* — Sera continué.

Troisième Année.　　　　　　　　N° 90.　　　　　　　20 Octobre 1863.

L'ART POUR TOUS

ENCYCLOPÉDIE
DE
L'ART INDUSTRIEL ET DÉCORATIF
Paraissant les 10, 20 et 30 de chaque mois

ÉMILE REIBER
DIRECTEUR-FONDATEUR

Abonnement annuel : Pour toute la France 18 fr. Pour l'Étranger, même prix plus les droits de poste variables.

Pour toutes demandes d'abonnements, réclamations, etc., s'adresser aux Bureaux du Journal, 13, rue Bonaparte, à Paris.

ANTIQUES. — ARMURERIES GRECQUES.　　　　　　ARMES DÉFENSIVES.

CASQUE EN BRONZE FONDU.

(COLLECTIONS CAMPANA.)

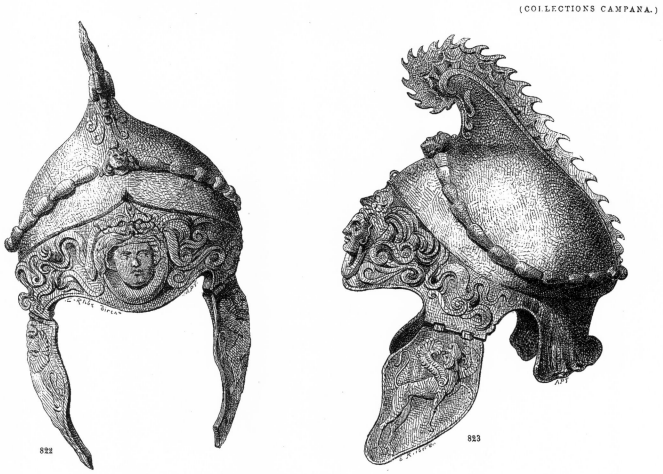

822

823

La *fonte* du bronze, si admirablement pratiquée par les Anciens, a été rarement appliquée à leurs *armes défensives* ; c'est à ce titre, joint à la remarquable beauté de toutes les parties, que ce *Casque* nous offre un double intérêt. La calotte supérieure affecte la forme du bonnet phrygien ; une échine de poisson aux arêtes aiguës accompagne le contour supérieur. Le *frontal* est orné d'un mascaron de femme (Méduse ?) vigoureusement modelé. Les larges *jugulaires* sont décorées de sphinx ailés à tête humaine, rappelant la tradition orientale, et coiffés du bonnet phrygien. Cette même coiffure se retrouve au petit mascaron rattachant au pied de la crête supérieure le collier de perles allongées qui borde la base de la calotte. Le *profil* fig. 823 fait ressortir toutes les beautés de la silhouette.

尽管古人生产青铜铸件技艺精湛，青铜制品仍很少应用于防御武器中，正是由于这个原因，再加上每个部分无与伦比的美丽，这件头盔无疑十分吸引我们。头盔顶部锻造成弗里吉亚帽式，一条带有尖端的鱼骨形成顶端轮廓边缘。头盔正面装饰着一枚锻造精致的女人面具［可能是美杜莎（Medusa）？］。颈部处装饰着带翅膀的狮身人面像，使人联想到东方的传统，给人以佩戴弗里吉亚帽的错觉。弗里吉亚帽再次出现了小面具，便帽的底面洒满念珠，小面具将椭圆形念珠项圈与前端美丽的花环连接在一起。图823中的侧面图展示出了外形的美。

The *casting* of bronze, though admirably worked by the Ancients, was rarely made use of for *defensive arms* ; it is on that score, jointly with the remarkable beauty of every part, this *helmet* is doubly interesting to us. Its top is wrought in the form of a Phrygian cap ; a fish's back-bone with sharp points accompanies the upper contour. The *frontal* is adorned with a mask of female (Medusa ?) vigorously modelled. The large *jugulars* are decorated with winged sphinxes with human faces recalling to mind the eastern tradition and wearing the Phrygian cap. The latter is again to be seen in the small mask which connects the chaplet of oval pears liming the base of the calotte to the front of the superior crest. The *profile*, fig. 823, brings forward all the beauties of the outline.

MEUBLES.
DEVANTS DE LIT.
(ESQUISSE.)

825

A great harmoniousness, united to the intelligent elegancy which is characteristic of the artistic works of the French Regency, is prevailing in those two charming pieces, which we reproduce after an *original sketch* being a part of the collection of one of our readers. The trait, spiritedly executed in bistre with the pen, is enhanced by a few touches of wash with China-ink for the shades. A central medallion, d'versely accompanied, detaches itself on both sides over a mask. Let us mark, in the middle subjects, the happy disposition of the bases in arabesques. — (Unedited.)

非凡的和谐性，结合法国摄政时期艺术作品独特的优雅，在这两件迷人的作品中均有体现。原稿被该读者收藏后，我们复制了一份。重点部分疆笔处理成深褐色，添上了寥寥几笔中国水墨，增强了阴影。（未编辑）

XVIIIe SIÈCLE. — ÉCOLE FRANÇAISE (RÉGENCE).

824

Une grande harmonie, unie à la spirituelle élégance qui caractérise les œuvres d'art de la Régence française, règne dans ces deux charmantes pièces que nous reproduisons d'après une *esquisse originale* faisant partie de la collection d'un de nos lecteurs. Le trait vivement exécuté en bistre à la plume est rehaussé de quelques touches de lavis à l'eucre de Chine pour les ombres. Un médaillon central, diversement accompagné, se détache de part et d'autre au-dessus d'un mascaron. Remarquons, aux motifs milieu, l'heureuse disposition des soubassements en arabesques. — (*Inédit.*)

POVRTRAIT

ET DESCRIPTION

du 6

TERME

———

Ce fixiefme

eft

une troiziefme façon

de Dorique

belle en perfection

& reveftue

d'un enrichiffement

& proportion

fi excellente,

qu'il femble que l'antique,

duquel il eft

extraict,

faffe honte

à une infinité

d'ouvrages modernes,

felon

le dire

des plus excellents

Architecteurs.

———

826   827

L'ordre *dorique* s'appliquant d'ordinaire aux Soubassements, la fermeté de ses proportions doit se retrouver dans les *gaines* ou *cariatides* dont on voudrait orner certains points principaux, tels que Portes d'entrée, Angles de pavillon, Portiques, etc. En outre, les Soubassements supportant, par leur place même, la plus lourde charge de la construction, il est logique de faire exprimer à ces figures la fonction qu'elles doivent paraître remplir. Pour que ces supports animés *portent* bien, il leur faut des attitudes tranquilles et recueillies. L'expression contrainte et résignée des visages eux-mêmes devra contribuer à l'effet général.

Voilà les considérations qui semblent découler des présentes compositions du maître, qui sont deux allégories de l'*Automne*; les deux serpents se rapportent au culte d'Esculape, que les bas-reliefs et pierres gravées antiques nous représentent quelquefois pratiqué par les divinités champêtres. — (*Fac-simile.*) — Sera continué.

多立克柱式经常被应用于建筑基部，针对一些主体部分装饰的柱子和女像柱，例如主入口、角亭、柱廊等，因此组成部分的坚硬程度是一个不可替代的质量考核标准。此外，建筑物底部由于其特殊位置，承受最重的架构，需根据逻辑来塑造雕像，以便它们可以传递其所在房间的一些重要信息。因此，为了给予那些生动的支撑物一种真实支撑的姿态，他们应该被赋予平静和沉思的态度，尽管它们脸上那种勉强顺从的表情也达到了一定效果。

这样的考量似乎在大师的实际创作中有所体现，作品为《关于秋的两个寓言》。这两条蛇指的对古代石雕的崇拜，雕刻的石头有时代表着森林之神，作为对埃斯库拉普（Esculapus）的描绘。未完待续。（复制品）

As the *Doric* order is usually applied to architectural basements, the firmness of its proportions is an indispensable quality for *terminals* or *caryatids* with which some of the chief parts are to be ornamented, such as main Entrances, Angles of pavilions, Porticos, and so on. Besides as Bases, by their very place, bear the heaviest of the structure, it is according to logic to shape those figures so that they convey an idea of the office they seemingly perform. Thus, in order to give those animated supports an appearance of *real bearing*, they should be endowed with tranquil and meditative attitudes. Even the constrained and resigned expression of their faces shall contribute to the general effect.

Such are the considerations as seem to flow from the master's actual compositions which are two allegories of *Autumn*; the two serpents refer to the worship which ancient basso-relieves and engraved stones represent sometimes the Sylvan deities as rendering to Esculapus. — (*Fac-simile.*) — To be continued.

828

Le premier *privilége* pour l'exploitation d'une manufacture de faïence à Rouen date de l'année 1646 ; son titulaire fut Nicolas Poirel, sieur de Grandval, valet de chambre de la Reine. Louis Potérat, de Saint-Séver, en obtint un autre en 1673. Malgré l'établissement, à cette époque, d'autres fabriques dans la contrée, on n'a pu trouver jusqu'à ce jour (hormis un Plat à décors bleus rappelant la tradition italienne, et appartenant à un amateur de Rouen) aucune *pièce datée* antérieure aux dernières années du xviie siècle. C'est donc aux premières années du xviiie siècle qu'il faut reporter la période réellement active de cette remarquable industrie. — Le présent spécimen (pot à cidre on *pichet*) appartient à la catégorie des *pièces à la guirlande* (voir le décor de la panse). — Faïence blanche ; décor à fond bleu *(en réserve,* sur lequel se détachent des fleurs et des rinceaux modelés en hachures *brun rouge ;* quelques touches de *jaune* dans la guirlande. Sur les deux faces, une rosace en relief et à jour, doublée d'une paroi intérieure. Anse grossièrement mouchetée de *bleu.* — Grandeur d'exécution.

在鲁昂，经营一家彩陶制造厂的第一项特权可追溯到1646年，女王的侍从、格兰德瓦尔的波雷尔（Poirel）爵士被授予这一特权。圣塞维尔（Saint-Sever）的路易·波特拉特（Louis Potérat）在1673年也获得了一个。虽然当时国内有各式各样的工厂，但是到目前为止，还没有发现标记年份为17世纪最后几年以前的作品（只有一种带蓝色装饰的盘子，作为鲁昂艺术爱好者的所有物，使人回忆起意大利的传统）。因此，我们应该追溯到18世纪的头几年，那时是这一重要产业的繁荣时期。这个样品（一个酒罐或水罐）属于花环配件的类别（参见凸起部分的装饰）。白陶器，蓝色背景装饰（除白色色调以外的部分），上面有花和叶，红棕色阴影线将各个图案分隔开来，花环上有若干黄色短线。两面的高浮雕装饰着玫瑰花，并将内部分隔开。把手粗略地涂上蓝色。实际尺寸。

The first *privilege* for the working of a *faience* manufactury in Rouen is dated from the year 1646, and was conferred on sir N. Poirel of Grandval, a chamberlain to the Queen. Louis Potérat, of Saint-Sever, got another in 1673. Although sundry manufacturies were then working in the country, up to the present days no *dated piece* anterior to the last years of the xviith century has been found (save a *Dish* with blue ornaments, calling to mind the Italian tradition and being the propriety of an amateur of Rouen). We should therefore carry back to the first years of the xviiith century the really working epoch of that remarkable industry. — The present specimen (a *cider-pot* or *pitcher*) belongs to the category of the *garland pieces* (see the decoration of the belly). — White faience ; ornamentation with *blue* ground (with spare of the *white tone),* upon which flowers and foliages modelled with hatchings of a *reddish brown* detach themselves ; a few *yellow* dashes in the garland. On both faces a rose-work in high-relievo and cut out of an inner side. Handle roughly spotted with *blue.* — Full size.

Troisième Année.

N° 91.

30 Octobre 1863.

·L'ART·POUR·TOUS·

ENCYCLOPÉDIE

DE L'ART INDUSTRIEL ET DÉCORATIF

Paraissant les 10, 20 et 30 de chaque mois.

EMILE REIBER

DIRECTEUR-FONDATEUR

Abonnement annuel :
Pour toute la France, 18 fr.
Pour l'Étranger,
même prix, plus les droits
de poste variables.

Pour
toutes demandes
d'abonnements, ré-
clamations, etc.,
s'adr. aux Bureaux du Journal,
13, Rue Bonaparte, à Paris.

XVIᵉ SIÈCLE. — ÉCOLE FLAMANDE.

PANNEAUX, — NIELLES.

LES QUATRE SAISONS.

(ÉCOLE D'ANVERS.)

Those four compositions *continue* the series given in p. 337, and evidently form a part of the works of the same master. Here the suppression of the inferior band has allowed the artist to give his *medallions* arabesques of a simpler and grander stroke. We beg our readers to take special notice of the motives of n° 830 which, taking all in all, we deem the finest of the four.

Those small pieces, whose figures detach themselves on landscape grounds in relation with the subject, represent the *Four Seasons* symbolized by mythological deities with explanatory Latin legends.

829. — *The Spring,* « dedicated to Venus, Loves' mother. »

830. — *The Summer,* « dedicated to bounteous Ceres, goddess of the Earth's produces. »

831. — *The Autumn,* « consecrated to Bacchus, father of Wine. »

832. — *The Winter,* « dedicated to Æolus, god of the Winds. »

(*Fac-simile.*)

Ces quatre compositions forment *suite* à la Série donnée p. 337, et font évidemment partie de l'OEuvre du même Maître. Ici, la bande inférieure portant les inscriptions est supprimée, ce qui a permis à l'auteur d'accompagner ses *Médaillons* d'arabesques d'un jet plus simple et plus large. Nous appelons particulièrement l'attention de nos lecteurs sur les motifs du n° 830; en tous points, il nous semble le mieux réussi des quatre.

Ces petites pièces, où les figures se détachent sur des fonds de paysage en rapport avec le sujet, représentent les *quatre Saisons,* symbolisées par des divinités mythologiques indiquées par des légendes latines.

829. — *Le Printemps,* « dédié à Vénus, mère des Amours. »

830. — *L'Été,* « dédié à la bonne Cérès, déesse des productions de la Terre. »

831. — *L'Automne,* « consacré à Bacchus, père du Vin. »

832. — *L'Hiver,* « dédié à Éole, dieu des Vents. »

(*Fac-simile.*)

829

830

831

832

这四幅作品继续补充了第 337 页的系列，显然出自同一位大师。在这里，内部系带的装饰作用使艺术家得以用一种更简洁、更恢弘的笔触展示圆形图案花纹。我们建议读者特别关注图 830 的灵感来源，因为总体来看，我们认为它是四幅作品中最为精巧的。

这些小件，或者人物形象在与主题相关的背景中脱颖而出，讲述以拉丁传说，展示以神话中的神祇象征的四季。

829.《春》，"献给维纳斯（Venus），爱的母亲"。

830.《夏》，"献给慷慨的刻瑞斯（Ceres），大地的谷物女神"。

831.《秋》，"献给巴克斯（Bacchus），酒神"。

832.《冬》，"献给埃厄罗斯（AEolus），风之神"。

（复制品）

XIVᵉ SIÈCLE. — ORFÉVRERIE CHINOISE.

CHANDELIER.
(ÉMAUX CLOISONNÉS.)

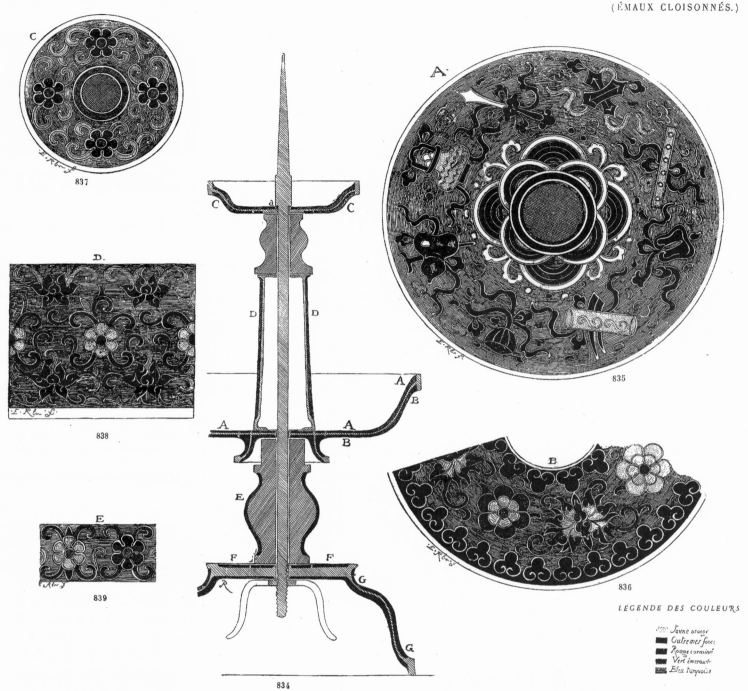

837

D.

838

E.

839

C.

A.

835

B.

836

LÉGENDE DES COULEURS

Jaune orange
Outremer foncé
Rouge carminé
Vert émeraude
Bleu turquoise

834

The productions of the Chinese arts and manufactures going back to the dynasty of the *Mings* (1368-1644) bear that remarkable stamp of homogeneity belonging to none but great epochs. We here present, as an interesting specimen, a *candle-stick*, or *taper-holder*, of which we give a general view (half size) in nᵒ 833. As shown by the profile (full size) of nᵒ 834, this small piece of furniture is composed of five independant pieces through which passes a *core* or bronze rod furnished at the top with point and heel *a*, and at the foot with a screw whose nut presses all the parts against each other.

Nᵒˢ 835-839 give the particulars of the distribution of the coloured enamels (see the *legend* for the *tones*) upon the *expanded* surfaces indicated by corresponding letters. The *partitioning* of the emeralds are worked out by means of small copper bands soldered *edgewise* on the inner skeleton. — This little bronze, whose gorgeous designs detach themselves through metallic reflexions on the dead tone of the turquoise blue, produces a lovely effect. — Collection of Messrs the *Lazaristes* of the rue de Sèvres, Paris. — (Unedited.)

Les produits des arts industriels chinois, remontant à la dynastie des *Mings* (1368-1644), portent ce remarquable cachet d'homogénéité qui n'appartient qu'aux grandes époques. Nous en offrons ici un intéressant spécimen, qui est un *chandelier* ou *porte-cierge* dont nous donnons l'aspect d'ensemble (demi-exécution) au nᵒ 833. Ainsi que le fait voir le *profil* (grandeur d'exéc.) nᵒ 834, ce petit meuble se compose de cinq pièces libres enfilées sur une *âme*, ou tige de bronze munie dans le haut d'une pointe et d'un talon *a*, et dans le bas, d'un pas de vis dont l'écrou serre toutes les parties l'une contre l'autre.

Les nᵒˢ 835-839 donnent les détails de la distribution des émaux de couleur (pour les *tons*, voir la *légende*) sur les différentes surfaces *développées*, et que nous indiquons par des lettres correspondantes. Les *cloisonnements* sont obtenus par des bandelettes de cuivre soudées *sur champ* sur l'ossature intérieure. — Ce petit bronze, dont les riches dessins se détachent en reflets métalliques sur le ton mat du bleu turquoise, est d'un effet ravissant.—Collection de MM. les Lazaristes de la rue de Sèvres, à Paris. — (Inédit.)

中国艺术加工及其产品的生产可追溯至明代（1368~1644 年），中国艺术那显著的同质印记只属于伟大的时代，不属于个人。在这里，我们展示的是一个有趣的样品，一座烛台，或者说一个支架，在图 833 我们给出了其大致外形（实际尺寸的 1/2）。从图 834 给出的剖面图（实际尺寸）来看，这一小件家具是由五个独立部分组成，这些独立的部分通过一根铜棒相连，铜棒依次穿过各个部分的中心点。铜棒顶端穿过点 a，底部有一个扭紧的螺丝钉，螺母将所有烛台各个部分压紧在一起。

图 835~839 通过对应的字母，展示了扩展面上彩色搪瓷的具体分布情况（参见《曲调的传说》）。通过沿内部框架的边缘焊接小铜箍，从而实现翡翠的分区。这小件铜器优雅的外观设计使其区别于那些散发金属光泽的沉闷土耳其玉色，产生一种可爱的效果。巴黎塞夫雷斯街拉的扎里斯特（Lazaristes）先生的藏品。（未编辑）

833

XVIᵉ SIÈCLE. — BRODERIE FRANÇAISE (HENRI II).   GOUTTIÈRE DE LIT.
(COLLECTION SAUVAGEOT.)

840

842

844

841

843

845

Les *parties fixes* des Tentures, telles que pentes de Baldaquins, Gouttières de Lit, etc., exigent une certaine *solidité d'aspect* qui est obtenue dans l'exemple ci-dessus par des dispositions géométriques rehaussées de passementerie. Ce qui nous reste de ce remarquable spécimen de la Broderie française au XVIᵉ siècle ne se compose plus que de quatre compartiments, disposés ainsi que le fait voir la fig. 840. Le n° 841 donne le détail en grandeur d'exécution des bandes verticales qui les séparent, et qui sont exécutées en velours noir découpé à jour et rapporté sur un fond de satin cerise. Les passementeries de ce *galon* sont un cordonnet d'argent doré enroulé de fil de soie de couleur. — Quant aux carreaux brodés dont nous donnons les élégants détails aux nᵒˢ 842-845 (au cinquième de l'exécution), ils se composent de pièces de taffetas de nuances claires et tendres, découpées suivant le dessin, et rapportées sur fond de velours noir au moyen d'une double bordure de cordonnet de vermeil enroulé de fils de soie de couleur. Les parties blanches et jaune clair sont bordées de jaune vif; les roses, de rouge vif; les bleu clair, de bleu foncé. Les ombres des chairs et fruits sont exécutées en fils de soie *au plumetis*. — Aux angles du n° 843, on remarque le chiffre de Diane et Henry (voy. p. 66) en rinceaux de feuillages. La bordure en franges ne devait régner à l'origine qu'à la partie inférieure. — N° 1364 du Catalogue. — (Inédit.)

悬挂物固定的部分，如床上的帷幔、锦缎等等，需要非常细心的观察，在上面的例子中，通过研究由装饰物点缀的几何图案排布，可以得出一定规律。如图840所示，这件残存的样品是典型的16世纪法国刺绣，只是四个类似的部分组成了整体。图841所展示的是垂直分隔带的全尺寸细节。这条带子的材质是樱桃红缎子，后装饰上黑色天鹅绒流苏。花边的装饰物由镀银的丝线与彩色丝绸细线混合编制而成。我们在图842~845（比例尺为1:5）展示了关于方形刺绣图案的精致细节，它们是由塔夫绸（一种平纹皱丝织品）制成的，材料具有光泽和精美的色彩，按图纸剪裁，后通过镀银丝线和彩色丝绸细线两股线的混合固定住黑色天鹅绒底料。这其中白色和拿浦黄色的部分用棕黄色勾边；粉红色的部分用强烈的大红色勾边；浅蓝色的部分用深蓝色勾边。果肉和水果的阴影是用丝线和细圈做成的。图843的边角上，有人可能会注意到戴安娜（Diana）和亨利（Henry）的字母密码（参见第66页）。原件中，穗状边缘应该只出现在下部。目录编号1364。（未编辑）

The *dead* or *fixed* parts of Hangings, such as valances of Beds, Baldaquins, etc., require a certain *substantial look*, which is worked out in the above example by geometric dispositions set off with trimmings. The remains of this remarkable specimen of the French Embroidery in the XVIᵗʰ century are nothing more than four compartments disposed as shown in fig. 840. N° 841 gives the full-sized details of the vertical separatory bands which are executed in black velvet pinking afteradded on a ground of cherry-red satin. The trimmings of this *lace* are made of a twist of gilt silver with a coloured silk thread rolling up. — As to the embroidered squares, of which we give the elegant details in nᵒˢ 842-845 (a fifth of the real size), they are formed of pieces of taffeta of light and delicate hues, cut out according to the drawing, and fixed on a black velvet ground by means of a double binding of silver gilt twist with coloured silk threads. Here the white and Naples-yellow parts are bordered with bright yellow; pink with intense red; light blue with dark blue. Shades of the fleshes and fruits are obtained with silk threads and *tambouring*. — At the four angles of n° 843, one may observe the foliaged cipher of Diana and Henry (see p. 66). The fringy border ought originally to exist only at the lower part. — N° 1364 of the Catalogue. — (Unedited.)

XVIIᵉ SIÈCLE. — ÉCOLE ALLEMANDE.

ORNEMENTS TYPOGRAPHIQUES, — BRODERIES.

ALPHABET,
PAR PAUL FÜRST.

When, at the beginning of the XVIIᵗʰ century, the *gothic*, or so called forms tried a revival in the German typography, which was to endure to this very time of ours, attempts were made to reconcile the Italian forms of the *Renaissance* with those that were to prevail. In the number are the efforts in that direction of *Paul Franck* of Memmingen (1601) whose *eclectic* alphabet we reproduce after the curious calligraphic selection of *Paul Fürst* of Nuremberg. — (To be continued.)

Lorsqu'au commencement du XVIIᵉ siècle les formes dites *gothiques* tendirent à reparaître dans la typographie allemande, pour se maintenir jusqu'à nos jours, des tentatives furent faites pour concilier les formes italiennes de la Renaissance avec celles qui devaient prévaloir. De ce nombre sont les essais tentés dans cette voie par *Paul Franck* de Memmingen (1601), dont nous reproduisons l'alphabet *éclectique* d'après le curieux Recueil calligraphique de *Paul Fürst* de Nuremberg. — (Sera continué.)

在 17 世纪前期，哥特式或者这种所谓的风格试图在德国印刷术中复兴，如果成功，那么德国印刷术会一直保持这种风格直到现代。人们尝试着协调和融合意大利的文艺复兴风格和那些将要流行起来的风格。 图中展示了一些这种协调的尝试。在复制了纽伦堡的保罗福斯特（Paul Fürst）的书法选集后，我们又复制了梅明根（Memmingen）的保罗·弗兰克（Paul Franck）的字母（1601 年），其字母杂糅了不同风格。（未完待续）

Troisième Année. | N° 92. | 10 Novembre 1863.

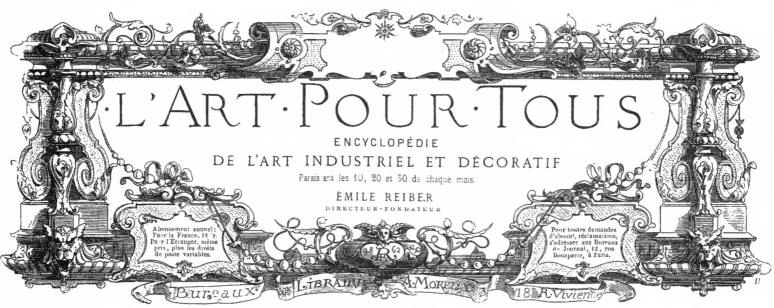

L'ART·POUR·TOUS

ENCYCLOPÉDIE
DE L'ART INDUSTRIEL ET DÉCORATIF
Paraissant les 10, 20 et 30 de chaque mois.

ÈMILE REIBER
DIRECTEUR-FONDATEUR

Abonnement annuel:
Pour la France, 18 fr.
Pour l'Étranger, même
prix, plus les droits
de poste variables.

Pour toutes demandes
d'abonnt, réclamations,
s'adresser aux Bureaux
du Journal, 13, rue
Bonaparte, à Paris.

Bureaux : LIBRAIRIE A. MOREL & Cie 18 R. Vivienne.

XVIᵉ SIÈCLE. — ÉCOLE DE FONTAINEBLEAU (FRANÇOIS Iᵉʳ). **FIGURES DÉCORATIVES.**
LES TROIS PARQUES.

Among the poetical fictions of the Ancients, that of the *three Parcæ,* most applicable to decoration, was of course to tempt the fertile imagination of the artists of the xviᵗʰ century. — In the present composition one may criticize certain negligences, as the awkward fashion in which the two forefigures are seated, the clumsy joining of the line of the distaff with that of the head in the right figure, the *blanks* or unstudied intervals *making holes,* so to say, in the mass and thwarting the outlines of the forms, etc.; but, on the other hand, the beauty of expression and the grandness of action in the chief figure show forth the great master. —Besides, when studying the keeping of mass in respect of the general disposition, one will mark that the outer delineation of the composition is circumscribed by an imaginary *elliptic contour* comprised in the rectangular frame and *broken* at the top by the elegant curve of the arms of the central figure.

在古代诗歌中，三位帕耳开（Parcœ, 命运三女神）是在装饰里最常用的，当然也吸引了 16 世纪艺术家，使他们开始了丰富的想象。在现如今的作品中，人们可能批判某些不修边幅，比如一种令人尴尬的构图潮流，前面两个人物呈坐姿，一个女人的形象笔拙地加入到画面中，与右边人物的头部形成一条直线，空白处或者说未经研究的间隔形成许多空隙，可以说，大体上阻碍了形态的构图。但是，从另一方面来讲，主体人物美丽的面容，大气的动作展现了大师的功底。此外，继续研究整体结构排布情况时，你会发现作品的外部描绘被一个假象的椭圆形轮廓所限制，而这一轮廓是长方形框架的组成部分，破坏了顶部中心人物手臂的优美曲线。

Parmi les fictions poétiques des Anciens, celle des *trois Parques,* dont la donnée est des plus décoratives, devait à bon droit tenter l'imagination féconde des artistes du xviᵉ siècle. — Si, dans la présente composition, la critique peut porter sur certaines négligences, telles que la façon gauche dont s'assoient les deux figures du premier plan, l'emmanchement maladroit de la ligne de la quenouille avec celle de la tête dans la figure de droite, les *à-jours* ou intervalles mal étudiés qui *trouent* la masse générale et contrarient les silhouettes des formes, etc., d'autre part, la beauté de l'expression et l'ampleur du mouvement de la figure principale dénotent le maître. — En outre, si, au point de vue de la disposition générale, on étudie l'ensemble de la masse, on reconnaît que les délinéaments extérieurs de la composition sont circonscrits par un *contour elliptique fictif,* inscrit dans le cadre rectangulaire, et *rompu* dans la partie supérieure par l'élégante courbe des bras de la figure centrale.

Cette observation nous révèle l'existence de grands principes décoratifs qui régissaient les productions des anciennes Écoles artistiques et dont la tradition semble *totalement perdue* de nos jours dans l'enseignement officiel. Ne serait-il pas urgent que la France du xixᵉ siècle fût enfin dotée d'une institution qui eût pour mission et de reconstituer ces pratiques perdues et de les professer aux nombreux adeptes de l'*Art décoratif,* cet élément fondamental de tous nos Arts nationaux ?

RELIURES A COMPARTIMENTS.

860

859

XVIIe-XVIIIe SIÈCLES. — ÉCOLE FRANÇAISE (LOUIS XIV - LOUIS XV),

Il semblerait, dans le développement des applications des Arts, que certaines industries fussent, par la force des choses, restées stationnaires au point de vue de ce qu'on nomme le *style* de leur époque. Ainsi, dans ces deux spécimens de *reliures*, la disposition *à compartiments*, empruntée aux belles époques de la Reliure italienne (première moitié du XVIe siècle), persiste. Le fait s'explique : dans un atelier de relieur, les *petits fers*, les *molettes* à ornements courants pour dentelle de bordure, etc., toutes pièces *originales* et *uniques*, constituaient un matériel fort coûteux à établir ; ces outils précieux se transmettaient religieusement d'une génération d'artisans à l'autre, et c'est ainsi que la *nouveauté* ne trouvait qu'un difficile accès dans les ateliers.

Nos deux présents spécimens sont des reproductions des reliures (maroquin grenat) des *Livres d'Heures à l'usage de la maison du roy* (Louis XIV pour le n° 859, Louis XV et la reine Marie Leczinska pour le n° 860). *Le trait* de nos dessins représente les *ors*. — Grandeur d'exécution.

对于一个考虑艺术应用前景的人来说，似乎有些行业在所谓的时代风格方面一直保持原状，发展停滞了。因此，这两种装订的样本以及分隔布置的方法，现今仍然存在，是从意大利书籍装订的辉煌时期（即16世纪上半叶，侧面装饰物所需的小铁件和小转轮。事实很容易解释：在图书装订作坊里，每一件都是原创且独特的，形成了非常昂贵的加工原材料；因此，那些加工所需的工具从一代一代机械师的手中小心地传给下一代，很难进入作坊也就毫不稀奇了。

我们的这两件样品是祈祷书装订材料（摩洛哥深红色）的复制品以供国王（路易十四世为图859，路易十五世和玛丽亚王后为图860）的皇家家族使用。这些绘画的痕迹代表着金色。实际尺寸。

To one contemplating the growth of the applications of the Arts, it would appear some industries have fatally remained stationary in respect of what is called the *style* of their time. Thus, in both these specimens of *binding*, the *compartment* disposition, borrowed from the five epochs of the Italian book-binding (first half of the XVIth century), is still persisting. The fact is easily explained : in a book-binder's work-shop, the *small irons* and *whirls* for running ornaments for border faces, etc., every *original* and *unique* piece, formed a very costly working-stock ; those tools were thus carefully transmitted from one generation of mechanics to another, and so it is that to *novelty* the work-shops were rather difficult of access.

Our two actual specimens are reproductions of bindings (*garnet* morocco) of the *primers*, or prayer-books, *for the use of the household of the King* (Louis XIV for n° 859, Louis XV and queen Maria Leczinska for n° 860). The *trait* of our drawings represents the *golds*. — Full size.

XIIIᵉ SIÈCLE. — ORFÉVRERIE FRANÇAISE.
ÉMAUX DE LIMOGES.

BASSIN ÉMAILLÉ.
(MUSÉE DU LOUVRE.)

864

Un curieux passage du rhéteur grec Philostrate semble prouver que l'art, inconnu de l'antiquité, d'appliquer par le *feu* les Émaux sur les métaux était pratiqué dès le IIIᵉ siècle par les *rations barbares* (Gaulois, Belges, Bretons) habitant le littoral de l'Océan. C'est donc un Art qu'à bon droit la France peut revendiquer comme exclusivement *national*. Les preuves abondent pour signaler, dès le XIᵉ siècle, l'importance de l'*École d'Orfévrerie de Limoges* sous le rapport de l'activité de ses officines, de la réputation attachée au nom de ses artistes, et même de son *monopole* pour cette fabrication spéciale dont nous aurons à fournir de nombreux spécimens.

Le présent *Bacin de chappelle* (Bassin à offrandes) est exécuté en émaux *incrustés*, c'est-à-dire posés dans les creux obtenus dans la plaque métallique (*bronze*), par le *champlevage* au burin à la gouge, à l'échoppe, travail laissant en *relief* les surfaces du métal destinées à indiquer les contours des figures et des ornements et les plis des draperies. — Le caractère tout *oriental* de la disposition générale s'explique par l'introduction en Occident de ce système décoratif, à la suite des Croisades. — Émaux *outremer* pour les fonds des 7 figures : *bleu turquoise* pour ceux des palmettes ; *grenat* et *blancs* dans les zones des draperies des siéges. La décoration de la surface extérieure (voir le *profil*) est indiquée par un simple trait au burin. — Grandeur d'exécution.

希腊修辞学家斐洛斯特拉图斯（Philostratus）的一篇不同寻常的文章展示了古人并不了解艺术，但是通过火可以将珐琅嵌入金属中，这一技术已经被3世纪沿海的野蛮居民们（高卢人、比利时人、不列颠人）使用，因此，法国得以主张这完全是他们的民族艺术。自11世纪起累积了丰富的证据，这些证据足以证明利摩日银匠学校在其工作活动、和艺术家的声誉，甚至是其对于技术的垄断方面都十分重要，而针对技术的垄断方面，我们将展示几个样品。

这里呈现的宗教盘由镶嵌的珐琅构成，即珐琅镶嵌在青铜金属盘上用刻刀、凿或者雕刀刻出的孔里，这些工具工作时刀片深入金属表面。这些镶嵌的珐琅可以反映出人物与装饰物的轮廓以及窗帘的褶皱。十字军东征之后，在西欧引入这种装饰时，整体布置呈现出东方特色。群青色的珐琅作为七个人物的背景；绿松石蓝作为棕榈叶的颜色；石榴红色和白色作为座椅帷幔的颜色。外表面的装饰（参见剖面图）是通过刻刀简单勾勒的。实际尺寸。

A curious passage in the Greek rhetor Philostratus shows the Art, unknown to the Ancients, of charging enamels on metal through *fire*, to have been used from the third century by *barbarian* inhabitants of the Ocean coast (Gauls, Belgians, Britons), and so authorizes France to claim it as a thorough *national* art. Abundant proofs establish from the XIᵗʰ century the importance of the *Limoges' Silversmith School* in regard to the activity of its working, to the renown of its artists and even to its *monopoly* of that particular fabrication of which we are to give not a few specimens.

The present *oblation Basin* is made with *incrusted* enamels, that is enamels laid into holes bored in the metallic plate (*bronze*) by the graver, gouge or scorper, whose working leaves *projecting surfaces* of the metal, which are to indicate the outlines of figures and ornaments and the folds of the draperies. — A key to the truly *oriental* character of the general arrangement is found in the introduction of that kind of decoration in western Europe after the Crusades. — *Ultramarine* enamels for the grounds of the seven figures ; *turkois blue* for those of the palm leaves ; *garnet* red and *white* for the zones of the draperies of the seats. The decoration of the outer surface (see the *profile*) is sketched by means of a simple *trait* with the graver. — Full size.

PAPIERS GAUFRÉS ET DORÉS.

GARDES DE LIVRES.

863

862

XVIIe SIÈCLE. — FABRIQUES FRANÇAISES (LOUIS XIV).

L'usage d'orner les *Gardes* ou surfaces intérieures de la Couverture des livres de matières plus ou moins riches remonte aux origines mêmes de la Reliure. Il est probable que les étoffes de soie et même de brocart, apportées de l'Orient, firent les premiers frais de ces enrichissements, et ce n'est que vers la fin du XVe siècle que les Vénitiens commencèrent à fabriquer ces beaux papiers dorés et gaufrés à *éléments colorés*, dont la tradition s'est conservée en Occident jusque vers la fin du siècle dernier. — Encore une industrie perdue, et qui, peut-être, n'attend qu'une intelligente initiative pour se relever de son abandon.

Les deux *Livres d'heure*, dont nous donnons les couvertures à la p. 366 nous fournissent l'un et l'autre d'intéressants échantillons de la fabrication française de ces sortes de Papiers au XVIIe et XVIIIe siècles. Les deux fragments ci-dessus forment les gardes de la face antérieure de la reliure du n° 859. Nous reviendrons, à propos des autres fragments, sur le *mode de fabrication*. — Grandeur d'exécution. — Inédit.

The pratice of adorning the *fly-leaves*, or interior surfaces of Books' covers, with more or less rich materials is found coexistent with the very origin of Binding. It is probable silk and even brocade, brought from the East, were principal contributors to those embellishments, and it was only toward the end of the XVth century that the Venetians began to manufacture those beautiful papers, gilt, goffered and coloured, whose tradition was kept up in western Europe till the end of the last century. — This is now a lost industry, and which perhaps awaits but an intelligent initiative to rise again from its forlornness.

Both *primers*, whose covers we give at p. 366, furnish us with interesting samples of the French manufacture of that kind of paper in the XVIIth and XVIIIth centuries. The two above fragments form the fly-leaves of the anterior face of the binding in n° 859. In reference to the other fragments we will resume our examination of their *manufacturing process*. — Full size. — Unedited.

或多或少地用珍贵的材料装饰扉页或书封皮的内表面，这一实践起源于装订时代。从东方引人的丝绸甚至是锦缎可能是装饰的主要材料。直到 15 世纪末期，威尼斯人才开始制造那些漂亮的，有镀金纸、皱纹纸和彩纸等，西欧直到上个世纪末才还保持着这一传统。这一产业现在已经不再复苏，也许只能等待一个有利的时机才能东山再起。

我们在第 366 页展示了两本书的精美样本。以上两片部分组成了图 859 中装订前部的扉页。关于其他部分，我们将继续调查它们的制造过程。实际尺寸。（未编辑）

Troisième Année.

N° 93.

20 Novembre 1863.

50 centimes le Numéro

Abonnement annuel : Pour toute la France, 18 fr. Pour l'Étranger, même prix, plus les droits de poste variables.

L'ART POUR TOUS

ENCYCLOPÉDIE

DE

L'ART INDUSTRIEL ET DÉCORATIF

Paraissant les 10, 20 et 30 de chaque mois

EMILE REIBER

DIRECTEUR-FONDATEUR

Pour toutes demandes d'abonnements, réclamations, etc., s'adresser aux Bureaux du Journal, 18, rue Vivienne, à Paris.

Bureaux Librairie A. Morel & Cie 18 R. Vivienne

XVIIIᵉ SIÈCLE. — CÉRAMIQUE FRANÇAISE.
FAIENCES DE NEVERS.

PLAT OVALE.
MUSÉE DE CLUNY.
(FONDS A. LE VÉEL.)

864

L'ouverture prochaine de la *Galerie des Faiences françaises* (Coll. *A. Le Véel*, 550 pièces environ) au *Musée de Cluny*, mettra bientôt le public à même de profiter de cette intelligente acquisition. Nous apporterons notre part au mouvement artistique qui devra résulter de l'exposition libre et permanente de cette importante collection. — Voici un remarquable spécimen de la *fabrication nivernaise*, sur laquelle M. Du Broc de Ségange, conservateur du Musée de Nevers, vient de publier un volume édité avec luxe et que nous ne saurions assez recommander à nos lecteurs *. — Émaux à fond *bleu de Perse* avec décoration de bouquets de feuillage peints en émail *blanc*. Les *vigueurs* de notre dessin indiquent les touches de *jaune*. — (*Fac-simile.*) — Moitié de l'original.

维尔法国彩陶收藏美术馆即将开幕,克吕尼博物馆(即法国国立中世纪博物馆)展出的550件藏品将很快使公众从中获得极大的视觉享受。由于它们永久免费展出那些重要藏品,我们也计划参与到艺术运动中去。 这是一件纳韦尔制造的精致样品。杜·布霍·德·赛纲吉(Mr. Du Broc de Segange)是纳韦尔博物馆的馆长,他刚刚完成了一本关于纳韦尔彩陶的书,编排精美,值得向读者们强烈推荐。波斯蓝珐琅,以及白色上釉的叶簇。这个绘画作品最有活力的部分就是零星的黄色。比例尺为1:2。(复制品)

The approaching opening of the *Gallery of the French Faiences* Collection *A. Le Véel*, of about 550 pieces) at the *Cluny Museum* will soon enable the public to benefit by that sensible acquisition. We intend to have a share in the artistic movement which is to result from the free and permanent exhibition of that important collection. —This is a remarkable specimen of the *Nevers fabrication*, about which Mr. Du Broc de Ségange, chief guardian of the Nevers Museum, has just written a gorgeously edited book and which we cannot recommend too much to our readers *. Enamels with *Persian blue* grounds, and *white* enamelled tufts of foliage. The most *vigorous parts* of our drawing indicate the *yellow* dashes. — (*Fac-simile.*) — Half-size of original.

* *La Faïence, les Faïenciers et les Émailleurs de Nevers*, gr. in-4°. Publication de la *Société Nivernaise.* 1863.

XVIᵉ SIÈCLE. — ÉCOLE FLAMANDE (CHARLES-QUINT). CORTÉGES.
COSTUMES MILITAIRES.

La remarquable suite des (38) planches gravées à l'eau-forte composant la représentation de l'*Entrée triomphale de l'empereur Charles-Quint dans la ville de Bologne* est devenue excessivement rare. Cet estimable recueil, fruit d'un immense labeur, et dont l'auteur (*Nicolas Hoghenberg*, mort à Malines en 1544) est à peine connu, fait revivre sous nos yeux les principaux acteurs de ce vaillant XVIᵉ siècle. Ses personnages, les héros des grands événements et des hauts faits d'armes de l'époque, offrent tout l'intérêt de la vérité historique. On les y voit *pourtraicts au naturel*, avec les détails authentiques de tout le luxe des accessoires usité alors en pareilles circonstances.

Nous décomposerons la reproduction de cette œuvre importante en plusieurs séries. Celle des *Hommes d'armes* et *Lansquenets*, formant l'escorte du **Dais** impérial, présente un ensemble des plus imposants qui occupera six de nos planches.

Deux Timbaliers (*Tympanistæ*) suivis de Trompettes (*Tubicines*) ouvrent la marche.

精美的三十八个"蚀刻雕塑作品"系列展示了参加查理五世获得胜利进入博洛尼亚镇的场景,现在这种系列作品已经变得极其罕见。作者[尼古拉·霍格伦伯格(Nicholas Hoghenberg),1544 年逝于梅赫林]艰苦的创作已经不为人知,但我们精心的挑选使得灿烂的 16 世纪里那些伟大的人物又鲜活地出现在我们的眼前。那时伟大的人物、完成壮举的英雄和他们对时代的贡献,展现了人们所关心的历史真相。人们可以看到这些栩栩如生的人物,可以看到那些华丽的装饰和真实的细节。

我们将通过几个系列来再现这一重要的作品,其中皇室侍从从《披甲战士和雇佣兵》展示出令人印象深刻的总体效果,将占据六个版块。

两名定音鼓鼓手(tympanistae)后面跟着小号手(Tubicines),共同组成了游行队。

The remarkable series of the 38 aqua-fortis engravings representing the *triumphant Entering of Charles the Fifth in the town of Bologna*, has become exceedingly rare. That esteemed selection, the produce of hard working and of which the author (*Nicholas Hoghenberg* who died at Mechlin, in 1544) is scarcely known, brings to life again before our eyes the chief characters of that gallant XVIᵗʰ century. Its personages, heroes of the great events and of the exploits of the epoch, present quite the interest of historical truth. One can see them *painted to life* with authentic detailing of all the gorgeousness of the accessories then and there in use.

We will reproduce that important work through several series, of which that of the *Men at arms* and *Lansquenets* attendants of the imperial Canopy shows a most imposing ensemble and will employ six of our plates.

Two Kettle-drummers (*tympanistæ*), followed by trumpeters (*Tubicines*), form the van of the procession.

865

E·REIBER·DIREXIT

TIMPANISTAE TVBICINES

Suit un gros de cavalerie composé de l'élite de la Chevalerie allemande et espagnole. Au premier plan se détachent les vaillants capitaines, les héros de Pavie, les mêmes qui plus tard devaient s'illustrer à Naples, à Tunis, hauts et puissants seigneurs : marquis d'Ascoli, suivi de ses deux jeunes fils; comte de Rhodes; Odet de Foix, seigneur de Lautrec; seigneur de Vienne; baron de Saint-Saturnin. — (Fac-simile.)

接下来后面跟着一队骑兵，是德国和西班牙的骑士。画面最明显的位置出现了勇敢的船长和后来在那不勒斯和突尼斯扬名的帕维亚（Pavia）英雄以及高贵而强大的领主们，这些领主包括：阿斯科利侯爵（Ascoli），紧随其后的是他的两个儿子；罗兹伯爵（Rhodes）；福伊克斯的奥德特（Odet），劳得勒克（Lautrec）领主；维埃纳（Vienne）领主；圣萨蒂南（Saint-Saturnin）男爵。（复制品）

Then follows a body of horse-guards, being the flower of the German and Spanish knights. On the foreground conspicuously appear the brave captains, the heroes of Pavia who were to subsequently distinguish themselves at Naples and Tunis, high and mighty lords : the marquis of Ascoli, followed by his two sons; the count of Rhodes; Odet de Foix, lord of Lautrec; the lord of Vienne; the Baron of Saint-Saturnin. — (Fac-simile.)

CATAPHRACTARVM— EQVITVM—ARMATAE PHALANGES

PANNEAUX DE MEUBLES,
FIGURES DÉCORATIVES,
PAR JEAN GOUJON.

XVIᵉ SIÈCLE. — ÉCOLE FRANÇAISE (CHARLES IX).

867

868

Les nombreux spécimens du *Mobilier* de la Renaissance (Dressoirs, Cabinets, Bahuts, Buffets, etc.), qui se sont conservés jusqu'à nous présentent dans leur disposition des caractères généraux qu'une collection d'exemples choisis mettra bientôt nos lecteurs à même d'étudier dans nos pages.

La disposition en *panneaux de compartiment*, si logique et si convenable aux exigences du travail de menuiserie, indique la construction des bâtis et les remplissages en panneaux sculptés. Les vantaux des portes de ces sortes de meubles *fazes* présentent souvent comme motif un Panneau principal accompagné de petits compartiments de forme très-allongée et que l'art du sculpteur embellissait de figures couchées aux formes élégantes. La collection de M. *Récappé* nous fournira, sous ce rapport de remarquables spécimens, témoins les présentes pièces qui sortent évidemment de l'atelier de notre illustre J. Goujon. L'aigle, le cygne et les autres accessoires indiquent suffisamment les sujets. — Une Nymphe des Bois (Dryade). — Noyer. — Gr. d'exéc. Une Nymphe des Fontaines (Naïade). — Noyer. — Gr. d'exéc. — (*Inédit*).

The very many specimens of *Renaissance furnitures* (Side-boards, Cabinets, Trunks, Cup-boards, etc.), which have been preserved to this our time, offer in their disposition several characteristics which a selection of choice samples will soon enable the reader to study in those pages of ours.

The disposing into *compartiment panels*, so sensible and convenient for the exigencies of the joiner's work, indicates the building of the frames and their filling with carved panels. The folding doors of these *fazed* pieces of furniture often present in their disposition a main panel with, at the upper and lower parts, small and very elongated compartments which the industry of the sculptor has adorned with recumbent and elegantly shaped figures. The collection of M. *Récappé* will furnish us in that respect with remarkable specimens, witness the actual pieces evidently coming from the studio of the illustrious *J. Goujon*. The subjects are sufficiently indicated by the eagle, the swan, and other accessories. — A Silvan Nymph (Dryad). — A Fountain Nymph (Naiad). — Nutwood. — Full size. — (*Unedited.*)

许多文艺复兴时期的家具（餐具厨、橱柜、衣箱、碗柜等）的样品保存至今，从设计上能看出若干特点。我们的书中就选择了若干样本，供读者从中学习和研究。

在面板间的布置表明了框架的构造和用雕刻版的填充情况，工匠若有紧急情况这种布置十分方便明智。这些固定家具的折叠门通常布置在一个主面版上。在面板上部和下部都有一个体积不大且狭长的柜子，行业内的雕刻家使用优雅的卧像装饰这些种柜子。在这方面，端开普（Recappé）先生的收藏为我们提供非凡的样本，见压那些真实的作品，证据表明这些作品来自著名的 J. 古戎（J. Goujon）工作室，见压那些装饰物充分唱示了主题：一个"森林女神［J. Goujon］工作室"，一个是"水中仙女［那伊阿得（Naiad）］"。核桃木制。实际尺寸。（未编辑）

Troisième Année.   N° 94.   30 Novembre 1863.

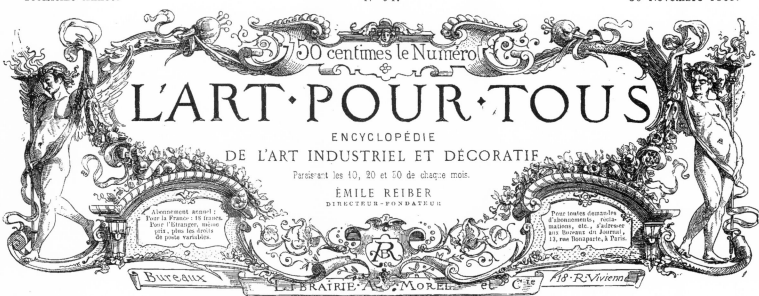

750 centimes le Numéro

L'ART·POUR·TOUS

ENCYCLOPÉDIE
DE L'ART INDUSTRIEL ET DÉCORATIF
Paraissant les 10, 20 et 30 de chaque mois.

ÉMILE REIBER
DIRECTEUR-FONDATEUR

Abonnement annuel :
Pour la France : 18 francs.
Pour l'Étranger, même
prix, plus les droits
de poste variables.

Pour toutes demandes
d'abonnements, récla-
mations, etc., s'adresser
aux Bureaux du Journal,
13, rue Bonaparte, à Paris.

Bureaux   LIBRAIRIE A. MOREL et Cie   18·R·Vivienne

XVII⁰ SIÈCLE. — ÉCOLE FRANÇAISE (LOUIS XIV).

AIGUIÈRE.
ENTOURAGES,
PAR JEAN LEPAUTRE

Another plate of the se-
ries of *J. Lepautre's Ewers
with frames* (see p. 145).
Such big pieces of the silversmith's art are not
always prominent for their
elegance. Thus here in this
specimen, exclusively of all
the details of sculpture of
the centre Vase, and only
considering the *profile of the
mouldings,* one is brought
to this opinion, firstly, that
the *belly,* which is always
a part requiring the greatest development, is here cut
in two in not a very happy
fashion by the projecting
moulding which supports
the group of children ;
secondly, that the *neck* is
underproportioned and is
crowning too heavy for the
base in the form of a tripod
figured by winged dragons
with lion's paws. The outline of the Satyr is, on the
other hand, in nice keeping
withe the curve of the
handle, and the defects just
pointed at are atoned for
by a brilliant execution.
The subject of the *Frame,*
as in every piece of that
series, is twofold ; the vertical axis serves for a limit
to both compositions ; a
large wreath of fruits is
running through the right
one. — (*Fac-simile.*)

Autre planche de la suite
des *Aiguières* encadrées de
bordures de *J. Lepautre*
(voy. p. 145). Ces grosses
pièces d'orfévrerie, composées dans le goût italien de
l'époque, ne brillent pas
toujours par l'élégance.
Ainsi, dans l'exemple ci-
joint, si on fait abstraction
de tous les détails de sculpture du Vase central, et
que l'on ne considère que
le *profil des moulures,* on
est amené à constater :
1° que la *panse,* partie qui
demande toujours le plus
grand développement, est
ici coupée en deux d'une
façon assez malheureuse
par la moulure saillante qui
porte le groupe d'enfants ;
2° que le *col* est de proportion trop courte et que
son couronnement est trop
lourd pour le soubassement
en forme de trépied, figuré
par des dragons ailés à pied
de lion. La silhouette du
satyre se balance bien, du
reste, avec les courbes de
l'anse, et les défauts que
nous venons d'indiquer
sont sauvés par une exécution brillante. Comme dans
toutes les pièces de cette
série, le motif des *Bor-
dures* est double ; l'axe
vertical délimite les deux
compositions ; une grosse
guirlande de fruits court à
travers celle de droite. —
(*Fac-simile.*)

另一版块是 J. 勒坡特
（ J. Lepautre）的《带
边框的水壶》（参见第
145 页）。体积如此之
大的一幅银制作品可欣
赏度不高。因此，在展
示的这幅样品中，只需
关注中央花瓶雕刻的细
节以及模具的外形，参
考如下观点：第一，中
部是需要尽量大程度发
挥的部分，这里的中部
以一种不十分巧妙的方
式一分为二，突出了平
台支撑着一群孩子的造
型；第二，颈部不成比
例，对于三脚底座来说
顶端过重，三脚底座装
饰着带翅膀的龙，龙有

狮子爪子。第三，森林
之神萨蒂尔（Satyr）的轮
廓完美地保持了手柄的
枝条状曲线，而刚刚指
出的缺陷由一个巧妙的
设计所弥补。在这一系
列的每一部分中，画面
都具有双重主体；垂直
中轴线为两幅作品的分
割线；一个巨大的水果
花环横跨右边的篇幅。
（复制品）

XVIᵉ SIÈCLE. — TYPOGRAPHIE PARISIENNE (HENRY II).

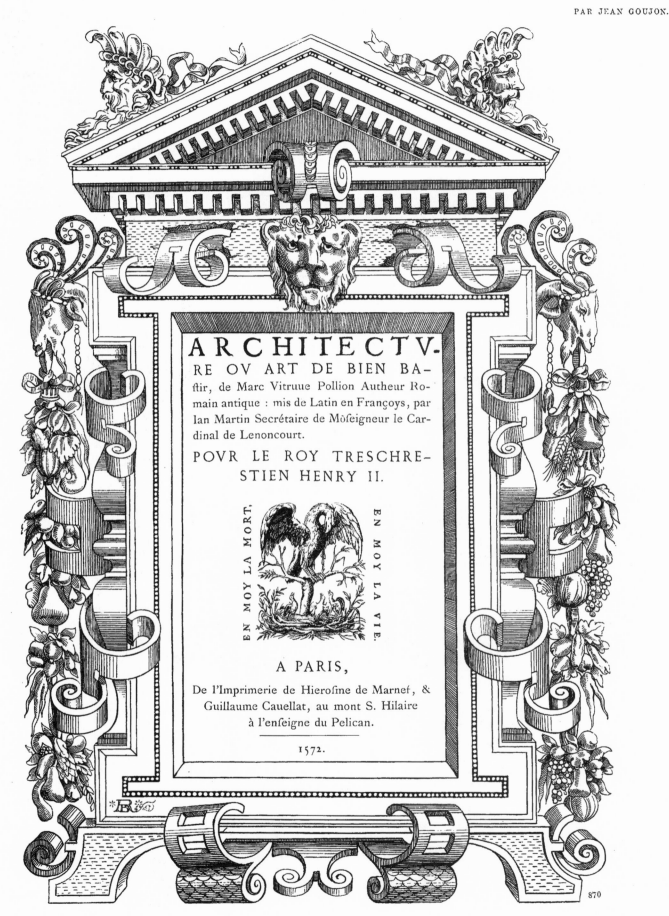

ARCHITECTV-
RE OV ART DE BIEN BA-
ſtir, de Marc Vitruue Pollion Autheur Romain antique : mis de Latin en Françoys, par
Ian Martin Secrétaire de Mõſeigneur le Cardinal de Lenoncourt.

POVR LE ROY TRESCHRE-
STIEN HENRY II.

EN MOY LA MORT.   EN MOY LA VIE.

A PARIS,

De l'Imprimerie de Hieroſine de Marnef, &
Guillaume Cauellat, au mont S. Hilaire
à l'enſeigne du Pelican.

1572.

870

Paruc à la suite des éditions d'Alberti, d'Agostino Gallo, de Philander, la traduction de *Vitruve* de *J. Martin* est la première version française des œuvres de cet illustre Ancien ; elle est en outre remarquable par le grand nombre de figures dont *J. Goujon* l'a illustrée. Le présent Entourage sert de *Frontispice* au volume ; il a été imprimé aussi à la fin des éditions de *Philibert de l'Orme*. On retrouvera plus loin d'autres illustrations curieuses du même livre, également dues à la main de *J. Goujon*. — (*Fac-simile*.)

J. 马丁（J. Martin）翻译的《维特鲁威》是继阿尔贝蒂（Alberti）、奥古斯蒂诺·加洛（Augustino Gallo）以及费兰德（Philander）的版本后，第一部关于那位已经年迈的著名大师的法语作品；此外，该作品十分著名的另一个原因是 J. 古戎（J. Goujon）用以装饰的雕像。在菲利普·德洛姆（Philibert de L'Orme）的版本末尾，也同样印出了作为卷首的实际画面。我们还会在同一本书中找到奇特的范例，这些范例同样出自 J. 古戎之手。（复制品）

Following the Alberti, Augostino Gallo, and Philander editions, *J. Martin's* traduction of *Vitruvius* is the first French one of the works of that illustrious old master; besides it is remarkable by the figures with which *J. Goujon* adorned it. The actual Frame serving for a *Frontispiece* to the volume was likewise printed at the end of *Philibert de l'Orme's* editions. Other curious illustrations of the same book will further be found, which we also owe to the hand of *J. Goujon*. — (*Fac-simile*.)

XVIIIe SIÈCLE. — CÉRAMIQUE FRANÇAISE (LOUIS XV).
FAÏENCES DE ROUEN.

ACCESSOIRES DE TABLE.
ASSIETTE
A LA CORNE D'ABONDANCE.

871

Ce type, un des plus répandus de la fabrication rouennaise, rentre dans la catégorie des « pièces à la corne », ainsi nommées à cause de la *corne d'abondance* qui donne naissance aux rinceaux de fleurs et de branchages. On peut dire que ce système d'ornementation, qui ne remonte pas au delà du milieu du xviiie siècle, est la seule concession que les artistes rouennais aient pu faire au goût de la *rocaille*, alors en faveur. Les compatriotes du « grand Corneille » devaient justifier le « *tenacem propositi virum* » d'Horace ; le positif Normand ne se laissa jamais déborder par la *nouveauté*.

Cette décoration, d'un effet très-brillant (voir les indications des tons : — couverte *blanche ;* le *noir* au manganèse, le *rouge* à l'oxyde de fer; *jaunes* et *bleus* très-vifs, rompus de *gros vert*), a été appliquée aux pièces d'un usage journalier (plats, assiettes, bassins, soupières, écuelles, etc.). Formes lourdes ; grande épaisseur de matière. — Grandeur d'exécution.

这种类型是法国鲁昂工艺中最常见的一种，它属于角状的一类，这得名于它所产生的卷形花叶和花朵。可以说，这种装饰的方式在17世纪中期之前，是鲁昂的艺术家们唯一的作品，直到后来石制工艺广为风靡。因此，伟大的科尔内耶（Corneille）的同乡们应该为他的特拉提姆（坚定的人）辩护，真正是诺曼底的孩子绝不会允许自身没有创造力。

这种装饰效果非常明显（参见色调的指示：白色玻璃窗，锰黑色和铁红色，鲜艳的黄色和蓝色与卷心菜绿色的混合），已经被应用到日常的使用中（餐具、盘子、盆、汤锅、粥碗等）。外形庞大，材料厚实。实际尺寸。

This type, one of the most frequent of the Rouen fabrication, belongs to the category of the *horned* pieces, so named on account of the *cornucopia* from which are springing rolls of foliages and flowers. It may be said this manner of ornamentation, which goes no farther back than the middle of the xviith century, is the only yielding of the Rouen artists to the fashion of *rock-works* then in favour. So ought the fellow-townsmen of great Corneille to justify the *tenacem propositi virum* (strong-minded man) of Horatius ; never did a true child of Normandy allow *Novelty* to outfly himself.

This decoration of a very telling effect (see the indications of tones : — *white* glazing ; manganese *blacks ;* oxyd of iron *reds*, vivid *yellows* and *blues* blending with *cabbage greens*) has been applied to pieces of a daily use (dishes, plates, basins, soup-tureens, porringers, etc.). Heavy shapes ; thickness of material. — Full size.

XVIIᵉ SIÈCLE. — BRODERIE ITALIENNE.

GUIPURES.
POINT DE VENISE.
(MUSÉE DE CLUNY.)

872

The peculiar character of that sort of embroidery, which was in vogue the whole of the xviiᵗʰ century and without which no full dress was thought complete (neck-band, rufles, etc.; see the *portraits* of the time), consists in the embossing and modelling produced by ornaments in the form of very large and superposed flower-leaves. Those blowings are united by muslin or cambric foliages, open-worked and richly festooned. Our drawing gives the full size of one half of a *neckcloth* or *band* which seems o have belonged to an Italian full-dress of the beginning of the century. The upper portion (nᵒ 872) is a prolongation of the anterior surface of the band and is united in he form of a strip behind the nape of the other and equally symmetrized half. This neck-band is cut open in front where it is tied by means of a plain knot of twists furnished with tassels.—Recently acquired by the *Cluny Museum.*—(*Unedited.*)

Le caractère spécial de cette sorte de broderies, dont la vogue fut très-grande pendant tout le cours du xviiᵉ siècle, comme complément obligé des costumes de cérémonie (rabats, manchettes, etc., voir les *portraits* du temps), consiste dans les *reliefs* et modelés produits par la superposition des ornements disposés en pétales de fleurs d'un jet très-large. Ces épanouissements sont réunis par des rinceaux de mousseline ou de batiste brodée, découpée à jour et ornée de riches festons. Notre dessin donne, en grandeur d'exécution, la moitié d'un *collet ou rabat* paraissant provenir d'un costume de cérémonie italien, du commencement du siècle. Le fragment supérieur (nᵒ 872) forme le prolongement de la face antérieure du rabat, et va se réunir sous forme de bande derrière le cou à l'autre moitié qui lui est parfaitement symétrique. Ce collet s'ouvre sur le devant et s'attache par un simple nœud de cordonnets, munis de glands.—Acquisition récente du Musée de Cluny. — (Inédit.)

这种特别的刺绣在整个 17 世纪十分流行，没有它的裙子会被认为是不完整的（领子、褶边等，注意这个时期的描绘），采用大的重叠花叶营造出压花和立体感。这些清花工艺通过棉布叶子或者是麻纱叶子，透空式的和丰富的装饰结合在一起。我们的图画充分展示了一个衣领一半大小的外观，这似乎是该世纪初

一位意大利人的礼服。上面的部分（图872）是领口前面的延伸部分，与另一面后颈部分相结合，并完全对称。这个衣领前面被剪开，用缀着流苏的平结系着。它最近收藏于法国克吕尼博物馆。

873

Troisième Année.

N° 95.

10 Décembre 1863.

Bureaux R. Vivienne

L'ART
POUR·TOUS

ENCYCLOPÉDIE
DE
L'ART INDUSTRIEL ET DECORATIF
Paraissant les 10, 20 et 30 de chaque mois.

ÉMILE REIBER
DIRECTEUR-FONDATEUR

Abonnement
annuel :
Pour
toute la France,
18 francs.
Pour l'Étranger,
même prix, plus
les droits de poste
variables.

Pour
toutes demandes
d'abonnements,
réclamations, etc.,
s'adresser
aux Bureaux
du Journal,
13, Rue Bonaparte,
à Paris.

XVIᵉ SIÈCLE. — ÉCOLE ROMAINE.

FIGURES DÉCORATIVES.

PAN ET LA NYMPHE ÉCHO,
PAR JULES ROMAIN.

The god *Pan* was wont in the poetics of the Ancients to embody the natural powers, intermediate agents between man and deities. He not only was the representative of the careless and sportive race of Fauns and Satyrs, but also an epitome of Nature's unknown or undefinite powers. Poetical fictions depict him with goat's feet, a goatskin on his back, a horned brow, and as holding in one hand the pipe with seven holes, and in the other the pastoral club. In the actual composition the artist has left off all those accessories, to mind only the skilful profile which characterizes this piece. We call attention to the complete disengagement of the lower limbs giving to the composition the *action* required by the subject. The right arm of the Satyr is purposely *shown out in profile* as giving the equilibrium to the whole group. This arm, bent up in order to keep hold of that of the Nymph, forms with the trunk and head of the god a substantial mass to which the body of the lifted up female comes and suspends itself. A drapery thrown with easy folds on the left arm of the former is lightly ondulating behind the group whose movement it is following. — (*Fac-simile.*)

Ant. Sal. exc.

E. REIBER DIREXIT

874

Dans la poétique des anciens le dieu *Pan* était la personnification vivante des puissances naturelles, intermédiaires entre l'homme et les divinités. Non-seulement il était le représentant de la race insouciante et folâtre des Faunes et des Satyres, mais encore résumait-il en lui les forces inconnues ou non encore définies de la Nature. Les fictions des poëtes nous le représentent avec des pieds de bouc, le dos couvert d'une peau de bique, le front cornu et tenant à la main la flûte à sept trous et le bâton pastoral. Dans la présente composition le maître a négligé tous ces accessoires pour ne s'occuper que de la savante silhouette qui caractérise ce morceau. Nous ferons remarquer le dégagement complet des membres inférieurs, qui donne à la composition le *mouvement* que comporte le sujet. Le bras droit du Satyre est à dessein *accusé en silhouette*, comme soutenant tout l'équilibre du groupe. Ce bras, replié sur lui-même pour retenir celui de la nymphe, forme avec le torse et la tête une masse solide à laquelle vient se suspendre le corps de la figure enlevée par le dieu. Une draperie jetée en plis tranquilles sur le bras gauche de ce dernier s'envole légèrement en arrière du groupe dont elle suit le mouvement. — (*Fac-simile.*)

在古代的诗歌中，潘神（Pan）体现了自然的力量，是人与神之间的代理人。他不仅是农牧神（Fauns）和森林之神萨蒂尔（Satyrs），粗心和运动种族的代表，也是大自然未知或不确定力量的一个缩影。诗歌中描绘了他有一双山羊的脚，背上有张山羊皮，一双有角的眉毛，一只手拿着七个洞的烟斗，另一只手持着牧杆。在实际作品中，画家去除了多余的修饰，留下的这部分，描绘了如此灵巧的形象。我们将注意力集中到作品中，其在

下肢完全脱离的情况下，给予构成主体所需的动作。森林之神的右手臂在图中特意展示出来，使整个组合得以平衡。这只手臂微曲以控制宁芙女神（Nymphe）。该手臂与躯干和头形成一种强大的力量，使举起来的女性身体得以悬挂在男性的身上。在男性的左臂上，简易折叠的帷幔，在该人物形象组合的背面轻盈飘动。（复制品）

XVIᵉ SIÈCLE. — TYPOGRAPHIE PARISIENNE (HENRI II).

CARTOUCHES. — LETTRES ORNÉES.

MARQUES D'IMPRIMEUR,

PAR J. GOUJON.

876

878

880

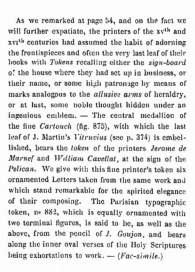

875

877

879

881

As we remarked at page 54, and on the fact we will further expatiate, the printers of the xvᵗʰ and xviᵗʰ centuries had assumed the habit of adorning the frontispieces and often the very last leaf of their books with *Tokens* recalling either the *sign-board* of the house where they had set up in business, or their name, or some high patronage by means of marks analogous to the *allusive arms* of heraldry, or at last, some noble thought hidden under an ingenious emblem. — The central medallion of the fine *Cartouch* (fig. 875), with which the last leaf of J. Martin's *Vitruvius* (see p. 374) is embellished, bears the *token* of the printers *Jerome de Marnef* and *William Cavellat*, at the sign of the *Pelican*. We give with this fine printer's token six ornamented Letters taken from the same work and which stand remarkable for the spirited elegance of their composing. The Parisian typographic token, nᵒ 882, which is equally ornamented with two terminal figures, is said to be, as well as the above, from the pencil of *J. Goujon*, and bears along the inner oval verses of the Holy Scriptures being exhortations to work. — (*Fac-simile.*)

Ainsi que nous l'avons fait remarquer p. 54, et que nous le développerons plus complétement dans la suite, les imprimeurs du xvᵉ et du xviᵉ siècle avaient pris l'habitude d'orner les frontispices, et souvent même le dernier feuillet de leurs livres, de *Marques* rappelant soit *l'enseigne* de la maison où ils s'étaient établis, soit, par des signes analogues aux *armes parlantes* du blason, leur nom ou quelque auguste patronage, soit enfin quelque noble pensée cachée sous un ingénieux emblème. — Le médaillon central du beau *Cartouche* (fig. 875) qui orne la dernière page de l'*itruve* de J. Martin (voy. p. 374) porte la *marque* des imprimeurs *Jérôme de Marnef* et *Guillaume Cavellat,* à l'enseigne du *Pélican.* Nous accompagnons cette belle marque de six lettres ornées, tirées du même ouvrage, et qui se distinguent par une spirituelle élégance de composition. La marque typographique parisienne nᵒ 882, également ornée de deux figures en gaine, est, comme la précédente attribuée à *J. Goujon* et porte sur la bordure de l'ovale intérieur des versets des saintes Écritures qui sont des exhortations au travail. — (*Fac-simile.*)

PARISIIS,

882

正如我们在第54页所作出的评论，接下来我们将进一步阐述如下事实：15世纪和16世纪时，人们认为印花平纹坯布是用来装饰卷首插画的，且经常用在书的最后一页，通过一些符号回顾他们商业铺子的招牌、名字或是一些高额赞助人，这些符号类似于暗示性的纹章，或者最后在一个巧妙的徽章下面隐藏一些高尚的思想。涡卷饰（图875）中间的圆形浮雕和J·马丁（J. Martin）的《维特鲁威》的最后一页，均采用杰罗姆·德·马内夫（Jerome de Marnef）与威廉·卡夫拉

特（William Cavellat）的鹈鹕标志来装饰，作为印花平纹坯布的象征。我们从该作品中选取了六个装饰字母，这些字母以其创作精致优雅而闻名。巴黎文字符号编号为882，它同样装饰了两个末端的字母。这些符号，以及上图所示那些，据传都出自J. 古戎（J. Goujon）之手。它们沿《圣经》内部椭圆体诗句分布，劝诫人们努力工作。（复制品）

XVIᵉ SIÈCLE. — ORFÉVRERIE FRANÇAISE (LOUIS XII).

COFFRET
EN CUIVRE DORÉ.
(MUSÉE SAUVAGEOT.)

Though rather roughly and naively executed, this *Coffer* furnishes us with a curious specimen of copper-casting in the beginning of the xvɪᵗʰ century. — It is composed of a rectangular body with three panels on the chief faces, and only two on the sides; those compartments are separated by pilasters of Ionic order with a rich course of mouldings added up and down. At the angles light balusters rest upon four roughly modelled heads which, by means of claws, press upon ball-shaped feet. The convex cover bears at the principal axes and its four edges acanthine leaves. All the filling ornaments, composed of two principal motives (children holding an escutcheon, — foliage darting out of a central pavilion), are alternately distributed in the main divisions, and detach themselves on quite open-worked grounds.

This curious piece, doubtless consecrated to a worldly use (a jewel-box?), has probably come to us only because of its having long served for a *Shrine* in the church of Boulogne-lez-Saint-Cloud. — Nᵒ 489 of the Catalogue. — Full size.

Quoique d'une exécution quelque peu naïve et grossière, ce *Coffret* nous fournit un curieux spécimen de la fonte du cuivre au commencement du xvɪᵉ siècle. — Il se compose d'un corps rectangulaire formé de trois panneaux sur les faces principales, et de deux sur les côtés; ces divisions sont séparées par des pilastres d'ordre ionique étoffés haut et bas d'un riche cours de moulures. Aux angles, des balustres légers reposent sur quatre têtes grossièrement modelées et s'appuyant au moyen de griffes sur des pieds en forme de boule. Le couvercle, de forme bombée, porte dans ses axes principaux et ses quatre arètes des feuilles d'acanthe. Tous les remplissages, se composant de deux motifs principaux (enfants tenant un écusson, — rinceau de feuillage s'élançant d'un culot central), sont disposés alternativement dans les divisions principales et se détachent sur des fonds complétement à jour.

Cette curieuse pièce, sans doute destinée primitivement à un usage profane (coffret à bijoux?), n'est probablement arrivée jusqu'à nous que parce qu'elle a longtemps servi de *Reliquaire* dans l'église de Boulogne-lez-Saint-Cloud. — Nᵒ 489 du Catal. — Grand. d'exéc.

虽然制作相当粗糙和简单，这个保险箱却为我们提供了一个 16 世纪初有趣的镀铜样本。它由一个矩形的主体构成，在主面上有三块嵌板，而侧面只有两个；这些隔间是由爱奥尼亚式的壁柱分隔开的，经过了复杂的模铸过程。在脚部，轻栏杆放置于四个简单成型的头部，这些头部借助于爪型结构紧抓在球形柱脚上。凸型盖支撑于主轴线和四个刺叶状边缘上。所有充填的装饰物有主要有两种图案（孩子们手持盾牌、叶形图案从中央向外迸发），这些装饰物交替分散于主

体之上，并在镂空的底面上四散开来。

这件精美的作品，无疑是普遍适用的（可能是珠宝盒），由于其长期在 Boulogne-lez-Saint-Cloud 教堂作为神龛使用，如今我们才得以一见。目录编号 489 。实际尺寸。

PORTES, — LUCARNES,
PAR PIERRE COLLOT.

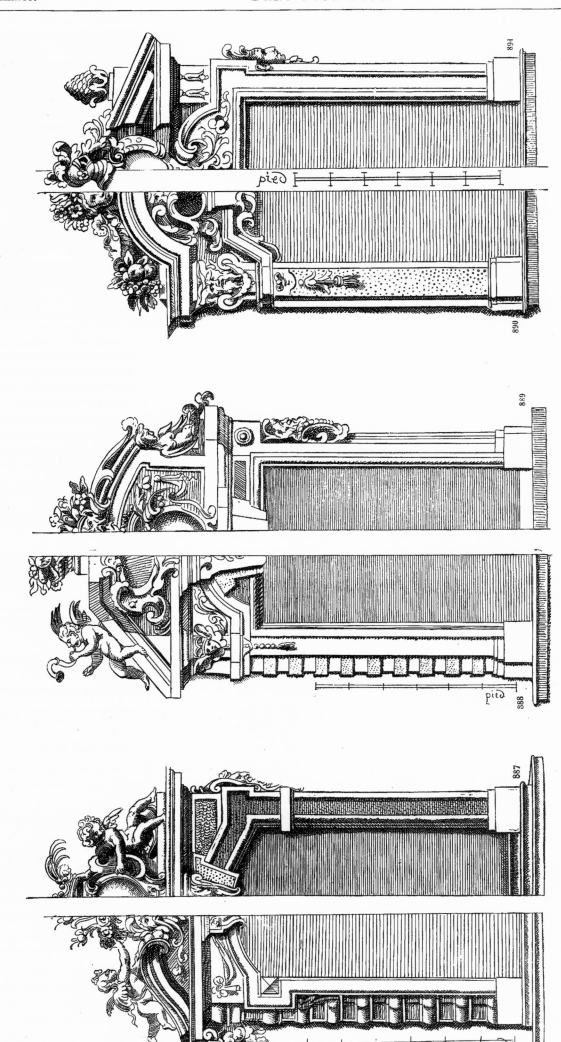

894

890

889

pied

888

887

886

XVIIᵉ SIÈCLE. — ÉCOLE FRANÇAISE (LOUIS XIII).

Ces six compositions de *Lucarnes*, également applicables à l'étude des Portes intérieures, se distinguent par la variété de leurs amortissements. Ainsi le nᵒ 886 présente un fronton arrondi en volute, surmonté d'oufants couronnant un mascaron central ; le nᵒ 887, un entablement droit recevant des enfants assis et tenant un écusson surmonté d'une couronne. Au nᵒ 888, l'amortissement forme un tympan qui reçoit un cartouche et qui est terminé par une plate-forme portant une corbeille ; au nᵒ 889 il est disposé en *attique* ; au nᵒ 890 le couronnement est cintré et porte un masque de femme d'où s'échappe une guirlande de fruits ; au nᵒ 891 le fronton est brisé et reçoit un cartouche d'armoiries. — (*Fac-simile.*) — Sera continué.

这六个天窗艺术作品可以放到室内入口的研究中，可以以其三角楣饰的种类区分。图 886 代表一种涡形装饰物，正面中心面具周围围绕着一群孩子；图 887 有一个竖直的平板，上面坐着一群手拿外套、头上戴着王冠饰的孩子；图 888 中的三角楣饰是一个衬垫，支撑着一个撑梁的平台；图 889 布置成一个阁楼；图 890 是一个拱形的屋顶，其上装点着一枚女性面具，周围还有一簇水果；图 891 的正面是破损的，其上由一个饰有涡卷饰徽章的轴承支撑。未完待续。（复制品）

Those six compositions of *Dormers*, which may also be applied to the study of interior Entrances, are distinguished by the variety of their pediments. So, nᵒ 886 presents a volute rounded frontal surmounted by children that inwreathe a central mask; nᵒ 887 has a straight tablet upon which are seated children holding a coat of arms surmounted by a crown ; in nᵒ 888 the pediment is in the form of a tympan supporting a cartouch and ending in a platform which bears a corbel ; in nᵒ 889 it is disposed as an *Attic*; of nᵒ 890 the crowning is arched and bears the mask of a female from which a garland of fruits is running ; in nᵒ 891 the frontal is broken and receives a cartouch armorial bearings. — (*Fac-simile.*) — To be continued.

Troisième Année.

N° 96.

20 Décembre. 1863

·L'ART·POUR·TOUS·

ENCYCLOPÉDIE

DE L'ART INDUSTRIEL ET DÉCORATIF

Paraissant les 10, 20 et 30 de chaque mois.

EMILE REIBER
DIRECTEUR-FONDATEUR

Abonnement annuel :
Pour toute la France, 18 fr.
Pour l'Étranger,
même prix, plus les droits
de poste variables.

Pour
toutes demandes
d'abonnements, ré-
clamations, etc.,
s'adr. aux Bureaux du Journal,
13, Rue Bonaparte, à Paris.

Bureaux Librairie A. Morel & Cie 18 R. Vivienne

XVIIe SIÈCLE. — ÉCOLE FRANÇAISE (LOUIS XIV).

VASE,

PAR J. LEPAUTRE

The collection of the silver-smith's *Small Vases,* composed by *Jean Lepautre* in the shape of Ewers with land-scape grounds, has been worked by this master with a singular care. We will make our study to faithfully reproduce that valued series of 12 plates. — Of this one the belly rises, on one side, in the shape of a stern sup-porting Hercules conqueror of the Hesperidian dragon. The arms of the demi-god entwine with the curves of the double handle connect-ing the base of the neck with the sharp spout which ter-minates the vase atop. A zone, with a projecting moulding superadded and ornamented with feminine masks united by big gar-lands, terminates the de-coration of the lower portion of the belly which, through a cyma, is connected with the foot in the shape of a baluster with narrow basis. — (*Fac-simile.*) — To be continued.

G. REIBER Dir.

892

La collection des *Petits Vases* d'Orfévrerie, compo-sés par *Jean Lepautre* en forme d'Aiguières à fonds de paysages, a été traitée par le maître avec un soin particu-lier. Nous nous attacherons à reproduire avec la plus grande fidélité cette suite estimée de 12 pièces. — Dans celle-ci, la panse se relève d'un côté en poupe de na-vire portant Hercule, vain-queur du dragon des Hespé-rides. Les bras du demi-dieu s'enlacent avec les courbes de l'anse double qui relie la base du col avec le bec aigu qui termine le vase. Une zone, surmontée d'une mou-lure saillante, et décorée de mascarons de femmes reliés par de grosses guirlandes, termine la décoration du bas de la panse, qui, par une cy-maise, se relie avec le pied en forme de balustre à base étroite. — (*Fac-simile.*) — Sera continué.

这幅银质藏品《小器皿》是让·勒坡特（Jean Lepautre）创作的，大师以水壶的形状和底面风景为构图，以单一视角来创作。为了进行研究，我们将如实修复珍贵的12个面板。在该作品中，器皿的腹部凸起，一边是赫拉克勒斯（Hercules）战胜赫斯珀里得斯恶龙（Hesperidian）的场景。这位半神的胳膊缠绕着两枚手柄的曲线，手柄连接着器皿颈部的底端

和器皿顶端的尖嘴。器皿下端区域有一个凸出的铸模，装饰着后添的女性面具，与大型花环相接，器皿腹部下面的装饰就这样结束了。器皿腹部与底部通过反曲线相连，底部狭窄，形似栏杆。未完待续。（复制品）

XVIIIᵉ SIÈCLE. — ÉCOLE FRANÇAISE (RÉGENCE).

PANNEAUX. — TENTURES.
BACCHUS,
PAR CLAUDE GILLOT.

Pᵈᵉ DULOS

893

Couronné de lierre et simplement vêtu d'une draperie flottante, le dieu Bacchus est représenté debout tenant d'une main la pique, symbole de ses exploits guerriers, de l'autre une branche de vigne. Il se détache sur un robuste soubassement décoré d'un large médaillon représentant l'abandon d'Ariane, et aux pieds duquel sont assis un Satyre et une Bacchante formant amortissement de chaque côté. Une console aux échancrures élégantes, étoffée d'un trophée de thyrses et de cornes d'abondance, termine la silhouette inférieure. A droite et à gauche, des arcs-boutants de treille, à montants en forme de gaînes, se réunissent à la bordure générale et accompagnent une chute de fruits légère qui descend d'un dais central en treillages. — Sera continué.

巴克斯（Bacchus，罗马神话中的酒神和植物神）经常被描绘为头戴常春藤，身披一件轻盈飘荡的帷幔，呈直立状态，一手持象征着其好战英勇的长矛，另一只手握葡萄藤。他站在一个坚固的基座上，基座装饰着一枚巨大的圆形图案，上面展示了阿里阿德涅（Ariadne）的逃离。圆形图案下部的两边则是一位森林之神萨蒂尔（Satyr）和一位饮酒者。底部优雅地倾斜，装饰着神杖和丰饶角，这些形成了图画下部。左右两边，葡萄藤架的拱廊，有鞘状的支柱，与主框架结合在一起，伴随着从中央格栅状的篷顶上落下的果实。未完待续。

Crowned with ivy and clothed only with a wafting drapery, the god Bacchus is represented upright, holding in one hand a spear, symbol of his warlike exploits, and in the other a vine-branch. He is standing on a strong base decorated with a medallion exhibiting Ariadne's desertion, and at the foot of which are sitting a Satyre and a Bacchanalian in the fashion of pediment on both sides. An elegantly sloping bottom, embellished with thyrsi and cornucopiæ, forms the end of the lower profile. Right and left, arch-butments of vine-arbours, with sheath-shaped uprights, are united with the general frame and accompany a light fall of fruits coming from a central a latticed canopy. — To be continued.

XVIᵉ SIÈCLE. — ÉCOLE ROMAINE.

FIGURES DÉCORATIVES, — FRISES.

BACCHANALE,

PAR JULES ROMAIN.

894

E. PRETER DIREXIT.

Quanto honorato sei benigno bacco
Al becco el satir quil' dimostra e' quelli
Ch'an del tuo buon liquore empito l'sacco
Sostegni di Silen' tutti e' fratelli;

Comuni in allegrezza, e quel che' stracco
Di ber, sato non e' doue con belli:
Modi, e con atti all a tua statua intorio
Festegia ognun dele tue fronde adorno:

Traitée à la manière des frises antiques, cette brillante composition, à laquelle, malgré le soin de l'exécution, la traduction du graveur n'a rien fait perdre de sa vivacité originale, représente les rites sacrés qui, chez les Anciens, accompagnaient la vendange et la récolte des fruits. Au centre, adossée aux murs du temple ornés de guirlandes et de trophées de vases, se détache la statue du dieu Pan que les Faunesses et les Ménades couronnent de lierre en dansant en cadence au son de la double flûte jouée par un jeune Faune. A x pieds de la figure centrale les jeunes filles dispo-ent les corbeilles et les guirlandes qui doivent accompagner le sacrifice de la victime. Déjà sur la gauche on aperçoit Silène et son cortège de Satyres et d'Ægypans; déjà de l'autre côté une ronde turbulente de Faunus et de suivants de Bacchus a fait irruption dans l'enceinte sacrée. — (Fac-simile.)

这幅精美绝伦的作品采用古代带状雕刻的创作方法。尽管完成了作品，但是复制的雕刻师却没有从原始的活泼氛围中抄袭任何成分，而是以古人和葡萄等水果描绘了神圣的习俗。潘神（Pan）的雕塑位于中间处，头戴着常青藤，背后是神殿的高墙，墙上装饰着花环和战利品。在他周围还有农牧女神和饮酒者正随着笛声跳舞。一名年经的农牧幼放花篮和花环。而在图中下部的中间区域，少女们正在为牺牲者摆放花篮和花环。正如大家所见，左边是西勒诺斯（Silenus）和他的随行侍从萨蒂尔（Satyr）与埃古普托斯（AEgypans）。另一边，农牧神以及酒神巴克斯（Bacchus）的崇拜者闯入了神圣的大殿。

This brilliant com osition, executed after the manner of antique friezes and from which, despite the finish of the work, the translating engraver has stolen nothing of its original liveliness, represents the sacred rites with which grape and fruit gatherings were accompanied among the Ancients. The statue of the god Pan is seen in the middle, crowned with ivy, with its back against the wall of the temple adorned with garlands and trophies of vessels. Around him female Fauns and the Bacchanals are dancing and keeping time with the double flute which a young Faun is playing on. At the foot of the central figure maidens are arranging baskets and wreaths which are to accompany the sacrifice of the victim. Already may be seen, on the left, Silenus and his regime of Satyrs and Ægypans; and, on the other hand, a turbulent round of Fauns and votaries of Bacchus breaking in the sacred building. — (Fac-simile.)

895

896

POVRTRAIT

ET DESCRIPTION

du 1

TERME

—

Ce premier Terme
eſt appelé Tuſcan,
autrement ruſtique ;
il repréſente
un homme fort & robuſte, bien membru :
& auſſi à cauſe qu'il y a
peu d'enrichiſſement en iceluy :
Quant au ſurplus
il conſiſte
des vrayes proportions
dont uſoyent les antiques,
& principallement
les Romains & Venetiens,
qui ſe délectoyent d'en uſer,
comme d'un ouurage
qui approche plus
de la nature ordinaire
d'un homme
endurcy au travail,
ainſi qu'eux-meſmes
en toutes leurs autres actions
vouloient eſtre veus.
Celluy qui voudra en uſer
doit bien regarder
que le reſte de ſon œuure
y ſoit conforme :
de peur d'uſer
d'une diverſité mal ſéante
au commencement de ſon ouurage.
Reigle qui ſeruira pour
tous les ſuyuans.

Le caractère abrupte, les formes heurtées de la première des compositions de *Maître Hugues Sambin* (voy. pp. 315, 318, 327, 359, etc.) rappellent les robustes manifestations de la Nature primitive. Ces mâles représentations des premières formes architecturales portent les vestiges de la lutte énergique que l'humanité eut à soutenir dans ses premiers âges contre les agents naturels, et dont les fictions poétiques des Anciens nous transmettent la tradition dans les fables des Titans, des Géants à cent bras, des demi-dieux et des héros. Aussi n'est-ce pas un aspect aimable qu'il faut demander à ces peintures de la nature inculte et sauvage des temps primitifs. — Ces énergiques figures furent employées par les Anciens et les maîtres de la Renaissance dans la décoration des grottes, salles fraîches, etc. (Voir les *Bains de François Ier* au palais de Fontainebleau.) — (*Fac-simile.*) — Sera continué.

《大师雨果·桑班（Hugh Sambin）》一文中顽强的人物性格和首篇跌宕起伏的情节（参见第 315 页、第 318 页、第 327 页、第 359 页）表现了原始自然的艰苦。这类具有男子气概的原始人类的范本，见证了原始人类与自然媒介的激烈斗争，而古人的诗歌传说则通过神话传说中的泰坦巨神（Titans）、千手巨人（Giants with a hundred arms）、半神（Demi-gods）和英雄人物，向我们传达了这一传统。因此，从那些野生和原始自然的图片中，我们不会见到温和的景象。古人和文艺复兴时期的大师们用这些充满活力的人物来修饰岩穴、盥洗室等地方（参见弗朗索瓦的《初浴》，于枫丹白露宫殿）。未完待续。（复制品）

The rugged character and abrupt make of the first compositions of *Master Hugh Sambin* (see pages 315, 318, 327, 359, etc.) call up the hardy manifestations of primitive Nature. Such manly samples of the first architectural forms bear witness to the fierce struggle of primæval mankind with natural agents, and which the poetical fictions of the Ancients have traditionally conveyed to us by means of the fables of Titans, Giants with a hundred arms, Demi-gods and Heroes. Therefore a gentle look is not to be expected from those pictures of wild and primitive nature. — Those vigorous figures were made use of by the Ancients and by the masters of the *Renaissance* in the decoration of grottos, refreshing places, etc. (See *Francis the First's Baths*, in the Fontainebleau palace.) — (*Fac-simile.*) — To be continued.

Troisième Année.   N° 97.   30 Décembre 1863.

50 centimes le Numéro

Abonnement annuel : Pour toute la France, 18 fr. Pour l'Étranger, même prix, plus les droits de poste variables.

L'ART POUR TOUS

ENCYCLOPÉDIE DE L'ART INDUSTRIEL ET DÉCORATIF

Paraissant les 10, 20 et 30 de chaque mois

ÉMILE REIBER
DIRECTEUR-FONDATEUR.

Pour toutes demandes d'abonnements, réclamations, etc., s'adresser aux Bureaux du Journal, 13, rue Bonaparte, à Paris.

Bureaux Librairie A. Morel & Cie 18 R Vivienne

XVIᵉ SIÈCLE. — ÉCOLES DIVERSES.

BIJOUX.

CEINTURE, PENDELOQUES, BAGUES.

(MUSÉE SAUVAGEOT.)

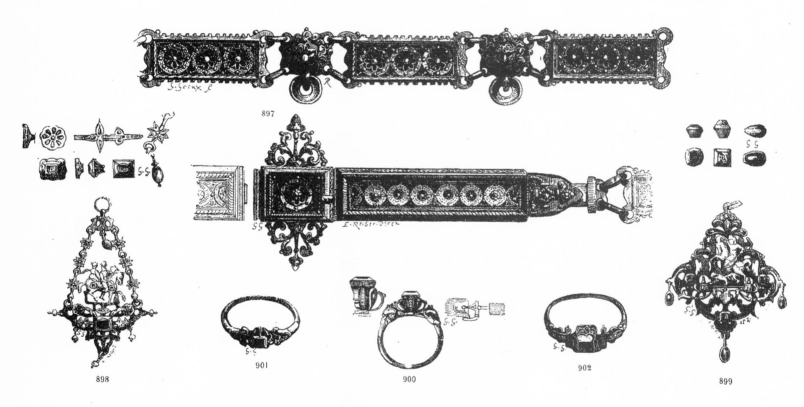

897.

898   901   900   902   899

897. — *Ceinture* de châtelaine en argent doré, composée de seize plaques oblongues, toutes analogues à celles de la bande supérieure de notre dessin. Elles portent chacune, dans un encadrement mouluré, trois rosaces en filigrane d'argent se détachant sur un fond doré d'une assez grande profondeur. Les bords crénelés sont perforés à chaque angle pour recevoir les anneaux libres réunissant ces plaques à d'autres pièces qui les séparent et qui sont façonnées en mufles de lion portant des anneaux méplats. L'agrafe ou *fermoir*, dont on voit le détail à la seconde bande du dessin, porte une plaque centrale terminée haut et bas par des rinceaux en vignette. Les pattes du fermoir sont également composées de plaques allongées, décorées de rosaces en filigrane, et sont terminées par des lacs d'amour.
Travail vénitien de la fin du XVIᵉ siècle. Longueur totale, 0,95. N° 357 du catalogue.

898. — *Pendeloque* ou bijou de suspension, en or émaillé, composée d'un cul-de-lampe en rinceaux d'arabesques servant de base à un cheval monté par un fauconnier portant une dame en croupe, suivant la mode du temps (voir p. 101, n° 174). Une double chaînette réunit le motif principal à une pièce échancrée attenant à l'anneau supérieur. Des perles fines, à suspension libre, garnissent les points principaux de ce bijou. Les détails *grandis* des chaînons et de la sertissure des pierres fines (rubis, émeraude centrale) sont joints à notre dessin.
Travail de Nuremberg. N° 350 du catalogue.

899. — *Pendeloque* de la fin du XVIᵉ siècle ; travail flamand. Au milieu de rinceaux d'arabesques décorés de pierres fines dont nous joignons les détails de la sertissure on voit un saint Georges émaillé *à froid*. Cuivre doré, découpé à jour. N° 347 du catalogue.

900-902. — *Bagues* françaises à anneaux terminés près du chaton en volutes ou agrafes. Or émaillé blanc, rouge, vert et bleu ; blanc et rouge ; blanc, rouge et bleu turquoise. Dans les chatons un diamant table, un grenat, un rubis. — N° 404-406 du catalogue.

Tous ces objets en grandeur d'exécution. — Sera continué.

897. 女士的腰带是镀金的银制品，由 16 个椭圆形平板组成，它们与我们上面展示的每一幅都很类似。每一个平板嵌入三朵银丝玫瑰，在相当深的镀金背景中彼此分离。锯齿的边缘有穿孔的角，从而连接可自由活动的环，这些环将这些平板与其他中间的部分结合在一起，就像狮子的口鼻带着扁环一样。在示意图的第二组图中，我们展示了钩的细节，中央的平板上下都以叶状小图案结束。钩子的扣也同样是由加长平板组成的，平板饰有金银丝细工玫瑰，并由同心结作为末尾。
16 世纪末威尼斯人的作品，总长 0.95 米。见目录编号 357。

898. 吊坠珠宝，材质为珐琅质的黄金，由一种带有蔓藤花纹的叶饰的托架组成，它的底座是一位猎鹰者骑着马匹，在他身后还跟着一位女士，这是当时的一种时尚（参见第 101 页，图 174）。双链将主要部分与上环的空心部分连接起来。细珠松散地挂在那件珠宝的主要位置上。此处放大了连接部分的细节以及贵重宝石的排布。我们的图纸上添加了红宝石以及一块置于中心的翡翠。纽伦堡作品，目录编号 350。

899.16 世纪末的垂饰，佛兰德作品。蔓藤花纹的叶子和珍贵石头的布置细节可以在珐琅饰的圣乔治亚（Saint-George）像上一睹风采。它由镀金和铜制成。目录编号 347。

900~902. 法式指环以靠近宝石座的钩完结，金子上着白色、红色和土耳其玉色的珐琅，或者有时是白色和红色，有时是白色、红色、绿色、蓝色。宝石座上分别是一块方切钻，一块石榴石，一块红宝石。目录编号 404~406。
所有展示的珠宝均为实际尺寸。未完待续。

897. — Lady's *Girdle* in gilt silver, composed of sixteen oblong plates, every one of which is analogous to those of the upper band of our drawing. Each plate bears in a moulded incasing three roses of silver wire, detaching themselves on a gilt and rather deep ground. The indented edges have perforated angles to receive the free rings which unite those plates to other intermediate pieces in the shape of lion's muzzles bearing flat rings. The hook or *clasp*, whose detail is given in the second band of the drawing, bears a centre plate ending up and down in vignette foliages. The catches of the clasp are likewise composed of lengthened plates decorated with filigreed roses and are terminated by true love-knots.
Venetian work of the end of the XVIᵗʰ century. Total length, 0,95. N° 357 of the catalogue.

898. — *Pendant*, or suspensible jewel, in enamelled gold, composed of a bracket with arabesque foliages serving for a base to a horse ridden by a falconer with a lady behind, after the fashion of the time (see p. 101, n° 174). A double chain links the chief motive to a hollowed piece adherent to the upper ring. Fine pearls loosely hanging stock the principal parts of that jewel. *Enlarged* details of the links and setting of the precious stones. (rubies and a centre emerald) are added to our drawing.
Nuremberg work. N° 350 of the catalogue.

899. — *Pendant* of the end of the XVIᵗʰ century ; Flemish work. Amidst arabesque foliages enriched with precious stones the setting of which is detailed may be seen a *cold* enamelled Saint-George. Gilt and open worked copper. N° 347 of the catalogue.

900-902. — French *Rings* ending in hooks near to the bezel. Gold enamelled with white, red and turkois blue ; white and red ; white, red, green and blue. A square cut diamond, a garnet and a ruby in the bezels. — N° 404-406 of the catalogue.

All those pieces drawn full size. — To be continued.

PVTA · MARCHIONIS ASCOLEN   COMITIS A RHODIO

BARONISAVTREGII DNIVIENNEN·BARONIS SSATVRNINI

XVIIᵉ SIÈCLE. — ÉCOLE FRANÇAISE (LOUIS XIII).

如第 354 页展示的图片为写字台上一块水平桌面主要图案的实际尺寸细节。如平面图所示，这块桌面有着加长的中央镶板，上面装饰着循环的图案，我们提供的图片中展示了各个相关范围的图案，很容易将其上下两端首尾相接。这部分创作是将镀金铜镶嵌于龟棕色的隔板中。原图临摹版。未完待续。

MARQUETERIE.
INCRUSTATIONS
DU CABINET CRÉQUI.

905

Détail en grandeur d'exécution du motif principal des incrustations de la tablette horizontale formant *bureau* du Meuble donné p. 354. Ainsi qu'on le verra au *plan*, cette tablette porte un panneau central de forme allongée composé d'un motif courant dont notre dessin donne le *rapport de longueur* et qu'il sera facile de compléter en le rapportant bout à bout, haut et bas. Cette partie est exécutée en incrustations d'écaille sur cuivre doré. — Calque de l'original. — Sera continué.

Full size detail of the principal motive of the incrustations of the horizontal tablet serving for a *bureau* of the furniture piece given in p. 354. As the *plan* will show, this tablet bears a central panel of a lengthened form ornamented with a running motive whose *relative dimensions* are given by our drawing and which will be easily completed by laying it endwise top and bottom. This part is executed in tortoise shelf inlaid work upon gilt copper. — Tracing of the original. — To be continued.

Quatrième Année.

N° 98. — 10 Janvier 1864.

Abonnement annuel :
Pour la France, 18 f. Pour l'Étranger, même prix,
plus les droits de poste variables.

Pour toutes demandes d'abonnement,
réclamations, etc., s'adresser aux Bureaux,
13, rue Bonaparte, à Paris.

L'ART·POUR·TOUS·
ENCYCLOPEDIE · DE·L'ART·INDUSTRIEL·ET·DECORATIF·
Paraissant les 10, 20, 30 de chaque mois
EMILE·REIBER·
Directeur·Fondateur

BUREAUX·A·PARIS   50 Centimes le Numéro   3·R·BONAPARTE
Librairie
A. MOREL & Cie

ANTIQUES. — CÉRAMIQUE GRECQUE.

FRISES, — RINCEAUX.
(COLLECTIONS CAMPANA.)

906

Au centre de cette belle Terre-cuite, et surgissant d'un bourgeon de feuilles d'acanthe qui s'épanouit richement en rinceaux symétriques enlacés de brindilles de pampres, se détache un génie ailé représentant l'*Amour céleste*, symbole de l'éternelle reproduction des êtres. — Hauteur, 0ᵐ,52.

该赤土雕塑做工精良。在雕塑的中部，树叶从一大片花苞间延伸出来，左右对称，嫩叶与蔓藤相互交错；一位长有翅膀的守护神超然屹立：这是《神圣的爱》，是生物永恒再生的象征。高 0.52 米。

In the centre of this fine Terra-cotta and springing up from a rich budding of acanthe leaves expanding in symmetrical foliages with interlacing twigs of vine-branches, a winged genius detaches himself : it is *Celestial Love*, a symbol of the eternal reproduction of the beings. — Height, 0ᵐ,52.

MEUBLES.

DÉTAILS DU LIT PAGE 273.

XVIᵉ SIÈCLE. — ÉCOLE FRANÇAISE.

Détails des pièces horizontales ou *traverses* du Lit donné p. 273, et dont les *montants* ont été décrits à la p. 330. — Le fond du Lit, ou *chevet* est figuré au nᵒ 907. Au-dessous d'une traverse moulurée, et entre deux mascarons saillants, un panneau sculpté s'étendant en longueur, porte une couronne accompagnée de palmes ou de branches élégamment refouillées. Ce motif est couronné d'une sorte de tympan échancré portant à son centre un écusson entouré d'une guirlande qui se détache sur une draperie. Des consoles ornées de rinceaux de feuillages et de dauphins terminent de chaque côté cet amortissement. Aux deux extrémités sont indiqués les pilastres en forme de gaines, sur lesquels sont posées les deux figures guerrières de la p. 330. — Le nᵒ 908 donne les détails de la décoration du châlit, ainsi que celle du pied en forme de balustre, qui, par un corps carré dont la face (fig. 909) est ornée d'un mufle de lion, se relie avec la base des colonnes antérieures (fig. 759, p. 330). La fig. 910 est le détail de la corniche de couronnement, ornée de médaillons-consoles reliés par des guirlandes. — Au cinquième de l'exécution.

该床水平部分以及"横木"部分的详细设计请见第273页。"竖直"部分的详细设计请见第330页。床头如图907所示。位于横制横木下方，两个凸出面具中间的雕刻嵌板，上有一皇冠、四周环绕着完美切割的棕叶和树枝，优美精致。该设计的灵感来源于挖空的村衬套，村套中间呈现的是在脊骏装饰物上由花环环绕的孔洞。山形墙的两端以树叶和海豚装饰作为结尾。两端均为靴形壁柱，上方矗立着第330页的尚武人物。图908展示的是床架和壁柱形床脚的装饰细节。床脚呈正方形状，连接着外部圆柱的基底（参见第330页，图759），其前部（图909）饰有狮子的鼻口部。图910展示的是以花环镶边浮雕为装饰的檐口处的细节。这里展示的部分为整体的五分之一。

Detailing of the horizontal pieces or *cross-bars* of the Bed given in p. 273, and of which the *uprights* were described at page 330. — The head of the bed is figured in nᵒ 907. Under a moulded cross-bar and between two projecting masks, a carved and lengthwise laid panel bears a crown accompanied with elegantly and thoroughly cut palms or branches. This motive is capped with a sort of hollowed out tympan, whose centre presents an escutcheon surrounded by a wreath detaching itself on a drapery. Consols, ornamented with foliages and dolphins, are ending this pediment on each side. Both extremities show indication of sheath shaped pilasters upon which stand the two warlike figures of p. 330. — Nᵒ 908 gives the details of the decoration of the bedstead and likewise of the foot in the shape of a pilaster which, by means of a square piece whose front (fig. 909) is ornamented with a lion's muzzle, is connected with the base of the external columns (fig. 759, p. 330.) Fig. 910 is a detail of the crowning cornice ornamented with medallion-consols with binding garlands. — One fifth of the execution.

Les princes de la maison de Savoie se distinguèrent par la protection éclairée qu'ils accordèrent aux arts. Nous avons vu (p. 194) Emmanuel-Philibert réconciliant notre *A. Du Cerceau* avec la cour de France, et son successeur Charles-Emmanuel le Grand, offrant un généreux asile à la vieillesse de l'artiste exilé. C'est à ce même prince qu'est dédiée l'édition de la *Jérusalem délivrée*, illustrée par *B. Castello*, et dont nous reproduisons ici le *Frontispice*.

Le motif est une Porte triomphale à colonnes doriques supportant un couronnement à tympan curviligne, au centre duquel se détache un large cartouche décoré du portrait du prince. Deux figures guerrières, représentant les deux héros principaux du poème, étoffent le soubassement et tempèrent la sécheresse des lignes architecturales. D'autres cartouches élégamment contournés enrichissent le fût des colonnes et le bas du soubassement. Une large draperie, maintenue par des enfants assis aux angles du couronnement, enveloppe toute la composition. — Gravure de Camillo Fungi. — (*Fac-simile*.)

萨沃伊（Savoy）家族的王子们因在艺术保护方面有着先进的思想而闻名。在第 194 页我们可以看到：伊曼纽尔·菲利伯特（Emanuel-Philibert）使得迪塞尔索（A. Du Cerceau）和法国宫廷达成和解，而其继承者查理·伊曼纽尔（Charles-Emanuel）大帝则慷慨地庇护了被流放艺术家的晚年。为至高无上的君主雕刻《解放耶路撒冷》的版本，使用 B. 卡斯特罗（B. Castello）的插图，这里给出的是卷首插画。

作品为有着多立克柱式的凯旋门，柱的顶端曲线衬垫，从中伸展出大大的涡卷花饰，并有王子的肖像作为装饰。两个尚武人物使使得诗中的主要英雄人格化，扩大了底座，很好地调和了过于平直的建筑线条。其他精心雕刻的涡卷花饰丰富了立柱的两端以及底座较低的部分。建筑顶端的尖角处坐着两个孩童，手持大型褶皱装饰物，围绕着整个建筑作品。由卡米洛·方吉（Camillo Fungi）雕刻。（复制品）

The princes of the Savoy family were eminent for the enlightened protection which they bestowed on arts. We saw (p. 194) Emanuel-Philibert reconciling our *A. Du Cerceau* with the French court, and his successor, Charles-Emanuel the Great, generously sheltering the old age of the exiled artist. To this very sovereign is inscribed the edition of *Liberated Jerusalem*, with illustrations by *B. Castello*, and of which we give here th *Frontispiece*.

The subject is a triomphal portal with Doric columns supporting a crowning with curvilinear tympan, out of whose centre a large cartouch detaches itself decorated with the prince's portrait. Two warlike figures, impersonating the two principal heroes of the poem, give ampleness to the base and temper the rather hard architectural lines. Other elegantly shaped cartouches enrich the shaft of the columns and the lower portion of the base. A large drapery, held by children sitting on the angles of the crowning, inwraps the whole composition. — Engraving by Camillo Fungi. — (*Fac-simile*.)

XVIIIᵉ SIÈCLE. — ÉCOLE FRANÇAISE (RÉGENCE).

该画作构图精致（原图临摹版）

PAPIERS GAUFRÉS ET DORÉS
GARDES DE LIVRES.

912

Par l'élégante disposition du dessin, composé de rinceaux gracieusement contournés, et par le riche contraste des couleurs (rouge-grenat en relief sur fond d'or), ce papier produit un effet des plus splendides. L'examen attentif de ce curieux échantillon des arts industriels français du temps de la Régence fait reconnaître la simplicité des moyens employés dans la fabrication de ces brillants produits. Un simple papier coloré (ici le *rouge-grenat* est représenté par le ton *noir* du dessin) reçoit par voie *d'impression typographique*, au moyen d'une planche métallique gravée, le *mordant* nécessaire pour fixer les feuilles d'or. Les *creux* de la planche (rinceaux du dessin, contournés de *points gros*) forment, par l'empreinte obtenue, relief sur le papier coloré. Les *points fins* du fond, produits par le marteau et le poinçon, ne sont pas assez creux pour ne pas être *embavés* par le rouleau chargé de mordant, ce qui produit l'aspect d'un fond d'or continu, légèrement ciselé en relief, et où la lumière joue avec la plus grande richesse. — (*Calque* de l'original.)

该画作构图精致：树叶相互交错，十分优美；色彩丰富且和谐（金色背景上点缀着石榴红色），由此产生一种辉煌的效果。凝视这幅摄政时期法国艺术制造品的奇妙样本，可以观察到这些出色产品所使用的方法其实很简单。借助凸版印刷和刻花模板的方式，素色纸（在这幅作品里，石榴红色是通过图画的暗色调展示出来的）可获得所需的"媒染剂"，来修整金色的叶子。制作过程中的压力使得印版上的"空洞"（图画上"被圆点大面积包围"的叶子）印到色纸上。底面上"精细的圆点"由树干和点构成，并非空到媒染剂上装载的滚筒都触及不到的程度，因此能在连续的金色基底上呈现，并且其上方的光线也十分丰富。
（原图临摹版）

Through the elegant disposition of the drawing, an elegant twisting of foliages, and through the rich harmony of colours (garnet-red set off on a golden ground), this paper produces a most splendid effect. By attentively looking at this curious specimen of the French arts and manufactures in the Regency time, one is enabled to detect the simplicity of means used in the fabrication of those brilliant products. A plain coloured paper (the *garnet-red* is here represented by the dark tone of the drawing) receives, through *typographic printing* and by means of an engraved plate, the required *mordant* to fix the gold-leaves. The *hollows* of the plate (foliages of the drawing *largely dotted* around) come off on the coloured paper in the impression given by this process. The *fine dots* of the ground, made by stock and point, are not hollowed enough to be quite out of the reach of the roller loaded with the mordant, and so is brought out the appearance of a continuous golden ground lightly chased off, and over which the light is most richly playing. — (*Tracing* of the original.)

Quatrième Année.   N° 99.   20 Janvier 1864.

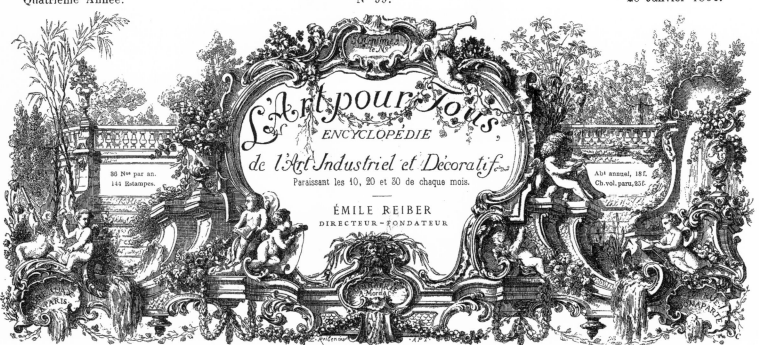

L'Art pour Tous
ENCYCLOPÉDIE
de l'Art Industriel et Décoratif.
Paraissant les 10, 20 et 30 de chaque mois.

ÉMILE REIBER
DIRECTEUR-FONDATEUR

36 N°s par an.
144 Estampes.

Ab¹ annuel, 18 f.
Ch. vol. paru, 23 f.

XVIII° SIÈCLE. — ÉCOLE FRANÇAISE (LOUIS XV).   **ENFANTS,**
PAR F. BOUCHER.

913

Outre ses *Livres de Groupes d'Enfants* (pièces en hauteur, voy. p. 67), *F. Boucher* a laissé une suite de *Cahiers* de six pièces en largeur, qui ont pour sujets des *Attributs* variés, représentés par des Enfants ingénieusement groupés. Les spirituels croquis du Maître ont été habilement interprétés par les graveurs *Larue*, *Huquier*, etc. Le sujet de la présente pièce est la *Musique.* — Sera continué.

除了《儿童组图丛书》（横版作品，参见第67页）外，弗朗索瓦·布歇（F. Boucher）还留给世人一系列笔记（书籍），内有六张横版作品，主题为不同"象征"，以一组神童为表现形式。拉吕（Larue）、哈吉尔（Huquier）等大师雕刻家活灵活现的描绘证明他们不愧为优秀绘图的诠释者。实际作品的主题为"音乐"。未完待续。

Besides his *Books of Groups of Children* (heightwise pieces, see p. 67), *F. Boucher* has left us a series of *Cahiers* (books) of six broadwise pieces, whose subjects are diverse *Symbols* in the shape of ingeniously grouped Children. To the spirited sketches of the Master, the engravers *Larue*, *Huquier*, etc., have proved themselves worthy interpretors. *Music* is the subject of the actual piece. — To be continued.

XVIe SIÈCLE. — ÉCOLE LYONNAISE (CHARLES IX).

GAINES, — TERMES,
PAR H. SAMBIN.

POVRTRAIT

ET DESCRIPTION

du 7

TERME

—

Ce Terme septiefme
eft Ionique,
tout fimplement accouftré
fuyuant
un ancien marbre
d'où il eft retiré :
la fymmétrie ou l'ordre
y eft gardé
comme il faut.
Il eft affez cogneu
par fon nom
auffi bien que les precedens
au moins à ceux
qui auront tant foit peu
les premiers principes
de
l'Architecture.

—

A la suite des grandes luttes qui caractérisèrent les temps fabuleux, l'homme, reconnaissant qu'il était né pour vivre en société, dut rechercher les conditions les plus favorables au développement de la vie sociale. L'établissement des bonnes mœurs, l'asservissement des passions brutales, sont ici figurés par une couple de Satyres captifs et vêtus de longues et décentes draperies. — Outre la fermeté de dessin habituelle au Maître, nous ferons remarquer le modelé de la tunique de la figure féminine, dont les plis ondoyants laissent habilement deviner les nus. — (Fac-simile.)

经历了英雄或寓言时期的激烈挣扎，人类承认自己是为在社会生存而生的，不得不在社会生活的扩张中寻其最有利的状态。在该作品中，长且体面的褶皱装饰包裹着战俘萨蒂尔（Satyrs），通过这种方式，古代人表达出良好道德的建立以及残酷激情的征服。除了大师常常在画作中体现出的气势外，我们要指出的是对女性人物短上衣的塑造，通过高超技艺制成的波浪般的上衣褶皱，可以猜测到富有艺术创造力的裸露。（复制品）

After the great struggles of the heroic or fabulous times, man, as in acknowledgment of his being born to live in society, was obliged to look for the most favourable conditions of a sociable life in its expansion. Here the Ancients have figured, by means of two captive Satyrs clad in long and decent draperies, the establishment of good morals and the subdual of brutal passions. — We point out, besides the usual vigour in drawing of the Master, the modelling of the tunic of the female figure, through whose skilfully waving folds the beholder can guess the artistical nudities. — (Fac-simile.)

XVIIIᵉ SIÈCLE. — CÉRAMIQUE FRANÇAISE (LOUIS XV).
FAÏENCES DE ROUEN.

ASSIETTE
A MARLY QUADRILLÉ.

946

Ce remarquable spécimen des Faïences usuelles rouennaises porte le cachet bien marqué des décorations de la céramique chinoise. Ainsi le *marly* ou bordure est divisé en six compartiments à bouquets fleuris, reliés par des fonds quadrillés. Le motif central est une sorte de caisse à cinq pans (clôture de jardin) où s'épanouissent des tiges à grandes floraisons et à large silhouette. Le *trait* de toute cette décoration est exécuté avec une grande légèreté et sûreté de pinceau, en *bleu* avec addition de *manganèse* pour les tiges principales du bouquet central dont les feuilles sont alternées de *bleu* et de *gros vert*. Les modelés des pétales des grandes fleurs et les brindilles terminales en *brun rouge*. Les bâtis de la clôture en *jaune vif*; ses panneaux quadrillés de *brun rouge* avec points *bleus*. Les pétales des fleurs du marly en *jaune, brun rouge* et *bleu dégradé*; les feuilles en *gros vert*. Les bandes rayonnantes séparant les compartiments en *jaune*. Les quadrillés des fonds en bandes de *gros vert*, avec points de *brun rouge* surajoutés dans chaque losange pour former un semis de rosaces à quatre lobes. — Émail *blanc* du fond général, d'une finesse et d'une blancheur remarquables. — Grandeur d'exécution.

这是一个鲁昂彩瓷的样品，十分引人注目，它无疑带有中国陶瓷的特性。"泥灰质的"或边缘部分划分为六部分，且带有花束，以"四方块"为底面。中间主要是一个五边形的格子（花园栅栏），在那里，有着开满大花朵的茎叶，还有丰富的线条。由整个装饰的特点可以看出，这是出自一位下手轻巧且精细的艺术家。中间花束的茎叶为蓝色，含有"锰"，叶子的颜色以蓝色和深绿色交替呈现。大花朵的花瓣和末端的小树枝为红褐色；栅栏的边框是明黄色；其嵌板是红褐色方格，并伴有蓝色圆点。边缘的花瓣被涂上了黄色、红褐色和淡蓝色；树叶是深绿色；六个部分之间的网格带是黄色。每个菱形中都增加了底色为深绿色和红棕色的方块，以形成四叶玫瑰的闪烁效果。底色是颜色最白、质地最好的搪瓷。实际尺寸。

This remarkable specimen of the common Rouen Faience bears unmistakably the decorative stamp of the Chinese ceramic. So the *marly* or border is divided in six compartments with bunches of flowers, interjoined through *quadrillé* grounds. The centre motive is a kind of a case with five sides (garden-fence) wherein stalks with large blooms and ample outline are expanding. The *trait* of the whole decoration is executed with a very light and sure hand, in *blue* with addition of *manganese* for the main stalks of the centre bunch, whose leaves are alternately painted *blue* and *dark green*. The modelling of the petals of the large flowers and the terminal sprigs are of a *reddish brown;* the frame of the fencing of a *bright yellow;* its panels have *reddish brown* squares dotted with *blue*. The petals of the flowers of the border painted *yellow*, *reddish brown* and *degraded blue;* the leaves , *dark green*, the radiating bands between the compartments *yellow*. The squares of the grounds with *dark green* bands and *reddish brown* dots superadded in each lozenge, so as to form a spangling of four-lobed roses.—The general ground of the whitest and finest enamel. — Full size.

XVIIᵉ SIÈCLE. — ÉCOLE FRANÇAISE (LOUIS XIII).

MARQUETERIE.
INCRUSTATIONS
DU CABINET CRÉQUI.

947

948

949

In this plate are given the details of the most important parts of the principal face of the piece of furniture drawn in p. 354. Fig. 917 gives a quartering decoration of the two folding doors which are to be seen in the axis of the central portion of the *Cabinet*. They are inversely executed in tortoise-shell marquetry (tinted parts of the drawing) on engraved tin and *vice versâ*. In the centre of each panel, the arms of the *Créquis*, in gilt and engraved copper, detach themselves on a tin ground in the middle of a four-lobed ornament.

N° 918 gives the detailing of the elegant foliages in tin inlaid-work on a tortoise-shell ground (with, at the chief parts, scutcheons and roses, gilt copper raisings) which cover the surface of the drawers of the two projecting main parts at the right and left of the properly called Cabinet.

N° 919 is the detail of the small middle compartment between the lower drawers of the tablet serving for a bureau. — *Tracing of the originals*. — To be continued.

Cette planche présente les détails des parties les plus importantes de la face principale du Meuble donné p. 354. La fig. 917 donne, par quart, la décoration des deux vantaux qui se remarquent dans l'axe de la partie centrale du *Cabinet*. Ils sont exécutés, à l'inverse l'un de l'autre, en marqueterie d'écaille (parties teintées du dessin) sur étain gravé, et réciproquement. Au centre de chaque panneau les armes de Créqui se détachent en cuivre doré et gravé, sur un champ d'étain, au milieu d'un quatrelobes.

Le n° 918 donne le détail des élégants rinceaux d'incrustation d'étain sur fond d'écaille (avec rehauts de cuivre doré aux points principaux, écussons, rosaces) qui couvrent la surface des tiroirs des deux corps saillants de droite et de gauche du Cabinet proprement dit.

Le n° 919 est le détail du petit compartiment milieu qui sépare les tiroirs inférieurs de la table formant bureau. — *Calques des originaux*. — Sera continué.

该版给出了第 354 页上的家具主表面最重要部分的细节。图 917 是橱柜中间部分轴处可见的两扇折叠门的四等分装饰。它们是雕刻在锡上的龟棕色镶嵌（图画染色的部分）的相反设计，反之亦然。在每个嵌板的中央，克雷基（Créqui）的纹章、镀金和雕刻的铜，在四瓣装饰中间的锡制底面上分离。

图 918 是优雅叶子的细节。叶子在锡制底面的龟棕色镶嵌中（主要部分伴有盾饰和玫瑰、镀金浮雕），覆盖橱柜左右两个凸出主体部分的抽屉表面。

图 919 是较小的中间部分的细节。该部分位于书桌底部抽屉的中间。临摹版。未完待续。

Quatrième Année.   N° 100.   30 Janvier 1864.

L'ART POUR TOUS

ENCYCLOPÉDIE
DE L'ART INDUSTRIEL ET DÉCORATIF

PARAISSANT
les 10, 20 et 30 de chaque mois

ÉMILE REIBER
DIRECTEUR-FONDATEUR

50 Centimes le Numéro

Abonnement annuel
Pour la France......... 18 fr.
Pour l'Étranger,
même prix, plus les droits
de poste variables.

Pour toutes demandes
d'abonnement,
réclamations, etc., s'adresser
aux Bureaux,
13, rue Bonaparte, à Paris

BUREAUX
13, Rue Bonaparte
Librairie A. Morel & Cie

XVIᵉ SIÈCLE. — ÉCOLE FRANÇAISE (CHARLES IX). FRISES,
PAR A. DU CERCEAU.

920

921

Le recueil des *Frises* de *A. Du Cerceau* paraît devoir être rangé au nombre de ses œuvres posthumes. L'éditeur *Jombert*, ayant retrouvé les planches originales, en fit une édition qui parut en 1764, à sa librairie de la rue Dauphine, comme nous l'apprend une inscription placée en marge de notre n° 920, qui porte le n° 25 de la collection, et qui, par sa disposition, rappelle le Chéneau de couronnement du Louvre de Henri II.

Nous appelons l'attention de nos lecteurs sur l'admirable disposition des compartiments du n° 921, dont les lignes hardiment rompues font ressortir avec une élégante simplicité les vases et figures formant sujets principaux. — (*Fac-simile.*) — Sera continué.

迪塞尔索（A Du Cerceau）的"雕带"似乎应该是其遗作中的佳作。图 920 是该系列中的第 25 号作品，其边缘的文字告诉我们：1764 年，发现了原始版的出版商戎拜（Jombert）对其进行了编辑，并在自己的小店售卖。此外，其构图也会让人想到亨利二世卢浮宫的至高无上的檐沟。

在此要提醒读者关注的是：如图 921 所示，各部分的布置令人拍手称赞。花瓶和人物等主体优美又简洁，其上的线条大胆断开并向前延伸。未完待续。（复制品）

A Du Cerceau's selection of *Friezes* ought, it seems, to be numbered among his posthumous works. *Jombert,* the publisher having found the original plates, edited them in 1764 and sold them at his shop in the *rue Dauphine,* a fact we learn from a marginal inscription to be seen in the 25th of the series which is our n° 920, and which, by its disposition, calls to mind the crowning hutter of the Louvre of Henry II.

We point out to the attention of our readers the admirable disposing of the compartments of n° 921, in which boldly broken lines set forth with elegant simplicity the main subjects, such as vases and figures. — (*Fac-simile.*) — To be continued.

CHEMINÉES;
PAR PIERRE COLLOT.

923

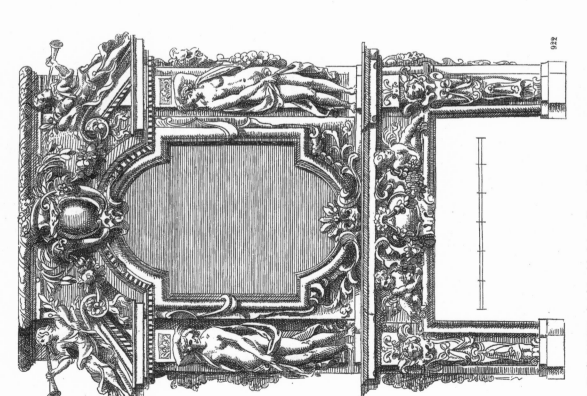

922

XVIIe SIÈCLE. — ÉCOLE FRANÇAISE (LOUIS XIII).

Fig. 922. — Au centre, on voit un panneau de peinture à bordure curviligne et dont la partie supérieure est ornée d'un écusson relié par des guirlandes aux volutes d'un fronton brisé qui couronne les montants de la cheminée. Ces montants, en forme de pilastres, sont étoffés de figures de femmes dont les nuds se détachent sur de larges draperies. Les montants du soubassement sont décorés d'agrafes à têtes d'enfants et se terminent en gaines. Aux amortissements du fronton brisé, deux renommées.

Fig. 923. — Cheminée royale. — Dans une cartouche à trois lobes formant niche se détache le buste du roi Louis XIII porté sur un socle reposant sur l'arrondissement de la corniche de soubassement. Le couronnement, en forme de fronton, est adossé à un fond en attique. L'écusson royal formant amortissement du fronton, les statues de la Justice et de la Force, des trophées d'armes, les chiffres entrelacés du roi et de la reine mère (Marie de Médicis), complètent la décoration.

Ainsi que les autres pièces de la même série, celles-ci se distinguent par une grande naïveté d'exécution. — (Fac-simile.)

图 922，中部可见曲线边框的图画嵌板，上半部分有框，花环连接着损环的涡卷饰挂帷，环绕着壁炉的支柱。这些支柱呈壁柱形，其裸露的身体上有充足的精致装饰物。底座的支柱以後重的头部为望的人物。破损挂帷的山形檐两位有多望的人物。

图 923，皇室壁炉单体，路易八世的半身雕像以基座的一圈瞻口为支撑，收立于基座之上。皇冠所在的部分呈呈帷幕形，以"阁楼"为背景。其余部分有正义与力量之神。挂帷的末端是皇室的帷神。其余部分装饰有正义与力量之神的奖杯。交织在一起的国王与王后〔美蒂奇家族的玛丽〕的图案元素，与同系列其他作品一样，这些作品著名的原因是完成程度很高。（复制品）

Fig. 922. — In the centre is seen a picture-panel with curvilineal frame and of which the upper portion is ornated with an escutcheon which garlands connect with the volutes of a broken frontal crowning the uprights of the chimney-piece. Those uprights, in the shape of pilasters, are enriched with female figures whose nudities detach themselves on ample draperies. The uprights of the base are decorated with heads of children, and their end is sheathy. Two figures of fame at the pediments of the broken frontal.

Fig. 923. — Royal chimney-piece. — In a three-lobed cartouch forming a niche, the bust of Louis XIII detaches itself on a pedestal supported by the rounding of the cornice of the base. The crowning-piece, in the shape of a frontal, is executed upon an Attic back-ground. The royal shield which forms the finishing of the frontal, the statues of Justice and Might, some warlike trophies, the intertwined ciphers of the king and queen-dowager (Mary of Medici) fill up the decoration.

Those pieces, like every one of the same series are distinguished by a great naivety of execution. — (Fac-simile.)

XVIIᵉ SIÈCLE. — ÉCOLE FRANÇAISE (LOUIS XIV).

VASE,
PAR JEAN LEPAUTRE.
(N° 2.)

924

La panse de ce Vase est occupée par une grande Frise représentant des enfants se jouant avec un lion couché et l'enchaînant avec des guirlandes de fleurs (la Force domptée par l'Amour). Cette frise est reliée, haut et bas, par un gros boudin d'écailles et de feuilles de chêne, au pied et au col qui sont de proportion ramassée. L'anse, rattachée au boudin inférieur par un masque de Satyre, est figurée par une Harpie dont les extrémités inférieures s'enroulent en volutes, et dont les ailes touchent le col du vase à sa partie étranglée qu'embrasse un serpent couvrant une branche de laurier des replis de ses anneaux.

L'aspect grandiose de toutes les pièces de cette suite est dû au choix d'un horizon très-bas, laissant la silhouette tout entière se profiler sur le ciel. Ici les personnages placés au premier plan, en opposition avec le fond éloigné du paysage, ajoutent à l'aspect général. — (Fac-simile.) — Sera continué.

该花瓶的凸起部分整个被大型饰带占据，展示的是一名孩童正在与卧倒的狮子玩耍，并且用花环将其缠绕（爱与驯服的力量）。上方有大量鱼鳞图案，而下方是橡树叶图案，层层叠叠，分别在花瓶的顶部和底部缠绕，十分相称。花瓶的把手以半人半兽的雕像与下方的橡树叶图案相连。把手是鸟身女妖哈耳皮埃（Harpy）的形像，其下半部分呈漩涡状，翅膀触碰花瓶瓶颈最细的地方，此处有一条蛇，盘绕着月桂树的树枝。

该系列的所有作品之所以能够呈现宏伟的效果，原因在于作者选择了低视角，使得整个轮廓与线条全部向上展示。此外，前景中的人物与背景远处的风景形成对比，更加强了整体视觉效果。未完待续。（复制品）

The belly of this Vase is occupied by a large frieze which represents children playing with a lying down lion and binding it with flower-wreaths (Love taming Force). A large roller of scales and oak-leaves unites, up and down, that frieze with the foot and neck, which are rather squat proportioned. The handle, connected with the lower roller by the mask of a Satyr, is figured through a Harpy whose lower extremities form a volution and whose wings touch the neck of the vase at its narrowest part which is incircled by a serpent whose coils cover a laurel-bough.

The grand look of all the pieces of this series is owing to the choosing of a very low horizon allowing the whole of the outline to profile itself upon the sky. Here moreover, personages in the foreground contrast with the distant background of the landscape, and add to the general view. — (Fac-simile.) — To be continued.

XVIᵉ SIÈCLE. — ÉCOLE LYONNAISE (CHARLES IX).   ORNEMENTS TYPOGRAPHIQUES
FRISES, LETTRE ORNÉE.

925

A TRESHAVT ET TRESPVISSANT SEIGNEVR

MONSEIGNEVR ELEONOR CHABOT, *Cheualier de l'Ordre du Roy, grand efcuyer de France, Lieutenant pour fa Maiefté au gouuernement de Bourgogne, Capitaine de cent hommes d'armes, Comte de Charny & de Buzançois, Seigneur & Baron de Paigny, Autumes, Auuoires, Raon, Guion, &c.*

926

MON Seigneur, confiderant que les hommes, aufquels Dieu a donné cefte excellence de preualoir à tous autres animaux, en fin retumberoyent en la condition des brutes, s'ils paffoyent cefte vie en inutilité, & fans laiffer à la pofterité quelque tefmoignage de l'eftude qu'ils ont fuyuy, & du trauail qu'ils ont pris pour feruir & profiter à la fociété des hommes : ie me fuis aduifé que pour euiter ce filence brutal, & pour ne tumber au fepulchre d'inutilité, ie deuois commencer à mettre en lumiere, & propofer aux hommes quelque chofe qui appartint à l'Architecture, à laquelle ie me fuis adonné dés mes premiers ans, auec diligente application de mon efprit, fans avoir difcontinué.

Parquoy ayant mis par ordonnance bon nombre de Termes d'hommes & de femmes, aornez de leurs Bafes, Cornices, Frifes, & compofez de diuers enrichiffemens auec obferuance des nombres, & mefures, propres & requifes : ie me fuis refolu d'en faire vn Liure, lequel (Monfeigneur) i'ay pris hardieffe vous dedier & prefenter, fachant bien que voftre aduis a toufiours efté, que celuy à qui Dieu a departy quelque fcience, la doit tenir en exercice continuel, pour le bien de la pofterité. Suiuant quoy, i'espere à l'aduenir faire, & vous offrir quelque chofe de mieux : feruant à l'Architecture, en laquelle i'ay veu moy-mefmes, que voftre heureux, & genereux entendement, bien fouuent fe recree, & y prend plaifir & delectation. Partant tout ce que i'ay faict, & feray cy apres en ceft art, vous eft & fera toufiours voué : en intention que vous prendrez le tout, pour feruice digne de me continuer en voz bonnes graces, lefquelles faluant de mes treshumbles recommendations, ie prie Dieu (Monfeigneur) maintenir voftre grandeur en profperité, & conduire voz defirs à heureufe fin.

A Dijon.

Par voftre humble feruiteur, Hugues Sambin,
Architecteur en la ville de Dijon.

927

Nous proposant d'offrir à nos lecteurs la réimpression de l'Œuvre complet de *maître H. Sambin*, nous ne nous croyons pas en droit de nous abstenir de reproduire sous sa forme naïve la Dédicace de l'artiste à son illustre protecteur. Nous y voyons le maître pénétré de l'amour de son art et ne recherchant d'autre satisfaction que celle de faire jouir ses contemporains et la postérité du fruit de ses laborieuses études. Une frise typographique, dont le sujet est une Chasse, forme *tête de page* à cette Préface ; elle porte le monogramme de l'artiste qui l'a composée. La lettre ornée, par son identité de style avec les majuscules à fonds niellés de la grande Bible de *R. Estienne*, que nous donnerons plus loin, paraît antérieure de quelques années aux autres ornements du volume. — Pour ajouter à l'intérêt de cette page, nous joignons la frise nᵒ 927 (*Ronde d'Enfants*), qui est une des perles de la typographie lyonnaise de cette époque. — (*Fac-simile.*)

正如我们提议给读者重印 H. 桑班（H. Sambin）大师的完整作品，我们不认为自己可以自由地放弃艺术家对他的插画保护者的奉献精神。我们可以看到，前者始终追寻超越同辈和晚辈所带来的满足感，孜孜不倦，深入钻研。其艺术作品中饱含的爱给人们留下了深刻的印象，"狩猎"主题的饰带作为这个序言的页首，代表艺术家的字母组合。通过他与 R. 埃蒂安（R. Estienne）出版的大型《圣经》的大写字母（乌银镶嵌底面，我们将在后面给出）的识别，装饰字母存在于其他印刷装饰品已经有几年的时间。除了本页的美人以外，如饰带 927（一群孩童）所示，我们展示出了当时里昂凸版印刷的珠宝饰物之一。（复制品）

As we propose giving our readers the reprint of the complete works of *master H. Sambin*, we do not think ourselves at liberty to abstain from reproducing in its naïf form the dedication of the artist to his illustrious protector. There we see the former impressed with the love of his art and seeking for nothing but the satisfaction of placing his contemporaries and posterity at large in the enjoyment of the benefits of his hard studies. — A frieze with hunting subject serves for the head of page to this preface; it bears the artist's monogram. By its identity of make with the capital letters (niello grounds) of *R. Estienne's* large Bible, which we will further give, the ornamented letter appears anterior by some years to the other typographic ornaments of the book. — As an adjunct to the beauties of this page, we give the frieze nᵒ 927 (*a round of children*) which is one of the jewels of the Lyons typography in that time. — (*Fac-simile.*)

Quatrième Année.   N° 101.   10 Février 1864.

BUREAUX   13, R. BONAPARTE   A PARIS

Abonnement annuel :
Pour la France, 18 fr. Pour l'Étranger, même prix,
plus les droits de poste variables.

Pour toutes demandes d'abonnement,
réclamations etc., s'adresser aux Bureaux,
13, rue Bonaparte, à Paris.

Librairie Morel

XIIᵉ SIÈCLE.
ÉCOLE FRANÇAISE.
(LIMOGES.)

ORFÉVRERIE RELIGIEUSE.
CROSSES PASTORALES.
(MUSÉE DE CLUNY.)

L'usage du Bâton pastoral, un des insignes de la puissance spirituelle des dignitaires ecclésiastiques, paraît remonter jusqu'au vᵉ siècle. Nous aurons à revenir sur les formes symboliques affectées à ces ornements pontificaux, dont les deux *crosses* ci-jointes fournissent des spécimens intéressants. — Le n° 928 est une crosse des abbés de Clairvaux. Section octogone, la *douille* ornée de pierreries et d'ornements gravés. Dans l'enroulement formé d'animaux symboliques on voit l'Agneau pascal. — Le n° 929 est une crosse épiscopale provenant des fouilles de la cité de Carcassonne. L'enroulement, couvert d'un bel émail bleu semé de pierreries, se termine en une feuille à cinq lobes ornée sur ses deux faces d'émaux en taille d'épargne (bleu, rouge, vert et blanc). Le *globe* porte les quatre évangelistes dont les têtes se détachent en relief sur le fond. La *douille* est développée au n° 930. — La première de ces crosses est du commencement, la seconde de la fin du XIIᵉ siècle. — N°ˢ 944 et 2903 du Catal. — Travail de Limoges; bronze doré. — Grandeur d'exéc.

因缺乏空间，我们不得不将该页注释放到后文描述。

For want of space we are obliged to postpone the notice till a nearly number.

928   929   930

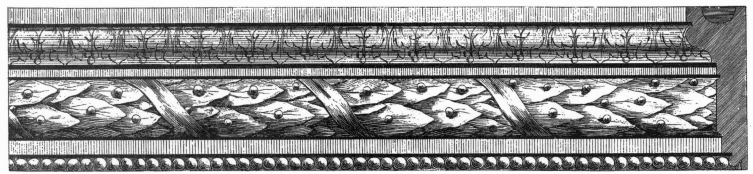

931

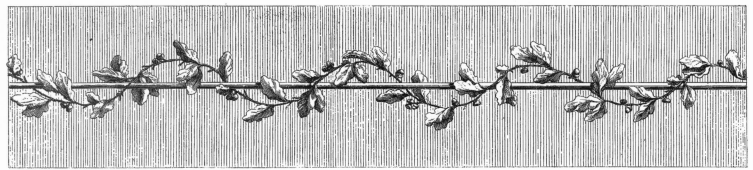

932

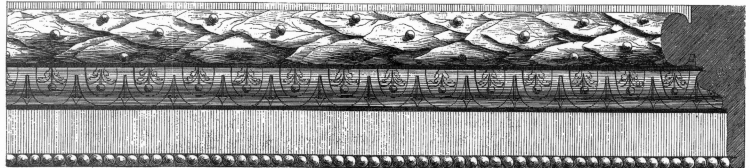

933

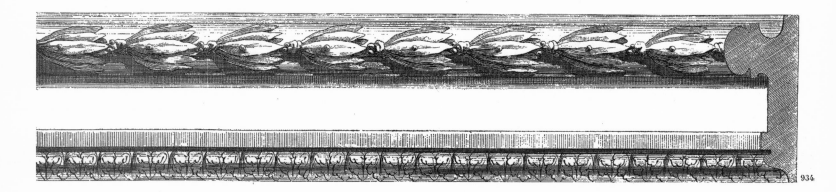

934

Digne émule des *Moreau*, des *Prieur*, des *Salembier*, des *Ranson*, etc., *De la Londe* se voua comme eux à la composition décorative. Ses *Cahiers de Meubles* sont fort estimés; en attendant que nous en commencions la reproduction, nous poursuivrons activement celle de son *Cahier de bordures à l'usage de la Sculpture*, etc., formant une suite de dix-huit motifs variés. Notre n° 931 est une Baguette moulurée composée d'un champ orné d'une guirlande de feuilles enroulées d'un ruban, et bordé extérieurement d'un talon, intérieurement d'un filet accompagné d'un cours de perles. — N° 932. Champ orné d'une baguette droite avec rinceau courant de branches de chêne. — N° 933. Boudin de feuilles de laurier soutenu d'un talon orné d'oves; champ uni terminé par un cours de perles. — N° 934. Touffes de feuilles de laurier à profil dé tore ou boudin, réunies par un cordon semé de perles; champ uni bordé d'un talon à rais de cœurs. — Gravure de Berthault. — (*Fac-simile.*)

值得莫罗（Moreau）、普里厄（Prieur）、莎伦贝尔（Salembier）、朗松（Ranson）等与之一争高下的人：德·拉·郎德（De La Londe），他与上述艺术家一样毕生奉献于装饰布置。他所著的家具书籍备受推崇；我们打算不久以后开始重印，同时积极推进《雕刻家的框架书》等书的重印，《雕刻家的框架书》是一个系列，有十八个不同的主题。图931是凸圆线脚，有着叶子花环组成的装饰线条，上有丝带缠绕。边缘部分：外部是弯曲曲面，内部是带有珍珠的带状装饰。图932有着平直凸圆线脚装饰的背景，并有延伸的橡树叶为装饰。图933，凸圆线脚装饰的弯曲曲线支撑着带有桂冠的圆环面。图934，一簇一簇丛生植物和圆环形的侧面轮廓，与一组一组珍珠交替出现；平直的底面边缘是带有叶子的弯曲曲面。由帛尔陀（Berthault）雕刻。（复制品）

A worthy rival of *Moreau*, *Prieur*, *Salembier*, *Ranson*, etc., *De la Londe*, like those artists, devoted himself to the decorative composition. His *Cahiers de Meubles* (Furniture Books) are in high esteem; we purpose beginning their reproduction by and by, and in the mean time will actively go on with that of his *Book of Frames for the use of sculptors*, etc., the latter being a series of eighteen varied subjects. Our n° 931 is a Baguette with mouldings composed of a ground ornated with a garland of leaves rolled up with a ribbon, and edged externally with an ogee and inwardly with a fillet with pearls running underneath. — N° 932 has a ground ornamented with a straight Baguette with a running foliage of oak leaves. — N° 933. Torus of laurel leaves supported by an ogee embellished with ovolos; plain ground with a termination of pearls. — N° 934. Tufts of laurel leaves with a profile of torus and made alternate through groups of pearls; plain ground edged by a leafy ogee. — Engraved by Berthault. — (*Fac-simile.*)

FRISE,

PAR BARTHÉLEMY BEHAM.

XVIᵉ SIÈCLE. — ORFÉVRERIE ALLEMANDE.

935

Dans leurs innombrables et ingénieuses compositions, que leur habile burin nous a transmises, les *Petits-maîtres* des écoles de la Renaissance (voy. pages 69, 101, 143, 337, 355, 361) se proposaient pour but principal les applications aux ouvrages d'orfévrerie. Cet art exigeait au Moyen Age et à l'époque de la Renaissance un ensemble de connaissances générales dont nos ateliers contemporains semblent avoir entièrement perdu la tradition.

Pour ne parler que du Moyen Age, la profession d'orfévre ou argentier, dit M. l'abbé Texier dans la préface de son excellent «Dictionnaire d'Orfévrerie chrétienne», exigeait les talents divers de l'émailleur, du fondeur, ciseleur, du joaillier, du lapidaire. Peintre par les incrustations, sculpteur par les ciselures, il était architecte par la forme monumentale de ses œuvres... Alors se découvre une fécondité sans limites et sans rivales. L'orfévrerie a tout envahi. Elle a tapissé de ses figures relevées en bosse ou burinées en creux, de ses rinceaux fleuris, de ses filigranes à jour, de ses pierreries, de ses émaux, de ses nielluros, les autels portatifs ou fixes, les calices, les patènes, les burettes, les encensoirs, les suspensions, les agrafes, les fermails de chape, les fermoirs de livre, les lampes, les couvertures de missel, la crosse de l'évêque ou de l'abbé. Hors de l'Église, sa main puissante a pétri et transformé tous les objets à l'usage de la vie civile ou militaire : anneaux des époux et des fiançailles, aumô-nières, écrins, baluets, agrafes, bijoux de tout usage et de toute forme, coupes, vases, hanaps. L'on retrouve son travail sur les armes défensives et offensives, sur les casques, les cui-rasses, les épées, les dagues et jusque sur les éperons des chevaliers.

L'absence presque complète d'enseignement professionnel à notre époque, et l'état de décadence où cette importante branche de l'art industriel est tombée de nos jours, semblent nous solliciter plus que jamais à la reconstitution dans un enseignement secondaire largement compris, des grandes traditions perdues, et dont, fort heureusement, les éléments existent encore, grâce aux nombreux objets d'art que les anciens âges nous ont légués, grâce aussi à cette suite de chefs-d'œuvre du burin que les orfévres des grandes époques ont pu faire arriver à nous par les procédés de l'impression en taille-douce.

La présente composition est un panneau de coffret à fonds niellés. La variété et l'heureux choix des attitudes, la fermeté et le grand style du dessin, la hardiesse pittoresque des rac-courcis, la science anatomique, une exécution précieuse, recommandent cette pièce à l'at-tention du lecteur. — *(Fac-simile.)*

In innumerable and ingenious compositions, which their skilful graver has transmitted us, the *Little Masters* of the *Renaissance* schools (see pp. 69, 101, 143, 337, 355, 364) had chiefly in view the applications to the goldsmith's works. This art, in the Middle Ages and at the epoch of the *Renaissance*, required a compass of general knowledge of which the work-shops of the present age seem to have entirely lost the tradition.

Speaking only of the Middle Ages, the calling of the goldsmith or silversmith, says the Abbé Texier, in the preface of his excellent «Dictionary of Orfévrerie chrétienne (Christian goldsmith's art),» required then and there the diverse talents of enameller, founder, carver, jeweller and lapidary. A painter by the incrustations, a sculptor by the carvings, he became an architect by the monumental form of his works... Here thus is discovered a fecundity without limits or rivals. With its embossed or engraved figures, its blowing foliages, its open worked filigranes, its gems, enamels, niellos, guilloches, damaskeenings, it had decked the portable or stationary altars, the chalices, patens, censers, hooks, cope and book-claps, lamps, missel-covers, mitres, pastoral rings, bishop's or abbot's crosiers. Out of the Church, its powerful hand has formed or transformed every thing in use for civil or military life, marriage or betrothing rings, alms-bags, caskets, chests, hooks, jewels of all shapes and for all uses, cups, vases, goblets. Its working may still be seen on defensive and offensive arms, on helmets, cuirasses, shields, swords, dirks, and on the very spurs of the knights...

The almost complete absence of professional teaching, in our epoch, and the state of decay into which this important branch of industrial art has fallen, seem to urge us more than ever to reinstate through a liberal and superior teaching the great traditions now lost, but of which, most happily, elements still exist, thanks to the numerous works of art which the ancient ages left us, and thanks too to that succession of master-pieces which the gold-smiths of the great epochs were enabled to transmit to us through the process of the copper-plate printing.

The actual composition is a coffer panel with niello grounds, and it is a piece well deserv-ing the reader's attention by the variety and the happy choice of the postures, the vigour and grand style of the drawing, the picturesque boldness of the fore-shortenings, the ana-tomical science and the beautiful execution. — *(Fac-simile.)*

技艺高超的雕刻家通过数不胜数的精巧作品感染着我们，其中文艺复兴时期的"小大师"（参见第 69、101、143、337、355、361 页）主要对金匠作品的应用。在中世纪和文艺复兴时期，这种艺术要求知晓很多常识性知识，而在目前这个时代的作坊里，这种传统似乎已不复存在。

说到中世纪，阿贝·德克斯（Abbe Texier）在他优秀的作品——《基督教金匠艺术词典》的序言中写道，金匠或银匠这种职业，需要同时具有搪瓷工人、创作家、雕刻家、珠宝师和宝石匠的才华。因此，画家和竞争对手。用浮雕或雕刻人物，飘逸的叶子、绽放的花朵、还有宝石、珐琅、香炉、挂钩、长袍、书皮、灯、折祷书、主教法冠、主教戒指、主教或军用的牧杖。结婚或订婚戒指、包袋、匣子、箱子、挂钩……以及各种形状、各种用途的宝石，还有杯子、花瓶、高脚酒杯。它强大的手已经形成或者改造方方面面，包括民用或军用生活物品。其作品还能在防御性和进攻性武器上看到，包括头盔、胸甲、盾牌、剑、匕首，还有骑士的马刺……还有工业艺术这一重要分支在我们的时代，专业教学几乎完全不复存在，而工业艺术这一重要分支却又处于已经衰落的状态。专业教学的状态，和我们这个时候都更加应该由和优越的教学方式来恢复已经失去的伟大传统。然而，多亏了古代给我们留下了众多的艺术作品，并且通过铜版印刷的技术，将伟大时代的金匠杰作得以传承和继承。这些元素依然存在，这是最令人感到欣慰的。

作品实际的组成是一个以金镶嵌为底的嵌版。这作品姿势的多样性和巧妙的选择，使绘画风格充满活力且十分宏大，大胆运用透视，风景动画，很好地运用了结构学和美学。总之，这是值得引起读者关注的优秀作品。（复制品）

ANTIQUES. — CÉRAMIQUE GRECQUE.

936

This remarkable fragment presents the characteristics of high antiquity; therein the influence of the Oriental workmanship is perceptible in the peculiar style of the head o the lioness as well as in the characteristic disposition of the ornaments of the palm-crested frieze. Greek as they thoroughly remain, the arts of the colonies of Asia Minor must bear the impress of the influence of the monuments of the countries where those colonies settled, and the monumental conceptions of the *Niniveh school* undoubtedly served for a distant type to the inspiration of Ionian artists.

The collar worn round its neck by the animal, whose look is rather menacing, is probably a symbol of the dominion of Man over primitive Nature. The drain-level in the body of the jutting water-shoot, take notice of it too, is just on a par with the inferior border of the lateral vents whose delimitation is given by a course of arcuate ornaments or inverted ovolos. Therefore in this interesting piece do we see but a plain running decoration surmounting the crowning drip-stone. — Defaced. — Height, 0ᵐ,44; breadth, 0ᵐ,50.

937

Ce remarquable fragment présente les caractères d'une haute antiquité; l'influence orientale s'y fait sentir dans le style particulier de la tête de la lionne, ainsi que dans la disposition caractéristique des ornements de la frise en crête à palmettes. Tout en restant essentiellement grecs, les arts des colonies de l'Asie Mineure durent subir l'influence des monuments des contrées où elles vinrent s'établir, et les conceptions monumentales de l'*école ninivite* servirent sans aucun doute de type lointain à l'inspiration des artistes de l'Ionie.

Le collier que porte au cou l'animal dont l'expression est encore menaçante est probablement un symbole de la domination exercée par l'homme sur la nature primitive. On remarquera aussi que le niveau d'écoulement de l'eau dans le corps de la gargouille saillante n'est pas moins élevé que le bord inférieur des ouvertures latérales délimitées par un cours d'ornements en forme d'arcatures ou d'oves renversées. C'est donc un fragment d'une simple décoration courante surmontant le larmier de couronnement qu'il faut voir dans cette intéressante pièce. — Fruste. — Hauteur 0ᵐ,44; largeur 0ᵐ,50.

该优秀的作品部分呈现出远古时代的特征，其中，东方工艺的影响很明显地体现在独具风格的母狮头上，以及棕榈树顶部饰带的独特布置。小亚细亚殖民地的艺术得以在希腊完全保存下来，必须受到这些殖民地定居国家遗迹的深刻影响，而尼尼微学派不朽的观念与构想，无疑为遥远的爱奥尼亚艺术家提供了灵感。

作品可见一只样貌十分凶恶的动物，

其脖子上的项圈可能是人类对原始天性支配的象征。还要注意到的是，侧通风口的边缘是通过拱形装饰或者凸圆形线脚装饰的方向界定的，而伸出的射水体的排水层与侧通风口的边缘是对齐的。因此，在这个有趣的作品中，我们看到的只是一个普通的流水装饰，位于最高的滴水石之上。作品受损。高 0.44 米，宽 0.50 米。

Quatrième Année.

20 Février 1864.

Nº 102

50 Centimes le Nº

BUREAUX A PARIS 13 RUE BONAPARTE

L'ART·POUR·TOUS

ENCYCLOPÉDIE
DE L'ART INDUSTRIEL ET DÉCORATIF
Paraissant les 10, 20 & 30 de chaque mois.

EMILE REIBER
DIRECTEUR-FONDATEUR

France, 1 an..... 18 fr.
Étranger, même prix,
plus le port variable.

Librairie Morel

Demandes d'abonnem.,
réclamations, etc., s'adr.
aux Bur., 13r. Bonaparte.

XVIᵉ SIÈCLE. — ÉCOLE FLAMANDE.

PARCS ET JARDINS.

JARDINS DE COMPARTIMENT,

PAR VREDMAN VRIESE.

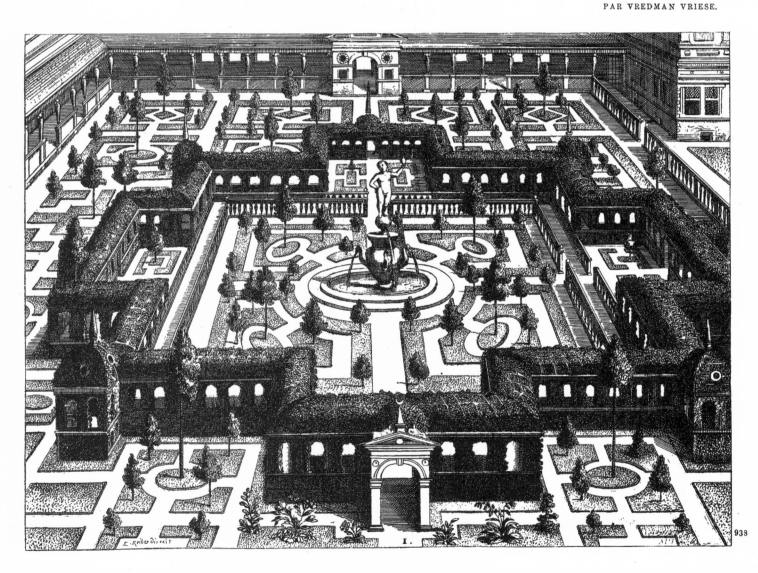

Ce *Jardin de compartiment* se relie au corps de logis par une galerie couverte, en forme de portique, disposée pour la promenade pendant les temps pluvieux, et abritée des vents du nord. Dans l'axe de ce portique, une porte monumentale donne accès aux parterres établis sur une ordonnance quadrangulaire, dont le centre est occupé par une fontaine jaillissante. Sur les quatre côtés s'étend une treille en charmille percée d'ouvertures en arcades, et flanquée de pavillons aux angles principaux. La disposition des clôtures en bois, composées de balustres tournés ou de treillages (v. p. 421), la symétrie des plantations des parterres de compartiment, forment les caractères saillants des Jardins de cette époque (fin du XVIᵉ siècle). — Gravure de Ph. Galle. — Sera continué.

这是一个室内花园，通过专为雨天设计的遮挡棚和柱廊型走廊与主建筑连接，并且可以遮挡北风。门廊的中轴线上有一巨大的门，可通向花坛。花坛呈四边形布置，中央为喷水喷泉。在花坛的四条边上有蔓藤凉棚，借助拱形孔洞和长满绿植的亭子，在主角延伸开来。由旋转栏杆柱或棚架（参见第421页）组成的木制栅栏，以及花园中呈对称性的植物，是那个时代（16世纪末）的花园所具有的突出特点。Ph. 加勒（Ph. Galle）雕刻。未完待续。

This *compartment Garden* is united to the main building through a covered and portico-shaped gallery arranged for a walk in rainy weather, and sheltered from northerly winds. A monumental gate in the axis of that portico gives access to the parterres whose disposing is quadrangular and whose centre is occupied by a jetteau-fountain. On the four sides, a vine-arbour is spreading with arched apertures and verdant pavilions at the principal angles. The disposition of the wooden fencings composed of turned balusters or treillages (see p. 421), the symmetry of the plantings in the flower-gardens, are the prominent characters of the Gardens of that epoch (end of the XVIᵗʰ century). — Engraving by Ph. Galle. — To be continued.

L'ordonnance des *compartiments* d'un Plafond à *construction apparente* (voy. pages 70, 132, 152, 162, 180) devant être en harmonie avec la superficie et la hauteur des salles à décorer, il est convenable, dit *Serlio*, d'assigner aux Caissons des dimensions et des saillies en rapport avec toutes ces données. Les champs des caissons doivent être ornés de rosaces ou rondelles dorées (*una rosa overó bacinetta dorate*) circonscrites par des rinceaux de feuillages se reliant à quelques masques, animaux ou grotesques, afin de donner plus de douceur (*vaghezza*) à l'ouvrage. — L'or doit également soutenir les moulures des bois; quant aux tons à employer pour la peinture de ces ornements, les plus convenables sont ceux de grisailles (*chiaro scuro*); tout au plus un fond bleu (*campo d'azzurro*) est-il tolérable dans les ouvrages de cette nature, les tons vifs n'étant applicables qu'aux surfaces voûtées. La peinture des bois formant le dessin du plafond doit être en harmonie avec les tons employés aux parois de la salle.

Les quatre dessins ci-dessus sont applicables aux pièces de dimensions restreintes. — Au nº 939, la disposition octogonale alterne avec la croix à quatre branches égales. — Nº 940. Disposition hexagonale avec intervalles triangulaires. — 941. Ordonnance de carrés parfaits reliés sur leurs angles par une croix de Saint-André. — 942. Polygones étoilés à huit branches reliés par de grandes rosaces. — (*Fac-simile*.)

作为可见的或者说装饰天花板的隔间（参见第 70，132，152，162，180 页），其布置应该与装饰大厅的高度或面积保持一致。正如塞利奥（Serlio）所说，应该根据每一个基准面，给每一个藻井分配好尺寸和投影。藻井的底色会用镀金玫瑰或凹状圆形进行装饰，还有盘绕的叶子围绕在面具、动物或怪兽像饰周围，使得整个作品更加美好。金色用于中和森林元素的装饰；至于绘制那些装饰所用的色调，单色配色是最适合不过的；此类作品中，蓝色是底色所能接受的最大限度，而漂亮的色调只适用于拱形的表面。森林的绘制可以显示出天花板的轮廓，而其色调必须与房间墙体所用的色调协调一致。

以上四幅图适合中等尺寸的房间。图 939 中的排列布置是八边形与四边相等的十字架图形相互交错。图 940（译者注：原文为"930"，根据图上编号实应为"940"。）展示的是带有三角形间隔的六边形布置。图 941，正方形的四角通过一个圣安德鲁十字架图形完美地连接在一起。图 942，有八个角的放射性多边形，以及连接在一起的大玫瑰图案。（复制品）

As the ordering of the *compartiments* of an *apparent* or *decorative Ceiling* (see pp. 70, 132, 152, 162 and 180) ought to be in keeping with the height and area of the halls to be decorated, it is proper, as *Serlio* says it, to allot to the Caissons the dimensions and projections according to each of those data. The grounds of the caissons are to be ornated with gilt roses or concave rounds (*una rosa overó bacinetta dorate*), with circumvolving foliages uniting themselves to masks, animals or grotesques, to give the work a greater loveliness (*vaghezza*). — Gold is likewise to relieve the mouldings of the woods; as to the tones to be made use of in the painting of those ornaments, the most proper are those of *camaieu* (*chiaro scuro*); at the most a blue ground (*campo d'azzurro*) is to be tolerated in works of that kind, wherein smart tones ought only to be applied to vaulty surfaces. The painting of the woods giving the outline of the ceiling must be in harmony with the tones employed for the walls of the room.

The four above drawings are apposite to rooms of middling dimensions. — In nº 939, the octangular disposition is alternating with the cross with four equal branches. — Nº 930 shows an hexagonal disposition with triangular intervals. — Nº 941. Perfect squares united on their angles through a *Saint Andrew Cross*. — Nº 942. Radiating polygons with eight branches and large uniting roses. — (*Fac-simile*.)

943

Bien que cette pièce se rapproche, par les tons employés dans sa décoration, de certaines faïences napolitaines ; elle appartient à la fabrique de Moustiers par son modèle que nous retrouverons dans la collection Le Véel. Il est constaté du reste que cette fabrique, ainsi que celle de Nevers, employa souvent des décorateurs italiens. La coiffure et divers détails de la figure assise font voir que cette Assiette faisait partie d'une suite des « Quatre parties du monde » ; celle-ci représente l'*Amérique*.

Fond *blanc*. Le *trait*, vigoureusement exécuté au *manganèse*. Les fleurs, ailes des papillons, la tunique de la figure, en *terre de Sienne naturelle* modelée de *terre brûlée*. Les chairs, jambes, terrain, ailes des papillons, ombres des fabriques du fond, en *bleu violâtre*. Par-ci par-là quelques rares touches de *brun rouge* disposées en hachures. Touches *vertes* dans les feuillages et sur le *marly* ou pourtour figurant un cours de perles. — Collection L. Lescuyer. — Grandeur d'exécution. (*Calque.*) — Rare.

由装饰所用的色调来看，该作品类似于某些那不勒斯彩色陶器，但由其样式来看，实际上它是出自比利时穆斯捷的制造商。这种样式我们在勒·维尔（Le Véel）作品集中还会看到。另外，事实证明，该制造商还有奈韦尔的制造商都经常雇用意大利装饰设计师。该作品中有一个坐着的人物，通过其头顶装饰和诸多细节可以看出：此盘子是"世界四大地区"系列中的一个，这一个代表的是美洲。

底色为白色。特性是含有大量的锰。花朵、蝴蝶翅膀、人物宽松上衣的造型均采用天然的赭色黄土和烧黏土。人物的皮肤、腿部、地面、蝴蝶、背景结构的阴影均刷为紫罗兰色；到处都有少许红棕色线条；树叶、泥灰岩或圆形的四周为绿色，有一串珍珠。L. 莱斯屈耶（L. Lescuyer）作品集。实际尺寸。品质杰出。（临摹版）

Although this piece, by the tones used in its decoration, is akin to certain Neapolitan faiences, yet it belongs to the Moustiers manufacture by its model which we will see again in the *Le Véel* Collection. It is proved moreover, this manufacture, as well as that of Nevers's, often employed Italian decorators. The head-dress and various details of the sitting figure show this plate was one of a set of the « Four parts of the World » ; this one represents *America*.

White ground. *Trait* vigorously executed with *manganese*. Flowers, wings of butterflies, tunic of the one figure, in *natura Sienna clay*, and *burnt clay* for the modellings. The flesh, legs, ground, butterflies, shades of the background fabrics, painted *violet-blue*. Here and there a very few dashes of *reddish brown* in hatchings. *Green* touches in the leafages and on the *marly* or circumference, which figures a run of pearls. — L. Lescuyer Colloction. — Full size. (*Tracing*). — Rare.

945

图 859 绘出了装订后的书皮底面图案，本页的这两幅花朵六色的花朵中同穿接。加上一
展示的是这两页的图样。我们可以看到，叶子在五颜六色的花朵中同穿接。加上一
串一束的葡萄，一束一束的郁金香，石榴树，小雏菊，香石竹，草莓花，甜石南等等，
装饰着这些终饰的部分，而它们中间间隙的均匀性也尽可能地为背景留出空间，至于颜色（红
分代表金色底面。花朵和树枝的细节造型是通过镀金的方式呈现的。至于颜色（红
色，绿色，紫罗兰色，黄色，紫色），它们在纸面上起主要作用，然后再加上镀金板，
这样，同种类的花朵们会被上过程都是通过自然而然目相
互的降解融合在一起，实际上是通过湿法工艺过程实现的，这一工艺在今天仍在
使用。（原图临摹版）

Those two plates (see p. 368) give the drawing of
the posterior face of the binding given in nᵒ 859. Here we see running foliages ending in
most variegated bloomings. Bunches of grapes, tulips, pomegranates, daisies, pinks,
flowers of strawberry and sweet-briar, etc., are employed in those finishing decorations,
while an evenness of interval is as much as possible spared for the grounds. *Black* is to
represent the gold ground. The modelling of the details, in the flowers and boughs, is
given through a large trait lightly stippling and gilt likewise. As for the colours (red,
green, violet yellow, purple), they are largely charged on the paper, before applying the
gilding plate, so that a group of flowers of the same kind is to receive the same colour.
All those colourings are blended together through a natural and mutual degradation, which
proves they were obtained by *wet process*, such as is still in practice. (*Tracings* of the
originals.)

944

Ces deux planches (voy. p. 368) donnent les *gardes* de la
face postérieure de la reliure donnée au nᵒ 859. Comme on le voit, les rinceaux courants de
feuillages sont terminés par des floraisons de la plus grande variété. Les grappes de raisin,
les tulipes, grenades, œillets, fleurs de fraisiers, d'églantiers, etc., sont
employées pour ces décorations terminales en ménageant toujours au fond une égalité d'intervalles aussi régulière que possible. Les noirs représentent le fond doré. Les détails des fleurs
et branchages sont modelés par un large trait légèrement grené et également doré. Quant
aux couleurs (rouge, vert violet, jaune, pourpre), elles sont appliquées par grandes parties
sur le papier avant l'impression de la planche à dorer, de façon qu'un groupe de fleurs de
même nature soit de la même couleur. Toutes ces couleurs sont fondues entre elles et se
dégradent naturellement l'une dans l'autre, ce qui prouve que ces colorations étaient obtenues par *voie humide*, comme cela se pratique encore de nos jours. (*Calques des originaux*.)

Quatrième annéc.

N° 103.

29 Février 1864.

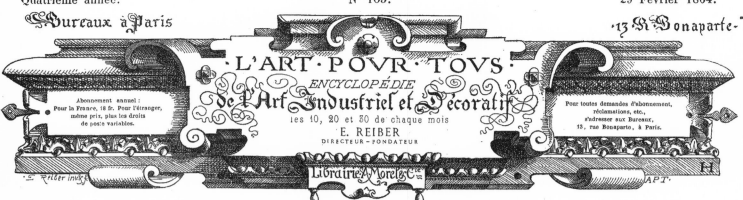

Bureaux à Paris

·13·R·Bonaparte·

L'·ART·POVR·TOVS·
ENCYCLOPÉDIE
de l'Art Industriel et Décoratif
les 10, 20 et 30 de chaque mois
E. REIBER
DIRECTEUR – FONDATEUR

Abonnement annuel :
Pour la France, 18 fr. Pour l'étranger,
même prix, plus les droits
de poste variables.

Pour toutes demandes d'abonnement,
réclamations, etc.,
s'adresser aux Bureaux,
13, rue Bonaparte, à Paris.

Librairie A. Morel & Cie

XVIᵉ SIÈCLE. — ÉCOLE ALLEMANDE.

FRONTISPICE,
PAR W. DIETERLIN.

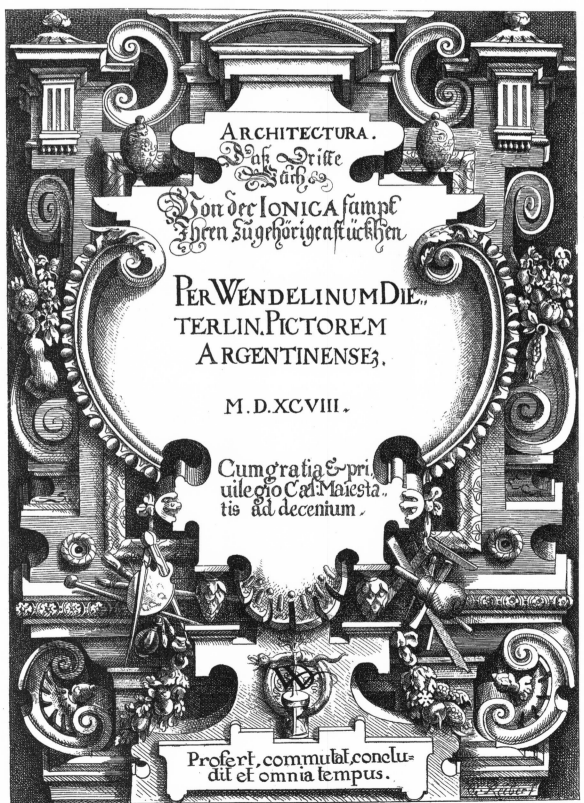

Frontispice du troisième livre (ordre ionique), édition de 1593.
— Frontispice général de l'édition de Nuremberg. — (Fac-simile.)

第三本书（爱奥尼亚柱式）的卷首插图，1593 年版。
纽伦堡普通版的卷首。（复制品）

Frontispiece to the third book (Ionic order), edition of 1593.
— General frontispiece of the Nuremberg edition. — (Fac-simile.)

XVIIIᵉ SIÈCLE. — ÉCOLE FRANÇAISE LOUIS XVI).   PANNEAUX, — ARABESQUES,
PAR P.-J. PRIEUR.

947

948

Quoique l'examen de l'œuvre de *P.-J. Prieur* ne permette pas d'accorder à cet artiste les qualités d'un maître de premier ordre, on ne peut cependant lui refuser une composition souvent bien ordonnée et une certaine élégance dans les détails puisés à l'étude de la nature. Ses productions, trop peu connues, méritent d'être tirées de l'oubli. — Ses *Panneaux arabesques*, qui forment une suite importante, font ressortir l'inégalité de sa manière. Tout en respectant scrupuleusement la *personnalité* de cet artiste, nous prendrons à tâche de redresser dans nos reproductions les négligences de dessin les moins tolérables, aux points surtout où le maître nous paraît avoir été trahi par son graveur habituel, le sieur Fay. — Les deux pièces ci-dessus, qui font partie d'un des *cahiers* les mieux réussis de *Prieur*, montrent le parti avantageux qu'on pourra tirer de ces compositions pour la décoration des *Panneaux en hauteur*. — Sera continué.

尽管一项关于 P. J. 普里厄（P. J. Prieur）作品的调查不足以让我们就此认定该艺术家具有大师级的水准，但我们却不能否认其作品的布局是很有章法的，并且通过对自然的研究，他所绘制的细节十分优雅精美。他的作品不大出名，却值得免于被人遗忘。他的"蔓藤花纹"镶板（已形成一个重要的系列）将其布局展现得淋漓尽致。既然我们打算将艺术家的个性保持原封不动，那么在复制过程中，我们要修正最不能容忍的疏忽，也就是在我们看来，作者有别于他一贯雕刻风格的部分：某个 Fay。上面两幅作品是普里厄（Prieur）所创作一个书籍中的一部分，展示的是这些作品如何应用于高镶板的装饰。未完待续。

Although a survey of *P.-J. Prieur's* works will not authorize us to award to this artist qualities of a first-rate master, yet we cannot deny him a usually well ordered composition and a certain elegance of details studied and drawn from nature. His rather unknown productions deserve being rescued from oblivion. — His *arabesque Panels*, which form an important series, show off the unevenness of his manner. While we intend to leave untouched the *personality* of that artist, we will make our business to rectify in our reproductions the least tolerable negligences of his specially where the master seems to us to have been betrayed by his usual engraver, a certain *Fay*. — The above two pieces, being a portion of one of *Prieur's* best executed *Books*, show how those compositions may well be made use of for the decoration of *high Panels*. — To be continued.

XVIᵉ SIÈCLE. — FERRONNERIE ITALIENNE.

CHENETS
EN FER FORGÉ.
(COLLECTION RÉCAPPÉ.)

Cette œuvre magistrale, un des spécimens les plus complets de la Ferronnerie italienne de la fin du xvıᵉ siècle, offre la disposition monumentale des *Landiers* du Moyen Age. Elle est exécutée dans sa totalité en fer forgé, repoussé, gravé et poli. Aux deux extrémités d'une traverse basse s'élèvent, retenus par de longues clefs *a* (fig. 949) chassées dans les mortaises *b* (fig. 950), deux montants en fer carré *c*, splendidement revêtus dans leur partie supérieure de pièces cylindriques moulurées et de boules pivotantes, et largement étoffés dans le bas d'une double console (voir le *profil*, fig. 950) sur laquelle vient s'asseoir une pyramide de volutes couronnée d'un groupe de mufles de lion. De larges rinceaux de fer forgé reliés par des frettes garnissent les angles inférieurs, ainsi que l'aisselle de la potence tournante *d*, dont l'extrémité *f*, garnie d'un mascaron, porte une chaine munie d'un long crochet destiné à suspendre les ustensiles de cuisine au-dessus du brasier. Une bobèche *e* reçoit une bougie pour éclairer le service quand la potence est ramenée en dehors de la cheminée par un mouvement horizontal de rotation qui s'opère dans l'espace *g-h*. Chacun des deux montants est couronné par un réchaud mouluré, orné de bandes et de mascarons. Les deux chaines, attachées en *f*, ont été croisées et relevées en *e* dans notre dessin pour laisser place aux détails, 1° de la face intérieure (fig. 950); 2° du *plan* qui fait voir l'ajustement de quatre torsades de fer aux angles de la pyramide; 3° et 4° des têtes de lions garnissant les points principaux (fig. 951 et 952). — Au quart de l'exécution. — Ce *pezzo di gran' rumore* a été adjugé à M. Récappé, dans une des dernières ventes de la salle Drouot, au prix de 7,300 fr. — (*Inédit.*)

这一大师级的作品是 16 世纪末意大利铁制品最完整的范例之一，展示的是中世纪柴架的排列布局，完全经过锻造、吹积、雕刻、抛光的过程铸成。从底部横杠的两端开始，矗立着两个铁的方形支柱 e，连接着长钥匙 a（图 949），一直延伸到榫眼 b（图 950）。这些支柱十分壮丽：顶端有圆柱模件和枢轴球覆盖；底部则是两个托架（见侧面图 950）；上方是涡形花样金字塔，环绕着一组狮子的面部图案。丰富的锻铁树叶，通过边石相互连接。下角随着转动效力 d 的凹角变动，d 的端点 f 有一面具作为装饰，f 支撑着一条带有钩子的链子，目的是用于在火的上方固定烹饪容器。当效力 d 通过作用在空间 g–h 的水平旋转运动转出壁炉时，可在孔洞中放入细蜡烛，用于照亮餐厅。两个支柱都在上方用铸造物支撑着模具、带子和面具。在我们的图画中，两根系在 f 上的链子交叉着，通过 e 向上提起，以留出空间展示细节。第一，内部面（图 950）；第二，展示金字塔四角的四个铁制缠绕物体调节的平面图；第三和第四，狮子的面部图案，要点是装饰（图 951 和图 952）。实际尺寸的四分之一。pezzo di gran' rumore 被拆卸，在德鲁奥拍卖厅一场最近的拍卖活动中，以 7,300 法郎（约合人民币 49,457 元）卖给 M. 莱卡皮（M. Récappé, L. 292）。（未编辑）

This masterly piece, one of the most complete specimens of the Italian iron-working at the end of the xvıᵗʰ century, presents the monumental disposition of the Middle Ages *Fire-dogs*. It is totally executed in wrought, drifted, engraved and polished iron. From both ends of a bottom cross-bar are rising two iron square uprights *c* attached by means of long keys *a* (fig. 949), driven into the mortises *b* (fig. 950). Those uprights are splendidly covered towards the top with cylindrical moulded pieces and pivot-balls, and largely furnished at the bottom with a double consol (see the profile fig. 950) upon which rests a pyramid of volutes crowned with a group of lion's muzzles. Ample wrought iron foliages, bound to each other by means of curbings, stock the inferior angles along with the reentering angle of the turning potence *d*, whose extremity *f*, ornated with a mask, supports a chain with a long hook intended for the suspension of cooking vessels over the fire. A socket is to receive a taper to light the pantry, when the potence is turned out of the fire-place through an horizontal rotatory motion acting in the space *g-h*. Both uprights bear, at the top, a chafing-dish with mouldings, bands and mask. The two chains fastened in *f* have been crossed, raised in *e* in our drawing, to give room for the details, 1ˢᵗ of the interior face (fig. 950); 2ᵈ of the *plan* which shows the adjusting of four iron twistings at the angles of the pyramid; 3ᵈ and 4ᵗʰ, of the lion's muzzles with which the principal points are garnished (fig. 951 and 52). — A fourth of the real size. — That *pezzo di gran' rumore* has been knocked down to M. Récappé for 7,300 fr. (L. 292), in one of the late sales at the Drouot auction-rooms. — (*Unedited.*)

PORTES, — LUCARNES,

PAR P. COLLOT.

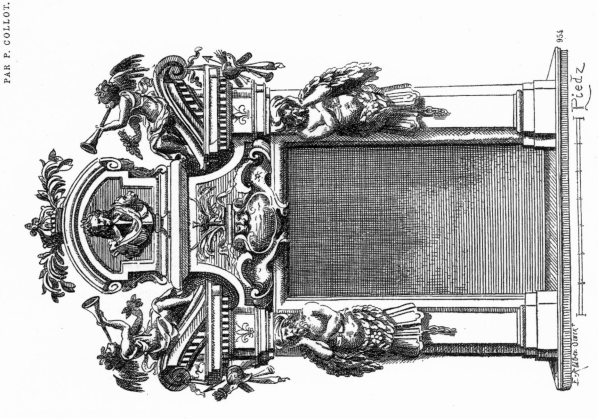

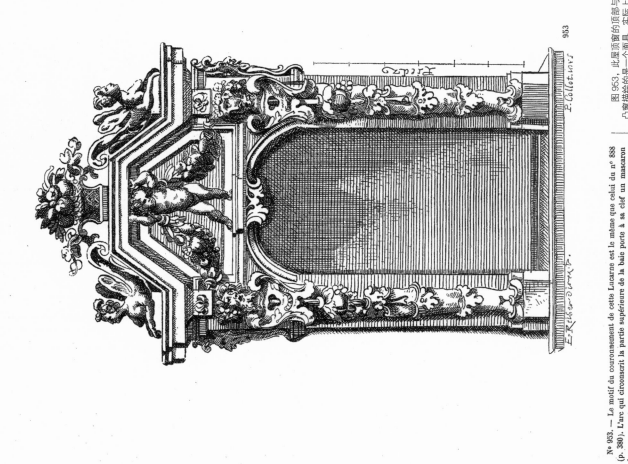

XVIIᵉ SIÈCLE. — ÉCOLE FRANÇAISE (LOUIS XIII).

Nᵒ 953. — Le motif du couronnement de cette Lucarne est le même que celui du nᵒ 888 (p. 380). L'arc qui circonscrit la partie supérieure de la baie porte à sa clef un mascaron formant console et servant de piédestal à l'enfant qui occupe le tympan. Cette figure se relie par des montants en gaînes dont la composition est des plus originales. De chaque côté de la corbeille du haut, deux harpies formant amortissement.

Nᵒ 954. — *Lucarne royale.* Les deux montants, figurés par deux guerriers captifs, sont couronnés par des frontons brisés, surmontés de renommées. — Au-dessus du tympan qu'orne un cartouche au chiffre du roi, le buste de Louis XIII se détache sur un panneau à couronnement curviligne surmonté de la couronne royale. — (*Fac-simile.*)

图 953，此屋顶窗的顶部与图 888（参见第 380 页）有着相同的主题。上部分凸窗描绘的是一个面具，作为占据衬垫的孩童的底座。后面的人物通过花环环绕着两个支柱，其创作构图十分不同寻常。顶部的两端各有一鹰身女妖哈耳皮埃（Harpy）。

图 954，皇家屋顶窗。代表战俘的两个支柱的挂帷已破损，上有象征声望的人物。衬垫的上方装饰有国王图案的涡卷饰，路易十三的半身像屹立于此，上有曲线花冠和代表皇室的皇冠。

Nᵒ 953. — This Dormer-window has the same motive to its crowning as that of nᵒ 888 (p. 380). The arc giving the delineation of the upper part of the bay has at its crown a mask being effectively a consol-table and serving for a pedestal to the child that occupies the tympan. The latter figure is united through garlands with the two sheathy uprights whose composition is most uncommon. Two harpies as pediments on each side of the top.

Nᵒ 954. — *Royal dormer.* Both uprights representing two captive warriors are crowned with broken frontals capped with figures of Fame. Above-the tympan ornamented with a cartouch with the king's cipher, the bust of Louis XIII detaches itself on a panel with a curvilinear crowning surmounted by the royal crown. — (*Fac-simile.*)

Quatrième Année.   N° 104.   10 Mars 1864.

L'ART·POUR·TOUS
ENCYCLOPÉDIE DE L'ART INDUSTRIEL ET DÉCORATIF
Paraissant les 10, 20 et 30 de chaque mois.
EMILE REIBER
DIRECTEUR–FONDATEUR
BUREAUX
A PARIS
13. R. BONAPARTE
Librairie A·MOREL et Cie

50c. le N°

N.

XVIᵉ SIÈCLE. — CÉRAMIQUE ITALIENNE.
FAIENCES DE GUBBIO.
(MUSÉE NAPOLÉON III.)

COIFFURES, — COSTUMES.
ASSIETTE CREUSE,
PAR GIORGIO ANDREOLI.

Fond *jaune vif* se dégradant dans une teinte *bleu clair* qui règne sur les bords. Chairs modelées de *sienne naturelle*; les cheveux en *sienne brûlée*. La coiffure en *noir intense*. Le collier, la robe et le filet de la bordure en *brun rouge*. Suite des *Belles* (voyez page 135). — Grandeur d'exécution. — *Calque* de l'original.

作品的底色是嫩黄色，边缘是浅蓝色，形成渐变。人物皮肤是用生赭石黏土建立模型；头发是赭褐色；发饰用深黑色；上衣的刺绣用的是白色珐琅；项链、长袍、盘子边缘的平缘是红棕色。贝拉（Belles，参见第135页）的续篇。实际尺寸。（原件临摹版）

Bright yellow ground degrading into a *light blue* tint which runs along the rim. Flesh modelled with *raw sienna-clay*. Hair in *burnt sienna*. Head-dress in *deep black*. Embroidering of the chemisette in *white* enamels. Neck-lace, gown, and the fillet of the rim of the plate in *reddish brown*. Continuation of the *Belles* (see p. 135). — Full size. — Tracing of the original.

XVIᵉ SIÈCLE. — ECOLE FRANÇAISE (CHARLES IX).

CHEMINÉE,
PAR A. DU CERCEAU.

VOLVPTAS   EVTYCHIÆ   COMES

956

Cette *Cheminée* se distingue par la simplicité des lignes. Au centre, un médaillon ovale figurant la *Fortune* est supporté par deux enfants assis sur la corniche du soubassement dont les montants se composent de simples pilastres doriques surmontés de doubles consoles. Sur les retours, et pour enrichir les lignes du profil, sont disposées deux gaines dont le motif terminal est un vase allongé formant amortissement de chaque côté du corps supérieur qui est disposé *en attique*. Le couronnement est un motif de modillons occupant la place du larmier. Aux mufles de lion placés sous la corniche se rattachent des guirlandes portant trois cartouches dont les inscriptions latines célèbrent le Plaisir, les Grâces, l'Amitié. — En comparant à cette Cheminée celle de *W. Dietterlin* donnée page 150, il est impossible de n'y pas reconnaître des analogies curieuses dans la disposition du cartouche, des enfants, cornes d'abondance, vases, mascarons et chutes de fruits. — (*Fac-simile.*)

　　该壁炉因其简洁的线条而引人注目。在中间，两个孩童坐在底座的檐口上，支撑着一个椭圆形图案饰物，内有象征幸运的人物。底座的支柱是平的多立克柱，位于两托臂之上。在转角处，作为侧面的装饰，有两个人像，上方是椭圆型容器，在壁炉高处的两端形成山形墙，继而成为飞檐矮墙。一些飞檐托饰作为冠状物装饰，代替飞檐。花环上有三种涡卷饰，其拉丁碑文赞誉着愉快、优美和友谊，与檐口下方的狮子面部图案相结合。如果我们将此壁炉作品与文德林·迪特林（W. Dietterlin）的作品（参见第150页）相对比，便会情不自禁地比较两者在涡卷饰、孩童、丰饶角饰、花瓶、面具、垂落的果子上的创作布局。（复制品）

This *Chimney-piece* is remarkable for its simplicity of lines. In the centre, an oval medallion with the figure of *Fortune* is supported by two children seated on the cornice of the base, whose uprights are plain Doric pilasters surmounted by double consols. On the returns and as an ornament to the profile, two terminals are disposed, whose upper motive is an oblong vase forming a pediment on both sides of the superior part of the chimney which forms an *Attic*. Some modillions serve as a crowning, in the stead of the *Larmier*. Garlands bearing three cartouches whose Latin inscriptions glorify Pleasure, Graces and Friendship, are fastened to the lion's muzzles under the cornice.— If we compare this Chimney-piece with the one by *W. Dietterlin*, given in p. 150, we cannot help acknowledging in both curious analogies in the disposition of the cartouch, the children, the cornucopiæ, the vases, masks and falls of fruits. — (*Fac-simile.*)

XVIᵉ SIÈCLE. — ÉCOLE FRANÇAISE (HENRI II).   **BUFFET EN NOYER SCULPTÉ.**

(MUSÉE DE CLUNY.)

This interesting specimen of a *suit of French Furniture*, in the time of Henry II., presents the then generally adopted disposition for household pieces of that kind. A base delineated by pilasters supporting double consols, and beautifully enriched with a surbase as well as with a projecting cornice, opens by means of two folds separated by a terminal united also to the cornice by double consols. The upper building. whose angles are decorated with terminals opposing their profiles on the returns, is ending in an architectural entablature with a broken curvilinear frontal, the tympan of which is ornamented with a large bracket of acanthine foliages.

The coupled folding doors, whose panels, like those of the lower part, are covered with carefully cut and sunk arabesques, are enclosed in a rich moulding which suddenly takes to *crossettes* in the upper part, in the fashion of lintels of antique doors. The lines of the upper lintel of that frame and those of the architrave are broken by a large consol, which expands as far as below the crowning cornice, and is bearing a mask and wreaths. Down the superior body and on the large moulding which forms its base, the face of the projecting drawer is embellished with an elegant twine of ivy. — 1/8 of the full size. — Nᵒ 573 of the Catal. — Further will be found the details.

Cet intéressant spécimen du *Mobilier français* du temps de Henri II offre la disposition généralement adoptée à cette époque pour les meubles de cette nature. Un soubassement délimité par des pilastres supportant des doubles consoles, et richement étoffé d'une moulure de base ainsi que d'une corniche saillante, s'ouvre à deux vantaux séparés par une gaine également reliée à la corniche par des doubles consoles. Le corps supérieur, dont les angles sont décorés de gaines qui se contre-profilent sur les retours, est terminé par un entablement architectural à fronton curviligne brisé et dont le tympan est décoré d'un large culot de rinceaux d'acanthe.

Les vantaux accouplés et dont les panneaux sont, ainsi que ceux du bas, couverts d'arabesques vivement refouillées, sont encadrés d'une riche moulure se décrochant en *crossettes* dans la partie supérieure, à la manière des linteaux des portes antiques. Les lignes du linteau supérieur de cet encadrement et celles de l'architrave sont rompues par une large console se développant jusqu'au-dessous de la corniche de couronnement, et portant un mascaron accompagné d'oiseaux et de guirlandes. Au bas du corps supérieur et dans la hauteur de la large moulure formant son soubassement, la face du tiroir saillant est ornée d'un élégant entrelacs de lierres. — Au 8ᵉ de l'exéc. — Nᵒ 573 du Catal. — On trouvera plus loin les détails.

这个法国家具套组的范例十分有趣，是亨利二世时期的作品，展示的是当时人们在家中逐渐开始采用的家具样式。底座由壁柱装饰，壁柱支撑着两个托臂，还有装饰线脚和檐口作为装饰。左右两扇门的打开方式，中间由同样连接着檐口的两个折叠板隔开。上部分建筑的角由支柱做装饰，在拐角处与侧面相对，其结尾处有建筑檐部，还有曲线挂帷，其衬垫有大量刺叶状的树叶进行装饰。

与下部分的门板一样，左右两扇门的门板上精心地布置着切割样式的蔓藤花

饰，由很多装饰线条包围，装饰线条在上半部分突然形成门耳，用的是古色古香大门的门楣的方式。边框上半部分门楣的线条和框缘的线条被一个大悬臂断开，大悬臂延伸至冠状檐口的下方，且上有面具和花环。在顶部的下方和形成底座的装饰线条的上方，凸出的面部由一些缠绕优美的常春藤进行装饰。实际尺寸的八分之一。目录册的编号573。后文会有该作品的细节。

FLEURS. — GRAMINÉES.
PLANTES AQUATIQUES.

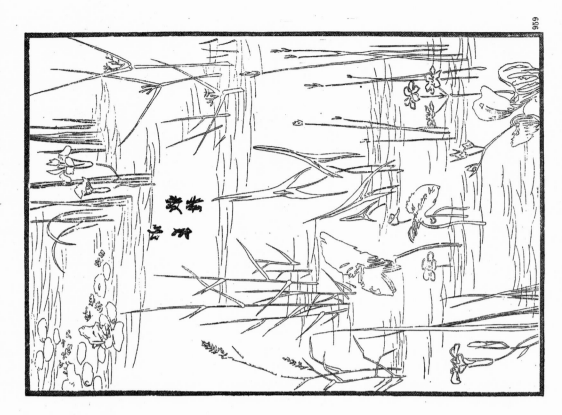

959

Of all the arts of the far East, those which remain the least known to us are the typo-graphic processes, though practised in China and Japan since the xᵢₜₕ century. The com-position of inks, the making of that wonderful rice-straw paper, the various processes of the relievo-engraving, the way of printing with coloured inks through a scale of degrada-tions, etc., are still for us so many mysteries, despite every attempt hitherto made in order to form a more intimate connection with those shy and mistrustful populations. Expecting that a deeper study of those things will once permit us to substitute the refinements of modern chemistry for the obvious but indiscernible simplicity of their means, we here repro-duce, by a simple *trait*, two plates from a Japanese *Method of Drawing*, of the middle of the xviiiᵗʰ century, a curious book the study of which we intend to resume. The profoundly decorative nature and gracious naivety of those simple sketches cannot escape our readers. Frail graminous stalks with an elegant and bold shoot fill the frame nᵒ 958. In nᵒ 959 are seen grouped reeds, arrow-heads and other aquatic plants. At the top a frog is strutting on a nenuphar-leaf. — To be continued.

所有的东方艺术中，我们仍知之甚少的是印刷过程，尽管这一技术从 12 世纪就开始在中国和日本兴起了。虽然迄今为止，我们进行了很多尝试，旨在与远东那些羞涩且多疑的人们建立更亲切的精草切的关系，但对我们来说，很多东西还是很神秘的，包括：油墨的彩色油墨印刷方式等等。那种绝妙的稻草纸的制造，多种浮雕雕刻的制法，过更深层次的研究。他们的方法很显著但难以辨认，那么我们期待可以通征复制了来自日本《绘图法》的两个印版。这本书来自 18 世纪中叶，是一本我们打算开始研究的奇妙的书。读者很容易就能在图上看到风光是经过精心修饰的，还有那些简单有趣的素描线条也是十分的优雅。充满天真趣味。图 958 整幅图中都是弱不禁风的草本茎和优美目醒目的嫩芽。图 959 是成群成叶的睡莲、还有慈姑和其他水生植物。整张图的上方有一只青蛙端坐在睡莲叶子上。未完待续。

XVIIIᵉ SIÈCLE. — TYPOGRAPHIE JAPONAISE.

958

Les procédés typographiques pratiqués depuis le xiiᵉ siècle en Chine et au Japon sont, de tous les arts de l'extrême Orient, ceux qui sont restés le moins connus de nous. La compo-sition des encres, la fabrication de ce merveilleux papier de riz, les procédés variés de gravure en relief, le mode d'impression aux encres de couleur avec teintes dégradées, etc., sont restés pour nous autant de mystères, malgré tous les efforts jusqu'ici tentés pour nouer des relations plus intimes avec ces populations au caractère ombrageux et méfiant. En atten-dant qu'une étude plus approfondie de ces choses nous permette de remplacer par les raffi-nements de la chimie moderne l'évidente mais insaisissable simplicité de leurs moyens, nous reproduisons ici par un simple *trait* deux planches tirées d'une *Méthode de Dessin* japonaise du milieu du xviiiᵉ siècle, livre curieux sur lequel nous aurons à revenir. Le caractère profondément décoratif, la gracieuse naïveté de ces simples croquis n'échapperont pas à nos lecteurs. De frêles graminées au jet élégant et hardi, des liserons, fleurs de tulli-piers, etc., remplissent le cadre nᵒ 958. Au nᵒ 959 sont groupés des roseaux, sagittaires et autres plantes d'eau. Dans le haut, une grenouille se prélasse sur une feuille de nénuphar. — Sera continué.

Quatrième annéc.

N 105.

20 Mars 1864.

L'ART POUR TOUS
ENCYCLOPEDIE
DE L'ART INDUSTRIEL ET DÉCORATIF
PARAISSANT
les 10, 20 et 30 de chaque mois
E. REIBER
DIRECTEUR-FONDATEUR

50c le No.

·BUREAUX·A·PARIS·

·13·R·BONAPARTE·

Abonnement annuel :
Pour la France, 18 fr. Pour l'étranger,
même prix, plus les droits
de poste variables.

Pour toutes demandes d'abonnement
réclamations, etc.,
s'adresser aux Bureaux,
13, rue Bonaparte, à Paris.

LIBRAIRIE·A·MOREL·ET·Cie

ANTIQUES. — PEINTURE ET CÉRAMIQUE GRECQUES.

VASES CORINTHIENS.
(MUSÉE NAPOLÉON III.)

LE VASE D'ANDOCIDES

960

Ce beau Vase, une des merveilles du Musée Napoléon III, doit, en y joignant d'autres pièces remarquables de la Collection des *Vases grecs*, nous dédommager de la perte du fameux *Vase de Cumes*, enlevé par la Russie lors du démembrement des collections du marquis Campana. — Notre dessin reproduit le *calque* de la frise (*Jeunes filles se préparant à la course et à la lutte*) qui décore la face antérieure du Vase, dont on trouvera l'ensemble et les notices à la page 471.

该花瓶做工精良，是拿破仑三世时期的作品典范。当收录"希腊花瓶"系列中的其他优秀作品时，博物馆会为在坎纳纳失去了这个著名的花瓶感到遗憾。我们的绘制再现了对饰带的临摹（少女们在做赛马和摔跤准备工作）。饰带是花瓶前表面的装饰。花瓶的整体效果和注释参见第471页。

This fine Vase, one of the marvels of the Napoleon III. Museum, will, when added to other remarkable pieces of the collection of *Greek vases*, be a compensation for the loss of the famous *Cumæ Vase* bought up by Russia at the time of the breaking up of the collection of marquis Campana. — Our drawing reproduces the *tracing* of the frieze (*Maidens preparing for racing and wrestling*) which is the decoration of the anterior face of the Vase, whose ensemble and notices will be found at page 471.

Noterwurtz. Steckkraut.

E. Rübert sc.

APT

961

Cette page, la 35e dans l'ordre des encadrements illustrés par la plume du maître (voy. pages 79, 114, 252, 308), se rapporte au verset du Psaume : *Psallite domino... in tubis ductilibus*, etc. Elle offre, dans le bas un beau motif de paysage. Une langue de terre délimitée d'un côté par le cours d'un grand fleuve, de l'autre, par un marais, se relève à son extrémité pour porter le manoir de quelque haut et puissant baron. Pour occuper les loisirs dont la paix les favorise, les gens du château se sont réunis sur la digue verdoyante, et répètent, à son de clairons et de cymbales, quelque vieux refrain de guerre, quelque noble chant dont la mélodie rappelle aux habitants des deux rives la gloire des aïeux. Sur la droite, un oiseau au regard farouche, attaché par le charme de cette harmonie guerrière, s'est réfugié dans les branches d'un élégant arbrisseau dont les eaux baignent les racines, et qui se termine par des rinceaux d'un jet robuste. — (*Fac-simile.*) — Sera continué.

该页展示的是大师笔下插图的第 35 幅（参见第 79, 114, 252, 308 页等），讲述的是诗篇中的诗：Psallite domino.....in tubis ductilibus 等等。在插图的下方，展示了风景的主题。一边十分狭窄，以一条大河为边界；另一边则以沼泽为边界，向末端延伸开来；最后是一片几个高大神气的男爵所拥有的庄园。城堡的主人们在青翠的堤岸相聚，享受休闲的时光，享受和平的恩惠，伴随着号角和铙钹的声音，重复演奏着以前战时的歌谣或高雅的曲子，旋律让人想起河流两岸居民的思想和祖先们的荣耀。在图画的右边，有一只相貌凶猛的鸟栖息在精心布置过的灌木丛的树枝中，树木的根部浸在水中，另一端是树叶，还有强壮的嫩芽。未完待续。（复制品）

This page, the 35th in the numbering of the frames illustrated by the master's pen (see pages 79, 114, 252, 308, etc.), is referring to the verse of the psalm : *Psallite domino......in tubis ductilibus*, etc. It presents, at the bottom, a fine motive of landscape. A neck-land bounded, on one side, by the course of a large river, and on the other by a marsh, rises towards the end where it bears the manor of some high and mighty baron. To wear away the leisure-hours, a boon of peace, the people of the castle have met upon the verdant dike, and to the sound of clarions and cymbals repeat old war-ditties or noble songs whose melody recalls to the minds of the inhabitants of both shores the glory of their forefathers. On the right, a bird with a fierce look, but which the warlike harmony has rendered spell-bound, has taken shelter among the branches of an elegantly shaped shrub whose roots are bathing in the water and which ends in foliages with hardy shoots. — (*Fac-simile.*) — To be continued.

XVIIIe SIÈCLE. — ÉCOLE FRANÇAISE (LOUIS XV).

ÉCRAN,
PAR F. BOUCHER.

962

Cette pièce, connue sous le nom du *Message amoureux*, se distingue par un effet rendu avec simplicité, et nous fournit d'utiles renseignements sur le *costume* de l'époque. On remarquera, dans la main du marchand ambulant, un instrument dont la tradition s'est conservée jusqu'à nos jours dans les rues de Paris. L'encadrement, quoique d'une forme élégante et gracieuse de détails, se ressent d'une certaine mollesse qui souvent caractérise le maître; tout en lui conservant sa souplesse, nous avons tâché de le rendre plus nerveux en accentuant avec plus de fermeté le trait et le modelé de l'original. — Sera continué.

该作品一般称为《爱的信息》，因其通过简单的布置即展示给读者那个年代服饰的智慧而造就了它的不凡。我们要注意的是街头小贩手中的工具，这一传统在如今的巴黎街头仍一直保留着。尽管从边框的细节来看还是很精致、很优雅的，但该作品的作者一贯有些懈怠。在保留原作优美的同时，我们也力求从通过为其特性和造型增添一点硬度来为作品增加一些气魄。未完待续。

This piece, known by the name of *Love-message,* is remarkable for its telling simplicity and furnishes us with useful intelligences about the dressing of the epoch. In the hand of the hawker an instrument is to be taken notice of, the tradition of which has been kept up to this time of ours in the Paris streets. The frame, though showing a form elegant and gracious in its details, is tainted with a certain slackness which not unfrequently characterizes this master. While preserving the elegancy of the original, we have too striven to give it more nerve by adding a little firmness to the trait and modelling. — To be continued.

XVIIᵉ SIÈCLE. — ECOLE FRANÇAISE (LOUIS XIII.)

963

966

964

965

Nº 963. — Détail des incrustations formant les deux compartiments de la face du tiroir principal du *bureau*. (Voyez p. 354.) — Nᵒˢ 964 et 965. Détails en grandeur d'exécution des faces des petits tiroirs placés de chaque côté des vantaux armoriés de la partie milieu du corps supérieur du Cabinet. — Au nº 966, nous avons figuré la moitié du panneau long qui délimite à droite et à gauche les incrustations de la *tablette* du bureau dont on trouvera le *plan* à la page 448. — Toutes ces pièces sont exécutées en marqueterie d'écaille sur fond d'étain. — *Calques* des originaux.

图 963 是书桌（参见第 354 页）主要抽屉的表面分为两个部分，图中是镶嵌作品的细节，分别构成书桌的两个部分。图 964 和图 965 是橱柜上半截的中间部分有两扇折叠门，这两幅图展示的就是各扇门上小抽屉表面的全长度细节。图 966 我们已经计算出长板的一半，长板在左右两边包围着书桌桌板的外壳。平面示意图请参见第 448 页。所有这些方格花样都是龟棕色的，在锡制底面上完成雕刻。原稿临摹版。

Nº 963. — Detailing of the inlaid works forming the two partitions of the face of the principal drawer of the *Bureau* (see page 354). — Nᵒˢ 964 and 965. Full length details of the faces of the small drawers on each side of the emblazed folding-doors of the middle part of the upper body of the Cabinet. — In nº 966 we have figured one half of the elongated panel which, on the right and left, bounds the incrustations of the *tablet* of the bureau, the *plan* of which will be found at page 448. — All those pieces are executed in tortoise-shell checker-work on tin ground. — *Tracings* of the originals.

Quatrième Année.　　　　　　　　　　　　　N° 106.　　　　　　　　　　　　　30 Mars 1864.

50 Centimes Le Numero

L'ART·POUR·TOUS
ENCYCLOPÉDIE
de l'Art Industriel et Décoratif
Paraissant les 10, 20 et 30 de chaque mois.
E. REIBER
DIRECTEUR-FONDATEUR

BUREAUX A PARIS BONAPARTE
Librairie A. Morel & Cie

Abonnement annuel, 18 francs.　　　　　　　　　　　　　　　　Le volume paru, 25 francs.

XVIᵉ SIÈCLE. — ÉCOLE ALLEMANDE.　　　　　　　　　　FRONTISPICE, — COSTUMES.

LES NOUVEAUX MODÈLES DE BRODERIE

PAR HANS SIEBMACHER

967

Nous offrons ici, pour servir de *Frontispice* au *Livre de Brode-ries* de *H. Siebmacher* (voy. pages 202, 238, 256, 266, 290, etc.), la curieuse gravure qui accompagne une sorte de préface, dialogue en vers dans le goût du temps, où l'auteur développe le but moral qu'il s'est proposé en éditant son livre. Sous les traits d'une laborieuse jeune fille, *Industria*, assise au pied d'un arbre, dans un riant jardin, s'occupe de ses chères broderies, quand elle se voit abordée par une jeune évaporée couverte de somptueux vêtements, et qui l'invite à venir partager ses plaisirs : c'est *Igna-via* (l'Oisiveté). Industrie refuse, quand survient *Sophia* (la Sagesse) qui, dans un discours fort sensé, encourage Industrie et admoneste un peu vertement son interlocutrice qui, toute déconcertée, est forcée de quitter la partie. Edifié de cette scène à laquelle il assiste fortuitement, caché derrière un rosier épais, l'auteur court mettre en pratique les leçons de dame Sophie. Il se met à l'œuvre et compose incontinent plus de cent soixante-dix modèles nouveaux de Broderie destinés à entretenir parmi les femmes et les filles cette salutaire horreur de l'Oisiveté que monseigneur saint Ambroise appelle l'oreiller de Satan, et cette passion pour les travaux d'aiguille que le roi Salomon, dans ses Proverbes, proclame être la gloire du beau sexe.

Nous remarquerons, dans notre gravure, d'intéressants détails sur le *Costume* des dames allemandes de la fin du xvıᵉ siècle (mantelets, coiffures, etc.) et sur la disposition des *Jardins* de cette époque. — (*Fac-simile.*)

作为 H. 西布马赫（H. Siebmacher）《刺绣之书》（参见第 202、238、256、266、290 页）的卷首插画。这里我们给出的版画，往往伴随着一种序言或幽默的对话，这在当时是一种时尚，在那里作者展示他作品出版时的道德目标。Industria 被拟人化为一个勤奋工作的少女，坐在花园里的一棵可爱的树下，正忙着刺绣，突然被一个衣着华丽、冒冒失失的年轻女子打断，来邀请她过去分享自己的喜悦。这个女子是 Ignavia（懒散）。Industria 正要拒绝，这时，Sophia（智慧）出现了。她说了一大堆合情合理的话来支持 Industria，在严厉的斥责声中，妨碍者不得不在混乱中狼狈撤退。这一幕，作者是在教导隐藏在密实的玫瑰树后的可能存在的旁观者，作者加快对实施 Sophia 夫人的教训。他开始认真地创作了一百七十多种新的刺绣图案，意在保持妇女和少女对于懒散的恐惧感，被圣安布罗修斯（Saint Ambrosius）称为撒旦的枕头。对于刺绣工作的热爱，所罗门国王在他的谚语中宣告了性别平等的荣耀。

在我们关于 16 世纪末德国女士服饰的雕刻，以及当时花园的布置中，我们会注意到一些有趣的细节（披风、头饰等）。未完待续。

Here, to serve for a *Frontispiece* to *H. Siebmacher's Book of Embroideries* (see pages 202, 238, 256, 266, 290, etc.), is given the curious engraving which accompanies a kind of preface or versified dialogue, as was then the fashion, wherein the author shows the moral butt he is aiming at by the publication of his work. *In-dustria*, figured as a hard-working maiden, is sitting at the foot of a tree in a pleasant garden and busy with her dear embroideries when she is intruded upon by a young heedless and somptuously clothed female who invites her to come and partake of her plea-sure : this is *Ignavia* (Idleness). Industria is refusing when *Sophia* (Wisdom) drops in, and in a very sensible speech abets Industria and rather sharply reprimands the intruder who is obliged to withdraw in great confusion. Taught by this scene of which he is perchance a spectator, being hidden behind a thick rose-tree, the author hastens and puts into practice the lessons of dame Sophia. He begins in earnest composing forth-with more than a hundred and seventy new patterns of Embroi-dery intended for maintening among wives and maidens that wholesome horror of idleness, which Saint Ambrosius calls Satan's pillow, and that liking for needle-works which king Salomon, in his Proverb's proclaims the glory of the fair sex.

Interesting particulars are to be taken notice of in our engrav-ing about the *Dressing* of the German ladies at the end of the xvıᵗʰ century (mantlets, head-gears, etc.) and the disposition of *Gardens* in that time. — (*Fac-simile.*)

GERMANI ET HISPANI PEDITES   CVSTODIAS AGENTES

XVIᵉ SIÈCLE. — ÉCOLE FLAMANDE (CHARLES-QUINT).

CORTÉGES.

COSTUMES MILITAIRES.

Plus loin, aux plans secondaires, dans la pénombre d'une forêt de lances et sous les larges replis² de la grande bannière impériale, on distingue les représentants de la noblesse espagnole et flamande, et les vieux burgraves du Rhin à l'air farouche et rébarbatif. — Le groupe des Hommes d'armes est suivi de la foule turbulente des Lansquenets et des cohortes flamandes et espagnoles. Ces troupes, formant la haie sur tout le parcours du cortége, se rejoignent à sa fin pour entourer la phalange de leurs porte-étendards. Inutile d'appeler l'attention du lecteur sur le grand style et l'élégante fermeté de dessin de cette partie principale de la composition. Le personnage assis dans une chaise à bras accompagnée de ses deux porteurs est le fameux Antoine de Lève, généralissime des troupes impériales. La composition se termine par le dessin de diverses pièces d'artillerie en usage à cette époque. — (Fac-simile.)

画面背景的远方，长矛丛林的外围，皇家旗帜的笼罩下，可见西班牙和佛兰德的贵族阶级代表，十分引人注目，还有尾随的面容苍老凶狠的莱茵贵族。武装人员的后面是骚动的雇佣兵，以及一伙西班牙人和佛兰德人。这些军队列队前进，在他们旗手方阵的末端再次相遇。无需提醒读者注意该作品主要部分呈现出的庞大的阵势和画作细致的线条。有两个挑夫的轿子上面坐着的是著名的安东尼·莱瓦（Antony of Leyva），皇家军队的最高统帅。画作上还有一些当时使用的军械。（复制品）

Farther, on the backgrounds, in the penumbra of a forest of lances and under the large folds of the great imperial banner, are seen conspicuous the representatives of the Spanish and Flemish nobility, and the old fierce-looking and dogged Rhenish Burgraves. — The body of men at arms is followed by the turbulent crowd of lansquenets and the Spanish and Flemish bands. Those troops, lining the whole way of the procession, meet again in the end round the phalanx of their standard-bearers. It is needless to call the attention of the reader on the grand style and elegant firmness of the drawing in this the chief part of the composition. The person in a sedan-chair with its two bearers is the famous Antony of Leyva, generalissimo to the imperial forces. The composition is ended by the drawing of various pieces of ordnance then in use. — (Fac-simile.)

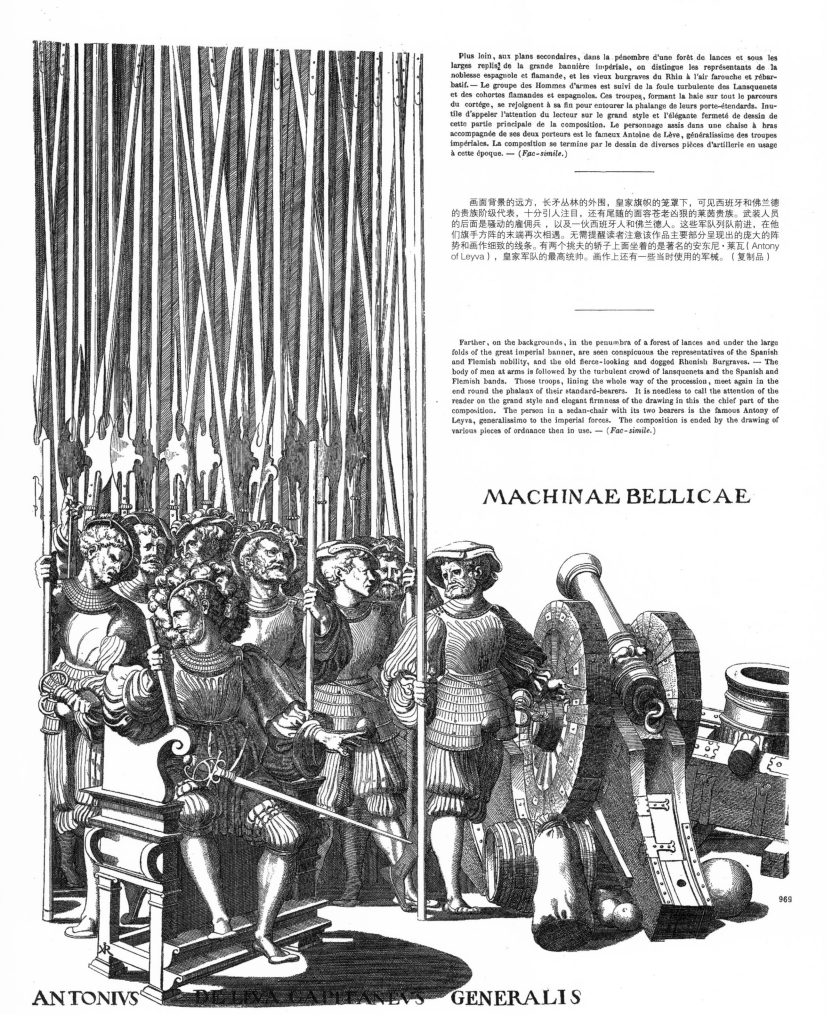

MACHINAE BELLICAE

ANTONIVS DE LEVA CAPITANEVS GENERALIS

969

XVIᵉ SIÈCLE. — TYPOGRAPHIE VÉNITIENNE.

FRISES, — BORDURES,
CULS-DE-LAMPE.

Continuation of the specimens of Venetian typographic illustrations of the second half of the xvith century.

Nᵒ 970. — A *Frieze*. Head of page or chapter. — Two genii impersonating the *Air* and recognizable by their butterfly's wings and their wind-tossed hair, are disposed back to back, their hands resting on the ground. Their bodies are ending into volutes out of which masks are growing.

Nᵒ 971. — *Idem*. — A central architectural motive in the shape of a consol crowned with a Cherub. The base generates a volute which, symmetrically repeated, forms on the right and left a pediment in the shape of a vase. The lines are broken by garlands dropping from two masks placed on the profile of the consol and held at the other end by children seated on both extremities.

Nᵒˢ 972 and 973. — *Uprights of frames*. — Volute consols enriched with armed children at the top, and at the bottom with terminals. Gorgeous warlike trophies connecting together the two parts of the composition.

Nᵒ 974. — *Tail-piece* or Vignette. — On a partition panel a *flayed head*, antique fashion, is accompanied by two children holding a wreath.

Nᵒ 975. — *Idem*. — Female mask detaching itself on an oval *leather* with volute terminations.

Nᵒ 977. — A *Frieze*. — Rich intertwining of volute *leathers*. Masks in the centre and on the returns. At both ends a terminal before a perfume vase.

Nᵒ 978. — *Idem*. — In the centre a vase bearing a female mask supported by two winged genii. Right and left, on a ground of *leathers*, children playing with vases.

All those pieces, which like the above show the marks of the influence of the school of *Æneas Vico*, are borrowed from the books already quoted in pages 303 and 314.

Nᵒ 976, which belongs to the Flemish school, finds its place here only for the sake of comparison. This *Tail-piece*, in the shape of a rich pendant set off with gems, is taken from among the remarkable illustrations with which *Cristopher Van Sichem* has, at the same epoch, ornamented several religious books and which we purpose imparting to our readers. — (*Fac-simile*.) — To be continued.

970

974

974

976

975

972 973

Suite des spécimens des illustrations typographiques vénitiennes de la seconde moitié du xviᵉ siècle.

Nᵒ 970. — *Frise*. — Tête de page ou de chapitre. — Deux génies, personnifications de l'air, reconnaissables à leurs ailes de papillon et aux cheveux agités par le vent, sont disposés dos à dos, les mains appuyées contre terre. Les corps se terminent en volutes donnant naissance à des mascarons.

Nᵒ 971. — *Idem*. — Motif central d'architecture en forme de console couronnée par une tête de chérubin. Le soubassement donne naissance à une volute qui, en se répétant symétriquement, fournit à droite et à gauche un amortissement en forme de vase. Les lignes sont rompues par des guirlandes s'échappant de deux masques placés sur le profil de la console et retenues par deux enfants assis aux deux extrémités.

Nᵒˢ 972 et 973. — *Montants de bordures*. — Consoles en volutes, étoffées dans le haut d'enfants armés, et dans le bas de gaînes. De riches trophées d'armes relient les deux parties de la composition.

Nᵒ 974. — *Cul-de-lampe* ou vignette. — Sur un panneau de compartiment une tête sèche à l'antique est accompagnée de deux enfants tenant une guirlande.

Nᵒ 975. — *Idem*. — Mascaron de femme se détachant sur un cuir ovale à désinence de volutes.

Nᵒ 977. — *Frise*. — Riche entrelacement de cuirs en volutes. Mascarons au centre et sur les retours. A chaque extrémité une gaîne devant un vase à parfums.

Nᵒ 978. — *Idem*. — Au centre un vase portant un mascaron de femme est soutenu par deux génies ailés. A droite et à gauche, sur un fond de cuirs, des enfants jouent avec des vases.

Toutes ces pièces, qui portent, comme les précédentes, les traces de l'influence de l'école d'*Enée Vico*, sont empruntées aux Livres déjà cités pages 303 et 314.

Le nᵒ 976, qui appartient à l'école flamande, n'est placé ici qu'à titre de point de comparaison. Ce *Cul-de-lampe*, en forme de riche pendeloque, rehaussée de pierreries, est tiré des remarquables illustrations dont, à la même époque, *Christophe van Sichem* a orné plusieurs livres de piété, et dont nous ferons part à nos lecteurs. — (*Fac-simile*.) — Sera continué.

16世纪下半叶威尼斯排版插图范例的续篇。

图970，雕带。页首或章首。两个魔鬼扮演空气，通过他们的蝴蝶翅膀和被风吹动的头发可以看得出来。背靠背的布局，双手垂在地面上，身体末端是涡形花饰，逐渐生出面具图案。

图971，同上。中央的建筑形态是托臂，上有小天使。基底是涡形花饰，以对称的形式重复，在左右两边形成了花瓶形状的山墙饰。线条被花环断开，花环从两个面具图案上方垂下来，面具位于托臂的侧面，另一端被端坐在尽头两端的孩童支撑。

图972和图973，边框的支柱。涡形花饰托臂的上方是拿着武器的孩童，下方则是托臂。优美的尚武战利品雕饰将作品的两部分连接在一起。

图974，尾端部件或装饰图案。在一块分割的板子上有一剥了皮的头部图案，这是古老的时尚。图案两端是举着花环的两个孩童。

图975，同上。带有涡形花饰托臂的椭圆形皮革上面有女性面具图案。

图977，雕带。涡形花饰皮革纵横交错在一起。中央和回转处有面具图案。两端有托臂，后面有散发着香气的花瓶。

图978，同上。中央有花瓶，有女性面具图案，由带翅膀的两个魔鬼支撑。在左右两边，在皮革的地面上，有孩童在摆弄花瓶。

所有的这些部件都是从第303页和第314页中引用的书中借用的，如上文一样展示了埃内亚·维科（AEneas Vico）学派的影响力。

图976属于佛兰德学派，出现在这里只是为了做一个对比。这一尾部部件是垂饰形状，点缀着许多宝石。该作品是从众多优秀的插图中选出来的，克里斯托弗·范·示剑（Christophe Van Sichem）用这些插图装点了几本宗教类书籍。我们有意将作品编入此书，以飨读者。未完待续。（复制品）

977

978

50. Centimes le N°

L'ART POUR TOUS

ENCYCLOPÉDIE

De l'Art Industriel & Decoratif

PARAISSANT

les 10, 20 et 30 de chaque mois

ÉMILE REIBER

DIRECTEUR — FONDATEUR

LIBRAIRIE A. MOREL & Cⁱᵉ

XVIIIᵉ SIÈCLE. — ÉCOLE FRANÇAISE (RÉGENCE).

BALLETS ET PASTORALES.

COSTUMES SCÉNIQUES,

PAR CL. GILLOT.

979

Habit d'Heure du Jour.

981

Habit d'Heure de la Nuit.

La suite des *Costumes scéniques* de *Cl. Gillot* forme une des séries les plus rares de son Œuvre. Ces élégantes compositions, qui servirent aux Ballets et Pastorales du répertoire de l'Opéra pendant la Régence, ont été interprétées par la pointe délicate du graveur Joullain. Autant les costumes scéniques du règne de Louis XIV se caractérisèrent par leur roideur empesée, autant ceux-ci se distinguent par une élégance pleine de souplesse qui n'exclut pas la correction des formes.

L'habit du *Soleil* (n° 980) se compose d'une ample tunique en brocart d'or à larges manches, serrée au corps par une riche ceinture d'où s'échappent des lambrequins en *étincelle* d'or *à la romaine*, figurant les rayons. Un manteau de soie rouge retenu par une large agrafe couvre les épaules. Perruque poudrée couronnée par un diadème de rayons semés de pierreries. — Les habits d'*Heures* se distinguent par les couleurs claire et foncée des jupes et par les ailes de papillon et de chauve-souris. — (*Fac-simile.*) — Sera continué.

"舞台服饰" 是 Cl. 吉洛 (Cl. Gillot) 最珍贵的作品系列之一。这些优美的作品在摄政时期作为芭蕾舞和歌剧牧歌的服饰，已经被技艺娴熟的雕刻师诠释。路易十四统治时期的舞台服饰的特点不是僵硬，而是更加简单、优雅，以及精准的轮廓。

太阳（图 980）的宗教服装由一件宽大的金锦缎外衣组成，有着大大的袖子，还有宽大的腰带系在腰部，腰带上有金色的扇贝（一种闪闪发光的布料）"一个罗马人（à la romaine）"，展现出了太阳的光辉。肩膀上覆盖着红色丝绸斗篷，上面别着一个大挂钩。假发上有王冠头饰，辐射状头饰上满是宝石。时间特征的服饰，其裙子有着深浅颜色的变化，这是它的特点，此外，还有蝴蝶或蝙蝠状的翅膀。未完待续。（复制品）

Cl. Gillot's Scenic Costumes form one of the rarest series of his works. Those elegant compositions, which served for the Ballets and Pastorals of the stock-play of the Opera during the Regency, have been interpreted by the delicate graver of Joullain. The scenic costumes of the reign of Louis XIV. were not more characterized by their starch stiffness than those ones by their easy elegance not exclusive of the correctness of contours.

The habit of the *Sun* (n° 980) is composed of an ample gold brocade tunic, with large sleeves and tied round the waist by a rich girdle from which are bursting some scallops of golden *etincelle* (a sparking cloth) « à la romaine », and representing the sun's rays. A red silk mantle pinned with a large hook covers the shoulders. A powdered wig crowned with a diadem whose rays are spangled with precious stones. — The dresses of the *Hours* are characterized by the light or dark hues of the skirts, and by wings of butterflies or bats. — (*Fac-simile.*) — To be continued.

ANTIQUES. — FONDERIES GRECQUES.   BRONZES, — CANDÉLABRES.
                                                   (MUSÉE NAPOLÉON III.)

三脚架的底座是由各种各样的金属制成的。图
982~984（实际尺寸的三分之一），上方有四个分支，旨
在支撑放在灯上的花瓶。图 983 和图 986 是实际尺寸的
一半。青铜艺术品。未完待续。

Les bases, en forme de *trépieds*, sont traitées avec la plus grande variété. Les nᵒˢ 982-984 (1/3 d'exéc.) portent quatre branches destinées à soutenir des vases au-dessus de la place des lampes. Les nᵒˢ 985 et 986 à moitié d'exéc. — Bronze. — Sera continué.

The *tripod*-shaped bases are mos variously wrought. Nᵒˢ 982-984 (a third of the real size) have four branches intended for supports of vases placed above the lamps. Nᵒˢ 983 and 986 half-size. — Bronze. — To be continued.

XVIIᵉ SIÈCLE. — ÉCOLE FRANÇAISE (LOUIS XIII.)

MEUBLES, — TENTURES.

LIT DRAPÉ.

(MUSÉE DE CLUNY.)

Effiat-Castle, built by field-marshal Anthony of Effiat, was still entire and its time-stamped furniture stoked its old and for a length of time shut up halls and rooms, when, in the spring of 1856, manor, demesne, furniture, in fact every thing belonging to the marshal and his son, the unhappy Cinq-Mars, were put to auction, sold and scattered. Happily the most important pieces of the furniture of the marshal's, the cardinal's, and the Green Room were bought for the collection of the Hotel de Cluny.

We here reproduce the chief piece of the *Marshal's Room*. It is the front of the large *Canopy Bedstead* with its curtains and valances, comprising a simple oaken form with plain turned uprights, completely covered with hangings whose breadths are alternately of cut Genoa velvet and silk damask whose rich designs are outlined with trimming. One half-open curtain allows the head and bottom of the bed to be discerned. Details of the seats, screens, hangings, quilts, trimmings, etc., will be subsequently given.

One tenth of the real size. — Nº 2830 of the Catal.

埃菲亚城堡是由陆军元帅安东尼·埃菲亚（Anthony of Effiat）建造的，目前依然保存完整，陈旧的家具昭示着城堡的古老。1856年的春天，对庄园、领地、家具，实际上包括属于陆军元帅及其儿子（不幸的Cinq-Mars）的所有物品进行拍卖，物品由此被卖掉，分散到各地，因此大厅和房间关闭了一段时间。万幸的是，克吕尼宾馆买回了陆军元帅的家具和主教的家具中最重要的物件，以及演员休息室中最重要的物件，作为藏品。

在此，我们复制了陆军元帅房间的主要物件。这是大型冠层床架的前面，带有帐幕和短帷幔，包括简单的平转立柱橡木制的形式，完全被帷幔覆盖，帷幔的宽度由经过剪裁的热那亚天鹅绒和丝绸锦缎交替出现，两者均十分富有设计感。帐幕半开，使得床头和床尾

Le château d'Effia (dit le Livret), démoli dans ces dernières années, avait été construit par Antoine Coiffier Ruzé, marquis d'Effiat, maréchal de France, né en 1581 et mort en Lorraine en 1632. Placé à quelques pas de la pêtite ville d'Aigueperse, dans le département du Puy-de-Dôme, le château d'Effiat avait gardé son caractère complet, et l'ensemble de ses constructions était demeuré intact. L'ameublement du temps, conservé avec grand soin, garnissait encore les anciens appartements du château, fermés et inhabités depuis longues années, lorsqu'au printemps de 1856, château, terres, domaine, tout fut mis à l'encan, et les débris de la demeure du maréchal et de son fils, le malheureux Cinq-Mars, furent dispersés en vente publique. Ce fut alors que les pièces principales de ce mobilier, la chambre du Maréchal, celle dite du Cardinal et la chambre Verte, furent acquises pour les collections de l'hôtel de Cluny, et qu'un certain nombre de siéges d'apparat allèrent prendre place comme modèles dans les magasins du mobilier de la couronne.

Nous reproduisons ici la pièce capitale de la *Chambre du Maréchal*. C'est la face du grand *Lit à baldaquin* garni de ses rideaux, pentes et courtines. Il se compose d'une simple charpente en bois de chêne à montants tournés, unis, entièrement recouverte de tentures formées de lés alternants de velours ciselé de Gênes et de damas de soie dont les riches dessins sont contournés de passementerie. Un des rideaux entr'ouvert laisse apercevoir le fond du lit et la découpure du *chevet*. Les détails des siéges, du paravent, des tentures, couvre-pieds, passementeries, etc., seront donnés plus loin.

Au dixième de l'exéc. — Nº 2830 du Catal.

清晰可辨。座椅、屏风、壁挂、被子、装饰品等的细节会在后文中给出。

实际尺寸的十分之一。目录册的编号2830。

ANTIQUES. — PEINTURE ET CÉRAMIQUE GRECQUES.   COUPE.
(MUSÉE NAPOLÉON III.)

N. B. — La partie marquée A, dans le demi profil
fig. 989, indique la section des anses, dont on trouvera
la projection horizontale jointe au développement de la
décoration inférieure de cette coupe. (Voy. p. 459.)

L'élégante simplicité des formes, la pureté du dessin, le goût exquis déployé dans l'ornementation des Coupes grecques (terres rouges à peintures noires) nous font un devoir d'aborder l'intéressante étude de cette série de Vases dont le Musée Napoléon III possède une suite remarquable. Le présent spécimen nous fait voir, par la peinture qui en occupe le fond, l'usage auquel servaient les vases de cette forme. — Un éphèbe présente à un personnage accoudé sur un lit la Coupe qu'il vient de remplir. Ils sont tous deux couronnés de fleurs, ainsi que cela se pratiquait pendant la durée des repas. Au fond une corbeille de paille tressée est suspendue au mur. — A ce calque de l'original nous avons joint le demi-profil ou calibre de la coupe, soigneusement relevé en grandeur d'exécution. — Sera continué.

希腊杯子（红土质地，黑色图画），其简单优美的形式、简洁的笔触、精心的装饰让我们不得不对拿破仑三世博物馆中的各种器皿燃起研究的兴趣，这些器皿可谓是博物馆中的杰出作品系列。通过其背景图画，实际范例为我们展示了那种形式的器皿适合什么用途。一个男青年面向前方端着一个刚好装满的杯子，要把杯子递给一个用手肘支撑在长椅上侧倚看的人。两个人头上都有花朵装饰，既是一种习惯，也作为一种娱乐。在图画的背景墙上，挂着一个稻草编织的篮子。我们给该原件复制品加入了杯子的半剖面或者说口径，实际尺寸精心绘制。未完待续。

The elegant simplicity of form, the chasteness of drawing and exquisiteness of ornamentation of the Greek Cups (red clay with black pictures) compel us broaching the interesting study of that species of Vases of which the Napoléon III. Museum contains a remarkable series. The actual specimen shows us, through its background picture, to which use the vases of that form were appropriated. — An Epheb is holding forth a just filled up Cup to a personage leaning his elbow on a couch. Both are crowned with flowers, as it was customary while entertainment was going on. In the background a straw-platted basket is hanging at the wall. — To this tracing of the original we have added a semi-profil or calibre of the Cup carefully drawn full size. — To be continued.

Quatrième Année.　　　　　　　　N° 108.　　　　　　　　20 Avril 1864.

50 centimes le Numéro

Bureaux　R. Vivienne

*L'ART POUR·TOUS·

ENCYCLOPÉDIE

DE

L'ART INDUSTRIEL ET DÉCORATIF

Paraissant les 10, 20 et 30 de chaque mois.

ÉMILE REIBER

DIRECTEUR-FONDATEUR

Abonnement
annuel :
Pour
toute la France,
18 francs.
Pour l'Étranger,
même prix, plus
les droits de poste
variables.

Pour
toutes demandes
d'abonnements,
réclamations, etc.,
s'adresser
aux Bureaux
du Journal,
18, rue Vivienne,
à Paris.

XVIᵉ SIÈCLE. — ÉCOLE DE FONTAINEBLEAU (FRANÇOIS Iᵉʳ).　　　　　　　PANNEAU

DE L'HISTOIRE DE JASON ET DE MÉDÉE.

PAR LÉONARD THIRY.

990

A l'imitation de la Galerie de François Iᵉʳ à Fontainebleau, toute cette Suite (voy. p. 89) paraît avoir été destinée à être exécutée en compartiments de stuc établis au-dessus d'un haut lambris de boiserie, et décorant l'intervalle des croisées de quelque galerie projetée à cette époque. Des peintures à fresque, des fonds d'or devaient faire ressortir les lignes de cette riche décoration. — Le sujet de la présente composition est *Médée rajeunissant par ses sortiléges le vieil Éson. Gravure de René Boivin.* — (*Fac-simile.*) — Sera continué.

模仿位于枫丹白露的弗朗索瓦一世画廊的过程中，所有这一系列（参见第89页）似乎都有意在灰泥隔间的木制镶板上制作，并为建造中画廊的窗户之间进行装饰。壁画的绘制和金色背景旨在彰显丰富装饰的线条。该作品的主题是美狄亚（Medea）通过她的巫术恢复伊宋（AEson）往日的"青春"。未完待续。（复制品）

In imitation of the Gallery of Francis the First, at Fontainebleau, all this series (see p. 89) seems to have been intended for stucco compartments to be executed above a wooden panelling and ornamenting the intervals between the windows of some gallery then in contemplation. Fresco paintings and gold back grounds were to show off the lines of that rich decoration. — The subject of this present composition is *Medea restoring old Æson to youth through her witchcraft.* — (*Fac-simile.*) — To be continued.

Dans le but de faire apprécier à nos lecteur l'importance de l'œuvre décoratif de notre aimable peintre *Antoine Watteau*, nous avons pensé devoir suppléer à l'absence si regrettable du *Catalogue officiel* des trésors qui forment le *département des Estampes* à la *Bibliothèque impériale*, en donnant ici la rapide nomenclature des pièces décoratives de ce Maître que possède notre collection nationale (sous la marque Db. 13 a). Nous avons joint les dimensions donnant la *proportion des panneaux*.

SÉRIE I. — GRANDES ARABESQUES

A. Pièces en hauteur.

		PIÈCES
a.	Les Quatre éléments.... (26 × 38ᵉ).	4
b.	Momus............... }	
	Le Buveur........... } (24 × 48).	3
	Le Faune............ }	
	Les Singes de Mars..... (36 × 43).	1
c.	La Grotte............ }	
	Le Berceau.......... }	
	Le Théâtre.......... } (26 × 38).	5
	La Déesse.......... }	
	Le Galant............ }	
	Les Dénicheurs de moineaux (reproduits par nous à la page 87)........	1
	Colombine et Arlequin.. }	
	L'Escarpolette (v. pages } (32 × 50).	2
	198, 199)........... }	
	La Pèlerine altérée..... (29 × 40).	1

d. Paravent de six feuilles.

	Le Berger content...... }	
	Le Danseur.......... }	
	Le Passe-temps....... }	
	Pierrot............... }	6
	Arlequin............ }	
	Le Repos gracieux (la }	
	planche ci-contre).... }	

B. Pièces en largeur.

e.	Les Enfants de Momus.. }	
	La Cause badine........ } (36 × 50).	2
f.	Vénus blessée par l'Amour. Plafond (28 × 36).	1
g.	Les Jardins de Cythère.. }	
	Les Jardins de Bacchus. } (26 × 38).	2

C. Dessus de portes.

h.	Le Rendez-vous........ }	
	L'Heureuse rencontre... } (26 × 38).	3
	La Coquette............ }	

LE REPOS GRACIEUX

991

C. Dessus de portes (Suite).

		PIÈCES
i.	Le Berger content...... }	
	L'Heureux moment...... }	
	L'Amusement.......... } (21 × 40).	5
	La Favorite de Flore.... }	
	Le Marchand d'orviétan. }	

D. Pièces diverses.

k.	Divinité chinoise....... } (26 × 38).	2
	Empereur chinois...... }	
l.	Série de costumes de la Chine........	12
m.	Entourage en forme d'écran..........	1
	Dessus de clavecin..........	1

SÉRIE II. — PETITES ARABESQUES

E. Pièces en hauteur.

		PIÈCES
n.	Vénus................ (14 × 20).	1
	La Chasseuse.......... }	
	Le Bouffon............ } (18 × 23).	2
o.	Apollon.............. }	
	Diane............... } (19 × 30).	2
p.	Les Plaisirs de la jeunesse........... }	
	Le Jardinier fidèle...... }	
	Le Berger empressé..... }	
	L'Innocent badinage.... }	6
	Le Repos des pèlerins.. }	
	Les Oiseleurs......... }	
q.	Les Cinq Sens.........	5
r.	Les Quatre Saisons.... } (18 × 29).	4
s.	La Pluie.............. }	
	Amphitrite........... } (18 × 26).	2
t.	Trois cahiers d'arabesques au lavis...	12

F. Les Écrans.

u.	Les Quatre Saisons...... (23 × 26).	4
v.	Les Cinq Sens..........	5
x.	Rinceaux.............. }	
	L'Amour............ }	2
	TOTAL DES PIÈCES.....	97

Cette collection, déjà si complète, demanderait encore l'adjonction de quelques pièces connues, telles que *la Voltigeuse* (gr. in-fol.), *l'Enjôleur, le Traîneau,* spirituelle esquisse, *le Repos gracieux,* charmant Dessus de Porte, etc., etc.

L'ensemble de ces compositions a été traduit par la pointe élégante des graveurs habituels du maître : Aveline, Huquier, Crépy *filius,* Moyreau, Boucher, B. Audran, Caylus, Guyot frères.

In order to let our readers properly value the importance of the decorative works of that charming painter, *Anthony Watteau,* it has stricken us we ought to fill up the so much to be regretted absence of an official Catalogue for the artistic treasures of the *prints-department* in the Imperial Library, by giving, as we do in our French text, a rapid nomenclature of the decorative pieces from that master which our national collection possesses (under the mark Db. 13 a). Withal we give the proportionate dimensions of the panels and, out of the collections, as will be seen, we have made two series, the one small, the other large-sized, among which are to be found the already given pieces of pp. 87, 198 and 199. The whole of those compositions has been interpreted by the spirited graver of Aveline, Huquier, Crépy *filius,* Moyreau, Boucher, Audran, Caylus and the Brothers Guyot, habitual engravers to our master.

The actual plate is the last, not the least of a suite of six compositions being the folds of a Screen (see French text here above, series 1, *d*). — Engraving by Crépy *filius.* — To be continued.

为了让我们的读者正确地认识到画家安东尼·华托（Anthony Watteau）装饰作品的重要价值，我们意识到应该制作一个正式的目录，如果缺少这样一个目录的话就太遗憾了。如我们在法语文字部分所做的一样，这里有来自国家收藏大师的装饰物件（在标记Db.13a下方），那么目录通过给出其快速命名法，展示帝国图书馆中版画分部的艺术珍品。此外，我们给出了镶板的比例尺寸。除收藏品之外（后面将会看到），我们做了两个系列，一个小尺寸，一个是大尺寸。第87，198，199页中已经给出的物件可以在这两个系列中找到。这些作品作为整体已经为大师御用雕刻家阿夫林(Aveline)、哈吉尔(Huquier)、克雷皮·菲利乌斯（Crépy filius）、莫里奥（Moyreau）、布歇（Boucher）、奥德安（Audran）和居约（Guyot）兄弟所诠释。

实际印版虽然是屏风折页六个作品套组中的最后一个，却是不容忽视的。（见上述法语文字部分，系列1，d）。克雷皮·菲利乌斯雕刻。未完待续。

XVIIIᵉ SIÈCLE. — CÉRAMIQUE FRANÇAISE (RÉGENCE).
FAIENCES DE ROUEN.

VASE OCTOGONE
A DEUX ANSES.
(MUSÉE DE CLUNY.)

992

E. REIBER. DIR.

La forme octogonale a été quelquefois appliquée en France et en Hollande aux productions céramiques et notamment à certains vases. Cette forme, qui paraît si simple au premier abord, s'écarte trop des conditions ordinaires de la céramique usuelle (à laquelle le *tour* du potier sert de point de départ) pour ne pas nous paraître *anomale*. C'est encore, croyons-nous, à la tradition orientale qu'il faut remonter pour avoir raison de cette singularité. Les porcelaines de la Chine présentent souvent cette forme, et c'est pour obéir à l'entraînement du *goût chinois*, si en vogue vers le milieu du XVIIIᵉ siècle, que les faïenciers rouennais durent s'imposer des difficultés de main-d'œuvre. Dans notre spécimen, le renflement supérieur de la panse présente du reste la disposition rayonnante et alternante des compartiments chinois. Quant aux anses, caractérisées par le brusque rebroussement de leur partie supérieure et les ressauts de la partie correspondant à la zone principale de la panse dont elles *égayent* le galbe tranquille, elles accompagnent heureusement la silhouette générale. — Fonds A. Le Véel. — Sera continué.

在法国和荷兰，有时候陶瓷制品会采用八角形，尤其是某些花瓶。这种形式第一眼看上去过于简单，但与国内陶瓷的常见状态（对他们来说，轮形的陶制工艺是基础）相去甚远，而这种常见的我们就不会觉得它不正常。我们承认这个作品仍然带有东方传统色彩，因此我们请求对其进行解释。真正的中国花瓶往往以这种形状呈现，目的是突出中国色彩的时尚，这种风格统治着 18 世纪中期，以至于鲁昂彩陶艺术家迫使自己接受这种高难度的技艺。在这里，样品的凸起部分上部膨胀，比中国制造多了发散和交替的布局。至于把手从高处开始突然向里收缩，以及凸起的主要区域的相应部分呈现锯齿状，平整的外形轮廓使花瓶更加富有生机，与整体的轮廓线条十分和谐。A. 勒·维尔（A. Le Véel）收藏品。未完待续。

Sometimes in France and Dutchland the octogonal shape has been applied to ceramic productions, and particularly to certain vases. That form, which at first view appears so simple, is deviating too far from the usual conditions of the domestic ceramic (to which the potters wheel is a starting point) not to appear to us immediately anormal. We profess that it is still the Oriental tradition we are to ask for an account of this singularity. Real China vases often present that shape, and it was when giving way to the Chinese fashion, in so great a sway about the middle of the XVIIIᵗʰ century, that the Rouen faience artists were obliged to impose on themselves difficulties of workmanship. In this our specimen the upper enlargement of the belly gives besides the radiating and alternate disposition of Chinese manufacture. As to the handles being characterized by the abrupt retrogression of their superior part and *ressauts* of the portion connatural to the principal zone of the belly whose plain contour they enliven, they are in happy keeping with the general outline. — A. Le Véel Collection. — To be continued.

L'ART·POUR·TOUS
ENCYCLOPEDIE
DE·L'ART·INDUSTRIEL·ET·DÉCORATIF
paraissant les 10,20 & 30 de chaque mois
·EMILE·REIBER·
Directeur-fondateur

XVᵉ SIÈCLE. — CÉRAMIQUE ITALIENNE.
(ÉCOLE FLORENTINE.)

CHEMIN DU SALUT.
FRISE.
PAR LUCA DELLA ROBBIA.

Ce beau bas-relief de terre cuite revêtue d'émaux fait partie d'un *Chemin du Salut* dont on trouvera plus loin d'autres fragments. — C'est à l'éminent sculpteur *Luca della Robbia* qu'on attribue l'invention en Italie (vers 1430), de l'*émail stannifère* (à base d'étain) qui distingue les *Faïences* des autres produits céramiques. — (*Inédit.*)

该漆包赤陶浮雕做工精细，是《救赎》或《圣十字架》的一部分，其余碎片还有待找寻。杰出的雕塑家卢卡·德拉·罗比亚（Luca della Robbia）认为它是来自意大利的锡釉（以锡为基础）工艺品（大约 1430 年），这是区分彩陶与其他陶瓷制品的方法。（未编辑）

This fine enamelled terra-cotta basso-relievo forms a part o. a *Salvation* or *Holy-Cross way*, of which other fragments will further be found. — To the eminent sculptor *Luca della Robbia* is ascribed the invention in Italy (1430 or there-about) of the *stanniferous* (with a tinny basis) enamel which distinguishes *Faïences* from other ceramic productions. — (*Unedited.*)

XVIᵉ SIÈCLE. — TYPOGRAPHIE LYONNAISE (HENRI II).

Coronis occife par Apollon.

994

Le blanc Corbeau, d'un ẓele mal discret,
Ayant perceu Coronis, grande amie
De fon Scigneur, fe forfaire en fecret,
La decela fans crainte ne demie.
A fon récit Phebus (veu l'infamie)
Son arc enfonfe, & d'un coup la rend morte
Dont puis marri, ce langard ne veut mie
Plus voir n'ouïr, ny moins que le blanc porte.

995

Ocyroé deuinereffe en iument.

996

Ocyroe, de Chiron, fille fage,
Qui des deftins les fecrets proferoit,
Voyant l'enfant d'Efculape au vifage,
(Fils d'Apollon) prédit quel il feroit :
Mais affermant que corps mortels feroit
Reffusciter : & cil dont eftoit née,
Quoy qu'immortel fuft né, trefpafferoit,
Par Jupiter en iument fuft tournée.

997

Battus mué en caillou.

998

Lorsqu'Apollon en Elis amoureux
Deffous habit de berger conduifoit
Beftes aux champs, & d'un ton doucereux
De fon flageol à part fe deduifoit :
Tout fon beftail (tandis qu'il f'amufoit)
Mercure print, & au bois le muffa ;
Puis le vilain qui à foy l'encufoit
Mue en caillou qui toufiours ce vice a.

999

Aglaure muée en pierre.

1000

Des qu'en fon cœur Aglaure fut efprife
Du froid venim d'enuieufe difcorde,
Pour debouter Mercure & fon emprife
A l'huis fe fied, & fa langue defborde :
Va, lui dit-elle, & plus outre n'aborde :
Va, ou iamais d'icy ne me remue.
Bien, dit Mercure ; à cela ie m'accorde,
Et ce difant, en pierre la tranfmue.

1001

Nous avons constaté ailleurs (voy. p. 115) la suprématie de la Typographie lyonnaise pendant la seconde moitié du XVIᵉ siècle. Au nombre des Livres charmants qui virent le jour dans les officines de cette ville à cette époque, figurent ceux dont les illustrations sont dues à *Bernard Salomon* (dit le *Petit-Bernard*), sur la vie duquel il ne nous est parvenu que fort peu de renseignements. Outre ses diverses éditions de la *Bible* figurée, on lui doit un joli volume in-18, d'une centaine de feuillets, dont toutes les pages sont illustrées de bordures variées et de gravures sur bois. C'est la *Metamorphose d'Ovide figurée* (Lyon, Jean de Tournes, 1558). Les élégantes bordures que nous donnons ici sont disposées à la manière des *nielles* d'orfévrerie. — (*Fac-simile.*) — Sera continué.

我们在其他地方（参见第 115 页）已经阐述过里昂凸版印刷在整个 16 世纪下半叶创造的卓越。在当时进入城市商场的所有广受喜爱的书籍中有一些插图，为此，我们要感谢伯纳德·所罗门（Bernard Salomon，别名小伯纳德），但我们却对有关他生活的信息知之甚少。除了对插图版《圣经》的编辑，我们还要感谢他，给每个页面的插图都绘制了各式各样的边框和木制雕刻。这是奥维德（Ovid）的插图版《变形记号》（里昂，Jeau de Tournes，1558 年）。这里给出的边框是乌银镶嵌的金匠作品。未完待续。（复制品）

We have elsewhere stated (see p. 115) the superexcellence of the Lyons Typography along the second half of the XVIᵗʰ century. Among the delightful Books which then came to light from the shops in that city, stand those for whose illustrations we are indebted to *Bernard Salomon* (alias *Little-Bernard*), about the life of whom do we possess very little informations. Besides his sundry editions of the *figured Bible*, it is he to whom we owe a nice 18ᵐᵒ volume of a hundred leaves, every page of which is illustrated with a variety of frames and wood engravings. It is *Ovid's figured Metamorphosis* (Lyons, Jean de Tournes, 1558). The frames here given are disposed in the fashion of goldsmith's *niellos.* — (*Fac-simile.*) — To be continued.

XVIIe SIÈCLE. — ÉCOLE FRANÇAISE (LOUIS XIII).　　　　　　MEUBLES, — SIÉGES.
(MUSÉE DE CLUNY.)

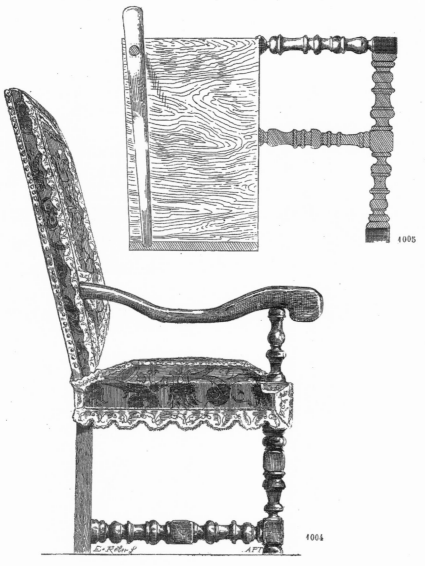

Six Arm-chairs, entered on the Cluny Museum Catalogue under nᵒˢ 2833 to 2838, were used as seats in the field-marshal of Effiat Chamber. Our fig. 1002 gives the ensemble view of one of those pieces of furniture.

Building of turned nut-wood. Trimming of Genoa crimson cut velvet, framing the two pink and white damask silk cushions which form the seat and back, and whose outline, as in the *Bed* (see p. 427), is embroidered with lace-works.

Figures 1003 and 1004 give the geometrical elevation and profile; the *plan* in nº 1005. Distance between the two axes of the front uprights : 0ᵐ,62; total height : 1ᵐ,18. — Further will be found the detailing of hangings and trimmings. — (*Unpublished.*)

Six fauteuils, inscrits au Catalogue du Musée de Cluny sous les nᵒˢ 2833 à 2838, servaient de siéges dans la Chambre du maréchal d'Effiat. Notre figure 1002 donne l'aspect d'ensemble d'un de ces meubles.

Bâtis en bois de noyer tourné. Garniture en velours ciselé de Gênes cramoisi, encadrant les deux carreaux de damas de soie rose et blanc formant siége et dossier, et dont les contours sont, comme au *Lit* (voy. p. 427), brodés de passementerie.

Les figures 1003 et 1004 donnent l'élévation géométrale et le profil. Le *plan* est indiqué à la fig. 1005. — Largeur d'axe en axe des montants antérieurs : 0ᵐ,62; hauteur totale : 1ᵐ,18. — On trouvera plus loin les détails des tentures et passementeries. — (*Inédit.*)

克吕尼博物馆目录下编号 2833~2838 的《六扶手椅》，曾作为埃菲亚（Effiat）元帅房间的座位。我们的图 1002 给出了这些家具部件之一的整体视图。

椅子由旋切的坚果木制成。热那亚深红色切绒的修剪，凸显出两个粉色和白色锦缎丝绸垫子，这是座椅和靠背，它们的外形轮廓跟"床"（参见第 427 页）一样，都是蕾丝花边的。

图 1003 和图 1004 展示的是椅子的几何立面图和侧视图；图 1005 给出的是平面图。前方支柱两轴之间的距离为 0.62 米；总高 1.18 米。后文可见帷幔和装饰品的细节。（未发表）

Ie vous aduertiray que l'inuention & l'ornement
de la cheminée que ie vous ay donné cy-deuant
(voy. p. 186) eſt propre pour eſtre auſſy appliqué
à pluſieurs autres choſes, que paremens & ornemens des cheminées des ſalles & chambres,
comme à faire les ornemens d'un grand tableau
qu'on met aux galeries ou bien à faire quelque
ornement d'un grand miroir, faire compartimens
& ornemens des menuyſeries, ou bien pour fene-
ſtres d'un cabinet, ſoit le tout pour eſtre faict de
marbre, d'eſtuc, de boys, voire d'argent, & orfe-
uerie. Par telle inuention il s'en peut trouuer
pluſieurs autres : pour le moins la figure prece-
dente: & encores l'autre que ie vous propoſe icy
ſeruiront pour aduiſer l'Architecte d'y adiouſter,
ou diminuer, comme il en aura volonté. Doncques
quant aux ornemens & faces ſuperieures des cheminées, vous les ferez, ainſy qu'ils ſont en la figure
icy deſcrite : ou bien ſi vous voulez, vous oſterez
tous les trophées & banieres qui ſont l'amortiſſement aux lieux marquez F, G, voire iuſques à la
corniche, laquelle vous pourrez faire ſeruir à porter
les ſablieres & ſolives du plancher. Si eſt-ce quand
vous voudrez faire un amortiſſement ſemblable à
ceſtuy-cy, ou bien d'autre ſorte, il faut touſiours
appliquer une corniche au plus haut de l'amortiſſement : car tout en ſera plus beau & meilleur, à fin
de porter les ſablieres & ſolives. La dicte corniche ne ſeruira ſeulement pour la beauté & décoration de l'œuvre, mais auſſy pour porter l'encheue-
ſtrure ſur laquelle eſt le foyer (ainſy que aucuns
l'appellent) de la ſeconde cheminée, laquelle l'on
pourroit faire au deſſus du plancher, comme pour
ſeruir à un ſecõd eſtage.

4006

Bureaux à Paris   13. R. Bonaparte

L'ART POUR TOUS
ENCYCLOPÉDIE
DE L'ART INDUSTRIEL & DÉCORATIF
paraissant les 10 20 & 30 de chaque mois
EMILE REIBER
Directeur-Fondateur

Chaque Volume paru 25f

L'A. bonné annuel 18f

Librairie   A. Morel & Cie

XVIIIᵉ SIÈCLE. — ÉCOLE FRANÇAISE (LOUIS XVI).

VIGNETTES, CULS-DE-LAMPE, CHIFFRES, — FLEURS, PAR BACHELIER.

The last years of Louis XV's reign were noticeable for a very strong reaction against the *rock-work* mania. At that remarkable transitory epoch (and several are to be studied in the history of French Art), a double current is, as it were, hurrying he artists, the ones into the study of the old French masters, and the others, more impatient, into a new interpretation of the monuments of antiquity. From that twofold movement has the so-called Louis XVI. style come.

Among the works then and there distinguishing themselves by new tendencies, we point out the *Flowers of Bachelier*, painter to the king, drawn for the great in-folio edition of *La Fontaine's Fables*, and which appeared afterwards. arranged in four series of six pieces each at widow Chereau's (Saint-Jacques street, at the sign of *the two golden Pillars*). The vigour of drawing, the chasteness and brilliancy of execution commend this charming but scarce collection to the attention of our readers. — Engraving by P. P. Choffard. (*Fac-simile.*) — To be continued.

Les dernières années du règne de Louis XV furent signalées par un très-énergique mouvement de réaction contre le goût des *rocailles*. A cette remarquable époque de transition (et nous aurons à en étudier plusieurs dans l'histoire de l'Art français), un double courant semble entraîner les artistes, les uns vers l'étude des vieux maîtres français, les autres, plus impatients, vers une interprétation nouvelle des monuments de l'antiquité. C'est de ce double mouvement que sortit ce que l'on appelle le *style Louis XVI*.

Parmi les œuvres qui, vers cette époque, se distinguent par des tendances nouvelles, nous remarquerons les *Fleurons de Bachelier*, peintre du roi, destinés à la grande édition in-folio des *Fables de La Fontaine*, et qui parurent ensuite distribués en quatre suites de six pièces chacune, chez la veuve Chereau (rue Saint-Jacques, *aux deux Piliers d'or*). Une grande fermeté de dessin, une exécution pure et brillante recommandent cette charmante collection, devenue rare, à l'attention de nos lecteurs. — Gravure de P.-P. Choffard. — (*Fac-simile.*)

4007

4008

路易十五世统治时期内的最后一年值得注意，因为当时反对岩石作品热潮的反响十分强烈。在那个非凡且短暂的时期（有几个要在法国艺术史中研究），艺术家们正在加倍忙碌。一些艺术家开始研究旧时法国大师，其他不太有耐心的则开始对古迹文物展开新的诠释。从这双重运动中，所谓的路易十六风格诞生了。

彼时彼地的艺术品是靠其新的趋势将自己与其他作品区分开来，我们要指出的是《巴舍利耶之花》，出自国王的画家，为《拉方丹的寓言》的大开本而作，后来

出现在寡妇夏侯（Chereau）的六个部件的四个系列（圣雅克街，在两个金色柱子的标志下）中。活力的绘画、简洁出众的制作，使得这个迷人却罕见的收藏品值得引起读者的注意。P. P. 乔法德（P. P. Choffard）雕刻。未完待续。（复制品）

XVIe SIÈCLE. — ÉCOLE LYONNAISE (CHARLES IX).

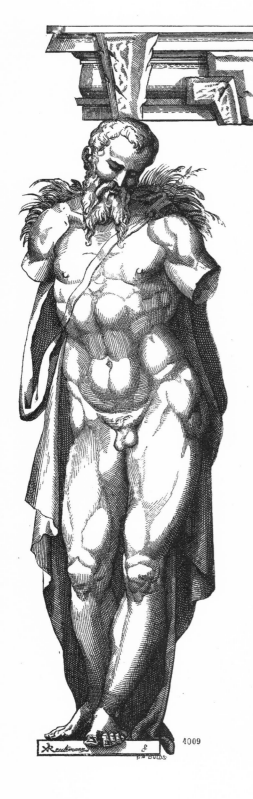

POVRTRAIT

ET DESCRIPTION

du 2

TERME

———

Depuis,
comme le temps
adiouſte
touſiours quelque choſe
aux precedentes inuentions :
les anciens
ont ainſi embelly
ce Terme Tuſcan,
lequel à cauſe
de ſon enrichiſſement
ne ſent pas ſon ruſtique,
comme le premier :
quant à ſes proportions
elles ſont
fort bien gardées
ſuyuant l'ordre des Tuſcans
comme,
en admirant l'antique
ie l'ai obſervé,
& icy
fidellement rapporté.

———

Dans cette seconde figure, l'auteur s'est proposé de peindre la seconde période de la lutte de l'humanité contre la Nature. Déjà l'homme a surmonté les principaux obstacles qui s'opposaient à la conquête de la terre. Vainqueur, mais épuisé par les rudes combats qu'il a dû livrer, il est représenté sous les traits d'un puissant athlète qui semble se recueillir pour se préparer aux nouvelles destinées qui l'attendent. — Nous ferons ressortir dans ces deux compositions l'ampleur et la simplicité du jet, les belles lignes des draperies et l'heureux balancement des formes.

— *(Fac-simile.)*

在第二个雕像中，作者的目的在于描述人与自然之间斗争的第二阶段。人类已经克服阻止他们征服地球的主要障碍。征服者经过必须奋战的斗争几乎筋疲力尽，他在这里是被拟人化为一个强大的运动员，似乎正在积蓄力量去迎接即将到来的新的斗争。在这两个作品中，宏伟和质朴、帷幔线条的精细、形式的和谐统一都值得特别注意。（复制品）

In this second figure, the author's purpose is to depict the second period of the struggle between mankind and Nature. Man has already overcome the chief obstacles which were debarring him from the conquest of the earth. Conqueror but almost exhausted by the hard battles he had to fight, he is here personated by a powerful athlete who seems to collect himself for the new struggles of an impending destiny. — In those two compositions, the grandeur and simplicity of stroke, the fine lines of draperies and the happy balance of forms are deserving a special attention. — *(Fac-simile.)*

PAYSAGE DÉCORATIF.
MÉDAILLON,
PAR J. LEPRINCE.

·E·REIBER·DIREXT·

Après s'être adonné au dessin de la figure et du costume, *Jean Leprince*, qui fut le frère de la célèbre Mᵐᵉ Leprince de Beaumont, se voua complétement au dessin du Paysage. Un des premiers, il sut déterminer dans ses œuvres les conditions *décoratives* que comporte ce genre. La recherche du *pittoresque*, une des principales conditions exigées dans toutes les œuvres d'art de cette époque, lui fit trouver ces heureux contrastes des masses et des silhouettes, ces effets simples que demande la Décoration, et qui semblent complétement ignorés de notre École paysagiste contemporaine. Il fut un des créateurs du genre *Ruines*, qui fournit une si brillante carrière en France et en Italie, vers la fin du XVIIIᵉ siècle. Ses voyages l'enrichirent de nombreux motifs de croquis que la pointe spirituelle de l'abbé de Saint-Non a fait parvenir jusqu'à nous. — (*Fac-simile.*) — Sera continué.

约翰·勒普林斯（John Leprince），著名的博蒙特·勒普林斯（Leprince de Beaumont）的兄弟，在完成了人物画和演出服装画之后，完全转向了风景画。从他的作品中可以看出，他是第一个懂得如何解决装饰条件的人之一，这也是美术分支所要求的。追求风景如画，是那个时代所有艺术作品所需要具备的主要品质之一。他试图找到块状元素和轮廓线条和谐统一的对比，以及装饰所要求的那些简单的效果，这也是我们目前的风景画学派似乎完全一无所知的部分。他是废墟属的创建者之一。在 18 世纪末，废墟属一度风靡法国和意大利。勒普林斯在其旅途中完成了很多速写，经过技艺高超的圣非修道院院长（Abbot of Saint-Non）的雕塑家之手，呈现在了我们面前。未完待续。（复制品）

John Leprince, a brother to the celebrated Mᵐᵉ Leprince de Beaumont, after giving himself up to the figure and costume-drawing, took entirely to landscape-painting. In his works he was one of the first who knew how to settle the *decorative* conditions which that branch of the fine arts allows. By seeking for the *picturesque*, one of the main qualities required in all the artistic productions of that epoch, he contrived to find those happy contrasts of masses and outlines, those simple effects which the Decoration calls for and which our present landscape-painting School seems totally ignorant of. He was one of the creators of the *Ruins* genus, which had so brilliant a run in France and Italy about the end of the XVIIIᵗʰ century. He found in his travels many a sketch which has reached us through the spirited graver of the Abbot of Saint-Non. (*Fac-simile.*) — To be continued.

XVIIᵉ SIÈCLE. — ÉCOLE FRANÇAISE (LOUIS XIII).

ÉTOFFES, — TENTURES,
DE LA CHAMBRE DU MARÉCHAL D'EFFIAT.

1012

1014

1013

1015

In figures 1012 and 1013 are given details of the rich design of the two cloths (velvet and silk damask) whose alternate breadths form the *Bed-hangings* (p. 427), and whose combinations serve for a covering and a decoration to the *Arm-Chairs* (p. 435).

As for those ones, the detailing of the cushions, set off with trimmings and forming seats and backs, is given in full at figures 1014 and 1015. — On fourth of the real size. — To be continued.

图 1012 和图 1013 给出的是两块布料（天鹅绒和丝绸锦缎）丰富设计的细节，它们交替的幅面构成了床的帷幔（参见第 427 页）；两者结合，作为扶手椅（参见第 435 页）的覆盖物和装饰品。

Les figures 1012 et 1013 donnent les détails du riche dessin des deux Étoffes (velours et damas de soie) dont les lés alternants forment la Tenture du *Lit* (p. 427), et dont les combinaisons servent à recouvrir et à décorer les *Fauteuils* (p. 435).

Pour ceux-ci, les détails des carreaux relevés de passementerie, formant siéges et dossiers, sont représentés dans tout leur développement aux fig. 1014 et 1015. — Au quart de l'exécution. — Sera continué.

对那些衬托着装饰品，并作为座椅和靠背的垫子而言，其细节在图 1014 和图 1015 中给出。实际尺寸的四分之一。未完待续。

Quatrième Année.   Nº 111.   20 Mai 1864.

XVIᵉ SIÈCLE. — ÉCOLE FRANÇAISE (FRANÇOIS Iᵉʳ).

FRISES,
PAR MAITRE STEPHANUS.

1016

1017

A l'exemple des Italiens et des Allemands (v. p. 403), les or-févres français s'abandonnèren à l'envi, dès les premières an-nées du règne de François Iᵉʳ, à l'entraînement irrésistible qu'avait provoqué la Renaissance des arts en Italie. S'inspirant en grande partie des sujets de la Fable et des monuments de l'Antiquité, ils déroulèrent en longues frises sur les vases, cof-frets, aiguières, etc., des marches triomphales, des danses, des cortéges, des combats, etc. Les *Frises d'Étienne de Laune*, le maître d'A. Du Cerceau, témoignent du soin extrême apporté par les artistes de cette époque aux compositions de cette na-ture. — Nous montrerons plus loin, à mesure que nous avance-rons dans la reproduction de cette suite intéressante, l'influence sensible de l'école de Jules Romain sur les ouvrages du maître. — La figure 1016 est un fragment d'un cortége triomphal; le nº 1017 est un combat grotesque de paysans. — (*Fac-simile.*)

　法国金匠模仿意大利和德国，是从弗朗索瓦一世统治的最初几年开始的，并受到了意大利艺术复兴的不可抗拒的影响。主要是从神话题材和古代遗迹中获得灵感，通过花瓶、柜子、水壶等物件上的长雕带进行展示，还有凯旋游行、舞蹈、队列、争斗等形式（参见第403页）。迪塞尔索（A. Du Cerceau）的大师，见证了这个时代的艺术家对艾蒂安·德·劳内（Etienne de Laune）的饰带作品的极度关注。此外，随着我们继续再版这个有趣的系列，会发现朱利奥·罗马诺（Giulio Romano）学派对我们大师作品显著的影响。图1016是胜利队列的片段，图1017是农民荒诞战斗的片段。（复制品）

The French goldsmiths, emulating the Italian and German, gave themselves up, from the firsṭ years of the reign of Francis the First, to the irresistible sway of the Revival of Arts which had taken birth in Italy. Mostly taking their inspirations from sub-jects of the Mythology and from monuments of the Antiquity, they displied through long friezes upon vases, chests, ewers, etc., triumphal marches, dances, processions and fights (see p. 403). The Friezes of *Etienne de Laune*, the master of A. Du Cerceau, bear wittness to the extreme care which the artists of this epoch used in compositions of that kind. — Further, and in proportion as we go on reproducing this interesting series, shall we point out the visible influence of Giulio Romano's School on our master's works. — Fig. 1016 is a fragment of a triumphant procession, nº 1017 a grotesque battle of peasants. — (*Fac-simile.*)

CORNET,
EN ÉMAUX CLOISONNÉS.

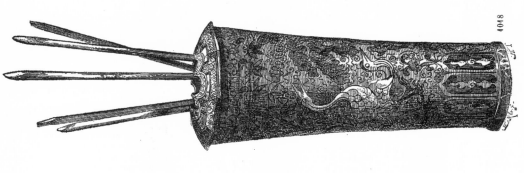

1049

1018

XIVᵉ SIÈCLE. — ORFÉVRERIE CHINOISE.

Ces sortes de vases, actuellement
encore usités en Chine comme accessoires de la table, servent de
réceptacles à ces baguettes d'ivoire,
au moyen desquelles les habitants
du Céleste-Empire portent avec une
dextérité si merveilleuse les ali-
ments à leur bouche. Un couvercle
libéré en cuivre ciselé (1018), est
percé d'un trèfle à cinq lobes, dont
les bords retiennent les baguettes
1/2 exéc.).— La fig. 1019 donne en
gr. d'exéc. le développement de la
surface extérieure, couverte d'é-
maux cloisonnés (p. 362). Deux
masses de rochers ombragés de ba-
naniers et de bambous forment
cadre à des sujets d'animaux. Fond
turquoise; émaux jaune clair, blanc
rosé, outremer (vigueurs), rouge
grenat, brun translucide. (Calque
de l'original). — Inédit.

这些器皿如今在中国是用
干桌面摆设，原来是作为盛装
那些象牙枝（筷子）的器皿，
帮助技艺惊人的天朝居民把
食物送到嘴里。由图1018可
见一块松动的铜盖，上面有开
口，是五瓣的花形状，其
边缘可支撑筷子（实际尺寸的
一半）。图1019给出的是整
个外表面，上面覆盖着分区的
搪瓷（参见第362页）。两块
用香蕉树和竹子遮阴的岩石作
为动物对象的边框。绿松石蓝
色为底，还包括玫瑰粉红白色、
黄色、深蓝色珐琅、石榴红色
和半透明的综色。未编辑。（原
稿临摹版）

Vases of that sort, nowadays in
use in China as table-things, serve
for containers of those ivory sticks
with whose help the inhabitants
of the Celestial Empire with marvellous skill carry their meals to
their mouths. A loose cooper
chased lid (fig. 1018) is seen perforated by a five-lobed trefoil
whose edges hold the sticks (half
real size). — Fig. 1019 gives in
full the development of the external surface covered with partition enamelling (see page 362).
Two masses of rocks shaded with
banana-trees and bamboos serve
for a framing to a subject of animals. — Turkois-blue ground.
Roseate white, yellow and ultramarine enamels, garnet-red and
translucid brown. (Tracing of the
original.) — Unedited.

XVIIIᵉ SIÈCLE. — CÉRAMIQUE FRANÇAISE (RÉGENCE).
FAIENCE DE ROUEN.

ASSIETTES.
(MUSÉE DE CLUNY.)

Those two pieces snow the grandeur of style which characterizes the ornamenting of the Rouen faiences. As generally seen in productions from this place, the geometrical disposition serves for a basis to the ornamentation.

In n° 1020, which may be entered as one of the *garland* pieces, the axes are drawn through the intersection of four diameters, two orthogonal and two diagonal, intersecting each other rectangularly. The ones are axes to the wreaths, the others to the compartment cartouches with *quadrillé* or square-crossed grounds, ending analogously to the fashion of the typographic illustrations of that time (see Seb. Leclerc, Chauveau, B. Picart, etc.). The ornamentation of the solid masses to which the four garlands are hanging, retains the very stamp of the Chinese and Japanese flowerings. The centre of the plate is occupied by a vase with flowers.

N° 1021 is evidently issued from the same workshop as n° 785 given at p. 342. Identical radiating disposition (a polygon with eight branches). Here the central mass is more substantial: the eight lobes (with Chinese ornaments of the polygon are separated by elegant foliages. — A. Le Véel collection. — Unedited.

Dans ces deux pièces on reconnaîtra cette ampleur de style qui caractérise la décoration des faïences rouennaises. Comme dans la plupart des produits de ce centre céramique, la disposition géométrique sert de base à l'ornementation.

Dans le n° 1020, qui rentre dans la catégorie des *pièces à la guirlande*, les axes sont établis sur quatre diamètres, deux orthogonaux, deux diagonaux, se coupant réciproquement à angles droits. Les uns servent d'axes aux guirlandes, les autres aux cartouches de compartiment à fonds quadrillés dont les désinences rappellent les illustrations typographiques de l'époque (Séb. Leclerc, Chauveau, B. Picart, etc.). Le décor des masses solides auxquelles se suspendent les quatre guirlandes, conserve la tradition des floraisons chinoises et japonaises. Un vase de fleurs occupe le centre de l'assiette.

Le n° 1021 sort évidemment du même atelier que le n° 785, donné à la p. 342. Même disposition rayonnante (polygone étoilé à 8 branches). Ici, la masse centrale est plus étoffée; les huit lobes du polygone sont séparés par d'élégants rinceaux de feuillages. — (Inédit.) — Sera continué.

1020

这两件艺术品展示了宏伟的风格，这也正是鲁昂彩陶的装饰特点。从这个地方产出的作品中往往可以发现：装饰的基础就是几何排列。图 1020 可以作为花环作品之一，轴线通过四个直径的交点画出，两个直角线、两个对角线，彼此相交成直角。它们是花环的轴线，而用于分隔涡卷饰的轴线是网格或方形交叉的底纹，最后的效果类似于当时时尚的印刷插图［参见 Seb. 勒克莱尔（Seb. Leclerc）、夏沃（Chauveau）、B. 皮卡特（B. Picart）等］。挂着四个花环的固体块状物的装饰保留了中国和日本花饰的印记。盘子的中央是装有花朵的花瓶。

图 1021 很明显是

与第 342 页的图 785 出自同一个作坊。它们有着相同的发散布局（有八个分支的多边形）。这里这个作品的中央物体要更多一些；多边形的八个边（带有中国装饰物）被优美的叶子分隔开来。勒·维尔（Le Véel）收藏品。未编辑。

1021

XVIᵉ SIÈCLE. — FONDERIES ITALIENNES.

MARTEAU DE PORTE,
A FLORENCE.

1022

Ce marteau ou *heurtoir* présente une remarquable sobriété de détails, unie à une grande pureté de style. — L'Anneau qui le retient dans la partie supérieure est moulure d'un boudin saillant torsadé et soutenu des deux côtés par des tores séparés par des gorges. La section du Cercle, formant le corps du Heurtoir, est octogone. La face antérieure est ornée d'écailles en relief, et les faces fuyantes de filets gravés au burin, formant un dessin de losanges. Cette décoration simple est terminée dans le bas par deux mascarons largement épannelés. Deux bagues délimitent le champ de la fleur de lis qui décore la partie inférieure. — C'est ainsi que, par la simple combinaison des lignes, les maîtres florentins nous ont laissé des modèles d'un goût excellent, et qu'il serait désirable de voir suivre dans nos productions contemporaines. — Cette belle pièce fait partie de la ferrure de la porte principale du Palais Guadagni, à Florence. — Bronze. — Grandeur d'exécution.

在这个门环中，通过宏大纯洁的风格再加上其细节，我们可以很明显地看出一种朴素。门环上方用于悬挂它的环是用模具浇铸的，用一个凸出的缠绕的滚轮装饰，两端被有着交叉槽的环面支撑。门环主体呈直角穿过圆环的截面前面部分饰有浮雕鳞片，上面的部分刻有菱形的带状物，下方有两个大面积扩张的面具。至此，它那朴素的装饰就结束了。两个圈环约束着定鸢尾花的区域，装饰较低的部分。通过这样的方式，寻求一种简单的线条组合，来自佛罗伦萨的大师们为我们留下了在这个时代我们愿意看到的雅致的模型。该工艺品做工精良，是属于佛罗伦萨瓜达尼宫大门上的铁艺品。青铜艺术品。实际尺寸。

In this *knocker* is to be found a remarkable soberness of details united with a great chasteness of style. The ring to which it is suspended in its upper part is moulded and ornated with a projecting roller twisted and supported on both sides by tores with intersecting grooves. The section of the circle described by the body of the knocker is octogonal. The anterior face is embellished with embossed scales, and the uppering portions with engraved lozenged fillets. That plain decoration is ending towards the bottom, in two largely expanding masks. Two ringlets bound the field of the flower-de-luce which adorns the lower portion. — By so seeking for a simple combination of lines, the Florentine masters have left us very tasteful models we should like to see followed in the productions of this our epoch. — That fine piece of art is a part of the iron-working of the door of the Guadagni-palace in Florence. — Bronze. — Full size.

Bureaux à Paris, 13, R. Bonaparte

Librairie A. Morel & Cie

L'Art pour tous

Encyclopédie de l'Art Décoratif

paraissant les 10 20 & 30 de chaque mois

E. Reiber

Directeur-Fondateur

XVᵉ SIÈCLE. — SCULPTURE FRANÇAISE (LOUIS XI).

MEUBLES.

FACE DE BAHUT.

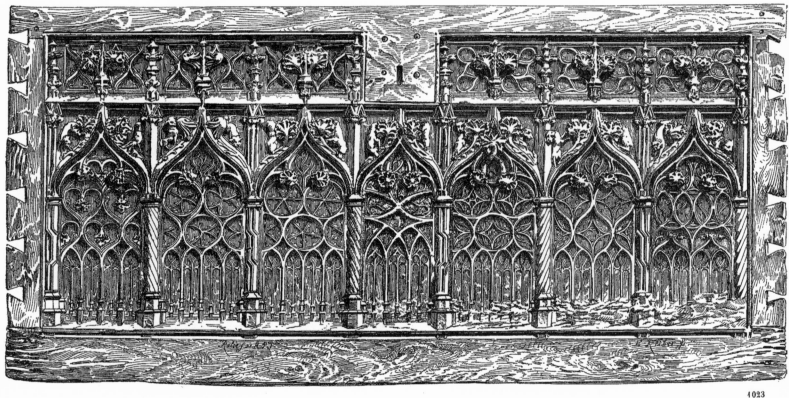

4023

Bien que la forme et les dimensions des Coffres ou *Bahuts* du xvᵉ siècle soient à peu près invariables, ils ont été recouverts d'une variété incroyable d'ornements de toute nature, puisés, soit dans les motifs architecturaux de l'époque, soit aux riches décorations peintes dont les manuscrits du temps, parvenus jusqu'au nôtre, nous ont conservé des types remarquables. Les nombreux matériaux, *tous complétement inédits*, qu'il nous a été donné de réunir sur cette brillante époque du *Mobilier français*, nous permettront d'enrichir notre collection de documents précieux au double point de vue de l'histoire de l'Art et des applications pratiques.

Sur la Face du Meuble que nous donnons ici, et dont l'exécution élégante et ferme nous fait regretter l'état de dégradation, se développe un cours d'arcatures rappelant par leur disposition les riches décorations qui couvraient les travées des cloîtres de cette époque. Les colonnes, alternativement cannelées et torsadées, et terminées par des clochetons, séparent les arcades qui sont enrichies d'une fenestration des plus variées de roses et de meneaux. La serrure qui devait être en rapport avec la richesse du meuble est malheureusement perdue. — Inédit.

尽管形式和尺寸几乎不变，14世纪的箱子或保险柜上面全都是各种令人难以置信的饰品。它们要么是借用了那个时代的建筑主题，要么是借用了丰富的绘画装饰。同时代的手稿为我们保留了一些显著的类型。数不胜数的范例，全部都是未经编辑的，从法国家具的辉煌时代，我们可以收集到一些珍贵的艺术品，并在艺术史和实际应用中有所借鉴。

这里给出的家具摆件，其优雅和熟练的制作使人感叹其破旧状态。家具的正面，有一排拱门，这种布局让人想到丰富的装饰，覆盖着当时回廊的凸窗。那些有凹槽和扭曲图案交替的圆柱向上延伸，终止在锥体的塔楼处，分割了拱门，拱门上有着多样化的密集的玫瑰和竖框。很不幸的是，锁已经丢失了，而锁的风格无疑也是和保险柜的丰富程度保持一致。未编辑。

Almost invariable as to the form and dimensions, the *Chests* or *bahuts* (old French word for coffers) of the xvᵗʰ century have, though, been covered with an incredible variety of ornaments of every kind, which were borrowed either from the architectural motives of the epoch, or from the rich painted decorations, of which the contemporaneous manuscripts have preserved for us some remarkable types. The numerous specimens, the whole of which *unedited*, which we have been enabled to collect from that brilliant epoch of the *French Furniture* will help us to enrich our collection with pieces precious and telling in reference both to the History of the Art and the practical applications.

On the front of the piece of Furniture here given, and whose elegant and masterly execution makes one lament its state of dilapidation, arches are extending themselves, the disposition of which calls to mind the rich decoration with which the bays of the cloisters of that time were covered. The columns, alternatley fluted and twisted, and terminating upward in pyramidal turrets, separate the arches which are adorned with the most diversified swarming of roses and mullions. The lock, which doubtless was in keeping with the richness of that *bahut*, is unhappily lost. — Unedited.

XVIIe SIÈCLE. — ÉBÉNISTERIE FRANÇAISE (LOUIS XIII).

MEUBLES.
PROFIL ET PLAN
DU CABINET D'EFFIAT.

PLAN

COUPE

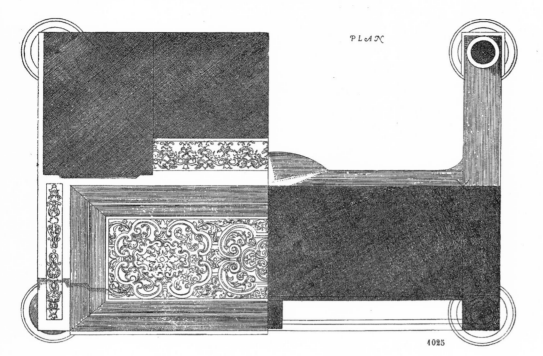

1025

1026

1027

1024

Le profil (1024) et le plan (1025) sont donnés ici à la même échelle que la face principale du cabinet (p. 354). Les figures 1026 (entrée de serrure des tiroirs inférieurs) et 1027 (bande longeant, sur la tablette du bureau (voir au plan), la partie en arrière-corps), complètent les détails de la marqueterie. — Calques des originaux.

侧视图（1024）和平面图（1025），作为橱柜的正面（参见第354页）在这里以相同的规格给出。图1026（下方抽屉的锁口）和图1027（装饰桌子的带饰，由平面图中可见，沿着深色部分形成凹陷）给出的是彩格图案的细节。原稿临摹版。

The profile (1024) and plan (1025) are here given on the same scale as the main face of the cabinet (p. 354). Fig. 1026 (opening of the locks of the lower drawers) and fig. 1027 (a band placed on the Bureaus table, as seen in the plan, and along the portion forming the recess), complete the details of the checker-work. — Tracings of the originals.

XVIIᵉ SIÈCLE. — ÉCOLE FRANÇAISE (LOUIS XIV). 这些出自银匠之手的宏伟作品

TORCHÈRE.
ENTOURAGES, BORDURES,
PAR J. LEPAUTRE.

1028

La suite des six *Torchères* encadrées de Bordures forme une
des séries capitales de l'œuvre de *J. Lepautre.* Ces grandes
pièces d'Orfévrerie se détachent sur des fonds de paysages dont
les motifs sont empruntés aux Jardins des principaux châteaux
bâtis sous ce règne. Elles se composent toutes d'une figure dra-
pée supportant l'amortissement de la Torchère, et reposant sur
un piédouche orné de rinceaux et de volutes. Les Bordures, composées d'un motif double, sont formées par des cartouches dont
les volutes sont empruntées aux formes de la décadence italienne, et qui sont animées de figures drapées, reliées par des
guirlandes et des branches de lauriers. — *Fac-simile.* — Sera
continué.

J. 勒坡特（J. Lepautre）的作品中，六个大型枝状烛
台就是"柱顶"系列之一。这些出自银匠之手的宏伟作品
在风景画背景上屹立，其主题是从当时统治时期建造的城
堡中的花园借鉴而得来的。大烛台由身上有褶皱布帘的人
像组成，支撑着烛台的柱脚，下面有一个由树叶和涡形花
样装饰的小台座。烛台的边框有两部分组成，由从衰落的
意大利艺术中借鉴的涡卷饰形成，身穿帷幔的人像使其更
有生气，通过花环和月桂树枝联合在一起。未完待续。（复
制品）

Among *J. Lepautre*'s works, one of the capital series is that of
the six large *Candelabra.* Those grand pieces of silversmith's art
detach themselves on landscape ground the motives of which are
borrowed from the gardens of the principal castles built during
that reign. They are composed of a figure with drapery, supporting the pediment of the *candelabrum* and resting on a piedouche
ornamented with foliages and volutes. The Framing, composed
of a double motive, is formed by cartouches whose volutes are
borrowed from the Italian art in its decadency, and which are
enlivened by figures with draperies, united through garlands and
laurel branches. — *(Fac-simile.)* — To be continued.

XVIᵉ SIÈCLE. — ÉCOLE ALLEMANDE.

4029

Cette composition se rapporte au passage (*Ad laudes*) : « *Deus in adjutorium meum intende.* » Dans le haut, un ange en prière semble appeler la protection du Tout-Puissant sur un preux chevalier, que son courage a entraîné dans le hasards de la guerre.—Inutile de signaler à l'attention des lecteurs l'expression remarquable de la tête de l'ange et les détails si intéressants et si simplement esquissés des Costumes des figures du bas.

L'intérieur du cadre a été rempli par des plantes aquatiques, au milieu desquelles une cigogne se promène d'un pas magistral. Ce dessin est tiré de l'Herbier de *Jér. Bock* (v. p. 114). — (*Fac-simile.*)

该创作涉及到一段篇章： "Deus in adjutorium meum intende" 。在上方，一个天使正在祈祷，似乎正在召唤全能者来保护一个可敬的骑士，他的勇气已被带到战场上。读者不必把注意力放在天使头部的非凡表情上，而应放在下方人物服饰上，那些有趣的、简单勾勒的细节。

水生植物填充了边框内部的部分。水生植物的中央一只鹳正在走动。绘画来自 Jer. 博克（Jer. Bock）的《植物标本集》（参见第 114 页）。（复制品）

This composition refers to the passage (*Ad laudes*) : « *Deus in adjutorium meum intende.* » At the top, an angel is praying and seems to call the Almighty's protection on a worthy knight whom his courage has carried away into war fare.—It is needless to call the reader's attention upon the remarkable expression of the head of the angel and upon the so interesting and simply sketched details of the costumes of the lower figures.

The internal portion of the frame is filled up by aquatic plants in the middle of which a stork with a magesterial gait is taking a walk. The drawing is taken from the Herbal of *Jer. Bock* (see p. 114). — (*Fac-simile.*)

Quatrième Année.   Nº 113.   10 Juin 1864.

Bureaux à Paris   13 R. Bonaparte

L'ART POUR TOUS

ENCYCLOPÉDIE
DE
L'ART INDUSTRIEL ET DÉCORATIF

E. REIBER

DIRECTEUR—FONDATEUR

XVIIIᵉ SIÈCLE. — ÉCOLE FRANÇAISE (LOUIS XV).

PANNEAUX, — COSTUMES.
PASTORALE,
PAR F. BOUCHER.

The *pastoral style*, which enjoyed so great a favour all along the xviiith century, and the most striking types of which are to be found in Boucher's *Bergerades* (pastorals) and Watteau's *Gallanteries*, deserves quite a special study. We intend proving its origin in France, in the Middle Ages, its growth in the xvth century, and its transformations in the xvith and xviith centuries. We shall see it thoughtless and gracious, in the first half of the xviiith century, becoming moral and discret in the reign of king Louis XVI.

In the present piece, which forms the *Frontispiece* of the 2nd book of *F. Boucher's Pastorals*, a young shepherdess has come to wash her linen in a neighbouring spring. Here do we see a very decorative view, a well studied silhouette, and a real skill in draperies. — Engraving by Huquier. — (*Fac-simile.*)

18 世纪一直广受欢迎的田园风格，在布歇（Boucher）的《牧歌》和华托（Watteau）的《华丽曲》会看到的最引人注目的类型，值得对其进行特别研究。我们打算证明它在中世纪诞生于法国，并在 15 世纪得到发展，16 世纪和 17 世纪获得转型。我们会看到，它由 18 世纪下半叶的轻率和亲切，到路易十六统治时期变为道德和自由。

这件作品是布歇《牧歌》第二本书的卷首插画。年轻的牧羊女来到附近的小溪洗床单。经过仔细研究轮廓，以及制作精巧的装饰织物，可以观察出，这是一幅精心装饰的画面。哈吉尔（Huquier）雕刻。（复制品）

Le *genre pastoral*, qui jouit d'une faveur si marquée pendant tout le cours du xviiiᵉ siècle, et dont les « Bergerades », de Boucher, et les « Galanteries », de Watteau, présentent les types les plus saillants à cette époque. mérite une étude toute spéciale. Nous ferons remonter son origine en France à ces Mystères et Soties, Farces et Moralités du moyen âge, primitives manifestations de l'indépendance de l'esprit national. Puis nous le verrons se développer dans les miniatures, *ymaigeries*, bordures de livres d'heures, tapisseries, etc., du xvᵉ siècle, pour se transformer au xviᵉ sous le souffle païen des arts de l'Italie, et revêtir les formes mythologiques. Plus tard, subissant l'influence des romans de chevalerie, il nous apparaîtra sous la forme redondante et compassée des bergers de l'*Astrée*, pour redevenir insouciant et gracieux aux époques de la régence et du règne suivant. Subissant enfin une dernière transformation, nous le voyons prêcher l'amour de la nature et le culte des vertus champêtres (voy. les *Idylles de Gessner*, etc.), pour aboutir, dans les jardins du petit Trianon, au *Hameau de la reine* Marie-Antoinette.

Rêvant à des choses d'un ordre bien éloigné, sans nul doute, du sujet que nous venons de tracer, notre jeune *Bergère* vient laver son linge à la source voisine. Nous ferons remarquer, dans cette fraîche composition (*Frontispice du Second Livre de Pastorales, de F. Boucher*), un aspect très-décoratif, une silhouette bien étudiée, une bonne entente des draperies. — Gravure de Huquier. — (*Fac-simile.*)

CHEMINÉE.

PAR A. DU CERCEAU.

Cette pièce, remarquable par une grande originalité de composition, se distingue par l'ordonnance circulaire de la baie, reposant sur des soubassements formant piédestaux aux groupes de figures. Ceux-ci, composés de femmes disposées en caryatides, et d'enfants, semblent personnifier les forces de la Nature. Dans la partie supérieure, un cadre, orné de compartiments de marbres de couleur, contient un sujet de ruines. Ainsi que les cheminées données précédemment, cette curieuse planche fait partie des *Ordonnances d'architecture,* etc., dédiées au roi Charles IX. — *Fac-simile.*)

除了它的独创性，这件作品的形状结构很引人注目，底部的基座用于支撑一群人像。那些由孩童和女像柱组成的人像视为自然力量的化身。上部分的边框由彩色大理石分隔装饰，含有废墟装饰。如之前给出的壁炉作品一样，那块奇怪的版画是《建筑结构》等中的一部分，献给查理九世。（复制品）

Besides its great originality of composition, this piece stands conspicuous for the circularity of its bay resting on bases which serve for pedestals to the groups of figures. Those ones, composed of children and caryatid shaped female forms, look as a personification of Nature's powers. A frame in the upper part, ornamented with coloured marble compartments, contains *Ruins* subject. Like the previously given chimney-pieces, that curious plate is a part of the *Ordonnances d'architecture* (architectural orderings), etc., dedicated to king Charles IX. — (*Fac-simile.*)

XVIIIᵉ SIÈCLE. — ÉCOLE FRANÇAISE (RÉGENCE).

COSTUMES SCÉNIQUES,
PAR CL. GILLOT.

4032

Habit de Triton.

4033

Habit de Triton.

4034

Habit de Chasseur.

4035

Habit de Faune.

Suite de la série des *Costumes scéniques*, dont nous avons commencé la reproduction à la page 425. On remarquera que la disposition des jupes des tuniques de ces divers personnages se rapproche de la forme des *paniers* en usage dans les costumes féminins de cette époque. — (*Fac-simile.*) — Sera continué.

第 425 页再现了"舞台服饰"系列的续篇。观察不同人物外衣裙子的切割，类似于箍衬裙的制作，这是那个时代女性的习惯。未完待续。（复制品）

A continuation of the series of *Scenic Costumes*, which we began reproducing at page 425. Observe the cut of the shirts of the tunics of these various persons akin to the make of the *hoop-petticoats* in use for the feminine habit of that epoch. — (*Fac-simile.*) — To be continued.

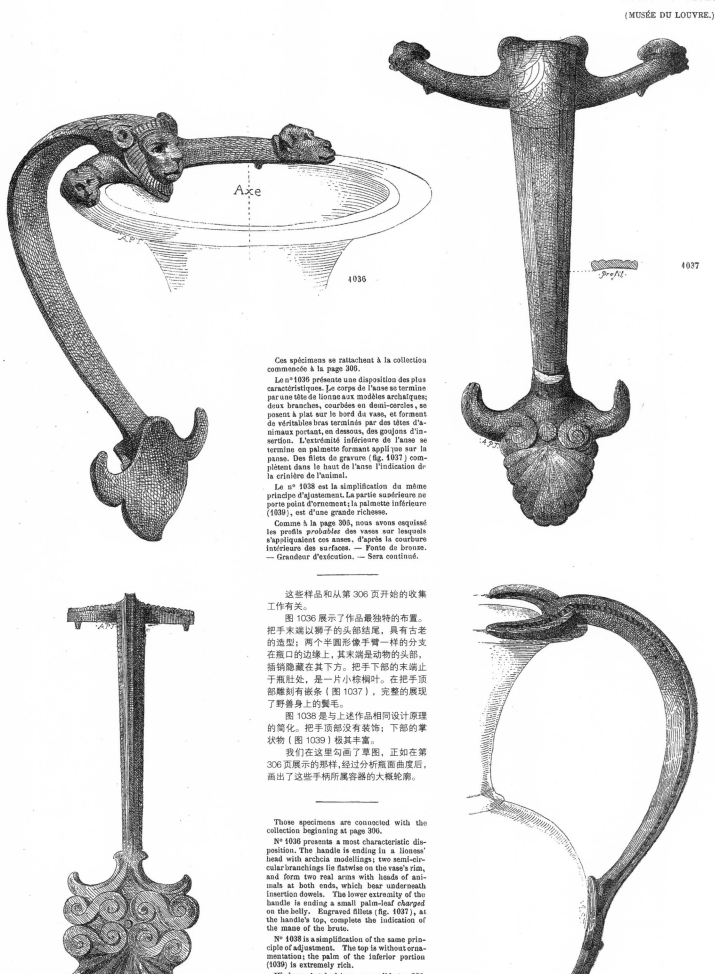

Ces spécimens se rattachent à la collection commencée à la page 306.

Le n° 1036 présente une disposition des plus caractéristiques. Le corps de l'anse se termine par une tête de lionne aux modèles archaïques; deux branches, courbées en demi-cercles, se posent à plat sur le bord du vase, et forment de véritables bras terminés par des têtes d'animaux portant, en dessous, des goujons d'insertion. L'extrémité inférieure de l'anse se termine en palmette formant applique sur la panse. Des filets de gravure (fig. 1037) complètent dans le haut de l'anse l'indication de la crinière de l'animal.

Le n° 1038 est la simplification du même principe d'ajustement. La partie supérieure ne porte point d'ornement; la palmette inférieure (1039), est d'une grande richesse.

Comme à la page 306, nous avons esquissé les profils *probables* des vases sur lesquels s'appliquaient ces anses, d'après la courbure intérieure des surfaces. — Fonte de bronze. — Grandeur d'exécution. — Sera continué.

_____

这些样品和从第 306 页开始的收集工作有关。

图 1036 展示了作品最独特的布置。把手末端以狮子的头部结尾，具有古老的造型；两个半圆形像手臂一样的分支在瓶口的边缘上，其末端是动物的头部，插销隐藏在其下方。把手下部的末端止于瓶肚处，是一片小棕榈叶。在把手顶部雕刻有嵌条（图 1037），完整的展现了野兽身上的鬃毛。

图 1038 是与上述作品相同设计原理的简化。把手顶部没有装饰；下部的掌状物（图 1039）极其丰富。

我们在这里勾画了草图，正如在第 306 页展示的那样，经过分析瓶面曲度后，画出了这些手柄所属容器的大概轮廓。

_____

Those specimens are connected with the collection beginning at page 306.

N° 1036 presents a most characteristic disposition. The handle is ending in a lioness' head with archcia modellings; two semi-circular branchings lie flatwise on the vase's rim, and form two real arms with heads of animals at both ends, which bear underneath insertion dowels. The lower extremity of the handle is ending a small palm-leaf *charged* on the belly. Engraved fillets (fig. 1037), at the handle's top, complete the indication of the mane of the brute.

N° 1038 is a simplification of the same principle of adjustment. The top is without ornamentation; the palm of the inferior portion (1039) is extremely rich.

We have sketched here, as we did at p. 303, and after the internal curvation of the surfaces, the *probable* profiles of the vases upon which those handles were applied. — Bronze cast. — Full size. — To be continued.

Quatrième Année. N° 114. 20 Juin 1864.

L'ART·POUR·TOUS

Encyclopédie

DE·L'ART·DÉCORATIF

paraissant les 10, 20, 30 de chaque mois

50 Centimes le Numéro

Emile Reiber *Directeur-fondateur*

XVIIIᵉ SIÈCLE. — CÉRAMIQUE FRANÇAISE. VASE A ANSES.

Bureaux à Paris 13. R. Bonaparte

LES FAIENCES DE ROUEN

Ce beau spécimen de la fabrication rouen-naise est un des types les plus caractérisés de la Série des pièces *à la guirlande*. Un grand cartouche de compartiment occupe les faces principales de la panse ; une riche bordure décore le pied. — Emaux *bleus* pour les fonds d'ornementation, rinceaux principaux et mou-chetures des anses ; *verts* pour les feuillages et quadrillés ; *brun-rouge* pour les modelés des pétales des fleurs. Quelques touches de *jaune vif* dans la guirlande. — Fonds A. Le Véel. — (Musée de Cluny.)

This fine specimen of Rouen make is a most characteristic type of the *Garland* series. The belly is decorated with large compartment cartouches, and the foot with a rich border. — *Blue* enamels for the ornamented grounds, main foliages and spots of the handles; *green* for the leaves and squares; *reddish brown* for the mouldings of the flower-leaves. A few touches of *vivid yellow* in the garland. — A. Le Véel Collection. — (Cluny Museum.)

这一制作精良的鲁昂范例是"花环"系列最有特点的类型。瓶身的凸起部分由大量的涡卷饰装饰进行分隔，底部有丰富的镶边。蓝釉装饰的底色，手柄主要是叶子和斑点；叶子和方形是绿色的；花朵叶子的装饰线条是红棕色的。花环有点点鲜艳的黄色。勒·维尔（Le Véel）收藏品。（克吕尼博物馆）

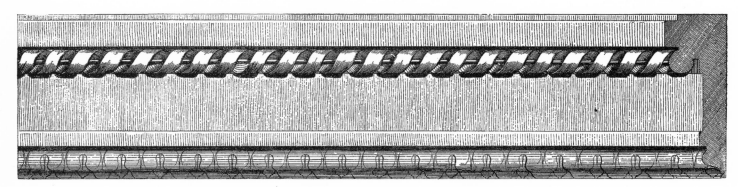

1041

1042

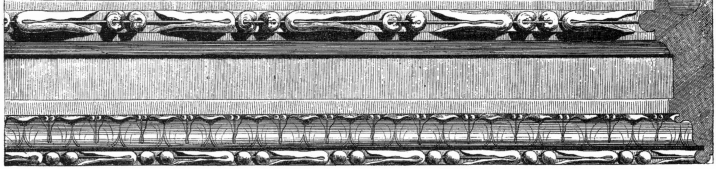

1043

1044

Suite des *Bordures* de la page 402. — Nº 1041. Moulure terminée par un filet soutenu d'une baguette ronde évidée en forme de ruban s'enroulant sur un axe intérieur. — Nº 1042. Grande gorge ornée d'un cours de feuilles d'eau, et portant une baguette ronde formée d'un cours de perles. — Nº 1043. Baguette ronde composée de perles accouplées et séparées par des culots de feuilles; dans le bas, une cimaise de feuilles d'eau soutenue d'une petite baguette. — Nº 1044. Moulure ronde très-saillante, refouillée en torsade de feuilles alternées de rubans. — (Fac-simile.) — Sera continué.

图 1041 是一个递进的圆形空心线脚，末端呈圆角的造型，以带状物的式样在内轴上规则缠绕着。图 1042 是一个装饰有水生植物的巨大的凹圆线脚，其上方是一串带有珍珠的小凸圆线脚。图 1043 是由珍珠和叶子穿插组成的圆形线脚；底部有反曲线饰水生植物的叶片和小凹圆线脚。图 1044，线脚周围切割成非常突出的凹陷造型，以形成扭曲的叶片边缘和交替的丝带。未完待续。
（复制品）

Nº 1041. A moulding with a terminal fillet enhanced by a round and hollowed baguette in the form of a ribbon rolling itself upon an inner axis. — Nº 1042. A large gorge adorned with aquatic foliation and bearing a round baguette of running pearls. — Nº 1043. A round baguette composed of coupled pearls with intersecting leafages; at the bottom a cyma of aquatic plants' leaves with a smaller baguette. — Nº 1044. A round and very prominent moulding cut and sunk so as to give a twisted fringe of leaves and alternating ribbons. — (Fax-simile.) — To be continued.

XVIIIᵉ SIÈCLE. — ÉCOLE FRANÇAISE (LOUIS XV).   **TORCHÈRE DE ROCAILLES,**
PAR F. DE CUVILLIÉS.

This large bronze Candelabrum, which was to serve as a finishing and starting point to a grand staircase opening in a vestibule, presents in its main outline the disposition of a very enlarged consol resting on a stone base ornated with a cartouch. Clustered flowers sweeten the bareness of the great lines; a dragon rolls itself up round the principal portion, at the top of which a rock-work vase bears the branches of a chandelier. — From an inquiry into the ensemble profile (nᵒ 1046) of this acting composition, one will surmise the artist had in his mind's eye the *human proportions* which, in anterior epochs, were given to *Terminals*. The head is to be found in the top vase; the consol's main volute gives the chest, and its lower part corresponds with the inferior extremities of the body. — Nᵒ 1045 presents the *front* of the candelabrum.

Tracing of the *original* drawing by *F. de Culliviés.* — E. R. Collection. — (Unedited.)

Destinée à servir de point de départ et d'amortissement à un escalier d'honneur placé dans un Vestibule, cette grande pièce de bronze offre, dans sa silhouette principale, la disposition d'une console largement développée, reposant sur un soubassement en pierre orné d'un cartouche. Des groupes de fleurs rompent la sécheresse des grandes lignes; un dragon s'enroule autour de la partie principale, que surmonte un vase de rocailles supportant les branches d'un candélabre. — L'examen du profil d'ensemble (nᵒ 1046) de cette composition mouvementée fait supposer que l'artiste s'est préoccupé de la recherche de la *proportion humaine* donnée, aux époques antérieures, aux *gaines* ou *termes*. La tête est figurée par le vase supérieur; la volute principale de la console remplace la poitrine; sa partie inférieure répond aux parties inférieures du corps. — Le nᵒ 1045 donne la *face* de la Torchère.

Calque du dessin *original* de *F. de Cuvilliés.* — Collection E. R. — (Inédit.)

这一大型青铜烛台是作为一个宏大的前庭楼梯口的入口和出口，在它的主要轮廓中展示了一个非常大的托臂布置，托臂被放在华丽的石制底座上。裸露的线条被丛生的花朵装扮着；主要部分盘旋着一条龙；在其顶部有一个石制花瓶，上面挂着枝形吊灯的枝条。探究这一作品的整个侧面（图1046），人们会清想在艺术家心目中在以前的时代赋予托臂的人体比例是多少。头部可以在顶花瓶里找到；托臂的

主要涡形花样是胸部，下半部分与身体的下肢相符。图1045展示的是烛台的正面。
　　原稿临摹版。F. 德·卡里维艾（F. de Culliviés）绘制。E. R. 收藏品。（未编辑）

1045   1046

XVIIIe SIÈCLE. — ÉCOLE FRANÇAISE (LOUIS XVI).

PANNEAUX, — ARABESQUES,
PAR P. L. PRIEUR.

Ces deux pièces, tirées de l'un des grands *Cahiers d'arabesques* de *Prieur* (voyez page 410), se distinguent par l'élégante finesse des détails et la légèreté de la disposition générale. De chaque côté de l'axe des panneaux se développent symétriquement les éléments décoratifs (sphinx ailés, groupes d'enfants, vasques de fontaines, guirlandes de feuilles et de fleurs, rinceaux de branchages, etc.) que cet artiste employait le plus volontiers dans ses compositions. Nous verrons ces éléments se grouper de la façon la plus diverse dans les pièces du maître que nous aurons à reproduire ultérieurement. — (Fac-simile.)

　这两件作品来自普里厄（Prieur）伟大的作品《蔓藤花饰之书》（参见第 410 页）之一，以其优雅精致的细节和透空的设计而引人注目。在嵌板轴线的两端，是对称的装饰物（有翅膀的狮身人面像、一群孩童、喷泉、树叶和花环、叶子等等），大多被艺术家用于自己的创作。这些装饰元素在后文临摹的大师作品中会以各式各样的形式出现。（复制品）

Those two pieces, taken from one of *Prieur*'s great *Books of Arabesques* (see p. 410), are remarkable for the elegance and nicety of their details and for the airiness of their general disposition. On both sides of the axis of the panels are symmetrically expanding the decorative subjects (winged sphinxes, groups of children, fountains, wreaths of leaves and flowers, foliages, etc.) mostly made use of by our artist in his compositions. Those elements of decoration will be seen clustering with the most varied forms in the works of that master which we are further to reproduce. — (Fac-simile.)

L'ART·POVR·TOVS·

ENCYCLOPÉDIE
DE L'ART DÉCORATIF

ÉMILE REIBER
DIRECTEUR-FONDATEUR

Bureaux a Paris   13 R. Bonaparte

Librairie A. Morel

XVIᵉ SIÈCLE. — CÉRAMIQUE ITALIENNE.   **PANNEAU EMAILLE.**

Despite the green glazing, which covers the surface of this remarkable pannel and would make it appear a part of those large *Stoves* (see p. 134) used in Germany in the XVIᵗʰ century; and though we moreover discovered in *T. Stimmer's Figures of the Bible* the exact composition of the middle subject (*Joseph's cup found in Benjamin's bag*), the elegance and chasteness of style, the masterly ampleness of figures and ornaments, rank this terra-cotta among the productions of Northern Italy. The rich mouldings of the four Cardinal Virtues adorning the pilasters and tympans of the frame, the fine disposition of the ensemble, must decidedly and justly be appreciated.

This beautiful piece is only known to us through a moulding, taken before it lately went and increased the Art's treasures of England. — (Unedited.)

Malgré la glaçure verte qui couvre la surface de ce remarquable panneau, et qui donnerait à penser qu'il a dû faire partie d'un de ces grands Poêles (v. p. 134) en usage en Allemagne au XVIᵉ siècle; et quoique, de plus, nous ayons découvert dans les *Figures de la Bible* de *T. Stimmer* l'exacte composition du sujet milieu (*la Coupe de Joseph retrouvée dans le sac de Benjamin*), l'élégance et la pureté du style, l'ampleur magistrale des figures et des ornements rangent cette terre-cuite au nombre des productions du nord de l'Italie. Les riches modèles des quatre Vertus cardinales qui décorent les pilastres et tympans de l'entourage, la belle disposition de l'ensemble, seront, pensons-nous, justement appréciés.

Cette belle pièce ne nous est connue que par un moulage exécuté avant qu'elle n'allât, récemment, grossir les trésors artistiques de l'Angleterre. — (Inédit).

尽管这一非凡作品的表面被绿色玻璃覆盖着，使其看起来像是16世纪德国使用的大型火炉（参见第134页）的一部分；尽管我们在 T. 斯蒂默（T. Stimmer）的《圣经人物》中发现了与作品中部主题［在本杰明（Benjamin）的口袋中发现约瑟夫（Joseph）的杯子］一模一样的创作，却依然抵挡不住该作品优雅简洁的风格，大量精湛的人像和装饰，使该赤陶作品跃居意大利北部出产的艺术品的前列。

四个铸造的红衣主教装饰着框壁的立柱和衬垫，加上完美的整体效果，必定会毋庸置疑、理所应当地得到赞赏。

该作品美丽无比，只有通过模制铸造物才为我们所知，不久以前，它被送往英格兰，提升了当地的艺术价值。（未编辑）

XVIᵉ SIÈCLE. — ÉCOLE ALLEMANDE.

ARABESQUES,
PAR A. DURER.

Walde Ruben

Cyclamen

Procédés APT.   E. REIBER DIR.   1050

Cette composition se rapporte au texte d'un Hymne à Sᵗ-Georges contenu au livre original (voy. p. 79), dans le cadre intérieur. Le héros, vainqueur du dragon, est représenté à cheval, tenant à la main la bannière chrétienne. Les détails de l'armure et du harnachement du cheval, l'indication du charnier, théâtre des ravages du monstre, l'ingénieuse combinaison des traits calligraphiques, recommandent cette pièce à l'attention du lecteur. — *Fac-simile.*)

该作品描述的是圣乔治赞歌中的文字，是原书（参见第 79 页）在内框中包含的部分。神圣的英雄，龙的征服者，坐在马背上，手中拿着基督信徒的旗帜。盔甲的细节、马具、恐怖的怪物和地上的尸首印记，以及组合特别的书法，都会让读者注意到这幅作品。（复制品）

This composition refers to the text of a hymn to Saint-George, which the original book (see p. 79) contains in the inner frame. The heavenly hero, conqueror of the Dragon, is represented on horse-back, having in his hand the christian standard. The details of the armour, the harness of the horse, the marking of the monster's charnel-grounds and the contrivance of the caligraphic traits, commend that piece to the reader's attention. — (*Fac-simile.*)

COUPE.
(MUSÉE NAPOLÉON III.)
(Suite de la page 428.)

ANTIQUES. — PEINTURE ET CÉRAMIQUE GRECQUES.

In this plate is given a part of the development of the interior surface of the fine *Cup* of p. 428. The line passing through the middle of the two handles gives, as will be seen, a *decorative axis* to the whole ornamentation. The couches and tables, rising from socles characterized by the offset of the curve of the inner circle, are repeated at their lower part and, thanks to their projecting angles, give a symmetrical and most telling silhouette. Mark too the vigour and chasteness of the drawing of the double palm-foliage fancifully rolling itself round the base of both handles. — *Tracing* of the original. — (Unedited.)

该页面展示的是第 428 页上做工精良的杯子内表面制作的一部分。穿过两个手柄中间的线条对整个装饰轴起来说承担着一个装饰点是线的作用。基座的曲度,从基座上方的沙发和桌子在下方重复出现。正因为它们对称和生动的轮廓,还要注意嘉座处有着缠绕的棕榈叶子,两片叶子的绘制手法充满了生机与活力。原稿临摹版。(未编辑)

Cette figure donne une partie du développement de la surface inférieure de la belle *Coupe* donnée p. 428. Comme on le voit, la ligne passant par le milieu des deux anses établit un *axe décoratif* pour l'ensemble de l'ornementation. Les lits et tables, montés sur des socles accentués par la fuite de la courbe du cercle intérieur, se répètent dans la partie inférieure et forment, par la saillie de leurs angles, une silhouette symétrique du plus grand effet. On remarquera la fermeté, la pureté du dessin du double rinceau de palmettes qui s'enroule capricieusement à la base des deux anses. — *Calque de l'original.* — (Inédit.)

XVIᵉ SIÈCLE. — ÉCOLE ALLEMANDE.

ARABESQUES, — NIELLES,
PAR P. FLŒTNER.

We have already (p. 25) drawn the reader's attention upon the untiring decorative contrivances of the German goldsmiths of the xvıᵗʰ century. P. Floetner's rare series of Niellos, Arabesques, etc., for the goldsmiths', inlayers' and setters' use (which we purpose reproducing in full), will show what a variety of forms may be brought forth by dispositions with a geometric basis (see H. Siebmacher's Embroiderings), when a fertile mind vivifies them with its ingenious combinations. A great many branches of our arts will actually find useful applications in that interesting series which clearly show the Eastern influence, kept alive all along the xvıᵗʰ century by the intercourse of the Venetian republic with the Levant.

Nᵒ 1052. An embossed chest's panel. Foliage with symmetrical disposition round a centre flower. The profiles of the leaves assume the forms of birds bills and of delphine heads. — Nᵒ 1054, Medallions for box-lids and watch-cases, etc. — Nᵒ 1053 and nᵒ 1055. Inlaid-works; twines with niello-grounds, the design of which has a Byzantine origin. — (Fac-simile.)

Nous avons eu l'occasion (p. 25) d'appeler l'attention de nos lecteurs sur les patientes combinaisons décoratives des orfévres allemands du xvıᵉ siècle. La suite (rare) des Nielles, Arabesques, etc., à l'usage des orfévres, metteurs en œuvre, marqueteurs, etc., de P. Floetner, que nous nous proposons de reproduire en son entier, fera voir à quelle diversité de formes les dispositions à base géométriques peuvent donner lieu (voy. les Broderies de H. Siebmacher), quand une imagination féconde les anime de ses ingénieuses combinaisons. Cette intéressante série, qui se ressent de l'influence orientale (que la république de Venise entretint pendant tout le cours du xvıᵉ siècle par ses relations commerciales avec le Levant), fournira des applications utiles à un grand nombre de branches de nos arts contemporains.

Nᵒ 1052. Panneau de coffret damasquiné. Rinceau à disposition symétrique autour d'un fleuron central. Les feuillages se silhouettent en becs d'oiseaux, têtes de dauphins, etc. — Nᵒ 1054. Médaillons pour couvercles de boîtes, boîtes de montres, etc. — Nᵒˢ 1053 et 1055. Incrustations; entrelacs à fonds niellés dont le dessin est de tradition byzantine. — (Fac-simile.)

1052

1053

1054

1055

通过第 25 页上的 16 世纪德国金匠的装饰设计，我们已经吸引了读者的注意。P. 夫洛特奈（P. Floetner）的优秀系列，为金匠、镶嵌匠、排版工所使用的"乌银镶嵌""蔓藤花饰"等等（我们打算实际尺寸复制），会展示以几何为底的各种不同形式［参见 H. 西布马赫（H. Siebmacher）的《刺绣》］，以及想象力丰富的头脑带给作品的巧妙结合。这个有趣的系列清晰地呈现出来自东方的影响，威尼斯共和国与地中海东部的交往，在整个 16 世纪都保持着生机。实际上，艺术中的很多分支都可以在其中找到实用

的应用。

图 1052 是装饰浮雕箱子的嵌板。中央有一花朵，两边环绕着对称的叶子。树叶的轮廓呈鸟的形状和海豚头部的形状。图 1054 是盒盖和表壳等的圆雕饰。图 1053 和图 1055 是镶嵌作品。线条在乌银底面上缠绕，其设计起源于拜占庭。（复制品）

L'ART POUR TOUS
ENCYCLOPÉDIE
DE L'ART DÉCORATIF

E. REIBER
DIRECTEUR-FONDATEUR

Bureaux à Paris

13. R. Bonaparte

Abonnem⁺ annuel 18f

L'Année parue 25f

XVIIIᵉ SIÈCLE. — ÉCOLE FRANÇAISE (LOUIS XVI).

PANNEAUX, — ARABESQUES,
PAR G. P. CAUVET.

The reaction which at the latter end of the xviiiᵗʰ century took place in the public spirit was not long, thanks to the philosophical writers of the age, to manifest itself through literary and artistic productions of a very decisive character. French society felt then happy to turn off from the spectacle of the scandals and corrupt ways of the preceding reigns to the intellectual works which would again depict the sweet emotions of family life, the beauties of nature and the respect for morals and virtue. Proofs of the extreme excitement in the delicate feelings of that epoch are to be found in its most unpretending works : witness the present composition, to which the sweetness and gentleness of the general effect and the charm in the twisting of the foliages, that tally through a shower of flowers coming off on a light back-ground, form a most attractive ensemble. — (Fac-simile.)

Secondée par les écrits des philosophes du xviiiᵉ siècle, la réaction, qui s'était opérée dans l'esprit public vers la seconde moitié de ce siècle, ne tarda pas à se manifester par des productions littéraires et artistiques d'un caractère bien tranché. La société française sentait le besoin de se détourner du spectacle des scandales et de la corruption des règnes précédents, et se reportait avec bonheur vers les œuvres de l'esprit qui lui retraçaient les douces émotions de la vie de famille, les beautés de la nature, le culte de la morale et de la vertu. L'effet de cette surexcitation des sentiments délicats se retrouve dans les œuvres les plus modestes de cette époque : témoin la présente composition. La tendresse et la douceur de l'effet général, la grace des enroulements des rinceaux, que relie une neige de fleurs se détachant sur un fond léger, forment un ensemble des plus aimables. — (Fac-simile.)

1056

多亏了那个时代的哲学作家，18世纪末期出现的对于"通过具有决定性性质的文学和艺术作品来表现自己"的反应并没有长时间存在于公众的精神中。法国社会当时十分开心，摆脱丑闻和先前政权腐败的场面，这将再次描绘家庭生活的甜蜜情感、自然之美，以及对道德和美德的尊重。在其最质朴的

作品中可以发现那个时代微妙情感中的极度兴奋：见证现在这幅作品，甜蜜温柔的整体效果，迷人的缠绕的树叶，穿过明亮的背景上落下的一束花，这一切形成了非常令人着迷的总体效果。（复制品）

1058

1057

463

Ce très-curieux spécimen du Mobilier français du xvᵉ siècle a été retrouvé récemment aux environs de Dijon. L'état d'usure de l'écusson central soutenu par deux anges, ne permet pas de désigner la Maison à laquelle ce meuble intéressant a pu appartenir. On doit supposer qu'il remonte au règne de Philippe III, dit le Bon, duc de Bourgogne, fils de Jean sans Peur, créateur de l'ordre de la Toison d'or, et protecteur éclairé des lettres et des arts. C'est ce même prince qui reçut à sa cour Louis XI encore dauphin, lors de ses démêlés avec le roi Charles VII.

Le sujet principal indique clairement la destination du meuble : c'est un Coffre de mariage. L'exécution est des plus simples et des plus originales. La face principale (n° 1057, 1/10 d'exéc.), se compose d'un panneau de poirier sur lequel la composition est gravée au simple trait rehaussé, pour les modèles de tailler au burin. Les fonds sont renfoncés à un centimètre de profondeur environ et relevés d'une couleur sombre. Nous compléterons aux pp. 490 et 491 les détails et notices de cette pièce inédite.

This very curious specimen of French Furniture in the xvᵗʰ century was lately found in the neighbourhood of Dijon. The defacement of the centre scutcheon, held up by two angels, does not allow us to name the House to which that interesting piece belonged; but we may safely trace its origin as far back as the reign of Philip III, called the Good, duke of Burgundy, son to John the Fearless, the creator of the order of the Golden Fleece and an intelligent protector of literature and arts. He was the very prince who afforded a refuge at his court to the dauphin, afterwards Louis XI, then quarreling with Charles VII.

The main subject clearly indicates the use of that piece of furniture : it is a Wedding-Chest. The execution is both simple and original. The principal face (n° 1057, a tenth of the real size) is composed of a panel of pear-tree wood, on which the composition runs through a simple front set off for the mouldings with graver's cuts. The hollowing off the grounds is about a centimetre in depth, and relieved with a dark hue. Other details and notices of that unpublished piece will be found complete at pages 490 and 491.

这是 15 世纪法国家具的典范，是最近在邻近城市第戎发现的。中心的标徽由两个天使承载，但其破损让我们无法为这这作品所属的房子命名。我们可以追寻其来源至菲利普三世统治时期，菲利普三世，即勇敢善良公爵，约翰的儿子，无畏者、金羊毛勋章的创造者和文艺术的智慧保护者。他就是那个在宫廷为皇室提供避难所的王子，后来是路易十一，后来查理七世发生争执。

该家具部件的主题清晰地表明了其用途：这是一个妆奁箱，制作工艺简单且原始。正面（图 1057，实际尺寸的十分之一）由一块梨树木板组成，木板上的创作是沿着雕刻而成装饰线条进行一个简单的切割完成的。底面的凹陷深度约 1 厘米，以暗色调减轻。第 490 和 491 页上可见其他完整的细节，以及未公开部件的说明。

462

LES DEVISES D'ARMES ET D'AMOURS

DE PAUL JOVE

(Suite de la page 328.)

21. COSME DE MÉDICIS

1059

22. LAURENT DE MÉDICIS

1060

23. PIERRE DE MÉDICIS

1061

24. JULIEN DE MÉDICIS

1062

21. Quoique le Diamant soit toujours un signe d'excellence et de supériorité, les trois diamants que Côme de Médicis fit graver dans une des chambres de son palais, paraissent embarrasser notre auteur qui avoue naïvement ne pouvoir en donner une explication suffisante.

22. Laurent le Magnifique prit un de ces diamants avec des panaches de trois couleurs : vert, blanc et rouge, pour signifier qu'en aimant Dieu il florissait en ces trois vertus : la Foi (blanche), l'Espérance (verte), et la Charité (ardente). Le pape Léon X fit porter cette devise aux sayons des chevaux de son arrière-garde, pour le revers du *Joug* donné p. 316, no 738.

23. Le Faucon tenant en ses harpions un diamant signifie que l'on doit faire toutes choses en aimant Dieu : le diamant étant réputé inattaquable par le feu et le marteau.

24. Cette devise se voit sculptée à la *Chiavica traspontina* à Rome. Julien de Médicis voyant la fortune, qui lui avait été jusque-là contraire, se tourner en sa faveur, fit graver une *Ame sans corps* (armes parlantes), en un écu triangulaire, c'est-à-dire une parole de six lettres posées 3, 2 et 1 et pouvant s'interpréter en sens divers d'une façon assez obscure.

21. 尽管钻石往往是卓越和优越的象征，美第奇家族科斯莫（Cosmo）在自己宫殿的房间里雕刻的三颗钻石似乎使我们的作者感到困惑。作者坦白说他不能给他们一个充分的解释。

22. 洛伦佐（Lorenzo）拿其中一个带三色羽毛（绿色、白色、红色）的钻石，出于对上帝的爱，他应该在三个美德方面发展：忠诚（白色）、希望（绿色）、热心的慈善。罗马教皇利奥十世把这个图案放在他的后卫马上，作为第316页图738给出的轭的背面。

23. 猎鹰用爪子拿着钻石，标志着我们做一切事情都是出于对上帝的爱：钻石对火和锤子无所畏惧。

24. 该格言是刻在罗马 Chiavica traspontina 的大理石上。美第奇家族朱利安（Julian）看到至目前为止十分不顺利的命运开始降临，在三角盾上雕刻了无形的幽灵，用纹章的说法，六个字母的单词以这样的顺序书写：3，2，1；而当反向拼写时，则是一个十分令人疑惑的含意。

21. Though Diamonds were always a sign of excellence and superiority, the three ones which Cosmo di Medici had engraved in a room of his palace seem to puzzle our author who frankly avows his being unable to give of them a sufficient explanation.

22. Lorenzo the Magnificent took one of those diamonds with plumes of three colours : green, white and red, to signify that, by loving God, he should flourish through those three virtues : Faith (white), Hope (green) and ardent Charity. Pope Leo X had this device put on the *sayons* of the horses of his rear-guard, as a back-side to the *Yoke* given at p. 316, no 738.

23. The Falcon holding a diamond in its talons signifies that we do every thing by loving God : diamond being held unassailable to fire and hammer.

24. This motto is seen cut on marble at the *Chiavica traspontina*, in Rome. Julian di Medici seeing that fortune, thus far so adverse, began to smile on him, had a *bodiless ghost* engraved on a triangular shield, to wit, in heraldic parlance, a word of six letters written in this order : 3, 2 and 1, and giving, when diversely spelt, a rather perplex sense, if any.

50 Centimes le Numero

L'ART POUR TOUS

ENCYCLOPÉDIE

DE

L'ART DÉCORATIF

Emile Reiber
Directeur Fondateur

Bureaux　　　　　　　73. Rue
à Paris　　　　　　　Bonaparte
Librairie　　　　A. Morel & Cie

XVIIIᵉ SIÈCLE. — ÉCOLE FRANÇAISE
(LOUIS XV).

VASES DE JARDIN,
PAR F. BLONDEL.

Profil de la Terrasse.
Echelle de ⊢——1——2——3——4 pieds

1063

Les *Vases de marbre* sont une des beautés les plus recherchées d'un jardin. Leur proportion dépend des lieux où ils sont placés. L'étude de leurs formes et de la corrélation de leurs diverses parties, le choix des profils des dés ou piédestaux, demandent une habileté, un soin extrêmes, et c'est, de l'aveu de *Blondel*, une des parties les plus difficiles à traiter dans la décoration des Jardins. Nous reproduisons ici les deux exemples que le Maître a composés pour son *Traité de la distribution des maisons de plaisance*, etc.

大理石器皿是花园中最精致的物件。地点的选择是由它的体积决定的。要研究它们的形式、不同部分的相关性、底座型材的选择，非常需要技巧和谨慎，布隆德尔（Blondel）坦言它们是花园装饰中最难处理的部分。在此，我们复制了大师为其《论游乐场的配置》而创作的两个范例等。

Marble Vases are one of the most exquisite beauties o a Garden. Of the selection of the spot their proportion depends. The study of their forms and of the correlation of their diverse parts, the choice of the profiles of their pedestals require both the utmost skill and care, and *Blondel* confesses that they are one of the most difficult parts to deal with in the Garden's decoration. We here reproduce the two examples composed by this Master for his *Treatise on the distribution of pleasure-houses*, etc.

4° Année. L'ART POUR TOUS. N° 117.

XVIᵉ SIÈCLE. — ÉCOLE LYONNAISE (CHARLES IX). GAINES, — TERMES,
PAR H. SAMBIN.

POVRTRAIT

ET DESCRIPTION

du 15

TERME.

—

Le ſuperbe
enrichiſſement
dont eſt ornée
ceſte
troiſieſme ſorte
de
Compoſite
eſt aſſez
pour faire admirer
les curieux de l'Antiquité
& leur faire à croire
que toute la perfection
des ouurages de noſtre temps
ne ſont ſinon
les deſpouilles
que nous prenons
à la deſrobee
des vieilles & antiques Architectures.
Auſſi, à la vérité,
qui la conſiderera bien :
la trouuera excellente.

1064

1065

Ces curieux symboles se rapportent, comme les précédents, au culte de la Nature. La figure de gauche, présentant les caractères de la force et de la stabilité, porte une lourde ceinture de fruits; à ses pieds, des enfants s'entrelacent dans une guirlande : c'est une personnification de l'Abondance. Dans la figure de droite une ample draperie abrite une ronde d'enfants suspendus aux mamelles de la Bonne Déesse : c'est la Terre nourrissant le Genre humain. La poitrine porte une ville, emblème de la Civilisation; deux oiseaux sacrés, symboles du culte, sont posés sur ses mains. La figure entière porte sur une tortue. — (*Fac-simile.*) — Sera continué.

跟前面一样，这两个奇特的形象指的是对自然的敬奉。在手边的人像展示的是力量与稳定，其腰上环绕着的全是水果；在它的最下面，一群孩童通过花环缠绕交错：这里比拟的是富足繁荣。右手边的人像展示的是带有大量褶皱的服装，下面隐藏着一群孩童，他们悬挂在慷慨女神（Bounteous Goddess）的乳房上：这是大地哺育着人类。胸脯代表城市，是文明的象征。有两个受惊的鸟儿站立在她手上，鸟儿是敬奉的象征。整个人像伫立在一只乌龟上。未完待续。（复制品）

Like the former those two curious symbols refer to Nature's worship. The waist of the left-hand figure, showing the characteristics of strength and stability, is heavily encircled with fruits; at its lower extremity children entwine themselves through a garland : here we have a personification of *Plenty*. The right-hand figure shows an ample drapery sheltering a round of children who suspend themselves at the breast of the Bounteous Goddess : it is Earth nursing Mankind. The chest bears a city, an emblem of Civilisation. Two sacred birds, the worship's symbols, are pitched on the hands. The entire figure leans upon a tortoise. — (*Fac-simile.*) — To be continued.

XVIIᵉ SIÈCLE. — ÉCOLE FRANÇAISE (LOUIS XIII).

PORTE PEINTE,
AU CHATEAU DU PAILLY.

Pailly Castle (Haute-Marne), was built in 1553 by Jasper de Saulx, lord of France, Admiral of the Eastern seas, Governor of Provence, King's Counsellor and Captain of a hundred men-at-arms.

The interior of this manor was formerly decorated with pictures now vanished under white-washings and modern paper-hangings. Nothing remains of the ancient wainscoting but this *Door's Fold* which we reproduce in its present state.

The foliage of the upper panel is a *gilt* basso-relievo on a *red* ground. The centre panel is painted in the *still life deception* style; the four roses of the angles detach themselves in *yellow* with *carmine-brown* modellings on a rich *reddish-brown*. The garland in *gray cameo* (whose projected shadow is of a light carmine) is outlined by an *ocreous* wooden tone; the subject it encircles (peaches painted *from nature* and filling up an elegant faience salad-bowl with *blue* ornaments) is set off by a *black* ground; the table, or support, of a *wooden tone*. The half-roses of the lower panel are cut and gilt on a *green* ground. The centre foliage in *cameo* with *red* ground. — The tone of the frame like the ground around the garland; mouldings ornated with fillets *green*, *white* and *gold*.

The external framing and iron-work of a modern make spoil the harmony of that curious piece of household decoration at the epoch of Louis XIII. — *Unpublished.*

佩利城堡，由贾斯帕·德·索尔克斯（Jasper de Saulx）于 1553 年建造，他是法国领主、东海海军上将、普罗旺斯总督、国王的参赞和百名士兵的上尉。

庄园的内部被图画装饰着，现在这些画已经褪色了。古代壁板上的东西荡然无存，但我们复制的这个折叠门还保持着当时的状态。

上方嵌板的叶子是在红色背景上的镀金浮雕。中间的嵌板采用了静物欺骗画的风格绘制的；角上的四朵玫瑰以黄色和胭脂红棕色装饰线条分离，呈现丰富的红褐色。灰色浮雕上的花环（其投射阴影有淡淡的胭脂红色）的轮廓由木制色调勾勒；环绕的主题（桃子从

4066

Le Château du Pailly (Haute-Marne), fut bâti en 1553 par Gaspard de Saulx, seigneur de Tavannes, *Mareschal de France*, amiral des mers du Levant, gouverneur de Provence, conseiller du Roy et capitaine de cent hommes d'armes.

L'intérieur de ce château était autrefois décoré de peintures qui ont disparu sous les couches de badigeon et les papiers de tenture modernes. De l'ancienne menuiserie il ne reste plus que ce *Vantail de Porte* que nous reproduisons dans l'état où il se trouve actuellement.

Le rinceau du panneau supérieur est un bas-relief *doré* sur fond *rouge*. Le panneau du milieu est peint en *trompe-l'œil*; les quatre rosaces d'angle se détachent en *jaune* modelé de *brun carminé* sur un fond de gros *brun-rouge*. La guirlande en *grisaille* (dont l'ombre portée est d'un ton légèrement carminé) est délimitée par un ton de bois *ocreux*; le sujet qu'elle encadre (pêches *au naturel* remplissant un élégant saladier de faïence à décors *bleus*) ressort sur un fond *noir*; la tablette ou support en *ton de bois*. Dans le panneau inférieur, les demi-rosaces sont sculptées et *dorées*; fond *vert*. Le rinceau milieu en *grisaille*; fond *rouge*. — Le ton des bâtis, semblable au champ qui entoure la guirlande; les moulures décorées de filets *vert*, *blanc* et *or*.

Le bâti extérieur et la ferrure, qui sont modernes, déparent l'harmonieux ensemble de ce curieux détail de décoration intérieure de l'époque Louis XIII. — *Inédit.*

大自然中汲取灵感，填满了蓝色饰品的优雅彩陶沙拉碗）以黑色为背景；桌子，或者说支撑物，是木制的。下方嵌板上的半朵玫瑰，是在绿色背景上切割并镀金的。中间的叶子是在红色背景上的浮雕。边框像是花环周围的背景；绿色、白色和金色的木褶点缀装饰线条。

现代建筑的外部边框和铁制品破坏了这个路易八世时代家庭装饰物件的和谐。未公开。

A	B	C	D
4067	4068	4069	4070
E	F	G	H
4071	4072	4073	4074
I	K	L	M
4075	4076	4077	4078
N	O	P	Q
4079	4080	4081	1082
R	S	T	U, V
4083	4084	4085	4086
W	X	Y	Z
4087	4088	4089	4090

Ces Majuscules, employées dans toute la Typographie alle-mande dès 1570 environ, sont extraites, ainsi que l'Alphabet commencé p. 364, de l'ouvrage de *P. Fürst* (1610).

这些大写字母都是取自 P. 福斯特（P. Fürst）的作品。完全采用 1570 年左右的德国印刷字体。同第 364 页开始的字母一样（公元 1610 年）。

Those Capital Letters, wholly in use in the German Typo-graphy as soon as 1570 or about, are taken, like the Alphabet begun at p. 364, from *P. Fürst's* work (A. D. 1610).

Quatrième Année.　　　　　　　N° 118.　　　　　　　30 Juillet 1864.

Bureaux à Paris, librairie A. MOREL et Cⁱᵉ, 13, rue Bonaparte

L'ART · POUR · TOUS

ENCYCLOPÉDIE
DE L'ART INDUSTRIEL ET DÉCORATIF

Paraissant les 10, 20 et 30 de chaque mois.

Abonnement annuel
18 fr.

ÉMILE REIBER
DIRECTEUR-FONDATEUR

L'année parue
25 fr.

Wunderbarliche köstliche Gemält / ouch eigentlich Contrafacturen mancherley schönen gebeüwen / welcher etlich vormals jm truck außgegangen / etlich aber erst yetz neüwlich herzu gethon vnnd an tag gegeben worden / allen Schreyneren / Steinmetzen / Maleren / Goldschmyden vnd anderen Künstleren sehr nützlich vnd güt.

1094

NIELLES,
ARABESQUES.
PAR P. FLŒTNER.
(1546)

1093

1096

1097

N. B. In Ermangelung des Namens wird die betreffende Notiz weiter gegeben werden.

The "*Marvellous and precious Pictures and Representations of many beautiful Edifices*, etc.", were published in Zurich about 1547, at the celebrated printer *Andreas Gessner's*. P. *Flœtner's Nielles and Arabesques* (see the *monogram* in n° 1097) do not form the least curious part of that volume whose original *title-page* (German) we reproduce in full at n° 1094. (2ⁿᵈ edit., Zurich, Jacob and Tobias Gessner, 1561.)

The three pieces forming our *frontispiece* are : n° 1091, a frieze of marquetry; nᵒˢ 1092-93, embossments for sword's ends. Fig. 1097 is an ingenious panel of Arabesques in the style of the Venetian illustrations of the beginning of the century. Nᵒˢ 1095-96, dagger sheath's ends. — (*Fac-simile*.)

《奇妙而珍贵的图片和许多美丽的建筑表现等》，于1547年在苏黎世出版，著名的印刷商安德鲁斯·盖斯纳（Andreas Gessner）的P. 夫洛特奈（P. Floetner）的"乌银镶嵌"和"蔓藤花饰"并不构成该卷最令人好奇的一部分（参见图1097中的字母组合），我们再现了这本书最初的书名页［图1094，第2版，苏黎世，雅各布（Jacob）和托拜厄斯·格斯纳（Tobias Gessner），1561年］。

组成卷首插画页的三个部件分别是：图1091，镶嵌细工的雕带；图1092和图1093，剑端的浮雕。图1097是精巧的蔓藤花饰的嵌板，是世纪之初的威尼斯插画风格。图1095和图1096，匕首的鞘的末端。（复制品）

XVIIIe SIÈCLE. — ÉCOLE FRANÇAISE (LOUIS XV).　　　　　　　　　CHEMINÉE,
PAR F. BLONDEL.

CHEMINÉE D'UNE SECONDE ANTICHAMBRE COURONNÉE DE SA CORNICHE

4098

Les *secondes Antichambres* étant « plus que les pièces qui les précèdent, sujettes à recevoir des personnes qualifiées », dit Blondel, peuvent être ornées de glaces au droit des *Cheminées*. Il faut éviter toutefois d'affecter dans l'ornementation de ces cheminées une richesse qui doit être réservée pour celles des lieux qui ont plus de dignité. Leur principale beauté doit consister dans l'harmonie de leurs lignes avec celles de la menuiserie (lambris de hauteur) qui accompagne la décoration de la pièce, et dans leur liaison avec celles de la corniche : résultat obtenu dans la composition de notre planche par des chambranles droits couronnés par des consoles qui se conforment aux courbes des profils de la corniche et viennent s'agrafer sur son architrave. Les autres parties de cette pièce sont décorées de grands panneaux de tapisserie enfermés dans des bordures en menuiserie. — (*Fac-simile.*)

布隆德尔（Blondel）说，"有地位的人往往更能接受在其他房间前有第二个前厅"。前面的一个可能在壁炉作品上有好看的玻璃装饰。然而，在覆盖层的装饰方面，我们必须非常小心，以避免过多的装饰，这种风格更加适合富丽堂皇的建筑。主要的美应该包括壁板（高嵌板）线条的和谐，与房屋装饰一致，与檐口统一。我们的板材通过直线覆盖物件达到了这种效果，上有与在柱顶过梁处，檐口侧面曲线弧度统一的托臂。房间的其他部分被大型绣帷嵌板装饰，木匠为其装了一个边框。（复制品）

"People of rank," says Blondel, "being more frequently received in *second Antechambers* than in the rooms which precede them," the former may be adorned with looking-glasses on the *chimney-pieces*. However, in the ornamentation of the mantles, we must carefully avoid affecting too great a richness which is better fitted to more stately apartments. Their chief beauty ought to consist in the harmony of their lines with the wainscoting (high panels) that accompany the decoration of the room, and in their keeping with the cornice : a result obtained in the composing of our plate through straight mantle-pieces crowned with consols in conformity with the curves of the profiles of the cornice, on the architrave of which they come and graft themselves. The other parts of that room are embellished with large tapestry panels to which the joiner's work has put a frame. — (*Fac-simile.*)

ANTIQUES. — PEINTURE ET CÉRAMIQUE GRECQUES.

VASES CORINTHIENS.
(MUSÉE NAPOLÉON III.)

(Suite de la page 417.)

1099

Under the lovely sky of Greece an advanced state of civilization had raised to the height of a national worship the development of physical beauty kept up among the youth by means of bodily exercises and public sports (Olympic, Pythian, Isthmic, Nemean games). Young maiden and the very children were competing in those exercises, and special *prizes* were established for each category of games and wrestlers.

The subjects of the two *friezes* (see p. 417) decorating the faces of the admirable *Vase* the ensemble of which is here given, are sufficiently indicative of the destination of that precious work of art, whose foot bears the suscription of the artist : ΑΝΔΟΚΙΔΕΣ ΕΠΟΕΣΕΝ (Andocides has done it).

The fine-grained earth has a nicely polished *glazing* whose delicate *ivory-tone* is again found in the figures of the two friezes. The *trait* of those figures is executed in *Sienna clay*.

The body of the Vase is of a *greenish-brown* colour. The ground of the ornamented frieze (running palm-leaves), which surmounts the two main friezes with figures, is of an *orange-coloured vermilion* with *white* engraved traits. The *reddish-brown* touchers are indicated by the *vigours* of our three drawings. — Height of the vase, 0,41ᶜ. — Nᵒˢ 960 and 1099 are enlargements of the *tracings* taken from the originals. — *Unedited.*

1100

Sous le beau ciel de la Grèce une civilisation avancée avait élevé à la hauteur d'un culte national le développement de la beauté physique qu'elle entretenait parmi la jeunesse au moyen des exercices du corps et des jeux publics (Jeux olympiques, pythiques, isthmiques, néméens). Les jeunes filles, les enfants eux-mêmes, concouraient à ces exercices, et des *prix* spéciaux étaient institués pour chaque catégorie de jeux et de lutteurs.

Les sujets des deux *frises* (v. p. 417), qui décorent les faces de l'admirable *Vase* dont nous donnons ici l'ensemble, indiquent suffisamment la destination de ce précieux objet d'art dont le pied porte la signature de l'artiste : ΑΝΔΟΚΙΔΕΣ ΕΠΟΕΣΕΝ, *Andocides l'a fait.*

La terre, d'un grain fin, est couverte d'une *engobe* d'un beau poli dont le délicat *ton d'ivoire* se retrouve dans les figures des deux frises. Le *trait* de ces figures est exécuté en *terre de Sienne.*

Le corps du Vase est recouvert d'un ton *brun verdâtre.* Le fond de la frise ornementée (cours de palmettes), qui surmonte les deux sujets, est en *vermillon orangé*, avec traits gravés *blancs.* Les touches de *brun rouge* sont indiquées par les *vigueurs* de nos trois dessins. — Hʳ du vase, 0,41ᶜ. — Les nᵒˢ 960 et 1099 sont le développement des *calques* pris sur les originaux. — *Inédit.*

在希腊可爱的天空下，一种先进的文明状态已经发展到国家崇拜的高度，通过身体锻炼和公共体育运动［奥林匹克（Olympic）、皮底亚（Pythian）、地峡（Isthmic）、尼米（Nemean）的运动］，使身体之美在年轻人中保持发展。年轻的少女和孩子们在这些练习中互相竞争，为每一项运动的类别和摔跤手分别设立了奖项。

两个饰带（参见第 417 页）的主题装饰着这里给出的花瓶总体效果的正面，充分指示着该珍贵艺术品的方向，底部有艺术家的识别标志：ΑΝΔΟΚΙΔΕΣ ΕΠΟΕΣΕΝ［安多喀德斯（Andocides）完成制作］。

细粒土上有一层漂亮的釉漆，在两个饰带的图形中又发现了一种精致的象牙色调。这些图案的刻制是在赭色黏土中完成的。

花瓶的主题是发绿的棕色。装饰饰带（流动的棕榈树）的底色是发橙的朱红色，还带有白色雕刻。红棕色的表面展现了我们三幅画中充满了的活力。花瓶高 0.41 米。图 960 和图 1099 是来自原件的放大了的雕刻。未编辑。

XVIIᵉ SIÈCLE. — DÉCADENCE ITALIENNE.

CARTOUCHES.

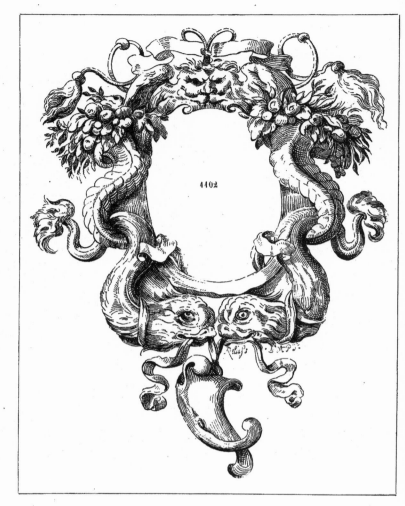

Charles VIII. and Louis XII.'s military expeditions in Italy had developed a taste for fine arts among the French nobility. The *Italian influence* in France was consecrated through the founding of the *Fontainebleau School*, in Francis the First's reign. The Florentine princesses, Catharine, wife to Henry II., and Mary di Medici, wife to Henry IV., kept up this influence at the French court down to Louis XIV. But the check the *Cavalier Bernin* met with, when this monarch was meditating the completion of the Louvre, marked the beginning of the discredit into which Italian schools then and there fell. The French school was not long shaking off Italian tutorage and becoming again *national* in the xvIIIᵗʰ century. Mark, in those three specimens of *cartouches*, the laxness and unsteadiness of forms which were to give in France birth, under Louis XV., to the *Rococo* genus. — (*Fac-simile.*)

Les expéditions militaires de Charles VIII et de Louis XII en Italie avaient développé le goût des arts parmi la noblesse française. *L'influence italienne* en France fut consacrée par la fondation de *l'École de Fontainebleau*, sous François Iᵉʳ. Les princesses florentines Catherine, femme de Henri II, et Marie de Médicis, femme de Henri IV, entretinrent cette influence à la cour de France jusqu'à Louis XIV. Mais l'échec subi par le *Cavalier Bernin*, lorsque ce roi songeait à l'achèvement du Louvre, fut le signal du discrédit dans lequel tombèrent les Écoles d'Italie. L'École française ne tarda pas à s'affranchir de la tutelle italienne et redevint *nationale* au xvIIIᵉ siècle.

Nous remarquons dans ces trois spécimens de *Cartouches* les formes molles et inconsistantes qui devaient, sous Louis XV, développer en France le goût des *Rocailles*. — (*Fac-simile.*)

查理三世和路易七世在意大利的军事考察为法国贵族对于优质艺术的品位奠定了良好的基础。在弗朗索瓦一世统治时期，随着枫丹白露学派的建立，意大利在法国的影响力被奉为神圣。佛罗伦萨公主们［凯瑟琳（Catharine），亨利二世的妻子；美第奇家族的玛丽（Mary），亨利四世的妻子］将此影响力一直延续到路易十四世。然而，当这位君主正在为卢

浮宫的建成而斡旋时，骑士贝尔尼尼（Bernin）的经历标志着意大利学派的名声开始败坏，并从此走向衰落。不久以后，法国学派就摆脱了意大利对其的影响，在18世纪再次成为国家的艺术。在这三个涡卷饰的范例中，请注意其形式上的缺失和不稳定性，这标志着洛可可艺术样式的开端，形成于路易十五时代。（复制品）

1404

XVIᵉ SIÈCLE. — ÉCOLE VÉNITIENNE.

COSTUMES,

PAR TIZIANO VECELLI.

Ces deux fragments font partie d'une des plus curieuses compositions du *Titien*. *L'Oisellerie de la Mort* ne nous est connue que par une très-rare estampe, grande eau-forte de 0ᵐ,58 sur 0ᵐ,42 et que *Bartsch* (16) désigne comme la pièce capitale de l'œuvre du peintre-graveur *Battista del Moro*. On trouvera plus loin la réduction de l'ensemble de cette pièce, jointe à d'autres détails intéressants. (*Fac-simile.*)

两个片段都是取自提香（Titian）最奇特作品：《捕捉死亡之鸟》。我们只是通过稀少的印刷品（大型，蚀刻，0.58 米 ×0.42 米）对它有一些了解。巴奇（Bartsch，16）将其描述为画家和雕刻家巴蒂斯塔·德尔·摩洛（Battista del Moro）作品的焦点所在。后文会有作品整体效果的缩版，以及各种有趣的细节。（复制品）

Both fragments are a part of *Titian's* most curious composition: *Death's Bird-catching*, only known to us through a very rare print, a large aqua-fortis of 0ᵐ58, by 0ᵐ42, which *Bartsch* (16) describes as the cynosure of the painter and engraver *Battista del Moro's* works. A reduction of the ensemble of that piece and withal sundry interesting details will further be found. (*Fac-simile.*)

1105

XVIIIᵉ SIÈCLE. — ORFÉVRERIE FRANÇAISE (LOUIS XV).

CALICES,
PAR P. GERMAIN.

1107

1103

1108

1109

« 'Si, au moyen âge, l'Art religieux avait marqué de sa forte empreinte les productions artistiques étrangères au culte et jusqu'aux
plus humbles accessoires de la vie domestique, les Écoles de la
Renaissance, adoptant pour base et pour point de départ les
formes de l'antiquité païenne, ne tardèrent pas à faire prévaloir
ces formes dans toutes les manifestations artistiques. L'architecture des édifices religieux, la décoration de tous les objets
consacrés au culte subirent une transformation complète. L'élément laïque prédomina ; la *mode* envahit l'Église et l'on vit, aux
époques de décadence, jusqu'aux mondaines *rocailles* étaler leurs
combinaisons bizarres et leurs grâces profanes sur les ornements
des sanctuaires. — Nous réunissons ici cinq planches de *Calices*
de l'œuvre de *P. Germain* (v. p. 313). La disposition aussi ingénieuse qu'élégante des fûts, la variété des silhouettes, le jet
facile de l'ornementation méritent l'attention des lecteurs. (*Fac-
simile.*)

在中世纪，宗教艺术的确在艺术作品上深深地印上了
宗教的印记，甚至是家庭最简陋的工具；相反，作为异教
古代形式的基础和起点，文艺复兴时期的学派不久就使这
些形式在每一个艺术表现形式中占上风。宗教织物的构成、
每一件崇敬之物的装饰都经历了一场彻底的转型。外行因
素占主导地位，时尚入侵教堂，甚至世俗的洛可可风格在
那个时代都开始衰落，它在祭坛的装饰上展示着奇怪的设
计，亵渎着美德。这里，我们给出了五个酒杯的图版，选
自 P. 吉尔曼（P. Germain）的作品（参见第 313 页）。
如同优雅的轴心一样的配置，多种多样的侧面，整个装饰
的轻松潇洒都值得引起读者的注意。（复制品）

In the Middle-Ages the religious Art had indeed deeply stamped the artistic productions foreign to religion and even the
humblest implements of the household ; contrarily the Renaissance Schools taking up for a basis and starting point the forms
of pagan Antiquity were not long causing those forms to prevail
in every artistic manifestation. The architecture of religious
fabrics, the decoration of every article of worshipping, underwent
a thorough transformation. The lay element became predominant ; *Fashion* invaded the Church ; and even the worldly *rococo
style* was seen at the epoch of decadence displaying its odd contrivances and profane graces upon the ornaments of the altar.
— We give here together five plates of *Chalices* out of *P. Germain's* works (see p. 313). The disposition as ingenious as elegant of the shafts, the variety of the profiles, the easy dashing
of the whole ornamentation deserve the reader's attention.
(*Fac-simile.*)

1110

XVIIIᵉ SIÈCLE. — ÉCOLE FRANÇAISE (LOUIS XVI).

PAYSAGE DÉCORATIF,
MÉDAILLON,
PAR J. LEPRINCE.

尽管路易十五时代的风格因洛可可装饰（为这个可爱构图的前景服务）的存在可以很容易地辨别出来，然而，这一主题是一种牧歌类别（参见第449页，注解）以及两种特征的椭圆形的图案，以花环的方式结合起来，表明这幅作品是路易十六时代艺术风格的前体。有趣的是，约翰·勒普林斯（John Leprince）属于一个有趣的潮流时代，他的作品也值得研究。这个作品，以及第439页上的圆形装饰，是由雕刻家圣非修道院院长（Abbot of Saint-Non，1727年出生于巴黎，辛于1791年）进行诠释的。他是巴黎议会的一名职员顾问。他感到的耻辱，在法国因著名的"上帝的诏书"而产生骚动的时候，把当时杰出的艺术爱好者的全部热情，引导通过对古代遗迹的研究来重新生成艺术的思想的发展。他与画家 H. 罗伯特（H. Robert）和奥诺雷·弗拉戈纳（Honorius Fragonard）相伴（参见第173页、第501页）在意大利游历，他自己设计和雕刻的作品［《罗马的景色》，60版；《那不勒斯和西西里岛风景如画的旅途》，1781年，第五卷第417页］，对标志着那个时代的美术的非凡革命贡献不小。

Quoique dans l'ornementation de *rocailles* qui sert de base au premier plan de cette aimable composition il soit facile de reconnaître le style de l'époque de Louis XV, le sujet lui-même, qui rentre dans le genre *idyllique* (v. p. 449, notice), la forme caractéristique des deux *médaillons* ovales reliés par des guirlandes, signalent dans cette œuvre un des précurseurs du style Louis XVI. *Jean Leprince* appartient à une intéressante *époque de transition*, et c'est à ce titre aussi que cette pièce se recommande à l'étude. Ainsi que le médaillon donné p. 439, cette composition a été traduite par la pointe facile de *l'abbé de Saint-Non* (né à Paris en 1727, m. en 1791). Il était conseiller-clerc au Parlement de Paris. La disgrâce qui le frappa lors de l'agitation produite en France par la fameuse bulle *Unigenitus* dirigea toute l'ardeur de cet amateur éclairé vers le développement des idées de régénération de l'Art par l'étude des monuments de l'antiquité. Ses voyages en Italie en compagnie des peintres *H. Robert* et *Honoré Fragonard* (v. p. 173, 501), et qu'il dessina et grava lui-même (*Vues de Rome*, 60 pl.; *Voy. pittor. de Naples et de Sicile*, 1781, 5 vol. in-fol., 417 pl.) contribuèrent dans une large mesure à l'évolution remarquable qui signale le mouvement des arts de cette époque.

Although the style of the Louis XV. epoch may be easily recognised in the *rococo* ornamentation which serves for a basis to the foreground of this lovely composition, yet the very subject which is one of the *Idyl* genus (see p. 449, notice) and the two characteristic and oval-shaped medallions united by means of garlands, point out this work as one precursory of the Louis XVI. style. To an interesting *transitory epoch* does *John Leprince* belong, and it is on the same score that piece is worth studying. — This composition, as well as the medallion of p. 439, was interpreted by the easy graver of the *abbot of Saint-Non* (born in Paris, in 1727; died in 1791. He was a Clerk-Counsellor in the Paris parliament. The disgrace into which he felt, at the time of the agitation produced in France by the famous Bull *Unigenitus*, directed the entire fervour of the then eminent amateur to the development of the ideas of regenerating the Art through the study of the monuments of Antiquity. His travels in Italy, in company with the painters *H. Robert* and *Honorius Fragonard* (see pp. 173 and 501), and which he himself designed and engraved (*Views of Rome*, 60 plates; *Picturesque Journeys in Naples and Sicily*, 1781, 5 folio vol.; 417 pl.) contributed not a little to the remarkable revolution in the fine arts which marks out that epoch.

XVIIᵉ SIÈCLE. — ÉCOLE FRANÇAISE (LOUIS XIV).　　　　　　CHEMINÉE, — PORTE,
PAR DANIEL MAROT.

La suite des *Cheminées* de *D. Marot*, dont nous avons commencé la reproduction à la p. 325, se distingue par la robuste simplicité des lignes et par la judicieuse sobriété des détails. Destinées à orner les intérieurs des maisons hollandaises que le commerce maritime avait enrichies, cette série de pièces semble présenter la saine expression des vraies conditions d'un luxe confortable, dégagé de toute tendance à l'ostentation et au faux brillant, écueil si difficile à éviter dans les décorations de cet ordre.

Dans la présente composition, une simple moulure encadre la place du feu; la face du mur de fond est garantie par un contrecœur en fonte représentant la Forge de Vulcain. Sur ce soubassement pose une glace à biseau, encadrée dans un panneau *en attique* profilé par des consoles. Un panneau de peinture largement traitée décore la partie supérieure. Un bas-lambris en menuiserie sert de base à des tentures en tapisserie qui décorent le reste de la pièce. (*Fac-simile.*)

我们从第 325 页开始复制的 D. 马洛特（D. Marot）的"壁炉部件"系列，因其线条的简洁与活力，以及其细节的明智和冷静而闻名。这些作品都是为荷兰人的内部装饰而创作的，这些房屋都是由商业航行所带来的。这些作品似乎呈现出完美舒适的良好表现和真实条件，没有任何卖弄和炫耀的倾向，这是对这种装饰来说十分难以避免的危险。

在现在的构图中，一个普通的铸造物环绕着壁炉；背景墙的表面被一个铸铁件所保护，它代表了火神的锻造。在这个基座上设置了一个倾斜的镜子，它的框架是一个阁楼式的面板，上面是压型托臂。上方是一幅宏伟的画板。低矮的壁板可作为地毯挂饰的基础，以此来装饰房间的其他部分。（复制品）

The series of *D. Marot's Chimney-pieces*, the reproduction of which we began at p. 325, is prominent for the simplicity and vigour of its lines, and for the judicious soberness of its details. Being composed for the inner decoration of Dutch houses grown rich with the commercial navigation, those pieces seem to present the sound expression and true conditions of splendid comfort without any tendency to ostentation and showiness, a danger so difficult to avoid in decorations of this kind.

In the present composition a plain moulding encircles the fireplace; the face of the back-ground wall is shielded by a cast-iron piece on which is represented Vulcan's Forges. On that base is set a bevelled looking-glass whose frame is an *Attic* panel with profiling consols. A grandly painted panel adorns the upper part. A low wainscot serves for a basis to rug-work hangings, with which the other parts of the room are decorated. (*Fac-simile.*)

ENCYCLOPÉDIE
DE L'ART DÉCORATIF
paraissant
les 10 20&30 de chaque mois

EMILE REIBER
Directeur-Fondateur

BVRx A·PARIS· ·LIBRAIRIE·A·MOREL&Cie· 13, R·BONAPARTE

E. Reiber f.

1443

ANTIQUES. — PEINTURE ET CÉRAMIQUE GRECQUES.   VASES CORINTHIENS.
(MUSÉE NAPOLÉON III.)

1114   1115   1116

1114. Vase à trois anses : terre jaune; vernis brun noirâtre; décor ocre jaune, brun-rouge et blanc. La frise est un sujet funèbre dont on trouvera plus loin le calque. Hr 0m,46.

1115. Vase à deux anses : terre jaune, vernis bistre. Notre frontispice reproduit le calque des deux sphinx de la frise antérieure. Hr 0m,34.

1116. Vases à anses (prix de courses publiques). La frise principale (banquet, combat) sera reproduite ultérieurement en vraie grandeur.

1114. 带有三个手柄的花瓶：黄土，深棕色上釉，赭黄色、红棕色和白色的装饰物。后文有带状装饰（葬礼主题）的描图。高 0.46 米。

1115. 带有两个手柄的花瓶：黄土，深褐色上釉。我们的卷首插画再现了前楣的两个狮身人面像的描绘。高 0.34 米。

1116. 有手柄的花瓶（公众竞赛的奖品）。主要的带状装饰（宴会、斗争）将在后文以实际大小再现。

1114. A *Vase with three handles* : *yellow earth*; *dark-brown* glazing; ornaments in *ochre yellow*, *red-brown* and *white*. Of the frieze, which has a funeral subject, a *tracing* will further be found. Height : 0m,46.

1115. A *Vase with two handles* : *yellow earth*, *bistre glazing*. Our frontispiece reproduces the *tracing* of the two sphinxes of the anterior frieze. Height : 0m,34.

1116. An *ansated Vase* (a *prize* for public races). The main frieze (banquet, fight) is to be subsequently reproduced in full size.

XVIᵉ SIÈCLE. — ÉCOLE FLAMANDE.   ENTOURAGES. — MÉDAILLES.

LES IMAGES DES DIEUX (D'ORTELIUS).   (Suite de la page 147.)

7. APOLLO   8. SOL

7. Apollon, vainqueur du serpent Python. C'est en son honneur que furent institués les jeux *pythiques*. Le maillet indiqué sur cette médaille paraît se rapporter au taureau que l'on immolait à cette divinité :

Taurum Neptuno, taurum tibi, pulcher Apollo. (Virg.)

8. Phébus, dieu du soleil, comme sa sœur Diane, déesse de la lune. On l'honorait par deux cultes distincts : l'un pour la bienfaisante chaleur qu'il envoie à la terre, l'autre pour les effets pernicieux (épidémies, pestes et contagions) que provoque la trop grande ardeur de ses rayons.

7. 阿波罗（Apollo），蟒蛇的征服者。皮底亚比赛是出于对他的敬意而设立的。在这枚勋章上看到的木槌显然是指供奉给这位神的公牛；前古罗马诗人维吉尔（Virgilius）写到：一头公牛给海神尼普顿（Nepruno），一头公牛给你，美丽的阿波罗。

8. 福波斯（Phoebus），月亮女神黛安娜（Diana）的哥哥。他受到两种截然不同的崇拜：一种是他给地球带来的有益的温暖；另一种是其过于炽热、过于刺激的光线所带来的有害的影响（流行病、瘟疫、传染病）。

7. Apollo, conqueror of the serpent Python. The *Pythian* games were instituted in his honour. The mallet seen on that medal apparently refers to the bull which was sacrificed to this god; says Virgilius :

Taurum Neptuno, taurum tibi, pulcher Apollo.
(A bull to Neptune, a bull to thee, beautiful Apollo.)

8. Phœbus, god of the sun, as his sister Diana was goddess of the moon. He was worshiped on two distinct scores : the one for the beneficial warmth which he sends to the earth, the other because of the pernicious effects (epidemics, plagues and infections) to which the too great heat of his rays is provocative.

9. SOL INVICTVS   10. NEPTVNVS

9. Médaille de l'empereur Constantin, frappée sans doute avant sa conversion au christianisme. C'est le Ἡλιας ἀχάμας d'Homère, le soleil *invaincu*, puisque, sans s'arrêter de poursuivre un instant ses travaux, il ne se ressent jamais de ses fatigues.

10. Neptune, dieu des mers, ainsi nommé parce qu'il couvre la terre (*obnubit*, Varr.) de ses ondes. C'est le Ποσειδών des Grecs. Il était représenté soit nu, soit vêtu d'une draperie couleur vert-de-mer, tenant son trident à la main ; le dauphin et le cheval marin se voyaient à ses pieds.

9. 康斯坦丁（Constantine）的一枚纪念章，这无疑是在皇帝成为基督徒之前制造出来的。它是荷马笔下的"Ηλιας ἀχάμας"，是无敌的太阳，一刻不停地工作，从不知疲惫。

10. 尼普顿，海神，因用波浪覆盖 [obnubit，如瓦尔罗(Varro)所说]着地球而得名。它是希腊的"Ησσειδωυ"。他要么赤身露体，要么披着一件海绿色的帷幔，一手拿着三叉戟。后面还将会看到，他的脚旁边有海豚和海马。

9. A medal of Constantine, doubtless coined before that emperor had become a christian. It is Homer's Ἡλιας ἀχάμας, the *invincible* sun, since, without the least intermission of working, he never feels the effects of fatigue.

10. Neptune, god of the seas, takes his name from his covering (*obnubit*, as Varro has it) the earth with his waves. It is the Ποσειδών of the Greeks. He was represented either naked or clothed in a *seagreen* drapery, holding the trident in one hand, the dolphin and sea-horse are to be seen at his feet.

XVIIIᵉ SIÈCLE. — ORFÉVRERIE ET JOAILLERIE FRANÇAISES (RÉGENCE).

Renvoi
des Pierres principales.

———

1.   Le Régent.
2.   Le Beau-Sanci.
3.   Les Mazarines.

Renvoi
des Pierres de couleur.

———

4.   Rubis.
5.   Saphirs.
6.   Émeraudes.
7.   Topazes.

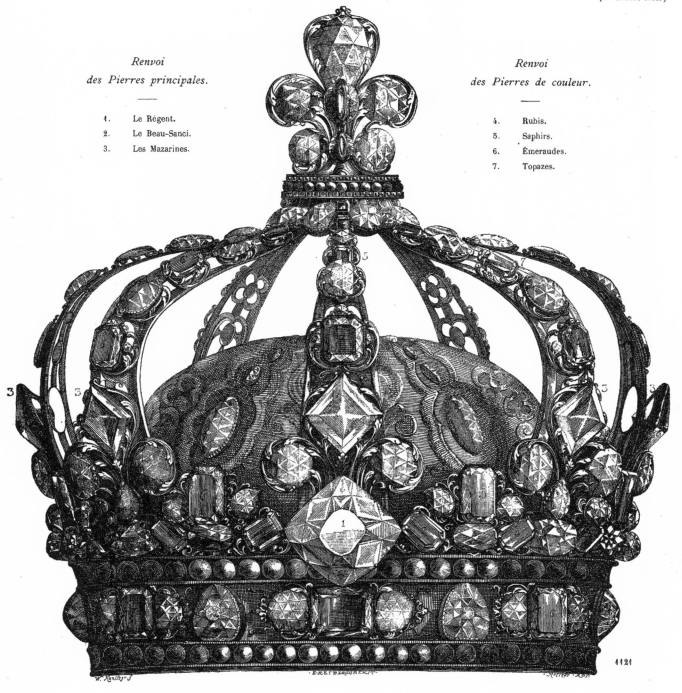

La monture en *vermeil*, très-mince et très-évidée pour enchâsser les pierreries, ne pesait que 2 marcs. Elle se composait :

1º Du *Bandeau* orné de diamants (brillants et roses), pesant depuis 60 jusqu'à 100 grains, entremêlés de rubis, saphirs, émeraudes et topazes, accompagnées chacune de 2 diamants de 10 à 12 grains, sertis de rinceaux d'argent ; deux fils de perles formaient l'ourlet de ce bandeau.

2º Du *Cercle* composé de 8 fleurs de lis de diamants, dont les têtes sont des pierres épaisses appelées *mazarines*, pesant de 60 à 70 grains ; les pierres des branches sont des roses de 25 gr.; celles des tiges, des roses de 16 gr. ; celles des agrafes, des brillants et roses olives pesant 60 gr. Entre les fleurs de lis sont ajustés des agréments à disposition rayonnante, composés chacun de 3 diamants (brillants et roses) d'environ 7 gr. et d'autant de pierres de couleur. L'axe de ces ornements correspond aux diamants du bandeau, et les pierres de couleur de celui-ci correspondent aux fleurs de lis.

3º Des *Branches* ou *Diadèmes* fermant la couronne et prenant leur origine aux 8 fleurs de lis. Elles sont enrichies de diamants diminuant en montant au cimier depuis 25 jusqu'à 10 gr., et alternés de pierres de couleur. Les sommets des 8 branches sont réunis par 8 brillants taillés en poire, de 100 grains.

4º Du *Cimier*, dont la base est un cercle de perles entre deux rangs de petits brillants ; c'est une double fleur de lis toute de diamants. Le *Beau-Sanci* (double rose de 220 gr.) fait la tête, et les 4 branches sont formées chacune d'une double rose de 20 gr. chaque, jointes par la sertissure de la nervure supérieure ; la base des branches formée de doubles roses de 10 gr. chaque.

Le *Régent* (brillant) marque le devant de la couronne. Il pèse 547 grains, c'est-à-dire une once moins 29 gr. — La calotte intérieure est en satin violet brodé d'or, et enrichie de 25 diamants. — On comptait à cette Couronne (exécutée sous la conduite et sur les dessins du Sʳ *Rondé*, le fils) 273 diamants, et 64 pierres de couleur ; elle pesait environ 32 onces. — Gr. d'exéc.

这是镀金的银制品，非常薄、镂空，重量却有 2 马克，由以下几部分组成：

（1）头带（Head-band），有钻石和玫瑰装饰，每个重量 60~100 克，与红宝石、蓝宝石、绿宝石、黄玉混合，每颗宝石在两颗钻石之间；10~12 克，设置在银色树叶中；两圈珍珠形成了头带的边缘。

（2）圆环（Circle），在钻石中有 8 朵花，顶端是那些叫做 Mazarines 的珍贵的宝石，60~70 克；25 克的玫瑰给分支，16 克的茎叶，60 克的书。花朵中间，点缀着三颗钻石或玫瑰的装饰物，大约 7 克，以及五颜六色的宝石。这些装饰物的轴线与头带钻石相对应，头带钻石的彩色宝石与花朵相对应。

（3）分支（Branches）或王冠（Diadem），收住皇冠并从 8 朵花中升起，被随着上升到顶部而重量逐渐递减（从 25~10 克）的钻石（有着交替的彩色宝石）装饰着。8 颗梨形的钻石，每个 100 克，将 8 根分支固定在一起。

（4）顶部（Crest），它的基础是在两排小钻石之间的一圈珍珠，是全部在钻石中的双花。Beau-Sanci（220 克的双玫瑰）形成顶端，每个分支都由 20 克的双玫瑰组成。Regent（钻石）在皇冠的正面，重量是 547 克，或接近一盎司（约为 28.35 克）。紫缎里面有金色的刺绣和 25 颗钻石。这个皇冠〔皇冠是在他儿子龙德先生（Sieur Rondé）的设计指导下完成的〕有 273 颗钻石和 64 颗五颜六色的宝石。其重量大约为 32（法国）盎司（约为 907.2 克）。实际尺寸。

Very thin and hollowed out, and but 2 marcs in weight, was the *gilt silver* setting composed of the following pieces :

1º The *Head-band*, ornated with diamonds and roses, each 60 to 100 grains in weight, intermixed with rubies, sapphires, emeralds and topazes, each gem between two diamonds ; 10 to 12 gr., set in silver foliages ; two rings of pearls form the rim of the band.

2º The *Circle*, of 8 flowers de luce in diamonds, whose tops are those precious stones called *Mazarines*, 60 to 70 gr.; roses of 25 gr. for the branches, of 16 gr. for the stalks and of 60 gr. for the books. Between the flowers-de-luce, radiating ornaments of 3 diamonds or roses, of about 7 gr., and as many coloured gems. The axis of those ornaments corresponds with the head-band diamonds whose coloured gems correspond with the flower-de-luce.

3º The *Branches* or *Diadem* proper, that close the crown and rising from the 8 flowers-de-luce, are enriched with diamonds (with alternate coloured stones) whose weight is decreasing, as they go up the crest, from 25 to 10 gr. 8 pear-shaped diamonds, of 100 gr. each, fix together the 8 branches.

4º The *Crest*, whose basis is a circle of pearls between two rows of small brilliants, is a double flower-de-luce all in diamonds. The *Beau-Sanci* (a double rose of 220 gr.) forms the top, and the branches are each formed of a double rose of 20 gr.

The *Regent* (brilliant) marks the front of the crown ; it is 547 gr. in weight, or nearly one ounce. — The inside of violet satin with gold embroideries and 25 diamonds. — This crown (made under the direction and after the designs of the *Sieur Rondé*, the son) had 273 diamonds and 64 coloured gems. Its weight was about 32 (French) ounces. — Full size.

XVIIIᵉ SIÈCLE. — ÉCOLE FRANÇAISE (RÉGENCE).

CHIFFRES ENTRELACÉS,
PAR M. MAVELOT.

CHIFFRE DE TOUT L'ALPHABET.

Inventé dessiné et gravé par le Sʳ MAVELOT, Graveur et Valet de chambre de Feu
MADAME LA   DAUPHINE

A Paris place Dauphine.   aux Armes de Mademoiselle
aussi plusieurs Livres qu'il a dessiné et gravé d'Armes, Chiffres Cartouches et Supports Tenans et Devises

Les ouvrages de cet estimable artiste sont devenus excessivement rares. Ainsi que nous l'avons fait remarquer (p. 16), cette nature de modèles de broderie, généralement tirés en taille-douce, et par conséquent à petit nombre, ont été détruits par l'usage. La collection des *Chiffres* à deux lettres, etc. (in-18), du même graveur est très-estimée ; nous la reproduirons ultérieurement. — La pièce ci-dessus, à disposition symétrique, est une sorte de spécimen général de sa manière ; elle fournira des éléments suffisants pour grouper les Chiffres par 2, 3, etc. — (*Fac-simile.*)

那位有价值的艺术家的作品变得极为稀少。我们在前文（参见第 16 页）提到过，这个品种的刺绣图案（一般是来自于铜板）数量一直不多，因为广为运用已经受到毁坏。出自同一个雕刻家，一套带有两个字母的密码书等（18）受到高度的重视，我们打算将其出版。上面这个有着对称结构设计的作品，是该艺术家风格的一般范例。读者会发现，在其中有足够的元素，可以在两个、三个等密码之间交错。（复制品）

The works of that estimable artist have become exceedingly scarce. As we did remark (p. 16), this species of embroidery patterns, generally from copper-plates, and consequently few in number, have been destroyed through their being so much used. The suit of *Cyphers* with two letters, etc. (18ᵐᵒ), by the same engraver, is in high esteem, and we intend to publish it by and by. —. The above piece, wit a symmetrical disposition, is a kind of general specimen of the artist's manner. The reader will find out in it sufficient elements for interlacing the Cyphers by two, three, etc. — (*Fac-simile.*)

L'ART · POUR · TOUS
Encyclopédie de l'Art Décoratif
paraissant les 10, 20 & 30 de chaque mois

Emile Reiber
Directeur-Fondateur

le N°　　　　　　　　　　　　　　　　　　　　50 Cts

Abonnem.t
annuel
18f

Librairie
A. Morel
& Cie

Bureaux
à Paris
13. R. Bonaparte

L'Année
paraît
25f

XVIIIᵉ SIÈCLE. — CÉRAMIQUE FRANÇAISE (RÉGENCE).　　　　ASSIETTE ARMORIÉE,
FAIENCE DE ROUEN.　　　　　　　　　　　　　　　　　　　A MARLY NIELLÉ.

1123

Fond *ocre-jaune* (rare), sur lequel se détachent les armes du *marquis de Saint-Denis*, aux tenants et couronne modelés en *camaïeux bleus*. Le *Marly* formé d'un cours de rinceaux de nielles en émaux *noirs* sur fond *jaune vif*. Pièce curieuse de la coll. de M. Assegond à Bernay. — (Gr. d'exéc.) — *Inédit.*

底色是黄赭色（稀有），上有圣德侯爵（Marquis of Saint-Denis）的纹章，皇冠及其持有者有蓝色宝石装饰。泥灰质的（边缘）有乌银叶子，在明黄色的底面上。贝尔奈的阿赛刚（M. Assegond）的一件奇妙的收藏品。未公开。（实际尺寸）

Ground in *yellow-ochre* (rare), on which the arms of the *Marquis of Saint-Denis* detach themselves, the crown and bearers of which are moulded with *blue cameos.* The *Marly* (rim) has a course of niello foliages *black* on *bright yellow* ground. A curious piece of the collection of M. Assegond at Bernay. — (Full size.) — *Unpublished.*

XVIIIe SIÈCLE. — ÉCOLE FRANÇAISE (LOUIS XVI).

PANNEAUX, — ARABESQUES,
PAR P. J. PRIEUR.

1124

1125

Ces deux *Panneaux* se distinguent par une disposition en *baldaquin* dans laquelle vient s'encadrer la composition. Le sujet du n° 1124 est une fontaine où des groupes d'enfants se superposent par étages. Au n° 1125 c'est un médaillon à cadre fleuri entouré de nuages sur lesquels s'ébattent des Amours. Une vasque, un double rinceau servent de base à ces deux compositions.

这两个嵌板以龛室的风格而引人注目，作品嵌入其中。图 1124 的主题是一个喷泉，可见一群孩童叠加于此。图 1125 展示的是带花朵边框的圆形装饰物，周围有云朵环绕着，云朵上有丘比特（Cupid）在嬉戏。这两个作品，一个以花瓶，或者说喷泉池为基底，另一个以两片叶子为基底。

Those two *Panels* are remarquable for their disposition in the style of a *baldaquin* into which the composition is inserted. The subject of n° 1124 is a fountain where groups of children are seen superposed. N° 1125 presents a medallion with a flowery frame surrounded by clouds on which Cupids are playing gambols. The two compositions have for a base, the one a *Vasque*, or fountain-basin, the other a double foliage.

XVe SIÈCLE. — SCULPTURE FRANÇAISE (CHARLES VII).

MEUBLES.
FACE DE BAHUT.

1127

E REIBER DIREXIT

1126

Fabrication normande se ressentant de l'influence anglaise. Le dessin des animaux du pourtour est de tradition romane.

L'ensemble (fig. 1126) est au tiers du *détail* n° 1127. — *Inédit.*

诺曼（Norman）使英国的影响得到了体现。在动物周围的设计是一种浪漫的传统。

图1127是整体效果（图1126）的三分之一细节。未编辑。

Norman make wherein the English influence is felt. In the animals around the design is of Romanic tradition.

The *ensemble* (fig. 1126) is a third of the *detail*, n° 1127. — *Unedited.*

ANTIQUES. — FONDERIES GRECQUES.

Here, niceness and elegance, which characterize the five candelabra given at p. 426, are seen second to vigour and simplicity. In nᵒ 1128 the reader will mark the ingenious disposition of mouldings in the shape of superposed cups, being like the nodosities of certain reed-canes. As usual, the bases have the disposition of tripods with terminal craws. The drawing of nᵒ 1128 is one half of the real size. — Height of the nᵒ 1129 candelabrum : 0ᵐ,465 millim. — *Unpublished.*

1128　　　　　　1129

La finesse et l'élégance qui caractérisent les cinq candélabres donnés à la p. 426, cèdent ici la place à une robuste simplicité. On remarquera au nᵒ 1128 l'ingénieuse disposition des moulures en forme de godets superposés et imitant les nodosités de certains roseaux. Les bases sont, comme d'ordinaire, disposées en trépieds terminés par des griffes. Le dessin du nᵒ 1128 est présenté à moitié d'exécution. — Hauteur du candélabre nᵒ 1129, 0ᵗʰ,465 millim. — *Inédit.*

这里，第 426 页给出的五个枝状大烛台的特点就是美好且优雅，仅次于其活力且简单。图 1128 中，读者将会在叠加的杯状上标记出有独创性的造型，像某些芦苇藤条的节点。同往常一样，底座是三

个脚的布局，有带爪的托架。图 1128 为实际尺寸的一半。图 1129 高 0.465 米。未公开。

XVIIᵉ SIÈCLE. — ÉCOLE FRANÇAISE (LOUIS XIV).

PANNEAU, — ARABESQUES,
PAR A. LOIR.

Although *Loir* may be reproached with a certain hardness in the execution of his aquafortis compositions, yet that artist has really shown much imagination in his series of *panels, ceilings, pieces of the goldsmith's art*, etc. We begin the reproduction of his works by giving some pieces of his *Arabesque-Panels* to which actual plate will serve a *Frontispice*.

Out of the volutes of a cartouch supported by Sphinxes, two figures man-like down the waist and ending in terminals are seen issuing and holding garlands of oak-leaves. At the top of the cartouch a lyre serves for a pedestal to an infant genius who is blowing the trumpet of Fame. The upper part of the composition is terminated by two large acanthus foliages twisted with laurel branches. (*Fac-simile.*)

Bien que dans l'exécution à l'eau-forte de ses compositions on puisse reprocher à *Loir* une certaine sécheresse, cet artiste a fait preuve d'une grande imagination dans la suite de ses *panneaux, plafonds, pièces d'orfévrerie*, etc. Nous commençons la reproduction de son Œuvre, en donnant quelques pièces de ses *Panneaux-Arabesques* auxquels la présente planche sert de *Frontispice*.

Un Cartel supporté par deux Sphinx laisse échapper de ses volutes des bustes masculins formant gaines et tenant des guirlandes de feuilles de chêne. Au sommet de ce cartouche, une lyre sert de piédestal à un génie enfant, embouchant la trompette de la Renommée. Deux gros rinceaux de feuilles d'acanthe, entrelacés de branches de laurier, terminent le haut de la composition. (*Fac-simile.*)

虽然洛尔（Loir）在制作蚀刻作品时可能会受到某种程度的谴责，但是这位艺术家在其嵌板、天花板、金匠艺术部件等等系列作品中的确是展示出了非凡的想象力。我们对他的作品进行复制，从蔓藤花纹的嵌板开始，而实际的版面将作为卷首插画。

在一个由狮身人面

像支撑的涡卷饰的装饰旁，有两个人像，在他们的腰间和末端可以看到手里举着的橡树叶花环。涡卷饰的上方，一个竖琴作为底座，支撑着一个正在吹响荣誉号角的天才婴儿。作品的上半部分由两个大的叶形装饰支撑，叶子与月桂树枝缠绕在一起。（复制品）

XVIᵉ SIÈCLE. — ÉCOLE ALLEMANDE.

NIELLES, — ARABESQUES,
PAR P. FLŒTNER.

(Suite de la page 460.)

4432

4431

4433

Nº 1131 presents a gathering of interesting motives. In the centre, a large rose is expanding which is composed of remarkably fine and elegant foliages disposed on two rectangular axes. The rest of the frame contains four fillings with three-angled dispositions, four *grotesque* vignettes or tail pieces, and two small medallions.

Nᵒˢ 1132-33 are knife-sheaths, 1137 to 44 scissors-cases; nᵒ 1134 is a box-lid with niellos. Nᵒˢ 1135-36 and 1145 are marquetry and inlaid-work friezes. (*Fac-simile.*)

Le nᵒ 1131 présente une réunion de motifs intéressants. Au centre se développe une large rose composée de rinceaux d'une finesse et d'une élégance remarquables, disposés sur deux axes rectangulaires. Quatre remplissages à disposition triangulaire, quatre vignettes ou culs-de-lampe *grotesques* et deux petits médaillons remplissent le restant du cadre.

Les nᵒˢ 1132 et 1133 sont des gaines de couteaux; 1137-1144, des gaines de ciseaux. 1134 est un couvercle de boîte niellé. 1135, 1136 et 1145 sont des frises de marqueterie et d'incrustation. (*Fac-simile.*)

4435

4434

4436

图 1131 展示的是有趣的题材的集合。在中央，有一朵大大的玫瑰伸展开来，玫瑰是由布置在两个长方形的轴上的精致优美的叶子组成的。画框中的其他部分则有四个三角形布局的填充，四个奇怪的装饰图案或尾花，以及两个小型的圆形装饰图案。

4437   4438   4439   4440   4441   4442   4443   4444

图 1132~1133 是刀鞘；图 1137~1144 是剪刀套；图 1134 是乌银盒盖；图 1135~1136 和图 1145 是镶嵌细工。（复制品）

4445

XVIIᵉ SIÈCLE. — ÉCOLE FRANÇAISE (LOUIS XIV).

FLEURS,
PAR B. MONNOYER.

1446

Né à Lille, en Flandre, en 1635, *Jean-Baptiste Monnoyer* se voua à la peinture de fleurs. Le talent dont il fit preuve dans ce genre lui valut de la considération et des commandes importantes. Après avoir orné de ses compositions plusieurs châteaux du roi, il fut nommé conseiller de l'Académie royale de peinture. Emmené à Londres par lord Montaigu, qui lui fit exécuter les décorations de son somptueux hôtel, il mourut dans cette ville, en 1699. Il a laissé plusieurs suites d'eaux-fortes, gravées d'après ses propres compositions. Dans le *Vase de fleurs* que nous reproduisons ci-dessus, comme dans le *Bouquet* donné p. 211, on peut apprécier les qualités larges et brillantes de sa manière. (*Fac-simile*.)

让·巴普蒂斯特·莫诺耶尔（Jean-Baptiste Monnoyer）于 1635 年出生在弗兰德斯的里尔，致力于花朵绘制。他颇有天赋，在该领域有所建树，也因此受到了重视和赞扬。其作品多次用于国王城堡的装饰，之后，他被任命为皇家画院的顾问。蒙塔古勋爵（Lord Montagu）带他去了英国，在那里，我们的艺术家装饰了爵爷的豪华城市住宅——蒙塔古屋。他于 1699 年死于伦敦。他留下了几幅自己创作的"水印画"系列作品。在上文复制的花瓶中，还有在第 211 页中给出的花束中，其作品的伟大和卓越的品质是可以为读者所欣赏的。（复制品）

Jean-Baptiste Monnoyer, born at Lille in the Flanders, in 1635, devoted himself to flower-painting and so talented did he prove himself in that line, that through it he got consideration and important commands. After having adorned several of the king's castles with his compositions, he was made a counsellor of the Royal Academy of Picture. Lord Montagu took him to England where our artist decorated his lordship's sumptuous town residence, Montague-House; he died in London, in 1699. He has left several series of aqua-fortis pictures engraved after his own compositions. In the *Vase of flowers*, above reproduced, as well as in the *Bouquet* given at p. 211, the grand and brilliant qualities of his manner may be appreciated. (*Fac-simile*.)

Le décor de cette *Assiette* (qui rentre dans la catégorie de celles dites *Aria*, et dont nous avons fourni des spécimens à la p. 331), est indiqué par un contour préalablement tracé au *manganèse*, avec addition d'une pointe de *bleu*. Les floraisons du *Marly* se détachent sur un fond *bleu*, par de larges touches *vertes* et *jaunes*. Les pétales restés *blancs* sont modelés par des hachures *brun-rouge*, les jaunes par des hachures de *gros vert*, les *verts* par des hachures *bleues* (rayonnantes). Dans les cinq cartouches ornés de bouquets se détachent sur fond *blanc* quelques brindilles terminales en *brun-rouge*.

Ainsi que la pièce donnée p. 181, cette Assiette fait partie de l'intéressante collection de M. Assegond, à Bernay. — Gr. d'exéc. (*Calque de l'original.*)

这个盘子（构成所谓的"咏叹调"系列之一，第 331 页上我们给出了一些范例）的装饰是通过用锰初步勾勒出的轮廓展示出来的，还添加了少许蓝色。泥灰质（边缘）的花朵在蓝色的背景上，还有大量绿色和黄色的装饰。保持着白色的花朵的叶子周围有红棕色阴影，黄色的叶子周围有深绿色阴影，绿色的叶子周围有蓝色阴影（发散）。在五个花束装饰的涡卷饰中，在白色的背景上，有几个红棕色的树枝端饰。

如同第 481 页给出的一样，这个盘子是贝尔奈的阿赛岗（Assegond）先生有趣收藏品的一部分。实际尺寸。

（原稿临摹版）

The decoration of this *Plate* (which makes one of the so-called *Aria* category, some specimens of which we gave at p. 331) is indicated through a preliminary outline drawn out with *manganese*, with a dash of *blue* added to. The flowers of the *Marly* (rim) detach themselves on a *blue* ground by means of ample touches of *green* and *yellow*. The flower-leaves remaining *white* are modelled with *reddish-brown* hatchings, the *yellow* ones with *dark green* hatchings, and the *green* ones with *blue* hatchings (radiating). In the five cartouches ornated with bouquets, a few terminal twigs detach themselves in *reddish-brown* on *white* ground.

This plate like the one given at p. 481 is a part of the interesting collection of Mr. Assegond at Bernay. — Full size. (*Tracing of the original.*)

Quatrième Année. N° 123. 20 Septembre 1864.

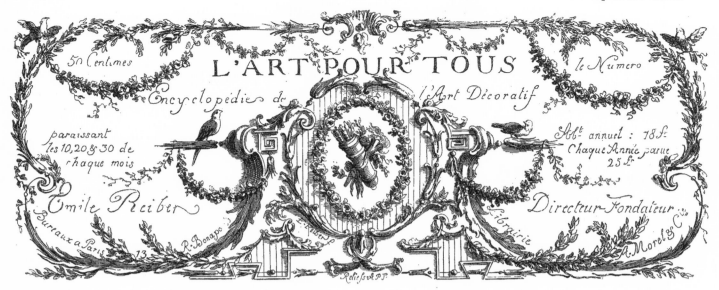

L'ART POUR TOUS
Encyclopédie de l'Art Décoratif
50 Centimes le Numéro
paraissant les 10, 20 & 30 de chaque mois
Abt annuel : 18 f.
Chaque Année parue 25 f.
Emile Reiber
Directeur-Fondateur
Bureaux à Paris
Librairie
A. Morel & Cie

XVIIIe SIÈCLE. — ÉCOLE FRANÇAISE (LOUIS XVI).

VASE,
PAR G.-P. CAUVET.

This Vase, as remarkable for the elegance of its shape as for the happy disposition of its accessories, is, like those by the same master already given at p. 153, to be executed in porcelain with coloured enamels. A gilt bronze mounting forms the foot and handlass. It is a vine-stock whose gracious sweeps are in perfect keeping with those of the vase's belly, and round which children and young Fauns are playing gambols. This foliage is fixed at the lower part of the belly through a ring also in gilt bronze formed by cornucopiæ united by a Satyr's head. The top branched extremities are rolling round the neck, and form the meeting point of the upper part of the handles with the body of the vase. — Engraved by Hemery. (Fac-simile.)

Ce Vase, qui se distingue autant par l'élégance de la forme que par l'heureuse disposition des accessoires, est destiné, comme ceux du même maître déjà reproduits à la p. 153, à être exécuté en porcelaine revêtue d'émaux colorés. Une monture en bronze doré forme le pied et les anses. C'est un cep de vigne dont les courbes gracieuses se marient heureusement avec celles de la panse du vase, et autour duquel se jouent des enfants et de jeunes faunes. Ce rinceau de feuillages est fixé dans le bas de la panse par une bague également en bronze doré, formée de cornes d'abondance reliées par une tête de satyre. L'extrémité supérieure des branchages s'enroule en spirale autour du col et forme le point d'attache de la partie supérieure des anses avec le corps du vase. — Gravure de Hemery. (Fac-simile.)

这个花瓶，就像它的布置一样十分引人注目，它优雅的形状是值得注意的，如同在第153页的同一位大师的作品一样，用彩色瓷釉制作。镀金铜镶嵌形成脚和把手。这是一种藤本植物，其优雅的长势与花瓶的凸起处完美地保持一致，周围环绕着孩童和牧神（Faun）在嬉戏。这种叶子是通过一个圆环固定在花瓶凸

起处的下部，圆环也是镀金铜制作，有一个由萨蒂尔（Satyr）的头组成的聚宝盆。顶部的分枝末梢在花瓶颈部滚动，并形成了与花瓶的身体接触的手柄上部的交点。赫默里（Hemery）雕刻。（复制品）

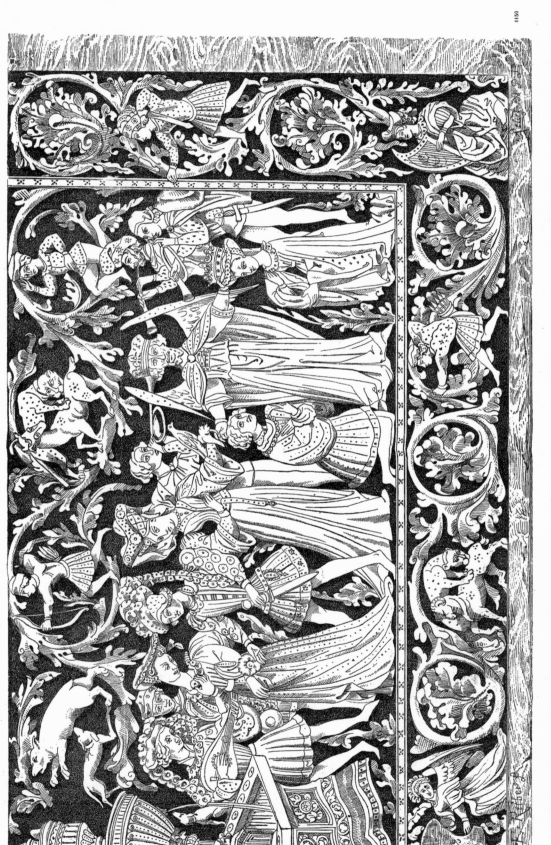

4ᵉ Année.

N° 123.

L'ART POUR TOUS.

XVᵉ SIÈCLE. — ÉCOLE FRANÇAISE (LOUIS XI).

MEUBLES, — COSTUMES.

FACE DE BAHUT.

1150

La fig. 1149 donne la vue d'ensemble de ce Coffre avec ses
côtés principaux.

Quant au sujet de la composition, il se décompose en quatre
épisodes principaux. Une joyeuse fanfare (v. p. 462 et 463, fig.
1638) célèbre la réunion des French viens sans, causés
par des colombes qui voltigent autour d'eux, on voit échan-
ger de doux serments auprès de la Fontaine d'amour. De l'autre
côté de ce petit monument, qui forme la partie centrale de la
composition, on célèbre (fig. 1150) la cérémonie des fiançailles ;
la bénédiction auréolé d'une couronne. Une frise avec ri-
ceaux touffus, dans lesquels se développe un sujet de chasse,
entoure cette très-originale composition, dont la disposition
porte les traces irrécusables d'une influence orientale (voir le
Bestiaire et Volances de Perse, les Manuscrits de l'époque caro-
vingienne, les Bestiaires du moyen âge, etc.). — Nous renver-
rons également les lecteurs désireux de se rendre compte de l'esprit de
cette époque si curieuse, à l'intéressant recueil des Poésies de
Charles d'Orléans, dont feu Marie Guichard (Paris, Gosselin, 1843)
a donné une édition complete et trop peu appréciée du public.

Le développement du sujet a été réduit à moitié grandeur du
original ; le tracé sur l'original. — Collection de M. Timbal, peintre.
(Fac-simile.)

至于这件作品的主题，可以把它分解成四部分。
愉快的繁盛（参见第 462、463 页，图 1058）庆祝一
对夫妇夫妻的聚会。可以看到，在变的鸽子萦。这对
飞鸟，在纪念性建筑的窗子，鸽子在他们周围
飞舞。在纪念性建筑的另一边形成了中心部分的这处
正在庆祝婚约的仪式（图 1150）：最后，圈画以敬祭
仪式收尾。一种原因是的叶子的饰带。"珍馐"的
主题沿它分展。围绕着这一丰奇特别的创作。它的布
置沿着东方起源的创作（参见加洛林王朝时代的
《波斯的作品》和《陶器》手稿，中世纪的"Bestiaria"
等等）。我们正要要当不及待地提醒读者去注意那个时
代的精神。如奥尔良的查理的《诗篇》这本有趣的书，
已故的玛丽•格沙尔（Marie Guichard）给出了一个完
整的。明显被低估的版本。

主题的发展被减缩小到原来的大原稿的复制品的
半。画家 M 提姆波尔（M. Timbal）的收藏品。（复制品）

图 1149 给出的是顶棚的镶板及其主要点的整体
效果。

Fig. 1149 gives the ensemble of the Coffer together with its
chief points.

As to the subject of the composition, one may decompose it
into four principal episodes. A merry flourish (see p. 462-63,
fig. 1638) celebrates the meeting of the two Betrothed. The
lovers, inflamed by doves fluttering around, are again seen further interchanging sweet vows by Love's-fountain. On the other
side of that small monument which forms the centre part of the
composition, rites of the affiancing are celebrated (fig. 1150); the
marriage consecration melts the picture. A frieze with tufty foliage along which a hunting subject develops itself, encircles
this very original composition whose arrangement bears the
unmistakable traces of an eastern origin (see Persian Stuffs and
Faïence, Manuscripts of the Carlovingian epoch, Bestiaria of the
middle-ages, etc.). — Likewise shall we refer the readers eager
to possess themselves of the spirit of that most curious time, to
Charles of Orleans' interesting book of Poems, of which the late
Marie Guichard has given (Paris, Gosselin, 1843) a complete and
decidedly undervalued edition.

The development of the subject is reduced to the half size of
the tracing taken from the original. — M. Timbal the painter's
collection. (Fac-simile.)

491

490

1149

ANTIQUES. — FONDERIES GRECQUES.

BRONZES.
USTENSILES DE CUISINE.
(MUSÉE DU LOUVRE.)

1154

1151

1152

1155

1153

Au nombre des *bronzes antiques* (Candélabres, Cistes, Figurines, Armures, etc.) provenant de l'ancien fonds Campana, et
maintenant réunis au *Musée des bronzes* du Louvre, on a pu remarquer une intéressante série se rapportant aux usages domestiques des anciens. Ces humbles ustensiles, aux formes si élégantes et si variées , nous fourniront une suite de modèles
précieux à consulter pour les arts contemporains.
Fig. 1151 est un *réchaud* de forme commode pour servir de
support à des vases à fond plat. — Nᵒ 1152, vase ou *bouilloire* à
anse pourvue d'une gorge. Fig. 1154 et 1155, petits vases destinés à préparer les assaisonnements exigeant un certain degré
de cuisson. La fourchette nᵒ 1153, s'adaptant au col de ces
vases, servait de manche pour retirer les condiments du feu,
leur préparation étant terminée.
Tous ces objets, exécutés en bronze, sont dessinés en gr.
d'exéc.

古铜色的艺术品（烛台、石棺、小型人像、铠甲等等）
来自古老的坎帕纳收藏品，现在一起陈列在卢浮宫青铜器
博物馆中，每一个人都能够认出这些有趣的古代家用器具。
这些简陋的器具具有如此优雅而多样的形式，将为我们提供
一系列宝贵的模型，供我们这个时代的艺术家们参考。
图 1151 是边炉，做成这种形状是为了更好地为平的
底面提供支撑。图 1152 是小瓶，或者有把手的水壶。图
1154~1155 需要一定程度的烹饪，用于调味的小器皿。
图 1153 是叉子，与这些瓶子的瓶口相适应，是用来做把
手的，当做好时，用叉子从火中将它们取出。
所有这些青铜作品都是以实际尺寸绘制的。

Amongst the *antique Bronzes* (candelabra, cistæ, small figures,
armours, etc.) come from the old Campana collection, and now
placed together in the Louvre *Bronze Museum*, every one has
been enabled to mark the interesting series of household uten-
sils of the ancients. Those humble implements with so elegant
and varied forms will furnish us with a succession of precious
models to be consulted by the artists of this our time.
Fig. 1151 is a *chafing-dish* so shaped as to easily serve for a
support to flat-bottomed dishes. — Nᵒ 1152, a vase or ansated
kettle with a gorge. — Fig. 1154-55, small vases used for sea-
sonings in which a certain degree of cooking vas required. The
fork, nᵒ 1153, fitting with the neck of those vases, was used as
a handle to take the condiments out of the fire when well done.
All those articles, in bronze, are drawn full size.

Quatrième Année.　　　　　　　　N° 124.　　　　　　　　30 Septembre 1864.

50 Centimes le Numéro

· L'ART · POUR · TOUS ·

Encyclopédie
DE L'ART DÉCORATIF
paraissant les 10, 20 & 30 *de chaque mois*
E. REIBER
DIRECTEUR-FONDATEUR

XVI° SIÈCLE. — ÉCOLE FRANÇAISE (FRANÇOIS I°°).
(ÉCOLE DE FONTAINEBLEAU.)

ORFÉVRERIE, — AIGUIÈRES,
PAR RENÉ BOIVIN.

1156

1157

Ces deux pièces sont extraites de la très-rare suite des *Orfé-vreries de R. Boivin*, que *Jean Marot* (v. p. 293) ne s'est pas fait faute de consulter, ce qu'on reconnaîtra notamment par la comparaison des *anses* du n° 1156 avec celle du n° 644. — C'est en faisant ressortir de pareilles analogies que nous remettrons nos lecteurs sur les traces de la tradition artistique des siècles passés, et à laquelle la nôtre aurait, au point de vue du goût, si grand besoin de se rattacher. (*Fac-simile.*)

这两个作品是取自于 R. 布瓦万（R. Boivin）的金匠艺术作品中非常罕见的系列，J. 马洛特（J. Marot，参见第 293 页）不愿意请教，因为事实显而易见，即：通过比较图 1156 的把手和图 644 的把手。正是通过提出这样的一种思想，我们将重新向读者打开过去时代艺术传统的大门。品位这个问题，是我们这个时代所缺失的。（复制品）

Those two pieces are from the very rare series of *R. Boivin's Goldsmith's art pieces*, which *J. Marot* (see p. 293) was not loath to consult, a fact easily proved, viz : by comparing the *handles* of n° 1156 with those of n° 644. — It is by bringing forward such analogies that we shall reopen to our readers the door of the artistic tradition of the past ages, of which, for the matter of taste, our epoch is in so great a want. (*Fac-simile.*)

XVIe SIÈCLE. — ÉCOLE ALLEMANDE.

TAPISSERIES, — BRODERIES,
PAR HANS SIEBMACHER.

The rich *Cartouch* which forms the heading of this page is the very *frontispiece* of the curious book the *subhead* of which we reproduced at p. 421. Of the two female figures which occupy the upper angles, the one, that on the left hand, represents *Minerva* taking the modest needle in the stead of the brilliant arms, and personifying the *cut-stitch;* the other, that on the right, is *Arachne* with her embroidering-frame and personifying the *cross-stitch*. The book certainly belongs to the xvith century, though the piece bears the date of 1604.

In the bands of *cross-stitch*, which follow, designs of emblazoned laces will be remarked at nos 1159, 1161. The scutcheon-bearers are animals. Those *running designs* are united by means of vases of flowers.

1160 is an alternation of heart shaped four-lobed polygons and of orthogonal squares furnished with chevroned appendages.

1162 is an elegant spangling of alternating stars and diagonal Greek crosses. — (*Fac-simile.*)

Le riche *Cartouche* qui forme l'en-tête de cette page est le véritable *frontispice* du livre curieux dont nous avons reproduit le *sous-titre* à la p. 421. Les deux figures de femmes qui occupent les angles supérieurs représentent à gauche *Minerve*, délaissant ses armes brillantes pour l'aiguille modeste et personnifiant le *point coupé;* à droite *Arachné*, armée de son métier à broderie et personnifiant le *point compté*. Quoique cette pièce porte la date 1604, il faut donner ce livre au xvie siècle.

Dans les bandes de *point compté* que nous faisons suivre, on remarquera, aux nos 1159 et 1161, des dessins de galons armoriés : les supports des écussons sont des animaux. Ces *dessins courants* se relient par des vases de fleurs.

1160 est une alternance de poligones quatrilobés en forme de cœurs et de carrés orthogonaux munis d'appendices chevronnés.

1162 est un élégant semis, disposé dans une alternative d'étoiles et de croix grecques diagonales. (*Fac-simile.*)

1158

1159

1160

构成本页标题的丰富的涡卷饰，正是我们在第 421 页上复制的《奇妙之书》小标题的卷首插画。至于占据上方的两个女性人物，左手边的那一个，展示的是涅尔瓦（Minerva），用那只小小的针代替那巧妙的手臂，并将切缝拟人化；另一个，在右手边的，是阿拉克涅（Arachne），刺绣边框，并将十字绣拟人化。这本书显然是属于 16 世纪，尽管作品上记载的时间是 1604 年。

后面的是十字绣的带子。图 1159 和图 1161 展示的是装饰花边的设计。举着标牌的是动物。那些图案是用花瓶连接起来的。

图 1160 是交替进行的心型四叶状多边形和带有人字形波浪装饰的正交方格。

图 1162 是交替排列的星星和希腊十字对角线图案，优雅、闪亮。（复制品）

1161

1162

XVᵉ SIÈCLE. — SCULPTURE FRANÇAISE (LOUIS XI).

MEUBLES.

LIT A BALDAQUIN.

(Inédit.)

1168　　　1170　　　1166　　　1163　　　1165　　　1164　　　1167　　　1171　　　1169

Ce meuble, dont nous donnons le dessin en *pièces démontées,* et qu'il sera facile de recomposer, a pour éléments : 1° quatre colonnes dont les nᵒˢ 1163 et 1164 sont des variantes; 2° 1165, deux traverses hautes semblables; 3° 1166 et 1167, deux traverses basses des petits côtés; 4° 1168 et 1169, deux traverses hautes en longueur du lit, et 5° 1170 et 1171, deux traverses basses, id.

这件家具作品，我们给出的是其各部分拆开的绘制，而把它们组合在一起也是十分容易的。该家具由以下元素构成：①两个立柱，有两个变体，图1163和图1164；②图1165，是两根相似的上方横条；③图1166和图1167，是小边的两根下方横条；④图1168和图1169，是床架长边的两根上方横条；最后，图1170和图1171，是两根相同方向的下方横条。（未编辑）

This piece of furniture, the drawing of which we give in *disjointed parts,* and which it will be easy to make whole again, has for its elements : 1° four columns of which nᵒˢ 1163-64 are variations; 2° 1165, two upper cross-bars alike; 3° 1166-67, two lower cross-bars of the small sides; 4° 1168-69, two upper crossbars of the length of the bedstead; and, lastly, 1170-71, two lower cross-bars of the same direction. — (Unedited.)

1172

Sous un entrecroisement de branchages, présentant la configuration d'un dais, s'élève, comme dans une niche, et debout sur un cul-de-lampe formé par une large fleur, la vénérable image de Sᵗ. Maximilien. Reconnaissant de la protection accordée aux arts par l'empereur Maximilien Iᵉʳ, l'artiste a représenté ici le saint martyr sous les traits de son illustre Mécène. La coiffure tient à la fois de la mitre épiscopale et de la couronne des empereurs. Le bâton pastoral, accompagné d'un large manipule, est retenu par la main gauche; la droite est armée du glaive. Un auroch ou bœuf sauvage, symbole d'une civilisation inculte et que le règne de l'intelligent monarque devait contribuer à adoucir, occupe le bas de la composition. (Fac-simile.)

在两个相互缠绕的树枝形成了一个像是树冠的下面，耸立着 S. 马克西米利安（S. Maximilian）崇高的形象，就像在一个小壁龛里，在底部上以一朵大花的形式出现。这位艺术家感谢皇帝马克西米利安一世对艺术给予的保护，在这里，艺术家以他杰出的成就，呈现了这位神圣的殉道者。头部的装饰是主教冠和皇家王冠的结合物。人像的左手拿着一根木杖，有一个大的模制物附在其上；右手用刀武装着。作品的下半部分有象征着残暴文明的野牛，智慧君主的统治在一定程度上是为了变得更好。（复制品）

Under two intertwisted branches looking like a sort of canopy, the venerated image of S. Maximilian stands upright, as in a niche, on a tail-piece in the form of a large flower. The artist thankful for the protection given to the Arts by the emperor Maximilian the First, has here represented the holy martyr with the features of his illustrious Mæcenas. The head-gear is a compound of the episcopal mitre and the imperial crown. The crozier, with a large manipule attached to it, is held in the left hand; the right one is armed with the sword. The lower part of the composition is occupied by an Urus, or wild ox, the symbol of a rude civilization which the reign of the intelligent monarch was partly to sweeten. (Fac-simile.)

50.c le N°

L'ART·POUR·TOUS·
Encyclopédie
DE L'ART DÉCORATIF
paraissant les 10, 20 & 30 de chaque mois
Emile Reiber
Directeur Fondateur

BUREAUX A PARIS
13·R·BONAPARTE
LIBRAIRIE A·MOREL&C.ie

ABONNEMENT ANNUEL
18·FRANCS·
L'ANNÉE·PARUE 25 f

VI.e SIÈCLE. — CÉRAMIQUE ITALIENNE.
FAIENCE DE FAENZA.

CARRELAGES ÉMAILLÉS.
(MUSÉE NAPOLÉON III.)

1173　　　　　　　　　　1174

D'après la forme des diverses pièces qui composent ce riche revêtement de Faïence, la disposition générale de ce précieux *Carrelage* devait se rapprocher de celles des *Plafonds à compartiments* reproduits par nous d'après *S. Serlio* (voy. p. 406 etc.). Dans les deux pièces ci-dessus, les bordures sont formées de feuilles d'eau modelées en *bleu* sur un *trait* fermement tracé en *noir*, et se détachent sur un fond *brun-rouge*. Le dessin des Arabesques est relevé d'émaux *jaunes* pour les rinceaux, *bleus* pour les vases, draperies et autres accessoires, et *verts* pour les feuillages. Le n° 1174 porte une date intéressante. Fonds *noirs*. — *Calque des originaux*. — (*Inédit*.) — Sera continué.

从这些丰富而珍贵的彩饰的各个组成部分上来看，它的一般布置应该接近我们在 S. 塞利奥（S. Serlio，参见第 406 页等）之后所复制的隔层天花板。在上面的两个物件中，有强烈突出的黑色雕刻，在红棕色的底色上，被画成蓝色的水生植物的叶子构成边框。蔓藤花纹的绘制配合着黄色搪瓷的叶子，花瓶、打褶装饰物，以及其他附件是蓝色搪瓷的，叶子是绿色搪瓷的。图 1174 标记着有趣的日期。黑色底色。原件临摹版。未完待续。（未公开）

From the various pieces of which this rich and precious faience coating is composed, its general disposition ought to have approached to that of the *compartment ceilings* which we reproduced after *S. Serlio's* (see p. 406 etc.). In the above two pieces the frames are formed of water-plant's leaves painted *blue* on a strongly drawn out *black trait*, and detach themselves upon a *reddish-brown* ground. The drawing of the Arabesques is set off with *yellow* enamels for the foliages, *blue* ones for the vases, draperies and other accessories, and *green* for the leaves. N° 1174 bears an interesting date. *Black grounds*. — *Tracing of the originals*. (*Unpublished*.) — To be continued.

XVIᵉ SIÈCLE. — ÉCOLE ALLEMANDE.

BASES.

CONSOLES, PIÉDESTAUX,

PAR W. DIETTERLIN.

1475

Cet ensemble de compositions symétriquement groupées donne les détails de trois dés ou piédestaux, de quatre bases et de deux consoles. Dans l'axe, un corps carré à silhouette richement fouillée, et bizarrement découpé à claire-voie, laisse paraître la tête et les extrémités d'une figure de satyresse accroupie. Une base de colonne, agrafée par quatre dauphins, porte un vase formant amortissement. Les côtés d'ombre et de lumière de cette masse centrale se détachent avantageusement sur une niche qui orne la paroi du fond. — D'autres piédestaux couronnés de bases de colonnes occupent la droite et la gauche. Inutile de faire ressortir l'ingénieux agencement des deux grandes consoles qui reçoivent les retombées de la voûte.

Tous ces détails appartiennent à l'*ordre corinthien*. — Pl. 20 de la 1ʳᵉ édit.; pl. 137 de l'édit. de Nuremberg. — (*Fac-simile.*)

在这些对称组合的构图中，三个柱脚、四个基座和两个托臂都被赋予了细节。在横轴上，穿过一个方正形的、剪裁丰富的主体，在开放的工作中雕刻得非常的奇特，可以看到一个蹲着的女性半人半兽的森林之神（Satyr）的头部和四肢。柱子的柱脚（有四只被钩住的海豚）支撑着一个花瓶。中央块块状物体的发亮和阴影轮廓使其很好地脱离了背景墙的装饰。可以在左右两边看到其他以圆柱为基座的柱脚。根本无需指出，这两大托臂的安排是十分巧妙的，它们支撑着拱门的弧线。

整个作品是属于希腊科林斯柱式。第一版，第20页；纽伦堡版，第137页。（复制品）

In those symmetrically grouped compositions the details are given of three pedestals, four bases and two consols. In the axis, through a square and richly cut body fantastically carved in open work, are seen the head and extremities of a sitting squat female Satyr. A column's base, with four dolphins hooked on, supports a vase as pediment. The lighted and shaded outlines of the central mass are nicely detaching themselves on a nich with which the back-ground wall is ornated. — Other pedestals crowned with bases of columns are seen right and left. It is more than needless to point the ingenious arrangement of the two large consols supporting the arch's springings.

The whole belongs to the *Corinthian order*. — 20ᵗʰ pl. of the 1ˢᵗ edit.; and 137ᵗʰ of the Nuremberg edition. — (*Fac-simile*)

ANTIQUES. — CÉRAMIQUE GRECQUE.

FRISES, — CORTÉGES.
(MUSÉE NAPOLÉON III.)

The liveliness of the execution, the variety which is to be remarked in the details of the running ornamentation, and the visible traces of the sculptor's boaster, show that these two pieces, so interesting for the history of the origins of the Roman art, are *original sketches*. Both Terre-cotte belong to a series of friezes of one size, the subject of which is a *Procession*.

In the first one (fig. 1176) a youth, just come to the age of puberty and playing on a double flute, opens the march; he is followed by a personage as corpulent as Silenus, carrying on his head a basket full of fruits and holding besides in one of his hands a vase with two handles. On a car drawn by a couple of bounding lions a female (Cybele?) is sitting whose body detaches itself on elegantly disposed draperies. A female cymbal-player brings up the rear.

No 1177 presents a more animated composition. A bearded and horned Satyr presides over a bacchanal. A Bacchant and a Faun, whose shoulders are covered with panther's skin, are indulging in the frantic transports of the sacred dance. On the right hand a female flute-player times the dancing with her melody.

In the upper part of the two friezes a line of palm-leaves runs as a crest on an ornamented torus at which scenic masks and musical instruments, united by garlands, are suspended.

Breadth of the two friezes : 0,43.

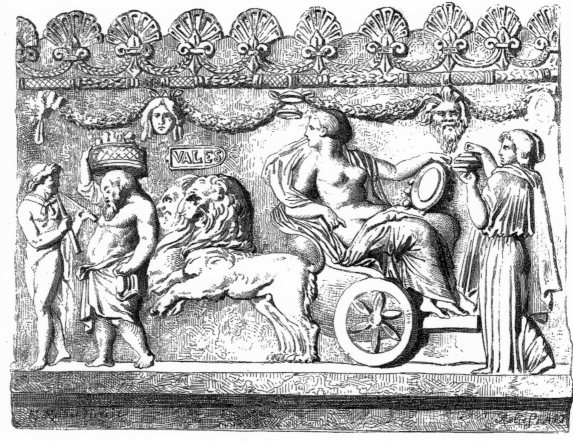

1176

La vivacité de l'exécution, la variété que l'on remarque dans la facture des détails d'ornementation courante, les traces visibles de l'ébauchoir du sculpteur, font reconnaître que ces deux pièces si intéressantes pour l'histoire des origines de l'Art romain, sont des *esquisses originales.* Ces deux Terres cuites font partie d'une suite de frises de même grandeur dont le sujet est un *Cortége.*

Dans la première (fig. 1176), un éphèbe, jouant de la double flûte, ouvre la marche; il est suivi d'un personnage à corpulence de Silène, portant sur sa tête une corbeille chargée de fruits, et à la main un vase à deux anses. Sur un char traîné par un couple de lions bondissants, repose une figure de femme (Cybèle?) dont le corps se détache sur des draperies élégamment disposées. Une joueuse de cymbales ferme la marche.

Le no 1177 présente une composition plus mouvementée. Un Satyre barbu et cornu préside à une danse bachique. Une Bacchante et un Faune, dont les épaules sont couvertes d'une peau de panthère, se livrent avec entraînement aux frénétiques transports de la danse sacrée. A droite une joueuse de flûte maintient, par la mélodie, la cadence des mouvements.

Dans le haut des deux frises un cours de palmettes formant crête repose sur un boudin orné auquel sont suspendus des masques scéniques et des instruments de musique reliés par des guirlandes.

Largeur de chacune des deux frises : 0,43.

这两幅对罗马艺术起源的历史很有兴趣的作品都是原始作品，其生动的雕刻，纹饰的多样化，以及雕刻家的炫耀所表现出的细节变化，都非常明显。两个赤土陶器作品都属同一尺寸的系列，主题是"游行"。

第一幅图（图 1176）中，队伍由一个刚刚到了青春期的年轻人打头，演奏着双管笛子；他身后跟着一个像西勒诺斯（Silenus）那样的人物，头上顶着满满一篮子水果，一只手提着一个有两个把手的花瓶。在一辆由一对跳跃的狮子拖着的小车上，一位女性［可能是西布莉（Cybele，弗里吉亚自然女神）？］正坐在那里，她的身体被优雅布置着的帷幔包裹着。一位女性铙钹演奏者排在最后。

图 1177 展示的是更加活泼的构图。一个长着胡子和角的萨蒂尔（Satyr）主持着酒神节。一个酒神祭司（Bacchant）和弗恩（Faun，

农牧神）的肩膀上覆盖着美洲豹的皮，沉浸在神圣舞蹈的疯狂喜悦中。在右手边，有一个吹笛子的女性用舞蹈配合着自己的旋律。

两个雕带的上半部分，一排棕榈叶悬挂在装饰着的圆环上，在那里，悬挂着由花环组成的舞台面具和乐器。

两个雕带宽 0.43 米。

1177

XVIIIᵉ SIÈCLE. — ÉCOLE FRANÇAISE (LOUIS XVI).

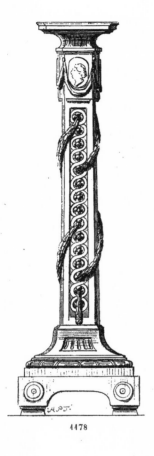

1178

1179

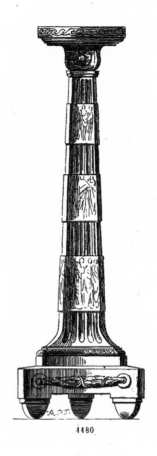

1180

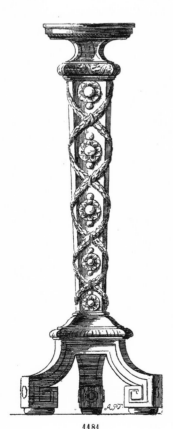

1181

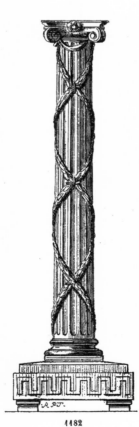

1182

1183

Toutes ces pièces procèdent de la forme *Fût de colonne.* Fig. 1179 est la colonne corinthienne ornée de trois bas-reliefs formant bagues. 1182 est la colonne ionique enlacée de guirlandes. 1178 est un pilastre à *plan carré.* 1180 et 1183 affectent la forme triangulaire à angles coupés. 1181 est une gaine établie sur un plan analogue. — (*Fac-simile.*)

所有这些碎片的形状都是源自于圆柱的柱体。图1179是科林斯柱，上面装饰着三层浮雕。图1182是爱奥尼克柱，有交错缠绕的花环装饰。图1178是正方形平面图上的立柱。图1180和图1183展示的是一种三角形形式，有光滑的角度。图1181是类似形状的端饰。（复制品）

The shape of all these pieces proceeds from the *Column's Shaft.* Fig. 1179 is the Corinthian column ornamented with three bassorelievos in tiers. 1182 is the Ionic column with intertwisting garlands; 1178 a pillar on a square *plan.* 1180 and 1183 present a rather triangular form with smooth angles. 1181 is an analogously shaped terminal. — (*Fac-simile.*)

BUREAUX A PARIS, 13, RUE BONAPARTE, LIBRAIRIE A. MOREL ET Cⁱᵉ

XVIIIᵉ SIÈCLE. — ÉCOLE FRANÇAISE (LOUIS XVI).

FRISES.

VASES, TRÉPIED

PAR H. FRAGONARD.

4486

4487

1184

4488

4485

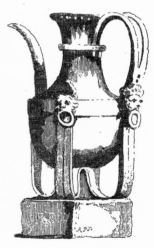

4489

Nous avons déjà constaté le mouvement qui entraîna, sur la fin du xvⁱⁱⁱᵉ siècle, les arts vers l'étude de l'antiquité. Réunis à Rome par les liens de l'amitié et la communauté des goûts, *H. Fragonard*, *Robert* et l'abbé de *Saint-Non* nous ont laissé, dans une série d'eaux-fortes, un souvenir de leur séjour en Italie, et de leurs travaux dans les musées de cette terre classique des arts. Nous réunissons ici en une même page, devant servir de *frontispice* à l'Œuvre de ces trois artistes, divers spécimens de leur manière. Notre *Titre* est une réunion de trois planches des *Soirées de Rome*, charmantes eaux-fortes de *Robert*. Les nᵒˢ 1184 (*l'Amour désarmé*) et 1185 (*Danse bachique*) sont des compositions de *Fragonard*, inspirées de l'antique, ainsi que les formes de vases nᵒˢ 1186, 1187, 1189 et le trépied nᵒ 1188. Ces six dernières pièces sont gravées par *Saint-Non*. — (*Fac-simile.*)

我们已经确定了大约在 18 世纪末期把艺术吸引到古代研究的动机。H. 弗拉戈纳(H. Fragonard)、罗伯特(Robert)和圣·南神父（ Abbé de Saint-Non ），因友谊的纽带和他们相似的品位而团结在一起，给我们留下了他们在罗马期间的回忆，以及他们在意大利博物馆所进行的研究。他们的古典艺术之地，在一系列的"蚀刻"中。这里，我们将它们放在同一页进行展示，旨在为这三位艺术家的作品提供卷首插画的呈现，有着他们各自惯例的各式各样的范本。我们的标题页是三个印版的集合，取自《罗马之夜》，是罗伯特得意的作品。图 1184（ 缴械的丘比特）和图 1185（ 酒神的舞蹈）是福拉哥纳尔受到古董的启发而完成的作品，以及器皿的形状。图 1186、图 1187、图 1189，以及三脚架，图 1188。这后面的六个部件是圣·南雕刻的。（ 复制品）

We have already ascertained the impulse which, about the end of the xvⁱⁱⁱᵗʰ century, drew the Arts to the study of Antiquity. *H. Fragonard*, *Robert* and the *abbé de Saint-Non*, united by the bonds of friendship and the similitude of their tastes, left us a remembrance of their stay at Rome and of their studies in the museums of Italy, that classic land of the fine arts, in a series of aqua-fortis. Here do we give together in the same page, which is to serve for a *frontispiece* to the works of those three artists, sundry specimens of their manner. Our title-page is a gathering of three plates out of the *Soirées de Rome* (Roman nights), *Robert's* delicious aqua-fortis. Nᵒ 1184 (*Cupid disarmed*) and nᵒ 1185 (*Bacchic dance*) are compositions of *Fragonard* inspired by the Antique, as well as the shapes of the vases, nᵒˢ 1186, 1187 and 1189, and the tripod, nᵒ 1188. Those last six pieces are engraved by *Saint-Non*. — (*Fac-simile.*)

PANNEAUX A LA CHINOISE,

PAR J. PILLEMENT.

Une grande facilité, une imagination féconde, la fantaisie quelquefois bizarre mais presque toujours gracieuse de ses compositions, toute spéciale dans l'histoire de l'Art décoratif de la fin du règne de Louis XV. Pour fuir la *rocaille* il avait abordé le genre *chinois*. Il sut développer avec un talent incontestable les grands principes décoratifs puisés aux arts de l'extrême Orient. Dans ses nombreux *cahiers de pièces à la chinoise*, les *masses*, à silhouettes fortement accentuées, sont savamment reliées et *rompues par des détails* légers et pleins d'une spirituelle souplesse. — (*Fac-simile.*) — Sera continué.

伟大的作品，丰富的想象力，以及奇特（有时古怪）的风格，但从来都是充满仁慈的创造，使得 J. 皮乐芒那（J. Pillement）在路易十五统治时期的装饰艺术历史中享有特殊的一席之地。为了避免洛可可风格的影响，皮乐芒采用了中国人所用的方法，并且可以通过自身毋庸置疑的才能，将东方对于装饰的伟大原则进行很好的运用。在他的作品中艺术的性地联系的众多作品中艺术地将诸细节在一起，并且像破诸的细节一样容易打破。未完待续。（复制品）

A great facility, a fertile imagination and a fancy sometimes odd, but almost ever gracious in its creations, award to *J. Pillement* a special place in the history of the decorative Art at the end of Louis XVᵗʰ reign. To avoid the *rococo* genus, he had taken to the *Chinese* manner, and was able to make use with an unquestionable talent, of the great principles in decoration of the far East. In his numerous *Books of pieces* after the *Chinese*, the *masses*, with very sharp outlines, are artistically connected and *broken* by *light* and details. — (*Fac-simile.*) — To be continued.

XVIIᵉ SIÈCLE. — ÉCOLE FRANÇAISE (LOUIS XV).

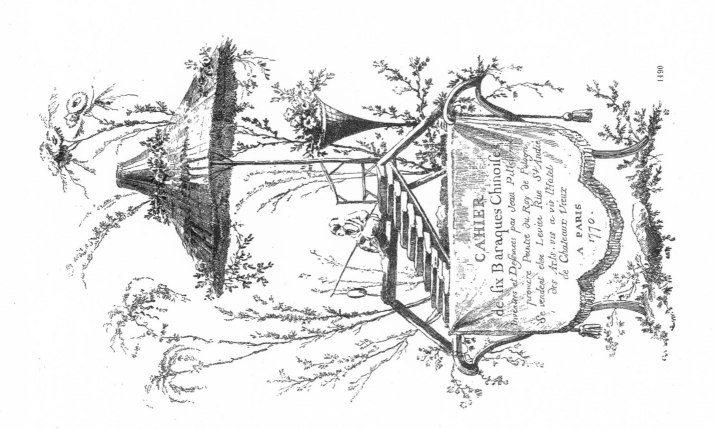

CAHIER
de *six Baraques Chinoises*,
Inventées et Desinées par Jean Pillement
peintre Peintre du Roy de Pologne.
Se vendent chez Levier Rue Sᵗ André
des Arts, vis à vis l'Hotel
de Chateau Vieux
A PARIS
1770.

XVIIᵉ SIÈCLE. — HORLOGERIE FRANÇAISE (LOUIS XIII).

N. *Cette planche
complète la monographie de ce Cabinet,
composé des 6 planches suivantes :*

Pages *354,* *Élévation générale.*
— *446, Profil et Plan, détails de Marqueterie.*
— *388, Détails de la Marqueterie.*
— *396, Incrustations et Marqueterie.*
— *420,* Id. Id.
— *503, Détails du Couronnement*

La *pendule*, qui forme amortissement au *cabinet* du maréchal de Créqui, se compose d'un corps carré à décoration architecturale composé d'un entablement soutenu de pilastres d'ordre ionique et se terminant en dôme portant une Renommée. La porte, en forme d'arcade servant de bordure à une glace, protége le cadran dont les chiffres sont disposés sur un disque de cuivre jaune. Toutes les parties ciselées (figures, vases, galerie, chapiteaux, etc.) sont exécutées en bronze doré et bruni, le *bâti* en ébène à compartiments d'écaille incrusté d'ornements de cuivre et d'étain. Échelle de 0,40 c. pour 1 mètre. — (Inédit.)

这个时钟的作品，形成了克雷基（Crequi）元帅橱柜的山墙饰，由带有建筑装饰的正方形主体（即，爱奥尼克柱式支撑的柱上楣构）组成，以一个圆顶为结尾，圆顶上矗立着"名望"的人像。拱形的门是作为玻璃的边框，保护着转盘，转盘上的数字在黄铜圆盘上环绕一周。所有这些零件（人像、花瓶、画廊、大写字母等等）都是用磨光的镀金铜制成的；在龟棕色的黑檀木内嵌有铜饰和锡饰。该作品比例尺为 1:25。（未编辑）

The *time-piece*, which forms the pediment of marshal of Crequi's *cabinet*, is composed of a square body with architectural decoration viz. an entablature supported by pillars of Ionic order, and finishing in a dome upon which stands a figure of Fame. The door, arch-shaped and serving as a frame to a glass, protects the dial whose numbers are circling on a disk of yellow copper, All the chased parts (figures, vases, galleries, capitals, etc.) are executed in burnished gilt bronze; the building of ebony with compartments in tortoise-shell inlaid with copper and tin ornaments. Scale of 0,40 c. for 1 metre. — (Unedited.)

PANNEAUX, — ARABESQUES,
PAR POLIPHILE ZANCARLI.

4495

XVIIe SIÈCLE. — DÉCADENCE ITALIENNE.

4494

DISEGNI VARII
DI POLIFILO ZANCARLI
A benefitio di qual si vogli a persona che
faccia professione, del Disegno
da
Talio Zancarli—
F. L. D. Ciartre…
fornie

Plus que les autres branches de l'art, les Arts décoratifs se ressentent du milieu social où ils se développent, et dont ils sont l'expression exacte et vivante. Les conditions politiques de l'Italie au xviie siècle n'étaient pas faites pour favoriser l'expansion du sentiment artistique. Soumise à la domination espagnole au nord et au midi, dans le Milanais comme dans les Deux-Siciles, l'Italie qui, au xvie siècle, avait donné au monde le plus magnifique spectacle de l'expansion du génie humain, ne tarda pas à voir pâlir un à un les fleurons de la brillante couronne qu'une longue suite de siècles lui avait tressée. Les Maîtres s'éteignirent, les grandes écoles disparurent, et avec elles la tradition artistique se perdit. L'étude de la suite des *Arabesques de Zancarli* présente un grand intérêt au point de vue que nous venons d'envisager. Les formes alourdies, amollies par la vague conscience de la servitude, éveillent ce sentiment pénible qu'inspire toute œuvre conçue dans des circonstances contraires à son développement. — *(Fac-simile.)* — Sera continué.

除了艺术的其他分支，装饰性的作品也感受到了它自身发展受社会媒介的影响。它是一种准确而生动的政治形势远非有利于艺术情感的发展。在过去的一个世纪，意大利以人类天才最壮丽的表现展现给了世界，现在被西班牙人奴役，从南到北，在米兰，就像两个西西里人一样，不久就看到了她那光彩夺目的皇冠的花朵，一个接一个地慢慢消逝，这是许多世来的时代的特别消亡了。艺术传统也变成了一纸空文。只是从这个角度来看，我们对赞卡里（Zancarli）的"蔓藤花饰"的研究有很大的兴趣。通过对奴役的一种模糊的全面性，这种形式变得迟钝而弱化，这种痛苦的感觉被每一件作品所唤醒，而这些作品的创作是在对其发展不利的环境中进行的。未完待续。（复制品）

More than the other branches of the Art, the Decorative one feels the effects of the social medium wherein it develops itself, and of which it is the exact and vivid expression. So, the political state of Italy, in the xviith century, was far from favouring the diffusion of the artistic sentiment. Italy, who in the preceding century had entertained the world with the most magnificent display of human genius, now enslaved by the Spaniards, North and South, in the Milanese as in the Two-Sicilies, was not long to see waning, one by one, the flowers of her radiant crown, a gift of many succeeding ages. With liberty did the Masters disappear, the great Schools die away, and the artistic tradition become a dead letter. There is a great interest in the study of *Zancarli's Arabesques*, in the point of view we were just looking from. The forms dull and weakened through a vague comprehensiveness of the servitude, rouse up that painful sensation which is prompted by every work whose creation took place amidst circumstances unfavourable to its development. — *(Fac-simile.)* — To be continued.

Quatrième Année.   N° 127.   30 Octobre 1864.

L'ART·POUR·TOUS·
Encyclopédie
DE L'ART DÉCORATIF
paraissant
les 10, 20 & 30 de chaque Mois
EMILE REIBER
Directeur-Fondateur

Prix
du Numéro
50
Centimes

Bureaux à Paris
13, R. Bonaparte
Librairie A. Morel & C.ie

Abonnement annuel 18f
Chaque Année parue 25f

XVIᵉ SIÈCLE.
ÉCOLE FLAMANDE.

FIGURES DÉCORATIVES.
VÉNUS, CÉRÈS, BACCHUS ET L'AMOUR
PAR H. GOLTZIUS.

The science in the cuts and the boldness in the execution place this celebrated work among the classic master-pieces of copper-plateengraving. The latin inscription at the bottom of the plate explains the subject : Love's Mother is waited on by her two amiable companions, Bacchus, god of the Wine, and Ceres, goddess of the Harvest. The composition, with a very ample stroke and without the affectation of studied elegance in the drawing peculiar to the artist, is admirably presented in the compass of its frame. — (Fac-simile.)

Par la science des tailles et la franchise de l'exécution, cette pièce célèbre est rangée au nombre des chefs-d'œuvre classiques de la gravure au burin. L'inscription latine du bas de l'estampe en explique le sujet. La Déesse de l'Amour est entourée de ses deux aimables compagnons, Bacchus, dieu du Vin, et Cérès, déesse des Moissons. La composition, d'un jet très-large, et que ne déparent pas les recherches maniérées du dessin particulières au Maître, s'inscrit admirablement dans les lignes de son cadre. — (Fac-simile.)

科学的切割、大胆的制作，使得这个著名的作品跻身铜板雕刻的经典大师作品之列。版面底部的拉丁碑文揭示了它的主题：“爱的母亲被两个可爱的同伴服侍着”，这两个同伴分别是：巴克斯（Bacchus），酒神；刻瑞斯

（Ceres），收获女神。这幅画的构图，有着非常丰富的笔画，并没有所特有的绘画艺术的矫揉造作，呈现在包围它的边框上，令人钦佩。（复制品）

SINE CERERE ET BACCHO FRIGET VENUS.

XVIe SIÈCLE. — ÉCOLE ITALIENNE.

CARTOUCHES ET EMBLÈMES,
PAR GIROLAMO PORRO.
(Suite de la page 312.)

23
GABRIELLO CESARINI

1497

24
GABRIELLO CESARINI

1498

25
GABRIELLO CESARINI

1499

26
GIOVANNA LAMPUGNANA

1200

27
GIO. BATTISTA CALDERARI
Cavalier di Malta

1201

28
GIO. BATTISTA TITONI

1202

A part la variété toujours soutenue des motifs des Entourages de ces curieux Emblèmes, on remarquera aux n°s 1197-1199, les fières devises de *G. Cesarini*. Beau nom oblige. — Celle de l'Hercule terrassant l'Hydre rappelle le vers du poëte : « A vaincre sans péril on triomphe sans gloire. »

L'ingénieux emblème n° 1202 est inspiré du gracieux coquillage qui porte le nom de *Nautile* et qui ne se développe à la surface des vagues que lorsque la tranquillité des mers est assurée. Ainsi la pensée intelligente ne se développe qu'à l'ombre de l'o-livier de la paix. — (*Fac-simile.*)

除了这些徽章奇特的各种动机之外，G. 切萨里尼（G. Cesarini）傲人的格言（图 1197~1199）也会让人们铭记（崇高的名字赋予人崇高的感情）。海德拉（Hydra，希腊神话中的九头蛇）的一个征服者赫拉克勒斯（Hercules）召唤着人们记起诗人的诗句：没有危险的胜利是没有荣耀的胜利。

图 1202 所示的是一枚构思精巧的徽章，取自一种优雅的被称为鹦鹉螺的甲壳类动物。只有在海面平静时，鹦鹉螺才会在海浪上扩展。所以，只有在和平的生活中，聪明的心智才会让自己得到发展。（复制品）

Besides the ever flowing variety of the motives round these curious Emblems, one will mark, in n°s 1197-1199, the proud mottoes of *G. Cesarini*. (A lofty name imposes the loftiness of feeling.) — That one of Hercules conqueror of the Hydra calls to mind the poet's line : « A victory without peril gives a triumph without glory. »

The ingenious emblem of n° 1202 is taken from the graceful shell-fish called the *nautilus* which expands on the waves only when sure of a tranquil sea. So does the intelligent mind develop itself but in the shade of the peaceful olive-tree. — (*Fac-simile.*)

XVᵉ SIÈCLE. — SCULPTURE FRANÇAISE (CHARLES VIII).

MEUBLES.

FACES DE BAHUTS.

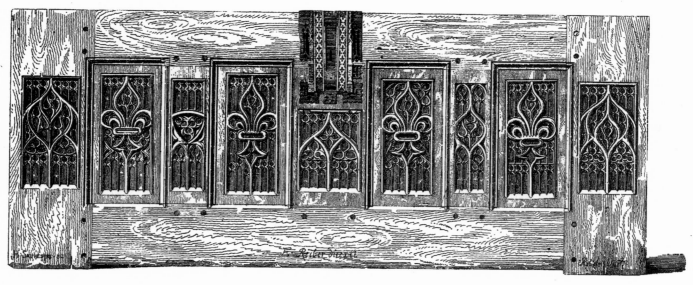

1203

1204

Au nombre des matériaux par nous recueillis sur l'histoire du *Mobilier français* au xvᵉ siècle, figure une suite nombreuse de pièces dont la décoration principale est empruntée aux développements variés donnés en France à la forme de la *fleur de Lis*. Nous aurons amplement l'occasion, dans la suite, de montrer la naissance et les développements de cet emblème célèbre de la monarchie française. Qu'il nous suffise ici de présenter deux spécimens de *Faces de Bahuts*, dont la décoration a ce symbole pour base.

Le nº 1203, qui porte les vestiges d'une élégante serrure surmontant un panneau central, présente de chaque côté deux panneaux principaux où de grandes fleurs de lis se détachent sur des *fenestrations* variées. Des panneaux intermédiaires, et d'autres occupant les montants d'extrémité, complètent l'ornementation.

Cinq panneaux fleurdelisés forment la décoration du nº 1204. Les angles des montants du bâti étaient étoffés de contre-forts dont l'état fruste ne nous a pas permis de préciser les formes. — (*Inédit.*) — Sera continué.

在我们收集的关于15世纪法国家庭用品历史的资料中，有很多作品的主要装饰都是借鉴自"鸢尾"中的无数发展。我们还应该有充分的机会来展示那个著名的法国君主政体的诞生和发展。这里有两个橱柜正面的样本，它们的装饰有一个底座的标志。

图1203在中央面板的顶部保留了一个优雅的锁的痕迹，它在两侧各有两个主要的面板，大型花朵在不同的栅栏上分离。装饰是由中间的面板和其他一些在两端的立柱完成的。

五个花朵面板构成了图1204的装饰。建筑物的直柱的棱角被装饰得很好，但现在却被一种精确的描述所否定。未完待续。（未编辑）

Among the materials which we have collected about the history of *French Household-stuff* in the xvᵗʰ century, there are very many pieces, the chief decoration of which is borrowed from the numberless developments given in France to the *Flower de Luce*. Further shall we have occasions amply to show the birth and growth of that famous emblem of the French monarchy. Suffice it here to present two specimens of *Chest' Fronts* whose decoration has that sign for a base.

Nº 1203, retaining the vestiges of an elegant lock at the top of the centre panel, presents on both sides two main panels whereon large Flowers de Luce detach themselves on varied *fenestrations*. The ornamentation is completed by intermediate panels and by some others at both ends on the uprights.

Five flory panels form the decoration of nº 1204. The angles of the uprights of the building were furnished with buttresses now defaced and denying themselves to an exact description. — (*Unedited.*) — To be continued.

XVIIᵉ SIÈCLE. — ÉCOLE FRANÇAISE (LOUIS XIII).

CHEMINÉES,
PAR PIERRE COLLOT.

Composés sur une disposition de lignes à peu près identique, ces deux motifs de *Cheminée* présentent de grandes différences dans les détails. Le cadre intérieur à bordure carrée de la demi-esquisse de gauche porte à sa partie supérieure une bande décorée d'une guirlande avec mascaron central; son couronnement se contre-profile sur celui de la Cheminée. Le cadre de la partie de droite porte haut et bas des échancrures demi-circulaires garnies de cuirs, ses angles forment des ressauts (*crossettes*) avec *gouttes* dans le bas. Des deux côtés, les montants ou pilastres sont décorés de figures de femme formant gaines.

La tablette de cheminée, se recourbant d'un côté pour porter dans son axe un cuir décoré d'une tête d'enfant, règne horizontalement de l'autre au-dessus d'un entablement orné de consoles et reposant sur un balustre plat disposé en gaine. — (*Fac-simile.*)

虽然有一种几乎完全相同的线条，但这两个壁炉的主题在细节上有很大的不同。左手边半幅草图的内方形框架的上部有一个带子，带子有花环和中央面具装饰；它的冠状的轮廓从壁炉中分离出来。右边那个的框架有上下半圆形镂空皮革装饰；它的角部是有突肩的，下半部分还有水滴形状。左右两边，直柱或壁柱上都装饰着女性形象的端饰。

壁炉呈弯曲状的中轴线上，一个皮革装饰着一个孩童的头，水平地延伸在一个柱上楣构上，柱上楣构装饰有托臂，由平面和端饰布置的栏杆柱支撑。（复制品）

Though having a disposition of lines almost identical, those two motives of *Chimney-pieces* greatly differ in their details. The inner square frame of the half-sketch on the left hand has a band in its upper part which is ornated with a garland and a central mask; the profile of its crowning detaches itself from that of the Chimney proper. The frame of the one on the right has got up and down semi-circular hollowings *leather* lined; its angles are with resaults (*crossettes*), and with *drops* at the lower parts. On both sides, the uprights or pilasters are decorated with female figures in the shape of terminals.

The chimney-tablet curved and receiving on its axis a *leather* decorated with a child's head, extends horizontally over an entablature ornamented with consols and supported by flat and terminal disposed balusters. — (*Fac-simile.*)

Quatrième Année. N° 128. 10 Novembre 1864.

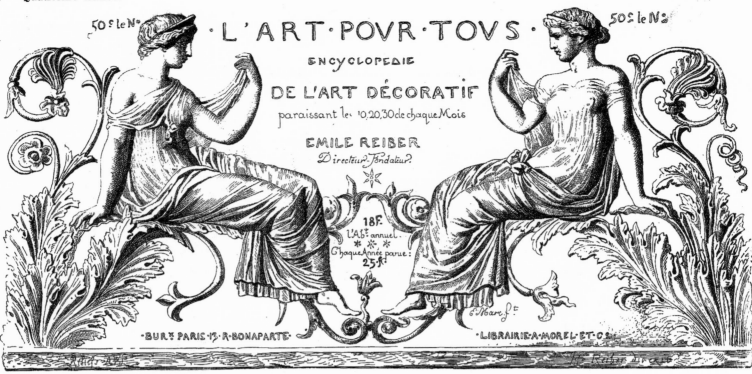

·L'ART·POVR·TOVS·

ENCYCLOPEDIE
DE L'ART DÉCORATIF
paraissant les 10,20,30 de chaque Mois

EMILE REIBER
Directeur-Fondateur.

18F.
L'Ab.t annuel.
Chaque Année parue:
25 f.

·BUR.x PARIS 13. R. BONAPARTE· ·LIBRAIRIE·A·MOREL·ET·C.ie·

ANTIQUES. — CÉRAMIQUE GRECQUE.

ANTÉFIXE.
(MUSÉE NAPOLÉON III.)

4206

Ce remarquable *Antéfixe*, qui date de la belle époque des Arts de la Grande-Grèce, paraît avoir servi de couronnement à une *Stèle*. Abrités par les masses touffues de sa blonde chevelure, des génies familiers viennent suspendre des guirlandes de fleurs aux oreilles de la Déesse, mère des Amours. Une crête de feuilles de lierre accompagne et soutient l'élégante courbe qui délimite les contours de ce précieux fragment. — Hauteur : 0m,34.

这一不同寻常的装饰屋瓦，属于麦格纳·格拉西亚（Magna-Graecia）的艺术的美好时代，似乎作为一个石柱的冠状顶部。在爱的母亲的耳朵（她的浓密的、美丽的头发遮挡住了耳朵）处，可以看到魔仆吊挂着花环。常青藤叶的冠状头饰环绕着优雅的曲线，作为这一珍贵的碎片的轮廓。高 0.34 米。

This remarkable *Antefix*, belonging to the fine epoch of the Arts in Magna-Græcia, appears to have served for a crowning to a *Stela*. At the ears of Loves' mother whose thick tufts of fair hair shelter them, genii are seen suspending garlands of flowers. A crest of ivy-leaves embraces and enhances the elegant curve which outlines that precious fragment. — Height : 0m,34.

La première édition (en 9 livres) fut dédiée par l'auteur au roi Charles IX. La seconde (1626) est augmentée des deux livres des « *Nouvelles inventions pour bâtir à petits frais.* » — (*Fac-simile.*)

第一版（九本书）是作者献给国王查理九世的。第二版（公元 1626 年）添加了《小成本的建筑新发明》的两本书。（复制品）

The first edition (in 9 books) was inscribed to king Charles IXth by the author. To the second (A. D. 1626) are added the two books of the " *New contrivances for building at little cost.* " — (*Fac-simile.*)

XVIIᵉ SIÈCLE. — ÉCOLE ITALIENNE.
(Suite de la page 343.)

这个"六个女像柱"系列的排列（参见第343页），是从两端或更小的侧面进入画廊的两个立柱。如图1209中的边框，这样的原因就在那些门的门楣上，中间的间隔是由人像填充的。图1208，具有明显的力量和青春特征，在画廊的转角处，占据着门框右手边的间隔。（复制品）

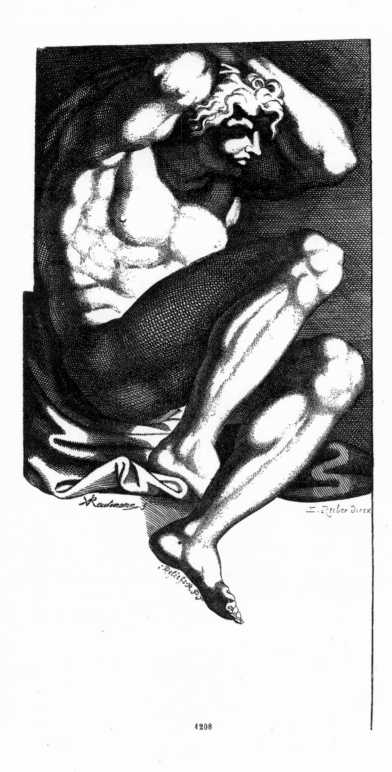

1208

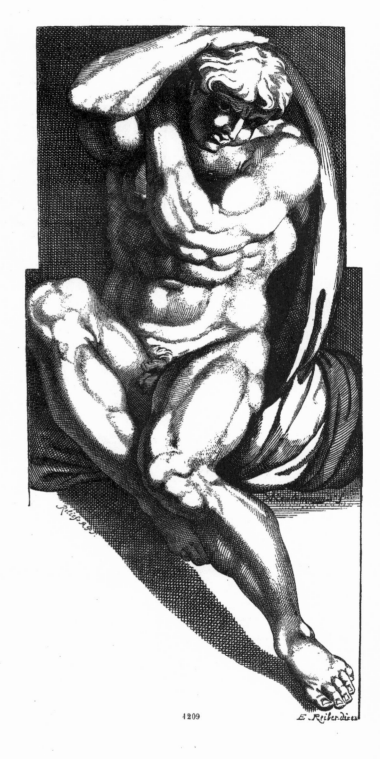

1209

Cette série de six figures (voy. p. 343), disposées en cariatides, accompagne les doubles portes qui donnent accès à la Galerie vers ses deux extrémités ou petits côtés. Les ressauts indiqués au contour du cadre de la fig. 1209 sont motivés par les linteaux de ces portes dont cette figure remplit l'intervalle. La fig. 1208, empreinte d'un remarquable caractère de force et de jeunesse, occupe l'intervalle du chambranle de la porte de droite à l'angle de la galerie. — (Fac-simile.)

This series of six caryatid-disposed figures (see p. 343) goes with the double portals through which the Gallery is entered at both ends or smaller sides. The reason of the ressault as shown in the frame of fig. 1209, is to be found in the lintels of those very doors, the interval of which is filled with the figure. Fig. 1208, bearing a marked character of strength and youth, occupies the interval of the door-case on the right hand, at the angle of the gallery. — (Fac-simile.)

XVIe SIÈCLE. — ÉCOLE ALLEMANDE.

ARABESQUES, — NIELLES,
PAR P. FLŒTNER.
(Suite de la page 486.)

1211

1215

1213

1212

1214

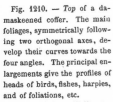

1217

1210

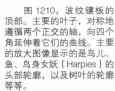

1218

1219

1220

1221

Fig. 1210. — *Top* of a damaskeened coffer. The main foliages, symmetrically following two orthogonal axes, develop their curves towards the four angles. The principal enlargements give the profiles of heads of birds, fishes, harpies, and of foliations, etc.

1211 to 1214. — *Nielloes* for medallions, watch-cases, etc. Orthogonal disposition.

1215 to 1218. — Niello foliages for box panels, etc.

1219. — Niello twine black ground.

1220 and 21. — Upper side of oblongly boxes with niello foliages.

1222 and 23. — Typographic vignettes triangularly shaped. — (*Fac-simile.*)

Fig. 1210. — *Dessus de coffret* damasquiné. Les rinceaux principaux, établis symétriquement sur deux axes orthogonaux, développent leurs courbes vers les quatre angles. Les renflements principaux affectent la forme de têtes d'oiseaux, poissons, harpies, feuillages, etc.

1211-1214. — *Nielles* pour médaillons, boîtes de montres, etc. Disposition orthogonale.

1215-18. — Rinceaux de nielles pour panneaux de boîtes, etc.

1219. — Entrelacs niellés, fond noir.

1220-21. — Dessus de boîtes barlongues à rinceaux de nielles.

1222-23. — Vignettes typographiques de forme triangulaire. — (*Fac-simile.*)

1222　　　1223

图 1210，波纹镶板的顶部。主要的叶子，对称地遵循两个正交的轴，向四个角延伸着它们的曲线。主要的放大图像显示的是鸟儿、鱼、鸟身女妖（Harpies）的头部轮廓，以及树叶的轮廓等等。

图 1211~1214，乌银镶嵌的徽章、表壳等等。直角线布置。

图 1215~1218，箱子等嵌板上的乌银镶嵌的树叶。

图 1219，乌银镶嵌麻线黑色背景。

图 1220 和图 1221，带有乌银镶嵌树叶的长方形的盒子的上半部分。

图 1222 和图 1223，三角形形状的排版装饰图案。（复制品）

1224

XII° SIÈCLE. — ORFÉVRERIE FRANÇAISE.
ÉCOLE DE LIMOGES.

RELIURES,
COUVERTURE D'ÉVANGÉLIAIRE.
(MUSÉE DU LOUVRE.)

While, as a general rule, the artistic productions of our time bear the stamp of fugitiveness and transientness, the Art's great epochs well knew how to differently inspire its adepts. As a proof of the conscientiousness and deliberation used by the artists of the past in every works of theirs, the present *Binding* is here given.

The posterior face of this Cover is wholly executed in metal and is composed of a rectangular frame with mouldings, of which the angles are plates covered with partition enamels representing the four Evangelists. The intervening bands are inlaid with enamels and coloured precious stones detaching themselves on a ground of filigrane foliages. The centre panel, in gilt drifted copper, shows Christ on the cross between his Mother and saint John. That part of the composition is encircled by a rich arch inlaid with precious stones at its main points and with enamels at its top. — One half of the real size.

We give further the other face, as well as the principal details.

Si le cachet fugitif et provisoire attaché aux productions artistiques contemporaines semble être la loi de ce temps, les grandes époques de l'art avaient su différemment inspirer leurs adeptes. La présente *Reliure* fait voir la conscience et le repos que les ouvriers du temps passé apportaient à toutes leurs œuvres.

La face (postérieure) de cette couverture est entièrement exécutée en métal. Elle se compose d'un cadre rectangulaire moluré dont les angles sont formés de plaques recouvertes d'émaux cloisonnés représentant les quatre Évangélistes. Les bandes qui les relient sont incrustées d'émaux et de pierres de couleur se détachant sur un fond exécuté en rinceaux de filigrane. Le panneau central, en cuivre repoussé et doré, représente le Christ en croix entre sa Mère et saint Jean. Une riche arcade, incrustée de pierres fines à ses points principaux et d'émaux à son cintre, encadre cette partie de la composition. — Moitié d'exécution.

Nous donnons plus loin l'autre face, ainsi que les principaux détails.

虽然，作为一般规则，我们这个时代的艺术作品带有逃逸和短暂的印记，但艺术的伟大时代知道如何以不同的方式激发其娴熟的技艺。作为过去的艺术家在他们的作品中所使用的认真和深思熟虑的证明，这里给出了这个书籍的封面。

这个封面的后面完全是用金属做成的，是由一个有模塑的矩形边框构成的，其中的角是用搪瓷隔板覆盖的

制版，代表四名布道者。中间的条带镶嵌着珐琅和彩色宝石，它们在金银丝的叶子上分离。中央的嵌板，镀金铜，在他母亲和圣约翰的十字架上展示着基督。这部分的构图被一个装饰丰富的拱门环绕着，上面镶嵌着宝石，顶部是瓷釉。实际尺寸的二分之一。

后面我们会给出其他面，以及主要的细节。

ANTIQUES. — CÉRAMIQUE GRECQUE.

LAMPES.
(MUSÉE NAPOLÉON III.)

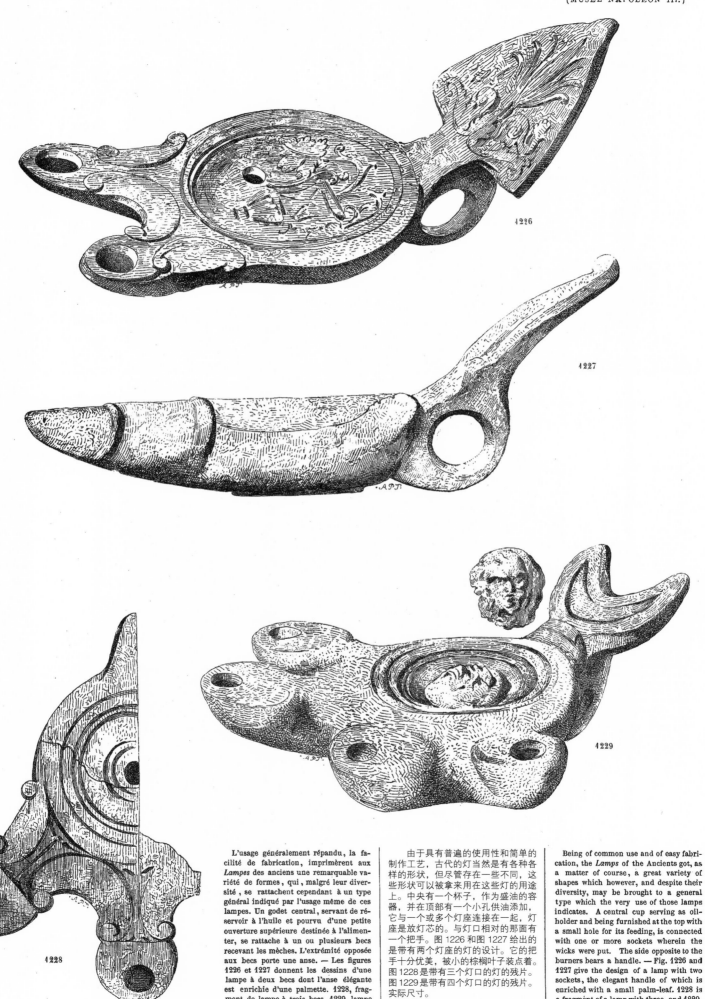

1226

1227

1229

1228

L'usage généralement répandu, la facilité de fabrication, imprimèrent aux *Lampes* des anciens une remarquable variété de formes, qui, malgré leur diversité, se rattachent cependant à un type général indiqué par l'usage même de ces lampes. Un godet central, servant de réservoir à l'huile et pourvu d'une petite ouverture supérieure destinée à l'alimenter, se rattache à un ou plusieurs becs recevant les mèches. L'extrémité opposée aux becs porte une anse. — Les figures 1226 et 1227 donnent les dessins d'une lampe à deux becs dont l'anse élégante est enrichie d'une palmette. 1228, fragment de lampe à trois becs. 1229, lampe à quatre becs. — Grandeur d'exécution.

由于具有普遍的使用性和简单的制作工艺，古代的灯当然是有各种各样的形状，但尽管存在一些不同，这些形状可以被拿来用在这些灯的用途上。中央有一个杯子，作为盛油的容器，并在顶部有一个小孔供油添加，它与一个或多个灯座连接在一起，灯座是放灯芯的。与灯口相对的那面有一个把手。图1226和图1227给出的是带有两个灯座的灯的设计。它的把手十分优美，被小的棕榈叶子装点着。图1228是带有三个灯口的灯的残片。图1229是带有四个灯口的灯的残片。实际尺寸。

Being of common use and of easy fabrication, the *Lamps* of the Ancients got, as a matter of course, a great variety of shapes which however, and despite their diversity, may be brought to a general type which the very use of those lamps indicates. A central cup serving as oil-holder and being furnished at the top with a small hole for its feeding, is connected with one or more sockets wherein the wicks were put. The side opposite to the burners bears a handle. — Fig. 1226 and 1227 give the design of a lamp with two sockets, the elegant handle of which is enriched with a small palm-leaf. 1228 is a fragment of a lamp with three, and 1229, with four burners. — Full size.

XVᵉ SIÈCLE. — SCULPTURE FRANÇAISE (CHARLES VII).

钩针编织品。带有布里斯特（法国和布里塔尼联合军）的
盾形纹章中，有一块主要的部分，它的背景上有一个由四
朵玫瑰组成的曲线栅栏（边框风格）的凸出的网络图案。

MEUBLES.

PANNEAU ARMORIÉ.

1230

Ce panneau, largement encadré de moulures, se compose
d'un arc ogival terminé par un fleuron et étoffé sur ses reins
de crochets dont la forme est inspirée de celle du chardon.
Un écusson aux armes de Brest (*mi-partie de France et de Bre-
tagne*) et surmonté d'une couronne ducale occupe le champ
principal dont les fonds sont champlevés d'un réseau de fenestrations courbes (style *flamboyant*) se rattachant à quatre rosaces.
On trouvera plus loin l'ensemble du *bahut* auquel ce curieux
panneau est emprunté.

这个带有大量模制边框的面板是由一个拱形的结构组
成的，它的顶部是一朵花和一些形状看起来像是取自蓟的
钩针编织品。带有布里斯特（法国和布里塔尼联合军）的
盾形纹章中，有一块主要的部分，它的背景上有一个由四
朵玫瑰组成的曲线栅栏（边框风格）的凸出的网络图案。

我们将在后文介绍这块奇妙的面板所借鉴的橱柜的
整体。

This panel with an ample frame of mouldings is composed of
an ogive arch the pointed top of which presents a flower and some
crochets whose shape is seemingly taken from the thistle's. An
escutcheon with the armorial bearings of the city of Brest (the
united coats of arms of *France* and *Britanny*) occupies the principal field whose grounds are ornated with a projecting net-work
of curve *fenestrations* (in the *flaming* style) connected with
four roses.
Further will be found the ensemble of the *bahut* (chest) from
which this curious panel is borrowed.

XVIIᵉ SIÈCLE. — ÉCOLE FRANÇAISE (LOUIS XV).

(Suite de la page 339.)

FIGURES DÉCORATIVES.

PANNEAU A LA CHINOISE,

PAR F. BOUCHER.

4234

Cette planche fait partie de la grande suite des *Quatre Éléments*, par *F. Boucher* (voyez p. 339). Ici c'est le *Feu* que l'artiste a voulu représenter. — Devant un trophée formé d'un groupe de vases surmontés d'un magot, un habitant du Céleste Empire verse une tasse de thé à un guerrier accroupi. La composition, traitée avec esprit, est d'une silhouette agréable. — (*Fac-simile.*)

　　这个作品是 F. 布歇（F. Boucher）伟大的"四元素"（参见第 339 页）系列之一。作者在这里想要展示的元素是"火"。在器皿纪念品的顶部，是一个中国人的怪诞形象，一个天朝（即中国）的居民正在给一个蹲坐的战士倒一杯茶。这个制作巧妙的作品呈现出一个令人愉快的轮廓。（复制品）

This plate is one of the great series of *F. Boucher's Four Elements* (see p. 339). *Fire* is the element which the artist means to represent here. — Before a trophy of vases whose crowning is a Chinese grotesque figure, an inhabitant of the Celestial-Empire is pouring out a cup of tea to a squat sitting warrior. The wittily executed composition presents an agreeable outline. — (*Fac-simile.*)

1232

XVIᵉ SIÈCLE. — ORFÉVRERIE FLAMANDE.
(ÉCOLE D'ANVERS.)

BIJOUX. — PENDELOQUES,
PAR A. DE S. HUBERT.

1233

1234

阿德里安·S.胡泊尔托（Adrian of S. Huberto）的这本非常罕见的书《悬吊珠宝》（16 pl.）中的第二个和第三个金属板。图 1233 的主要部分被挂在一本书上，书上面镶着一颗珍珠作为装饰，展示的是一个妖女（Syren）和一个孩童正在玩耍。在她像鱼一样的身体末端可以看到珐琅和星星点点的宝石。

图 1234 中有一个沙罗曼蛇（Salamander），它的身边有钟表盘，周围充满了宝石，上面有两个人［马尔斯（Mars，罗马神话中的战神）和维纳斯（Venus，爱神、美神）］。未完待续。（复制品）

Planches 3ᵉ et 4ᵉ du très-rare recueil des *Pendeloques* (16 pl.) *d'Adrien de S. Hubert.* La pièce principale du n° 1233, suspendue à une riche agrafe ornée d'une perle, représente une Sirène qui joue avec un enfant. Son corps, qui se termine en poisson, offre des surfaces émaillées semées de pierres fines.

Au n° 1234, une Salamandre, dont le flanc est orné d'un cadran de montre entouré de pierreries, porte un groupe (Mars et Vénus). — (*Fac-simile.*) — Sera continué.

2ⁿᵈ and 3ʳᵈ plates of the very rare Book of *Dangling-Jewels* (16 pl.) by *Adrian of S. Huberto.* The main piece of n° 1233 is suspended to a rich book ornated with a pearl, and represents a *Syren* playing with a child. On her body ending as a fish's are seen enamelled and gem spangled spots.

In n° 1234, a *Salamander*, whose side is enriched with a dial with precious stones around, bears a group (Mars and Venus). — (*Fac-simile.*) — To be continued.

XVIᵉ SIÈCLE. — TYPOGRAPHIE LYONNAISE (HENRI II).

(Suite de la page 434.)

ENTOURAGES. — NIELLES,

FIGURES MYTHOLOGIQUES,

PAR LE PETIT-BERNARD.

Meleagre & Atalante.

1235

Meleager ayant occis la beſte
A ſon païs dommageable & nuiſante,
Incontinent il luy coupe la teſte :
Et puis apres en don il la preſente,
Et de bon cœur, à la belle Atalante,
Laquelle avoit feru le porc premiere :
Elle reçoit le don & (s'en contente)
Faict pour honneur, & pour ſa part entiere.

1236

Myrrhe ſe veut pendre.

1237

Myrrhe amoureuſe inceſtueuſement
De celuy-là qui l'avoit engendree,
Pendre ſe veut treſmiſerablement :
De ſa ceinture à ce faict preparee,
Au lieu de corde a ſon col deſiree,
Pour n'accomplir ſon deteſtable vice :
Mais y ſuruint (qui toſt l'ha retiree
De ce danger) ſa piteuſe nourrice.

1238

Myrrhe avec ſon pére.

1239

Myrrhe eſt conduicte en la noire nuictee
Par ſa nourrice au lict du Roy ſon pere :
Sa fole ardeur ell' n'ha point euitee,
La malheureuſe, aymant ſon vitupere :
Son pied chopa, ſigne treſmal proſpere :
Trois fois chanta le funeral oiſeau :
Mais ne laiſſa d'entrer en ſa miſere
La miſerable en ord peché nouveau.

1240

Hippoméne & Atalante.

1241

Venus eſtant d'Hippomene inuoquee
Qui doit contendre en courſe a Atalante,
Secours luy donne, & ne ſ'eſt pas mocquee :
Trois pommes d'or à laquelle preſente,
Pour arreſter en la courſe preſente
Deux ou trois fois Atalante la belle :
Elle les leue, & fait ſa courſe lente.
Luy par ce poinct gaigne le prix ſus elle.

1242

La suite des *Entourages*, composés par le *Petit-Bernard* pour son livre de la *Métamorphose figurée*, peut se décomposer en trois séries : celle des rinceaux d'arabesques à fonds blancs ; celle des *nielles* (fonds noirs) et celle des Bordures à figures. Nous reproduisons ici divers spécimens de la seconde série. Comme on le voit, le dessin général, indiqué par les grands rinceaux de compartiment, se détache sur des motifs arabesques d'une grande finesse et d'une variété, d'une facilité remarquables. — (*Fac-simile*.) — Sera continué.

由派提特·伯纳德（Petit-Bernard）为自己的书《图形的演变》"而组成的收藏品——镶边可以被分为三个部分：白色背景上的蔓藤花纹叶子；乌银镶嵌（黑色底面）；以及带有图形的边框。我们在这里复制的是第二个系列的不同的范例。读者将会看到，在大块隔间的树叶上所显示的总体设计，有着蔓藤花纹的主题。作品有着极其精良的制作，以及同样显著的多样性和流畅性。未完待续。（复制品）

The collection of *Borders* composed by *Petit-Bernard* for his book of the *Figured Metamorphosis*, may be divided in three sections : that of arabesque foliages on white grounds, that of *Nielloes* (black grounds) and that of Frames with figures. We reproduce here divers specimens of the second series. As will be seen, the general design indicated by the large compartment foliages detaches itself on arabesque motives of a great fineness and likewise of remarkable variety and fluency. — (*Fac-simile*.) — To be continued.

XVe SIÈCLE. — SCULPTURE ET PEINTURE FRANÇAISES.
(CHARLES VI.)

MEUBLES, — CRÉDENCE.
(COLLECTION RÉCAPPÉ.)

Malgré la petitesse de ses dimensions (elle ne mesure pas plus de deux mètres de hauteur totale), cette *Crédence,* aussi curieuse par son antiquité que par les peintures et dorures qui en couvrent toutes les faces, semble, par les sujets religieux qui la décorent, avoir fait partie du mobilier d'une sacristie. Elle a la forme d'un *bahut* à tiroirs et vanteaux sculptés, surélevé sur quatre pieds et dont le dessus servait de tablette pour recevoir des vases et autres objets. Un riche dais, composé de trois voussures, dont les retombées viennent s'ajuster sur quatre colonnes, surmonte un fond composé de trois arcs ogives dont les tympans, formant niches, sont ornés de figures de saintes. On trouvera plus loin les détails des deux vanteaux. — Collection Récappé. — Inédit.

这个餐具柜，尽管它的体积很小（它的总高度不超过两码），似乎已经成为了一件艺术家具的一部分，但它的古老及其绘制和镀金一样珍贵，它所有的面都被绘制的图案和镀金覆盖着。它是橱柜的形状，有雕刻的抽屉和折叠门，由四条腿支撑，上半部分可作为放花瓶和其他物体的架子。一个由三个拱门形成的丰富的天蓬，其中起拱点连接在四根柱子上，四个柱形物超过了三个尖顶拱门，这些拱门的鼓室像壁龛一样，装饰着女性圣徒的形象。我们将在后文介绍两扇折叠门的细节。莱卡皮（Récappé）收藏品。未公开。

This *Credence,* as precious for its antiquity as for the painting and gilding with which all its faces are covered, and which despite its small proportions (its total height being not much more than two yards) seems to have been part of a vestry's furniture. It is shaped as a *bahut* (chest) with carved drawers and folding doors, raised on four legs and whose upper part served as a shelf to put vases and other things thereupon. A rich canopy in three voussures, the springings of which come and graft themselves on four columns, surmounts a ground-work of three ogive arches whose tympans, nichlike, are ornamented with figures of female saints. Further will be found the details of the two folding doors. — *Récappé* collection. — Unpublished.

XVIᵉ SIÈCLE. — ÉCOLE FRANÇAISE (CHARLES IX).

ENTRELACS,
PAR A. DU CERCEAU.
(Suite de la page 302.)

LES PLANS ET PARTERRES
DES JARDINS DE PROPRETÉ

Pour retrouver le tracé du n° 1244, qui est une intersection d'octogones, il suffit de diviser en quatre parties égales les côtés d'un carré parfait et de tracer toutes les lignes parallèles orthogonales correspondantes à chaque point de division. Par les points d'intersection obtenus, et considérés comme sommets des octogones, il sera facile de tracer leurs côtés qui, on le remarquera, sont établis alternativement en prolongement du point milieu de chaque division des côtés du carré total, et de chacun de ces points d'intersection eux-mêmes.

Fig. 1245. — Combinaison obtenue au moyen du carré inscrit et du croisement de doubles diagonales du carré total.

Fig 1246. — Disposition circulaire à base octogonale. Les rayons d'axe sont obtenus par les diamètres orthogonaux et diagonaux.

Fig. 1247. — Disposition et base analogues. Il suffit de tracer les axes orthogonaux et diagonaux pour se rendre compte de cette construction. L'entrelacs circulaire extérieur est à 16 pointes.

要找出图 1244（是八边形相交的结果）的轮廓，只需要把四个相等的部分分成一个完美的正方形，将所有对应于各分部点的平行正交线都画出来。通过交叉点绘制并取出一块八边形，就可以很容易的得到它们的边，必须要强调的是，作为整个正方形两边各部分的中间点的另一种延伸，以及每一个分割点本身。

图 1245，一种由内切或部分正方形和总正方形对角线的交点所获得的图案。

图 1246，一种正交原理的循环布置。这里，轴的半径是通过正交的和对角线的直径得到的。

图 1247，类似的布置和原理。想要解释这个结构，读者只需要找出正交和对角的坐标轴。外圆线有十六个点。

To find the outline of n° 1244, which is the result of intersecting octagons, one has only to divide in four equal parts the sides of a perfect square, and trace out all the parallel orthogonal lines corresponding to each divisional point. By means of the intersecting points drawn and taken as apices of the octagons, their sides will easily be obtained, being, as it must be remarked, an alternate prolongation of the middle point of each division of the sides of the entire square, and of every one of those divisional points themselves.

Fig. 1245. — A contrivance obtained by means of the inscribed or partial square and of the crossing of the double diagonals of the total square.

Fig. 1246. — A circular disposition with orthogonal basis. The radii of the axes are here got through the orthogonal and diagonal diameters.

Fig. 1247. — Analogous disposition and basis. To account for this construction the reader has only to trace out the orthogonal and diagonal axes. The exterior circular twine has sixteen points.

XVIIᵉ SIÈCLE. — CÉRAMIQUE PERSANE.   VASES-BURETTES.
AIGUIÈRES.

4248   4249

Les *Faïences de Perse* n'ont attiré que depuis peu d'années l'attention des amateurs. L'élégance de leurs formes, la finesse et l'éclat des émaux qui les couvrent, et surtout le système décoratif qui leur sert de base, et qu'il serait si facile d'approprier aux goûts de notre époque, méritent de notre part une étude approfondie. Dans les deux *Burettes* ci-dessus, la forme, aussi simple qu'élégante, est rehaussée d'un brillant décor de fleurs (émaux *bleus*, *verts*, *rouge vif*). Le n° 1249 est à fond *bleu turquoise*.

这是波斯人的宗教信仰，但近年来来吸引了艺术爱好者的注意。但是，它们应该通过自己优雅的形状，珐琅的细腻和光泽，以及最重要的是，它们基本的装饰方法，来让我们对它们进行彻底地研究，这是很容易适应我们时代的品位的。在上面的两种佐料瓶中，它们的形状简单又优雅，点缀着鲜艳的花朵（蓝色、绿色、鸽血红搪瓷）；图1249 有着绿松石蓝色底色。

The *Persian Faiences* have but of late years drawn the amateurs' attention. But they will deserve at our hands a thorough study by the elegance of their shapes, the fineness and brilliancy of their enamels and, above all, by their basal system of decoration, which could so easily be adapted to the taste of our epoch. In the above two *cruets* the shape as simple as elegant it set off with a bright ornamentation of flowers (*blue*, *green* and *vived red* enamels); n° 1249 has a *turkois blue* ground.

XVIᵉ SIÈCLE. — ÉCOLE ALLEMANDE.

(Suite de la page 290.)

BRODERIES, — GUIPURES,
POINT COUPÉ.

PAR HANS SIEBMACHER.

Those three plates of the master put together present an ensemble of the most ingenious and diversified motives.

Nᵒ 1250 is composed : 1ᵒ of a splendid sprinkling of four-lobed roses and of diagonally disposed squares; 2ᵒ of a twine of circles the segments and chords of which alternatively take the place of each other, in such a manner as to produce polygons alternating with circles of the same radius; 3ᵒ and 4ᵒ, of two bands wherein the straight line as an element is broken by the circular.

In nᵒ 1251 are seen : 1ᵒ an octagonal motive with diagonal squares; 2ᵒ another octagonal motive with such a disposition that the octagons furnish, through the prolongation of their sides, the elements of the next polygons; 3ᵒ two bands of eight and of four-lobed roses, running motives.

Lastly, nᵒ 1252 presents rich and numerous subjects of edging or deniculation for the borders of chemisettes and guipure collars. To every one of those ingenious combinations the square, octagon and hexagon serve as a basis. — (Fac-simile).

Cette réunion de trois planches du maître fournit un ensemble de motifs des plus ingénieux et des plus variés.

Le nᵒ 1250 se compose : 1ᵒ d'un splendide semis de rosaces à quatre lobes et de carrés diagonaux; 2ᵒ d'un entrelacs de cercles dont les segments sont remplacés alternativement par leurs cordes respectives, de façon à former des polygones alternés de cercles de même rayon; 3ᵒ et 4ᵒ de deux bandes où l'élément droit, qui domine, est rompu par l'élément circulaire.

Au nᵒ 1251 on voit : 1ᵒ un motif octogonal réuni par des carrés diagonaux; 2ᵒ un autre motif octogonal tellement disposé, que les octogones fournissent, par le prolongement de leurs côtés, les éléments des polygones voisins; 3ᵒ deux bandes de rosaces à huit et à quatre lobes; motifs courants.

Enfin le nᵒ 1252 offre de riches et nombreux motifs de barbes ou dentelures pour bordures de guimpes et collets de guipure. Le carré, l'octogone et l'hexagone servent de base à toutes ces ingénieuses combinaisons. — (Fac-simile).

1250

1251

大师的这三个雕版放在一起，展示的是最巧妙、最多样化的主题的总体效果。

图 1250 由以下部分组成：①有四瓣玫瑰和对角的方块的灿烂的点缀；②一种圆圈，它的线段和弦以一种方式取代彼此的位置，以产生与同一半径的圆的交变的多边形；③和④两条直线作为一个元素的直线被循环打破。

从图 1251 中可以看到：①带有斜角方格的八角形主题。②另一种八角形的主题。八边形通过自己的延伸，提供了下一个多边形的元

素。③两个八瓣玫瑰和四瓣玫瑰花束，连续排布。

最后，图 1252 展示的是丰富且大量的主题。磨边或小齿的边框用于紧胸衫和花边衣领。对于每一种巧妙的组合，正方形、八边形和六边形都是基于一种原理。（复制品）

1252

这一令人惊叹的雕带，它的淡黄颜色表明它是雅顿（Ardean）制造的，是一个充满活力的浮雕作品。酒神巴克斯（Bacchus）的年轻女祭司的身体立刻变得柔软而紧张，它矗立在一个挥舞着的帷幔上，上面满是巧妙的、简单的褶皱。头往后仰，为了更好地发出害怕的叫声，那乱蓬蓬的头发、那只娇弱的布靴、那拿着巴克斯手杖的右臂的大胆的线条，都将会引起读者的注意。下一个人物破损的部分使每一个人都感到遗憾，因为这个雕带无法完整地呈现在我们面前。高 0.38 米。

1253

Ce remarquable fragment d'une Frise, dont le ton jaunâtre indique la *fabrication ardéenne*, est exécuté avec un relief excessivement vigoureux. Le corps souple et nerveux de la jeune prêtresse de Bacchus se détache sur une draperie voltigeante aux plis d'une ampleur et d'une simplicité magistrales. La tête renversée en arrière pour lancer le cri sacré, les cheveux épars, le coquet brodequin d'étoffe, la ligne hardie du bras droit tenant le thyrse, fixeront l'attention du lecteur. Les indications appartenant à la figure voisine font vivement regretter que cette frise ne soit arrivée ne à nous dans toute son intégrité. — Hauteur : 0ᵐ38.

This remarkable bit of a Frieze, whose yellowish tint indicates its being of *Ardean fabrication*, is executed in an unusually vigorous relief. The body at once supple and nervous of the young priestess of Bacchus detaches itself on a waving drapery with folds of masterly ampleness and simplicity. The head thrown backward, to better give out the sacred cry, the dishevelled hair, the coquettish cloth boot, the bold line of the right arm holding the thyrsus, will command the reader's attention. The fragmentary parts of the next figure make every one regret this frieze did not come to us in its entireness. — Height : 0ᵐ38.

XVIe SIÈCLE. — ÉCOLE ALLEMANDE.

NIELLES, — ARABESQUES,
PAR P. FLOETNER.
(Suite de la page 512.)

1256

1254

1257

1258

1255

1259

By the look of their ensemble as well as by the characteristics of their details, both panels, nos 1254 and 1255, testify to the Eastern inspiration which often swayed the master's fancy.

1254 is a damaskeened *coffer's top.*

1256 and 1257 are running motives of twines and niello foliages.

1258 and 1259, triangularly shaped typographic vignettes. — (*Fac-simile*). — To be continued.

Les deux panneaux nos 1254 et 1255 témoignent, par l'aspect de leur ensemble ainsi que par le caractère spécial de leurs détails, de l'influence orientale qui souvent inspira le maître.

1254 est un *dessus de coffret* damasquiné.

1256 et 1257 sont des motifs courants d'entrelacs et de rinceaux de nielles.

1258 et 1259, vignettes typographiques de forme triangulaire. — (*Fac-simile*). — Sera continué.

通过整体的外观，以及通过它们细节的特点，图 1254 和图 1255 这两块雕版证明了东方的灵感常常影响着艺术大师的幻想。

图 1254 是颗粒状花纹天花板的镶板的顶部。

图 1256 和图 1257 是连续的布局，有交错缠绕的乌银镶嵌的叶子。

图 1258 和图 1259 是三角形形状的排版装饰图案。未完待续。（复制品）

La fermeté, l'élégance, la pureté du dessin, font du *Porte-enseigne* un des chefs-d'œuvre du burin d'*A. Durer*. L'enseigne, à la croix de Saint-André formée de deux bâtons de laurier enflammés, est aux armes de Bourgogne. Les faits historiques expliquent cette particularité. Marie de Bourgogne, fille de Charles le Téméraire, donnée en mariage à l'archiduc Maximilien, depuis empereur, avait, à la mort de son père (tué à la bataille de Nancy, 1477), apporté une partie de ses États dans la maison d'Autriche. — (*Fac-simile.*)

迪塞尔索（A.Durer）最精致的雕刻作品之一是《旗手》。它的特点是绘画作品的活力、典雅和纯洁。旗子上有着勃艮第家族的纹章，也就是圣安德鲁十字架的两根被点燃的月桂树枝：这是一个历史事实的特殊解释。后来，她的父亲去世了，勃艮第家族的玛丽（Mary），勃艮第的女儿，嫁给了大公，后来的皇帝，马克西米利安（Maximilian），把她父母的一部分领土带到了奥地利的房子里。（复制品）

Vigour, elegance and chasteness of drawing, mark *A. Durer's Standard-bearer* as one of his finest pieces of engraving. The ensign bears the arms of Burgundy, to wit, the Saint-Andrew cross formed of two ignited laurel sticks : a particular explained by a historical fact. Subsequently to the demise of her father (killed at the battle of Nancy, in 1477), Mary of Burgundy, Charles the Bold's daughter, who married archduke, afterwards emperor, Maximilian, and brought a portion of her parent's dominions into the house of Austria. — (*Fac-simile.*)

XVᵉ SIÈCLE. — ÉCOLE FRANÇAISE (HENRI III).

MEUBLES.

LITS, FRISES,

PAR A. DU CERCEAU.

1261

Four posts, turned in the form of balusters and richly carved, arise from the four angles of the bedstead whose platbands are ornamented with flutes and palmleaves and which is supported by legs in the shape of harpies. Those columns uphold the baldaquin composed of a cloth gutter of a double scallop ornated with tassels. The head is formed of a sculptured panel, whose carvings represent a procession, and the pediment of which is a group of two figures holding a garland of fruits.

Nᵒ 1261 is the *Frontispiece* (a motive of twines) of the master's Book of *Friezes* collected by Jombert (see p. 397).

1263 is a frieze, a running motive of compartments with alternating vases, figures and masks, the whole being united by means of garlands and cloth scarves. — (*Fac-simile.*)

1262

Aux quatre angles du châlit, dont les plates-bandes sont ornées de canaux et de palmettes, et qui est exhaussé sur des pieds en forme de harpies, s'élèvent quatre colonnes tournées en balustres et richement sculptées. Elles soutiennent le baldaquin, composé d'une gouttière d'étoffe formée d'un double lambrequin, orné de glands. Le chevet est formé d'un panneau sculpté représentant un cortège, et dont l'amortissement est composé de deux figures portant une guirlande de fruits.

Le nᵒ 1261 est le *Frontispice* (motif à entrelacs) du livre des *Frises* du maître, recueillies par Jombert (voy. p. 397).

1263 est une frise, motif courant à compartiments alternés de vases, de figures et de masques, reliés par des guirlandes et des écharpes de draperie. — (*Fac-simile.*)

有四根柱子，都是栏杆柱的形式，精心雕凿而成，从床架的四个角出来，四个角有长笛和棕榈叶作为装饰，由哈耳皮埃（Harpies，身是女人，而翅膀、尾巴及爪似鸟的怪物）形状的腿儿支撑。那些柱子支撑着天盖，天盖装饰由一个有流苏装饰的双扇贝形织物组成。头部由雕刻板材形成，雕刻展现的是一支队伍，雕刻的山墙饰是举着水果花环的两个

人像。

图1261是戎拜（Jombert）收藏的大师《雕带》这本书的卷首插画页（参见第397页）。

图1263是一个雕带。连续的布局，花瓶、人物、面具交替产生的隔间。整个作品由花环和帷幔相连。（复制品）

1263

XVIII° SIÈCLE. — ÉCOLE FRANÇAISE (LOUIS XVI. — RÉPUBLIQUE DE 89).   FRISES,

PAR J.-B. HÜET.

A great variety of talents and an easy pencil incited *J. B. Hüet* to try at once hunting subjects, landscapepaintings, the human figure and the decorative composition. In his engraved works, enriched with a large series of *Books* of various sizes, one will find something like an epitome of the tendencies and artistic exertions of his epoch. Respecting the history of the decorative art, he is, so to say, a living expression of the efforts which were made, towards the end of the XVIII th century, so as to free this art from the corrupted forms which an elegant decadency had stamped it with. The very works of J. B. Hüet present a rather frequent type of *transitory epochs.* Indeed, in those evolutions of the art, called *changes of style,* certain artists are often seen, whom the movement they created has outrun, and who follow but slowly and far off the impetus given by them.

Thus those five *friezes* borrowed from Hüet's last *Books,* bear the date of the first years of the French revolution (from the year II to the year VI of the Republic); and yet, in none of his previous decorative compositions has the artist been capable of so largely developing the characteristics of the *Louis XVI. style.*

Those light sketches arc permeated by a certain gravity owing doubtless to the great events which were then unfolding themselves, and the purely French graces of their foliages borrowed from the manly ornamentation of the temples of antique Rome, are seemingly shaking at the roars of the lion-people...

But the grand social drama is acted : Right and Justice triumph. With confidence and submission (*fig.* 1264), the lion comes and takes shelter under their shield (*fig.* 1266 and 1268). Great questions, taking the new right as a basis, give rise to important problems which union and concord are to solve (*fig.* 1265 and 1267). — (*Fac-simile.*)

1264

1265

1266

1267

1268

Une grande diversité d'aptitudes, un crayon facile, portèrent *J.-B. Hüet* à la fois vers les sujets de chasse, le paysage, la figure et la composition décorative. Son œuvre gravé, qu'enrichit une série nombreuse de *Cahiers* de divers formats, résume en quelque sorte les tendances et les recherches artistiques de son époque. Au point de vue de l'histoire de l'Art décoratif, il est une expression vivante des efforts tentés vers la fin du XVIII° siècle pour dégager cet art des formes corrompues qu'une décadence élégante lui avait imprimées. La personnalité de J.-B. Hüet offre à l'étude un type assez fréquent aux *époques de transition.* Souvent, dans ces évolutions de l'art que l'on nomme *changements de style,* on voit certains artistes, débordés par le mouvement dont ils furent les promoteurs, ne suivre que de loin l'impulsion qu'ils ont été les premiers à donner.

Ainsi, les cinq *frises* que nous empruntons ici aux derniers *Cahiers* de Hüet, sont datées des premières années de la République (de l'an II à l'an VI); et pourtant, dans aucune de ses compositions décoratives antérieures, le maître n'avait su développer d'une façon aussi complète les caractères du *style Louis XVI.*

Une certaine gravité, due aux grands événements qui se déroulaient alors, domine ces légères esquisses; et les grâces toutes françaises de leurs rinceaux, empruntés aux mâles enroulements des temples de Rome antique, semblent frémir encore aux lointains rugissements du lion populaire...

Mais le grand Acte social est accompli : le Droit, la Justice triomphent. Confiant et soumis (*fig.* 1264) le lion vient s'abriter sous leur égide (*fig.* 1266, 1268). Les grandes questions, basées sur le droit nouveau, font surgir d'imposants problèmes. L'union et la prudence résoudront ces énigmes (*fig.* 1265, 1267). — (*Fac-simile.*)

各种各样的才华和一支简单的铅笔激起了 J. B. 休伊特(J. B. Huet）的尝试,他立刻尝试了"狩猎、山水画、人像"的主题,以及装饰的组成。在他的雕刻作品中,由大量各种尺寸的书籍进行了丰富,人们会发现他那个时代的趋势和艺术努力的缩影。关于装饰艺术的历史,他可以说,是对 18 世纪末的努力的一种生动的表达,使这种艺术从一种优雅颓废的腐朽形式中解放出来。J. B. 休伊特的作品呈现出一种相当频繁的过渡性时代。的确,在那些被称为"风格变化"的艺术的演进中,某些艺术家经常看到,他们创造的运动已经超越了自己,自己追随但却缓慢远不及他们所给予的推动力。

因此,这五个借鉴于休伊特最后的书籍的雕带印记着法国大革命的头几年的日子（共和国的第二年到第六年）;然而,在他之前的所有装饰作品

中,没有一个艺术家能够在很大程度上发展出路易十六世风格的特征。

那些格子的草图被某种引力所渗透,这无疑是由于当时正在展开的大事件,以及从古老的罗马庙宇中借来的那种纯法国的装饰性物品,似乎在狮子的怒吼中摇晃着……

但是,这场盛大的社会闹剧却上演了:权力和正义胜利。有了信心和服从（图 1264）。狮子来了,躲在他们的保护下（图 1266 和图 1268）。以新权利为基础的重大问题,引发了联盟和协调解决的重要问题（图 1265 和图 1267）。（复制品）

XVIIIe SIÈCLE. — ÉCOLE FRANÇAISE (LOUIS XVI).　　　　　　FLEURS, — BOUQUETS,

PAR RANSON.

Les suite des *Bouquets de fleurs* de *Ranson*, gravée par Élisabeth Voysard, est une des plus agréables de son œuvre. Les motifs en sont très-variés. Ainsi, le n° 1269 est composé de roses et de liserons; le 1270, de branches de raisins; au n° 1271 on remarque une touffe de coquelicots. 1272 est une gracieuse corbeille; 1273 et 1274 sont deux vases de fleurs élégamment garnis. — (*Fac-simile.*)

由伊丽莎白·福伊萨德（Elisabeth Voysard）雕刻的朗松（Ranson）的"花束"系列，是他最令人感到愉快的作品之一。作品有多个主题。因此，图 1269 由玫瑰和旋花类植物组成；图 1270 由一串串葡萄组成；图 1271 中可以注意到一簇红玉米罂粟；图 1272 是一个优美的篮子；图 1273 和图 1274 是两个优雅的装满了花朵的花瓶。（复制品）

The series of *Ranson's Bouquets*, engraved by Elisabeth Voysard, is one of the most agreable among his works. There is a great variety in the motives. Thus n° 1269 is composed of roses and bindweeds; n° 1270, of bunches of grapes; at n° 1271, a tuft of red corn-poppies is to be remarked. 1272 is a graceful basket; 1273 and 1274 are two flower-vases elegantly filled. — (*Fac-simile.*)

1275

XVIIᵉ SIÈCLE. — ÉCOLE FRANÇAISE (LOUIS XIV).   FRISES,
PAR P. BREBIETTE.

By far superior to the generality of those heavy and common-place works which the age of Louis XIV. saw hatched by shoals, *P. Berbiette's Friezes* are distinguished by a wholly French variety and liveliness of imagination. Those qualities are indeed found in the large series of *Heads of page* with which he illustrated *Ch. Patin's* book of *Medals of the Emperors* (see p. 178).

All those compositions are borrowed from mythological subjects.

In nº 1276, Apollo is seen flaying poor Satyr Marsyas, whose companions gaze with a comic anxiety on the particulars of the operation.

1277 has for its subject one of the four elements. Children, birds, kites, every thing of those graceful groups is flittering in the air.

At nº 1278, there is a tall robber who has just snatched up three of chaste Diana's nymphs. But the arrows of the divine Huntress will not let him enjoy that impudent larceny.

1279 is a personification of Spring. Green wreaths hanging at the shepherds' cots tell of Nature awaking. Cupids are sporting together; Satyrs bring the rams to the ewes, and lazy nymphs lie down under the shade of green foliages. — (*Fac-simile.*)

Bien supérieures à la plupart de ces œuvres lourdes et banales que vit éclore en quantité le siècle de Louis XIV, les *Frises* de *P. Brebiette* se distinguent par une variété d'imagination et une vivacité toutes françaises. Nous retrouvons ces qualités dans la série nombreuse des *Têtes de pages,* dont il illustra le livre des *Médailles des empereurs* de *Ch. Patin* (voy. p. 178).

Toutes ces compositions sont empruntées aux sujets de la Fable.

Au nº 1276 on voit Apollon écorchant le satyre Marsyas; les compagnons du dernier suivent avec une anxiété comique les détails de l'opération.

1277 a pour sujet l'un des quatre Éléments. Enfants, oiseaux, cerfs-volants, tout voltige dans ces groupes gracieux.

Au 1278 c'est un grand brigand qui vient d'enlever trois nymphes à la chaste déesse. Mais les flèches de la divine chasseresse ne lui permettront pas d'accomplir cet audacieux larcin.

1279 est une image du printemps. Des guirlandes de verdure suspendues aux cabanes des bergers célèbrent le réveil de la nature. Les Amours folâtrent entre eux : les satyres amènent les boucs aux brebis, et les nymphes nonchalantes se reposent sous les verts ombrages. — (*Fac-simile.*)

1276

1277

P. 布莱贝缇（P. Brebiette）的 "雕带" 比在路易十四世出现的一些笨重的、普通的作品要优越，而这一切都是由于法国的多样性和丰富的想象力所引起的。在博比艾特为 Ch. 帕京(Ch. Patin)的《皇帝的奖牌》一书（参见第 178 页）做插画所用的 "页首" 的大系列中可以看到这些特点。

所有这些作品都是借鉴了神话主题。

从图 1276 中可以看到，阿波罗（Apollo）正在痛打可怜的萨蒂尔（Satyr）马尔叙阿斯（Marsyas），而马西亚斯的同伴们在凝视着这个过程。

图 1277，它的主题是四个元素之一。孩童、

1278

鸟儿、风筝，所有这些优美的群体都在空中飞舞。

图 1278 中，有一个高个子的强盗，他刚刚抢走了黛安娜（Diana）的三个贞洁的仙女。但是，神圣女猎手的箭不会让他享受这种无礼的盗窃行为。

图 1279 是春天的拟人化。挂在牧羊人的房子上的绿色花环，诉说着大自然的苏醒。丘比特（Cupid）们在一起运动；萨蒂尔把公羊牵到母羊那里；懒惰的仙女们躺在绿叶的阴影下。（复制品）

1279

XVIe SIÈCLE. — ÉCOLE FLAMANDE.

DÉTAILS D'ARCHITECTURE.
CHAPITEAU, ENTABLEMENT, CONSOLES,
PAR VREDMAN VRIESE.

Composita

一种丰富的装饰物覆盖了这个 "檐部复合" 的所有元素。柱的轴是凹槽，上方有一个非常小的圆柱顶板，有公羊的头，代替了涡卷饰。有铸造物的柱顶过梁有三折叠交错缠绕的连续排布装饰。雕带以一种小规模的战争纪念品为形式进行装饰。滴水槽的边缘由合并的飞檐托饰支撑，上有一排齿状装饰，下面是一段圆凸形线脚装饰，以及一种弯曲雕刻的水生植物的叶子。作品的正方形空间由有趣的托臂范例进行填充。（复制品）

Une profusion d'ornements couvre tous les éléments de cet *Entablement d'ordre composite*. Le fût de la colonne est cannelé; le chapiteau, couronné d'un *abaque* très-mince, porte à la place des volutes de têtes de béliers; l'*architrave* moulurée et décorée d'un triple motif courant d'entrelacs; la *frise* est ornée de cartouches reliés par des trophées d'armes de petite échelle. La saillie du *larmier*, couronnée d'une cymaise, est supportée par des modillons formant consoles et s'appuyant sur un rang de denticules soutenus d'un cours d'oves et d'un talon gravé de feuilles d'eau. — Les espaces libres de la planche sont garnis d'intéressants spécimens de *consoles*. — (*Fac-simile.*)

A profuse ornamentation covers all the elements of this *Entablature of composite order*. The shaft of the column is fluted; the capital, capped with a very slight *abacus*, has ram's heads in the stead of volutes; the *architrave* with mouldings is decorated with a three-fold running motive of twines; the *frieze* is ornated with cartouches united by means of warlike trophies on a small scale. The ledge of the *larmier*, crowned with a cyma, is supported by consol-modillons bearing on a row of denticles with a course of ovolos underneath and an ogee of graved water-plant's leaves. — The spare room of the plate is filled with interesting specimens of *consols*. — (*Fac-simile.*)

XIVᵉ SIÈCLE. — ORFÉVRERIE FRANÇAISE.   RELIQUAIRE.

(MUSÉE DU LOUVRE.)

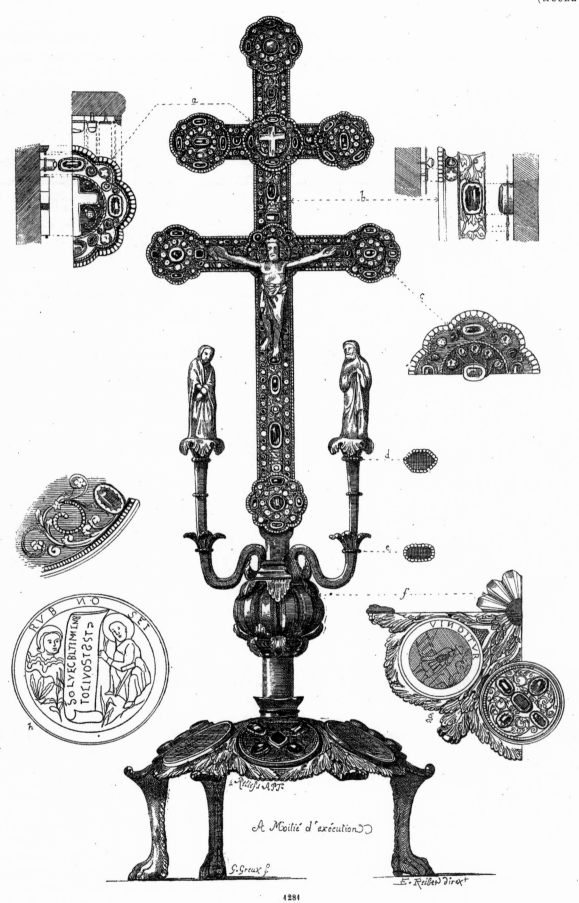

1281

Une double croix, semée de pierreries serties sur un fond de filigrane, et ornée aux extrémités de ses six branches, ainsi qu'à leurs points de croisement, de rosaces à huit lobes, porte l'image du Christ surmontée, à la place indiquée par une croix unie, de la sainte Relique.

Deux branches recourbées, ornées de bagues et de bourgeons de feuilles supportent deux statuettes et surgissent d'une boule côtelée dont on voit le profil en *f*. Le prolongement du fût vient s'insérer sur un riche trépied dont la surface supérieure (détail *g*) est couverte de six médaillons alternés de pierres incrustées (*i*) et d'émaux cloisonnés (*h*). — Argent. — Moitié d'exécution.

一个双层的十字架，上面镶着宝石，在镶嵌着金银丝的背景上，它末端点和十字交叉点处都装饰着八瓣玫瑰，在圣物上用普通十字架标记的地方，有基督的形象。

两个向后弯曲的树枝，用戒指和宝石装饰，并支撑着两个小雕像，从一个有棱纹的球中升起，这是在 f 中给出的轮廓。树干的延长部分插入到一个装饰丰富的三脚架中，三脚架的上半面（细节 g）覆盖着六枚镶嵌宝石（i）和隔板珐琅（h）交错进行的圆形浮雕。银制。原作品的一半尺寸。

A double cross bedecked with precious stones on a filigrane ground and embellished with eight-lobed roses at its extremities as well as at the crossing points, bears the figure of Christ, surmounted by the holy Relic at the spot marked with a plain cross.

Two recurvate branches ornated with rings and gems, and supporting two statuettes, rise out of a ribbed ball the profile of which is given in *f*. The prolongation of the stock inserts itself in a rich tripod whose upper face (detail *g*) is covered with six medallions alternating with inlaid gems (*i*) and partition enamels (*h*). — In silver. — Half-size of the original.

XVIᵉ SIÈCLE. — ÉCOLE ALLEMANDE.

(Suite de la page 341.)

ENTRELACS DE FILETS.

LES DÉDALES,

PAR A. DURER.

1282

En traçant les diamètres de cet ingénieux entrelacs, il est facile de voir que la composition est établie sur seize axes rayonnants. Quant aux dispositions concentriques, elles se décomposent en quatre zones. La première (intérieure) forme un simple réseau dont les mailles viennent aboutir de 2 en 2 à la seconde zone (entrelacs simple) pour se réunir ensuite à la troisième (entrelacs double). De là, la maille s'épanouit en un motif courant dont la disposition en *crête, réveille* l'effet d'ensemble. Les quatre remplissages d'angle ajoutent encore à la vivacité de la silhouette générale. — (*Fac-simile.*)

通过追踪这种巧妙的线的直径，很容易就能看出它的组成是建立在十六个辐射轴上的。至于同心性的排列，它们被分解成四个部分。第一部分（内部）是一个简单的网络，它的一针（每两个）在接下来的区域（单一缠绕）结束，然后与第三部分（双缠绕）统一。从那里开始，针法扩展成为一个连续的布局，其类似鸡冠状凸起的布局激起了整体的效果。四个角的填充为一般的轮廓增加了新的活力。（复制品）

By tracing the diameters of this ingenious twine, it will easily be recognized that its composition is established on sixteen radiant axes. As to the concentric dispositions, they are decomposed into four. The (inner) first one forms a simple net-work whose stitches are ending, every second one, in the following zone (simple twine), to be then united with the third (double twine). Thence the stitch expands into a running motive whose crest-like disposition stirs up the effect of the ensemble. The four angle fillings add a new liveliness to the general outline. — (*Fac-simile.*)